U0392351

中华传世藏书

【图文珍藏版】

茶經

[唐]陆羽⊙原著

王艳军⊙主编

第五册

线装书局

十二、工夫茶艺

(一)壶杯泡法工夫茶艺

壶杯泡法工夫茶艺是最早形成的工夫茶艺,发源于武夷山,至迟在清朝中期就成熟了。后来传到闽南和粤台,是各种工夫茶艺的始祖。

1. 备器

传统工夫茶具主要有孟臣罐(宜兴紫砂壶)、若深瓯(景德镇白瓷茶杯)、玉书碨(薄瓷水壶)、潮汕泥炉,称为工夫茶具"四宝"。现代壶泡法工夫茶具对传统虽有继承,但也有所发展变化。

(1)主泡器:紫砂壶一把、品饮杯四只。

(2)备水器:茗炉、汤壶、暖水瓶各一。

(3)辅助器:大、中茶盘各一,大、小茶船各一,水盂、箸匙筒(含茶则、茶匙、茶针)、茶荷、茶巾盘及茶巾、奉茶盘、茶罐(含茶叶)、花器(含花)等各一,铺垫若干。

大茶盘内放置小茶船(含茶壶)、大茶船(含四只倒扣的品饮杯)、茶罐(含茶叶)、茶巾及茶巾盘、箸匙筒(含茶则、茶匙、茶针)、茶荷、花器(含花),中茶盘放置陶质茗炉、提梁陶壶、火柴。

2. 布席

含茶船的大茶盘置茶桌中间,茶盘距茶桌内沿10厘米。含茗炉的中茶盘纵置茶桌左侧,与大茶盘间距离10~20厘米(以容下水盂为度)。奉茶盘纵置茶桌右侧,与茶船间距离10厘米左右。将装有温水的暖水瓶摆在茶桌左侧内边。

主泡和助泡走到距离茶桌一步远的地方并排立正,行鞠躬礼。然后主泡坐下,助泡立于主泡左侧后(若有两助泡则分列两侧后)。

主泡双手捧花器(含花)置茶桌左角,捧茶罐置大茶盘左前侧桌上,箸匙筒(含茶则、茶匙、茶针)置大茶盘右前侧桌上,茶荷及茶匙置大茶盘左后桌上,茶巾盘(内置茶巾)置大茶盘右后桌上。放置茶壶的小茶船置大茶盘右侧,放置品饮杯的大茶船置中间大茶盘左侧,且将品饮杯翻正并置大茶船内两两相接。水盂置大茶盘左侧桌上。陶质茗炉置中茶盘前部,提梁陶壶置中茶盘后部,火柴置中茶盘内左侧。

布席准备

布席毕

3. 择水

择水同玻璃杯泡法。

4. 取火

取火同玻璃杯泡法。

5. 候汤

急火煮水达二沸至三沸（95～100℃）。以汤壶内松风大作，壶口水汽直冲时为度。

6. 赏茶

主泡用"茶荷、茶匙法"取茶。助泡走上前，接过茶荷，双手奉给来宾欣赏干茶外形、色泽及嗅闻干茶香。结束后茶荷归还主泡，然后助泡退至后场。

7. 温壶

左手提汤壶用"回旋注水法"向茶壶（连盖）上冲淋少许热水，至水流遍及壶身，汤壶复位。

继之摇荡温壶。温壶后持壶将热水依次循环倒入品饮杯。

8. 投茶

主泡用左手大拇指、食指夹持壶钮，以兰花指手法将壶盖按抛物线轨迹置品饮杯中心杯口上。用"茶荷、茶匙法"取茶，并用"下投法"置茶叶于壶中。一般情况下的投茶量为：疏松条形青茶用量为茶壶体积的 2/3 左右；球形及紧结的半球形青茶用量为茶壶体积的 1/3 左右。碎茶较多时则减少置茶量，来宾多为初饮者时，也宜酌情减量。完成后茶漏归位。

注水

摇荡

弃水

当使用自制纸茶荷时，以左手托纸茶荷，令其开口向右，右手取茶匙先将一些粗大的茶叶拨到壶流一侧及底部，将细碎的茶叶拨到壶把一侧及中部，再将粗大的茶叶拨到上部。这样可避免冲泡后茶叶将出水孔堵塞，造成茶壶出水不畅。

置茶入壶

置茶入壶

9. 高冲

当水温恰当时，用左手提汤壶先向茶壶回旋注水，继之高提汤壶，从茶壶内侧高冲水，至满溢，汤壶复位。高冲可使壶中茶叶翻动而充分浸润，但注意不能向壶中心冲水，以免冲破茶胆。

10. 刮沫

右手提茶壶盖，由外向内刮去壶口的浮沫。左手提汤壶将盖上的浮沫冲净后盖好，以使茶汤清新洁净。

11. 淋壶

左手提汤壶向茶壶盖冲热水，顺时针回转运动手腕，水流从壶身外围开始浇淋，向中心绕圈最后淋至盖钮处，高提汤壶高冲，直至茶壶外壁受热均匀而足够（判断标准是茶壶嘴开始向外冒水）。汤壶复位。这样既洗净茶壶外表，又进一步提高壶温，俗称"内外夹攻"。"淋壶"后静置时间比温润泡要长约12~20秒，视茶紧结程度而定，愈紧结的茶所用时间愈长。一般青茶头一道需泡1分钟左右。

刮沫

净盖

淋壶

12. 温杯

单手提汤壶用"往复注水法"向各杯内注入开水至满，或单手提汤壶依序注水至满，汤壶复位。用右手大拇指、食指和中指端起一只茶杯侧放到邻近一只杯中。大拇指搭杯沿处、中指扣杯底圈足，食指勾动杯外壁如"招手"状转动茶杯，如狮子滚绣球，使茶杯内外均用开水烫到，复位后取另一只茶杯再温，直到最后一只茶杯。最后的一只茶杯不再滚洗，直接转动手腕，让热水回转至全部杯壁，再将热水倒入茶船。温杯毕，右手拿茶船，左手平伸压在品饮杯上，将茶船里的弃水倒入水盂。茶船归位。

13. 运壶

右手持茶壶，令壶底与茶船边沿轻触，向逆时针方向荡一圈，俗称"游山玩水"。其作用是刮去茶壶底部残水，并通过晃动使得茶汤均匀。转毕提壶至茶巾上按一下，充分吸干壶底的残水。

14. 低斟

右手持茶壶，先斟数滴茶汤于茶船里，目的是避免壶流里的碎茶流入杯中。然后沿杯口巡回低斟，俗称"关公巡城"。"巡城"至壶中茶汤将尽时，则巡回向各杯点斟茶汤。一点一滴斟到各杯中，俗称"韩信点兵"。为保证茶汤浓度一致，需要观察各茶杯中的茶汤：凡汤色稍淡者，则将茶壶中余下的茶汤多点数滴，汤色较深者少点几滴。

低斟的目的是使各杯中茶汤浓淡一致，不至于使香气散失，同时也避免茶汤溅出杯外或汤面形成泡沫而影响对茶的品赏。

轻发酵的青茶宜在茶汤筛尽后揭开茶壶盖，令叶底冷却，以易于保持其固有的香气与汤色。

15. 奉茶

主泡将茶杯端起，放在茶巾上按一下，吸干杯底水分，放入右侧奉茶盘上。其他步骤同玻璃杯泡法。

运壶

如果来客围坐较近，不必使用奉茶盘。主泡直接用双手捧取品茗杯，先到茶巾上轻按一下，吸尽杯底残水后将茶杯放到桌边。

关公巡城

韩信点兵

吸干杯底水

16. 品饮

接茶时可用伸掌礼对答或轻轻欠身微笑。右手以"三龙护鼎"手法握杯，女士可用左手托杯底，举杯近鼻端用力嗅闻茶香。接着将杯移远欣赏汤色，最后举杯分三口缓缓喝下，茶汤在口腔内应停留一阵，用舌尖两侧及舌面、舌根充分领略滋味。"三口方知味，三番才动心"，饮毕握杯再闻杯底香，用双手掌心将茶杯捂热，令香气进一步散发出来。也可单手握杯，将茶杯夹在虎口部位，来回转动嗅闻香气。

17. 续茶

依次收回品茗杯，仍呈两两方阵放在双层茶盘中，注开水重新温杯。右手揭开壶盖置茶船上，左手提汤壶回转冲开水至壶口，加盖，淋壶。如同冲泡其他茶类一样，第二、三道茶冲泡的要点在于保持足够的茶汤浓度。因此采用延长冲泡时间的方法，第二道茶应冲泡 1 分 15 秒左右，第三道茶应冲泡 1 分 40 秒左右。如果茶叶耐泡，还可继续冲泡第四、五道茶，甚至更多道。斟茶、奉茶同第一道茶。

18. 复品

复品同第十六道步骤"品饮"。

19. 赏底

用茶夹或渣匙从茶壶中夹或拨出一两条茶叶放入空杯中，注入开水，鉴赏叶底，俗称"乌龙戏水"。

20. 收具

收具同玻璃杯泡法。

杯置奉茶盘

（二）碗杯泡法工夫茶艺

盖碗泡青茶在广东潮汕、福建安溪一带比较流行。这一泡法特别适合于冲泡高香、轻发酵、轻焙火的青茶。

1. 备器

（1）主泡器：盖碗一、品饮杯（含杯托）四。

（2）备水器：茗炉、汤壶、暖水瓶各一。

闻香

（3）辅助器：大、中茶盘各一，双层圆瓷茶盘、茶船、箸匙筒（含茶则、茶匙）、茶荷、茶巾、茶巾盘、奉茶盘、茶罐（含茶叶）、茶桌、座椅、花器（含花）等各一，铺垫若干。

大茶盘内前排并列摆放花器（含花）、茶罐（含茶叶）与箸匙筒（含茶则、茶匙），大茶盘内中排左侧放双层圆瓷茶盘，盖碗在右，4只小杯在左呈新月状环列（杯口向下）在双层圆瓷茶盘上。大茶盘中排右侧放碗形茶船。后排右侧放茶巾及茶巾盘，左侧放茶荷。中茶盘内放置潮汕炉、玉书碾、火柴。奉茶盘内放置叠在一起的杯托四只。

2. 布席

大茶盘置茶桌中间，茶盘距茶桌内沿10厘米左右。中茶盘纵置茶桌右侧，与大茶盘间距离10厘米左右。奉茶盘纵置茶桌左侧，与大茶盘间距离10厘米左右。装有温水的暖水瓶摆在茶桌右侧内里。

双手捧花器置茶桌左上角，捧茶罐置大茶盘左前侧桌上，箸匙筒置茶船右前侧桌上。将盖碗端放到大茶盘内右侧中后位置，茶船移到盖碗前方。将双层茶盘中的4只品饮杯翻正并排放成两两方阵。将茶巾盘（内置茶巾）置大茶盘右后桌上，茶荷置大茶盘左后桌上。杯托在奉茶盘内摆成正方形或四方形。潮汕炉置中茶盘前，玉书碾置中茶盘后，火柴置中茶盘内右侧。

3. 择水

择水同玻璃杯泡法。

4. 取火

取火同玻璃杯泡法。

5. 候汤

候汤同壶杯泡法工夫茶艺。

6. 赏茶

赏茶同壶杯泡法工夫茶艺。

7. 温碗

将盖碗放到碗形茶船中，碗托留在原位作盖置用。

用食指按住盖钮中心下凹处，大拇指和中指扣住盖钮两侧提盖，同时向内转动手腕回转一圈，并按抛物线轨迹将碗盖置碗托上。

将碗盖置碗托上

弃水

单手或双手提汤壶，按顺时针（或逆时针）方向回转手腕一圈低斟，使水流沿碗口注入。然后提腕高冲，待注水量为碗容量的 1/3 时复压腕低斟，回转手腕一圈并令壶流上扬使汤壶及时断水，然后轻轻将汤壶放回原位。

单手依开盖动作逆向复盖，碗盖靠右侧斜盖，即在盖碗左侧留一小间隙。

右手持盖碗，左手指托住碗底。双手协调，按逆时针方向转动手腕，令盖碗内部充分接触热水。

右手提盖碗至双层茶船上方，将热水从盖碗盖子与碗沿间隙中巡回倒入 4 只品茗杯，然后将盖碗放回碗形茶船。

8. 投茶

主泡右手大拇指、食指、中指夹持盖钮，以兰花指手法将碗盖按抛物线轨迹置碗托上。

双手捧茶荷先平摇几下，令茶叶分层后左手托住茶荷，右手取茶匙将表面的粗大茶叶拨到一边，先舀取细碎茶叶放进盖碗，再取粗大茶叶置其上方，目的是使冲泡后的细碎茶渣不易倒出。

一般情况下的投茶量：疏松条形乌龙茶用量为茶碗容积的 2/3 左右；球形及紧结的半球形乌龙茶用量为茶碗容积的 1/3 左右。应视乌龙茶的紧结程度、整碎程度及品茶口味灵活掌握。

9. 温润

提汤壶回转手腕向盖碗内回旋注水至碗七成，汤壶复位。提碗盖由外向内刮去浮沫后迅速加盖，然后提盖碗将温润泡的热水倒进茶船，顺势将盖碗浸入茶船。

10. 高冲

当水温恰当时，先揭碗盖置碗托上，继用右手提汤壶以"低斟回旋高冲法"向盖碗内注水，至八分满后汤壶复位，盖碗复盖。静置 1 分钟左右。

11. 温杯

用传统工夫茶的温杯法温杯。用右手大拇指、食指和中指端起一只茶杯侧放到邻近一只杯中。大拇指搭杯沿处、中指扣杯底圈足，食指勾动杯外壁作"招手"状转动茶杯，如狮子滚绣球，使茶杯内外均用开水烫到，复位后取另一只茶杯再温，直到最后一只茶只茶杯。最后一杯不再滚洗，直接转动手腕，让热水回转至全部杯壁，再将水倒入带有漏孔的双层茶盘。

12. 低斟

右手持盖碗先放到茶巾上按一下，吸尽盖碗外壁残水，移入碗托，并微移碗盖使之呈左低右高。张开右手虎口，用大拇指按碗盖，四指托碗底，横持盖碗，先将最上面一些茶汤弃入双层茶盘，继用"关公巡城""韩信点兵"法斟茶。斟茶毕，将盖碗置回碗托上。一般的轻发酵乌龙茶在茶汤筛尽后，宜揭开碗盖，令叶底冷却，以便保持其固有的香气与汤色。

13. 奉茶

注水

奉茶同壶泡法工夫茶艺。

14. 品饮

品饮同壶泡法工夫茶艺。

15. 续茶

主泡双手捧碗形茶船，将其中已冷却的开水倒入双层茶盘，复位后左手提壶向碗形茶船内注入适量的开水。右手持盖碗放入茶船，揭盖。右手提壶注开水，复盖。第二道茶需要冲泡1分15秒左右。依次收回品茗杯，仍呈两两方阵放在双层茶盘中，注开水重新温杯。接着斟茶、奉茶，方法同低斟、奉茶两步骤。第三道茶冲泡需要1分40秒，方法如第二道茶。如果茶叶耐泡，还可继续冲泡第四、五道。

16. 复品

复品同壶泡法工夫茶艺。

17. 收具

收具同壶泡法工夫茶艺。

（三）碗盅单杯泡法工夫茶艺

1. 备器

（1）主泡器：盖碗一、茶盅一、品饮杯和杯托各四。

（2）备水器：茗炉、汤壶、暖水瓶各一。

（3）辅助器：双层茶盘、中茶盘、箸匙筒（含茶则、茶匙、茶夹）、茶荷、茶巾盘及茶巾、奉茶盘、茶罐（含茶叶）、茶滤架及茶滤、茶桌、座椅、花器（含花）等各一，铺垫若干。

奉茶盘置品饮杯4只，杯口倒扣在杯托上。双层茶盘放置花器（含花）、茶罐（含

吸干碗底水

关公巡城

茶叶）、箸匙筒（含茶则、茶匙、茶夹）、茶壶、茶盅、茶巾盘及茶巾、茶荷、茶滤架及茶滤，中茶盘放置茗炉、汤壶、火柴。

2. 布席

双层茶盘置茶桌中间，茶盘距内沿 10 厘米。中茶盘与奉茶盘分置双层茶盘左右两侧，与其间距离均为 5～10 厘米。将装有温水的暖水瓶摆在茶桌左侧内边。

双手捧茶罐置双层茶船左前侧桌上，捧花器（含花）置茶桌右角，箸匙筒（含茶则、茶匙、茶夹）置双层茶船右前侧桌上。盖碗置茶船右后位置，茶盅置茶船中后位置，茶滤架及茶滤置茶船左后位置。将奉茶盘中的品饮杯翻正，从左到右，置双层茶盘前排横列。茶荷置茶船左后桌上，茶巾盘（内置茶巾）置茶船右后桌上。陶质茗炉置中茶盘前部，提梁陶壶置中茶盘后部，火柴置中茶盘内左侧。

3. 择水

择水同玻璃杯泡法。

4. 取火

取火同玻璃杯泡法。

布席准备

布席尊

5. 候汤

候汤同壶杯泡法工夫茶艺。

6. 赏茶

赏茶同壶杯泡法工夫茶艺。

7. 温碗

温碗同碗杯泡法工夫茶艺。

8. 温盅

先将茶滤置茶盅上，提汤壶向盅内注开水，手法同温壶法。温盅毕，茶滤归位，将温盅之水倒入品饮杯温杯。

9. 投茶

投茶同碗杯泡法工夫茶艺。

10. 温润

温润同碗杯泡法工夫茶艺。

11. 高冲

高冲同碗杯泡法工夫茶艺。

12. 温杯

右手持茶夹，按从右向左的顺序，从左侧杯壁夹持品饮杯，侧放入紧邻的左侧品饮杯中（杯口朝右）。用茶夹转动品饮杯一圈，沥尽水归原位。最后的一杯不再滚动，直接回转手腕，再将水倒入排水型双层茶盘。用手端杯或以茶夹夹住杯壁，将烫杯的水倒入排水型双层茶盘。

注水

弃水

13. 斟茶

左手先将茶滤置茶盅上。右手大拇指、食指和中指提拿盖碗置茶巾上轻按，吸尽盖碗底部残水，随后将茶汤斟入茶盅。斟茶毕，茶滤归位。

14. 分茶

右手持茶盅按从左到右的顺序，往品饮杯中分茶。

15. 奉茶

端奉茶盘到客人面前，将奉茶盘放在客人前侧。双手连杯托一起端起置客人桌前，并行伸掌礼。客人答以伸掌礼。

16. 品饮

品饮同碗盅杯泡法工夫茶艺。

17. 续茶

右手揭碗盖，左手提汤壶用"低斟回旋高冲法"注水，复盖。第二道茶需要冲泡1分15秒，第三道需要1分40秒，方法如第二道。如果茶叶耐泡，还可继续冲泡第四、五道。

先斟茶汤入茶盅。继之将茶盅提起，放茶巾上按一下吸尽盅底水分，放在奉茶盘中。并将茶巾放入奉茶盘，由主泡或助泡端奉茶盘至宾客处持盅一一分茶。客人则答以扣指礼。每分完一杯茶，应将茶盅提回放茶巾上按一下吸尽盅底水分，然后再继续分茶。

18. 复品

复品同第十六道步骤"品饮"。

19. 收具

茶具归位如布席开始状态（奉出去的茶杯可在结束后收回），主泡在座位上行鞠躬礼。也可起身站立行鞠躬礼，或与助泡一起行鞠躬礼告别。

斟茶入盅

（四）碗盅双杯泡法工夫茶艺

1. 备器

（1）主泡器：盖碗一、茶盅一、品饮杯和闻香杯（含杯托）四套。

（2）备水器：同碗盅单杯泡法工夫茶艺。

（3）辅助器：同碗盅单杯泡法工夫茶艺。

奉茶盘置品饮杯4只，闻香杯4只，并列倒扣在杯托上。双层茶盘放置花器（含

持盏分茶

行礼退席

花)、茶罐（含茶叶）、箸匙筒（含茶则、茶匙、茶夹）、茶壶、茶盏、茶巾盘及茶巾、茶荷、茶滤架及茶滤，中茶盘放置茗炉、汤壶、火柴。

2. 布席

将奉茶盘中的品饮杯、闻香杯翻正，从左到右置于双层茶盘前部横列，品饮杯在前，闻香杯在后。其他同碗盏单杯泡法工夫茶艺。

3. 择水

择水同玻璃杯泡法。

4. 取火

取火同玻璃杯泡法。

5. 候汤

候汤同壶杯泡法工夫茶艺。

6. 赏茶

赏茶同壶杯泡法工夫茶艺。

7. 温碗

布席准备

布席毕

温碗同碗杯泡法工夫茶艺。

8. 温盅

温盅同碗盅单杯泡法工夫茶艺。

9. 投茶

投茶同碗杯泡法工夫茶艺。

10. 温润

温润同碗杯泡法工夫茶艺。

11. 高冲

高冲同碗杯泡法工夫茶艺。

12. 温杯

单手提汤壶依次一杯一杯往品饮杯、闻香杯注水至满，汤壶复位。温品饮杯同碗盅单杯泡法工夫茶艺。

用手端闻香杯或用茶夹夹住杯壁，将水倒入排水型双层茶盘。

13. 斟茶

斟茶同碗盅单杯泡法工夫茶艺。

14. 分茶

右手持茶盅按从左到右的顺序，往闻香杯中分茶。

持盅分茶

品饮杯、闻香杯置杯托上

15. 奉茶

主泡从左到右，分别将闻香杯、品饮杯端起，放在茶巾上轻按，吸干杯底水分，置于左侧奉茶盘中杯托上。敬茶给客人时，注意使品饮杯在右、闻香杯在左。其他同壶泡法工夫茶艺。

16. 轮杯

先将品饮杯倒扣在闻香杯上。双手掌心朝上，用大拇指抵住品饮杯杯底两侧，食指和中指夹住闻香杯杯身两侧，翻转180°，使闻香杯倒立在品饮杯中，双手将品饮杯轻轻归放原位。或以单手大拇指抵住品饮杯杯底，食指和中指夹住闻香杯杯身，翻转180°。以另一手端接品饮杯。单手或双手将品饮杯轻轻归放原位。

17. 品饮

以左手大拇指、食指从品饮杯侧轻轻下按，右手大拇指、食指和中指反手并顺时

18. 续茶

持盅分茶至闻香杯，方法同碗盅单杯泡法工夫茶艺。

19. 复品

复品同第十六个步骤"轮杯"、第十七个步骤"品饮"。

20. 收具

收具同碗盅单杯泡法工夫茶艺。

十三、民俗茶艺

（一）汉族民俗茶艺

1. 客家擂茶

客家作为汉族的一支主要民系，分布在我国湖南、湖北、江西、福建、广西、四川、贵州、台湾等地。擂茶是客家人的传统饮茶方式，由茶叶、生姜、花生仁为主要原料研磨配制后，加开水冲泡或烹煮而成，所以又名"三生汤"。擂茶对客家人来说既是解渴的饮料，又是健身的良药。

客家人民风淳朴，热情好客，每当客人登门时，主人首先端出一套擂茶的茶具来。一是口径约 0.5 米、内壁有辐射状纹的陶制"擂钵"，二是以油茶木或山楂木制成的约 0.7 米长的"擂棒"，三是以竹片编成的捞滤碎渣的"捞瓢"，这三样俗称"擂茶三宝"。

做擂茶首先要用热水将茶具冲洗干净，然后把茶叶、芝麻、花生仁、生姜、甘草、胡椒、食盐等放入特制的陶质擂钵内，使各种原料相互混合，以硬木擂棒沿着擂钵内壁做有节奏的旋转擂磨，间或轻敲钵壁，以免擂茶原料黏在钵上。在擂磨时酌量加些凉白开，等到擂成糊状后，用捞瓢捞起，并滤去渣，这种糊状物即为"擂茶脚子"。再将脚子放在茶碗里，冲入沸水，用调匙轻轻搅动几下，即成为一碗甘香爽口的擂茶。擂茶的汤色一般为黄白如象牙色或绿黄色，看似豆浆，又似乳汁，有炒熟后的米香，滋味适口，风味特别。

擂茶的材料因地方和个人的喜好略有不同。但基本的材料如茶叶、花生仁、芝麻、生姜、大米是不可少的，其他有加入地方特产和个人喜好的材料，如湖南、江西等地大都是用绿茶；福建、广东、台湾用乌龙茶。芝麻有的熟制，有的生食，生姜大都一致。

擂茶在原有的基础上逐渐发展成社交礼俗，在婚嫁寿诞、亲友聚会、邻里串门、乔迁新居、添人升官等喜事来临时，主人家都要请吃擂茶。

将"擂茶脚子"盛到碗中

一般人们中午干完活回家，总以在用餐前喝几碗擂茶为快。有的老年人倘若一天不喝擂茶，就会感到全身乏力，精神不爽，视喝擂茶如吃饭一样重要。不过，倘有亲朋进门，那么在喝擂茶的同时，还必须设几碟茶点。茶点以清淡、香脆的食品为主，诸如花生、薯片、瓜子、米花糖、炸鱼片之类，以增添喝擂茶的情趣。

2. 江浙熏豆茶

在美丽富饶的长江三角洲地区，特别是太湖之滨及杭嘉湖鱼米之乡，几乎家家户户都有喝熏豆茶的习俗。农家熏制烘豆，制成熏豆茶。熏豆茶的配制，以熏豆为主，绿茶为辅，有的还佐以其他配料。

其实，熏豆茶中只有少量鲜叶，更多的是称之为"茶里果"的作料。"茶里果"的原料中首要的是熏豆，又名熏青豆。采摘嫩绿的优良品种的青豆（本地人叫"毛豆"），经剥、煮、淘、烘等多种工序加工而成，贮藏备用；第二种是芝麻，一般选用颗粒饱满的白芝麻炒至芳香即可；第三种，民间叫"卜子"，其学名为"紫苏"；第四种为橙皮，是一种产于太湖流域的酸橙之皮，具有理气健胃之功效；第五种名为"丁香萝卜干"，即胡萝卜干。以上五种，就构成了熏豆茶中必备的"茶里果"。一般在冲泡前应以适当的比例调和，装入储存罐中备用。此外，当地人还根据各自的喜好和条件，在"茶里果"中加入青橄榄、扁尖笋干、香豆腐干、咸桂花、腌姜片等多种作料。

其中有个原则务必遵循，那就是所放的作料既不能是腥膻油腻之物，也不能造成茶汤的浑浊。

待所有的"茶里果"投放茶碗（盏）完毕以后，再放上几片嫩绿的茶叶，以沸水冲泡，一碗红、绿、黄、白、黑各色相映，五彩缤纷、喷香可口的熏豆茶便沏成了。呷上一口，一股淡淡的咸味中夹着一丝丝甜味，顿觉满口清香。茶汤绿中呈黄，嫩茶的清香和熏豆的鲜味混为一体，饮后提神、开胃。

当地人制作熏豆十分讲究，必须用一种名为"落霜青"的稻熟毛豆作为原料。每年农历"秋分"已过，"寒露"前后，毛豆饱满而未老之际，就是收获的时候了。采摘下来的毛豆以鲜嫩饱满、粒大色青、老嫩适中为上品。制作熏豆时先剥出豆粒，清水漂去豆衣、边膜，再入水煮，煮豆的柴火须用早春桑树上剪下的被称为"桑钉"的枝条。在水煮青毛豆半熟时，加适量盐和味精，滤干，置铁丝网筛上，用"桑钉"木柴烧成的炭火，缓缓地焙烤，民间称之为"熏"。火力忌猛，以文火为宜，并须不断翻拌网筛内烘豆，一般经五个小时左右的熏烘，青豆水分蒸发微硬，发出"索索"之声后，即成"熏豆"。

"熏"有两种作用，一是经过烘烤，使食品中水分大部分挥发，增强防腐能力；二是能产生一种特别的清香。熏豆色呈翠绿，嚼之清香软糯，其味鲜美，回味无穷，且开胃生津，老少皆宜。既便于贮藏，又便于携带。农家一般都贮藏于罐内，或用布袋装好，放进土制的石灰窖中，隔年都不会变质。客来可随时取出冲泡。平时既可以当作粥菜或佐酒，小孩子抓一把放进口袋，也是美味的零食。

熏豆茶色香味俱佳，以熏豆茶待客是当地的习俗。每逢春节，还要在茶中加一颗橄榄，因其形如元宝，寓意"招财进宝"。按照当地的习俗，如客人不把碗中豆料吃尽，就表示还要喝茶，主人就会一次次添水，不了解此风俗的，往往会闹出笑话来。

3. 四川掺茶

在四川的茶馆里，当茶客们围着茶桌坐定后，随着客人喊声"泡茶"，掺茶师便应声而至。只见掺茶师右手提着紫铜长嘴壶，左手五指分开，夹着一摞茶碗、碗盖、碗托，来到茶桌前一挥手，碗托叮当连声，满桌开花，恰到好处地在客人面前各停一个。紧接着把装好茶叶的茶碗放在一个个碗托上，左手扣住碗盖，紧贴茶碗，右手上的紫铜长嘴壶如赤龙吐水，待水将满碗时，忽地一收一翘，接着吧嗒一声，碗盖翻过去将碗盖住，全部动作快速、干净、利落。

掺茶在四川不同的地方也有一些不同的招式和流派，如蒙山派的"龙行十八式"，峨眉派的三十六式等。掺茶师表演时，忽然将滚烫的长嘴铜壶出人意料地顶到头顶上，一个"童子拜佛"，细流从上泻下，却是有惊无险。接着，铜壶甩到背后，细长的壶嘴贴着后肩，连人带壶一齐前倾，细流越背而出，安全着杯，是为"负荆请罪"。背过身去，下腰，后仰如钩，铜壶置于胸前，长嘴顺喉、颈、下颏出枪，几乎就要烫着突起的下巴，一股滚水细若游丝，越过面部，反身掺进茶碗，这一招叫"海底捞月"。茶满，掺茶师一个鲤鱼打挺，站直了身，干净利落。

（二）少数民族民俗茶艺

在我国幅员辽阔的土地上，生活着众多的少数民族。由于各少数民族所处的地理位置以及生活习惯的不同，茶在他们日常生活中的作用也各不相同。他们根据生活环境、生活习惯创造了许多别具一格的饮茶方式，极大地丰富了饮茶艺术，成为我国茶文化中一道亮丽的风景线。

少数民族的饮茶多以调饮为主，他们在继承我国传统清饮方式的同时，丰富和发展了我国的调饮茶文化系统。

1. 藏族酥油茶

藏族主要分布在中国西藏，云南、四川、青海、甘肃等省的部分地区也有居住。西藏地势高，气候高寒干燥，有"世界屋脊"之称。当地蔬菜瓜果少，常年以奶、肉、糌粑为主食。因此，人体不可缺少的维生素等营养成分主要靠茶叶来补充。茶成了当地人们补充营养的主要来源，喝酥油茶如同吃饭一样重要。

酥油茶是一种在茶汤中加入酥油等作料经加工而成的茶汤。酥油，是把牛奶或羊奶煮沸，经搅拌冷却后凝结在表面的一层脂肪。而茶叶一般选用的是紧压黑茶。制作时，先将紧压茶打碎加水在壶中煎煮20~30分钟，再滤去茶渣，把茶汤注入长圆形的打茶筒内。同时，再加入适量酥油，还可根据需要加入事先已炒熟、捣碎的核桃仁、花生米、芝麻粉、松子仁之类，最后还应放上少量的食盐、鸡蛋等。接着，用木杵在圆筒内上下抽打。根据经验，当抽打时打茶筒内发出的声音由"咣当，咣当"转为"嚓，嚓"时，表明茶汤和作料已融为一体，酥油茶就算打好了，然后将酥油茶倒入茶碗待喝。

由于酥油茶是一种以茶为主料，并加有多种食物混合而成的饮料，所以滋味丰富，

跟着《茶经》来学茶

喝起来咸里透香，苦中有甜，它既可暖身御寒，又能补充营养。在西藏草原或高原地带，人烟稀少，家中少有客人进门，偶尔有客来访，可招待的东西很少，酥油茶是待客的妙品，再加上它独特的味道和丰富的营养，敬酥油茶便成了西藏人款待贵客的礼仪。

喝酥油茶是很讲究礼节的。宾客进门入座后，主妇很有礼貌地按辈分大小，先长后幼，为宾客一一倒上酥油茶，再热情地邀请大家用茶。这时，主客一边喝酥油茶，一边吃糌粑。按当地的习俗，宾客喝酥油茶时，不能端碗一饮而尽，否则会被认为是不礼貌的。一般每喝一碗茶都要留下少许，这被看作是对主妇打茶手艺不凡的一种赞许，这时主妇早已心领神会，又来斟满。如客人不想再喝了，就把剩下的少许茶汤有礼貌地泼在地上，表示酥油茶已喝饱了，当然主妇也不再劝喝了。

2. 蒙古族咸奶茶

蒙古族主要居住在内蒙古及其边缘的一些省区，喝咸奶茶是蒙古族的传统饮茶习俗。每日清晨，主妇第一件事就是先煮一锅咸奶茶，供全家整天享用。早上，他们一边喝茶，一边吃炒米。剩余的茶放在微火上暖着，供随时取饮。通常一家人只在晚上放牧回家后才正式用餐一次，但早、中、晚三次喝咸奶茶一般是不可缺少的。

蒙古咸奶茶的熬制，先要将砖茶用砍刀劈开，放在石臼内捣碎后，取茶叶约25克，置于碗中用清水浸泡。生起灶火，架锅烧水。水必须是新打上来的，否则口感不好。水烧开后，倒入另口一锅中，将用清水泡过的茶水也倒入，再用文火熬3分钟，然后放入几勺鲜奶，少顷再放入少量食盐，锅开后即可用勺舀入茶碗中饮用。火候的掌握十分重要，温火最佳，火候太大会破坏茶中所含的维生素，火候太小则茶味不够。

遇到节日或较隆重的场合，奶茶的配料增多，制作也复杂得多。事先要预备砖茶碎末、食盐、纯碱、小米、牛奶、奶皮子、黄油渣、稀奶油、黄油、羊尾油等配料，并放在碗内备用。水烧开后倒入茶叶熬成茶汁，滤去茶叶渣。将另一口锅置于火上烧热，用切碎的羊尾油烧锅，将少量茶汁倒入烧开，再加入一勺小米，煮开后将剩余所有茶叶倒入锅中，沸后放一把炒米和少许黄油。最后将其他配料（牛奶、奶油、奶皮子、黄油渣、黄油）混在一起放入专用的搅茶桶中搅拌，直到从混合物中分离出一层油为止，然后全部倒入滚开的茶水锅中搅拌均匀，这样，一锅飘溢着浓浓咸奶香味的高档咸奶茶就熬好了。

煮咸奶茶看起来比较简单，其实滋味、营养成分与煮茶时用的锅，放的茶，加的水，掺的奶，煮的时间以及先后顺序都有关系。蒙古族同胞认为，器、茶、奶、盐、温五者相互协调，才能煮出咸甜相宜、美味可口的咸奶茶来。为此，蒙古族妇女练就了一手烹煮咸奶茶的好功夫。从姑娘懂事开始，做母亲的就会用心地向女儿传授煮茶技艺。姑娘出嫁、婆家迎亲后，举行婚礼，新娘就得当着亲朋好友的面，显露一下煮茶的本领，并将亲手煮好的咸奶茶敬献给各位宾客品尝，以示身手不凡、家教有方。

3. 维吾尔族奶茶与香茶

维吾尔族主要居住在我国新疆维吾尔自治区。但由于天山山脉横亘新疆中部，使得区内天山南北气候各异。气候环境、食物结构、生活方式的不同，使得同一民族的煮茶方法以及喝茶习惯都大相径庭。北疆以喝加奶的奶茶为主，南疆以喝加香料的香茶为主。但不论奶茶和香茶，用的都是茯砖茶。

奶茶的制作方法并不复杂，一般先将茯砖茶敲成小块，抓一把放入盛水八分满的茶壶内，放在炉子上烹煮。沸腾四五分钟后，加一碗牛奶或几个奶疙瘩和适量盐巴，再让其沸腾五分钟左右，一壶热乎乎、香喷喷、咸滋滋的奶茶就算制作好了。

南疆的香茶，用的茶叶与奶茶相同，只是最后加入的作料不是牛奶与盐巴，而是用胡椒、桂皮等香料碾碎而成的细末。煮香茶用的通常是铜制的长颈茶壶，也有用陶质、搪瓷或铝制长颈壶的。为防止倒茶时茶渣、香料混入茶汤，壶嘴上往往套有一个网状的过滤器，以免茶汤中带渣。通常制作香茶时，应先将茯砖茶敲碎成小块状。同时，在长颈壶内加水七八分满，加热，当水刚沸腾时，抓一把碎块砖茶放入壶中，当水再次沸腾约 5 分钟时，则将预先准备好的适量姜、桂皮、胡椒等细末香料放进煮沸的茶水中，轻轻搅拌，经 3~5 分钟即成。

4. 回族刮碗子茶

回族主要分布在中国的西北，以宁夏、青海、甘肃三省区最为集中。回族居住处多在高原沙漠，气候干燥寒冷，缺乏蔬菜，以食牛羊肉、奶制品为主。而茶叶中的维生素和多酚类物质，不但可以弥补缺乏蔬菜营养的不足，而且还有助于去油除腻，帮助消化。所以，自古以来，茶一直是回族的生活必需品。

回族饮茶，方式多样，其中较有代表性的是喝刮碗子茶。刮碗子茶用的茶具俗称"三炮台"，由茶碗、碗盖和碗托或盘组成。喝茶时，一手提托，一手握盖，并用盖顺碗口由里向外刮几下，这样一则可拨去浮在茶汤表面的泡沫，二则使茶味与所添加食物相融，刮碗子茶的名称也由此而生。

刮碗子茶用的多为普通绿茶，冲泡时，茶碗中除放茶叶外，还放有冰糖与多种干果，诸如苹果片、葡萄干、杏干、核桃仁、红枣、桂圆、枸杞子等，有的还要加上菊花、芝麻之类，通常多达八种，故也有人美其名曰"八宝茶"。由于刮碗子茶中食品种类较多，加之各种配料在茶汤中的浸出速度不同，因此，每次续水后喝起来的滋味是不一样的。一般说来，刮碗子茶用沸水冲泡，随即加盖，经5分钟后开饮，第一道以茶的滋味为主，主要是清香甘醇；第二道因糖的作用，就有浓甜透香之感；第三道开始，茶的滋味开始变淡，各种干果的味道逐渐凸显，具体依所添的干果而定。大抵说来，一杯刮碗子茶能冲泡5~6次，甚至更多。喝刮碗子茶次次有味，且次次不同，又能去腻生津，滋补强身，是一种甜美的养生茶。

5. 白族三道茶

白族散居在云南大理的苍山之麓、洱海之滨。白族人家不论在逢年过节、生辰寿诞、男婚女嫁等喜庆日子里，还是亲朋好友登门造访之际，都会以三道茶款待宾客。

宾客上门，主人一边与客人促膝谈心，一边吩咐家人架火烧水。待水沸开，就由家中或族中最有威望的长辈亲自司茶。先将一只小砂罐置于文火之上烘烤，待罐烤热后，取一小撮茶叶放入罐内，并不停地抖动罐子，使茶叶受热均匀。等罐中"啪啪"作响，茶叶色泽由绿转黄，发出焦香时，向罐中注入开水，煮沸后倾注到一种叫"牛眼睛盅"的小茶杯中。茶汤仅半杯而已，一口即干。由于此茶是经过烘烤、煮沸而成的浓汁，因此色如琥珀，焦香扑鼻，滋味苦涩。此茶虽香，却也味苦，因此谓之"苦茶"。白族人称这第一道茶为"清苦之茶"，它寓意做人的道理——要立业，就要先吃苦。

喝完第一道苦茶后，就准备喝第二道甜茶了。主人在带茶托的小茶碗内放入姜片、白糖、红糖、蜂乳，烤熟的白芝麻，切得极薄的熟核桃仁片，再加上从牛奶里提炼熬制出来又经烘烤切细的乳扇，注入开水即成甜茶。此茶甜中带香，别有一番风味。白族人称它为"糖茶"或"甜茶"，寓意"人生在世，做什么事，只要吃得了苦，就会有甜香来"。

第三道茶称为"回味茶"。煮茶方法与先前相同，只是茶盅里放的原料已换成适量蜂蜜、少许炒米花、若干粒花椒、一撮核桃仁，茶汤通常为六七分满。饮第三道茶时，一般是一边晃动茶盅，使茶汤和作料均匀混合，一边口中"呼呼"作响，趁热饮下。

这杯茶，喝起来甜、酸、苦、辣各味俱全，回味无穷。它告诫人们，凡事要多"回味"，切记"先苦后甜"的哲理。

主人款待客人三道茶时，一般每道茶相隔三五分钟进行。另外，还得在桌上放些瓜子、松子、糖果之类，以增加品茶的情趣。

6. 佤族烤茶

佤族主要分布在云南的沧源、西盟等地，在澜沧、孟连、耿马、镇康等地也有部分居住。他们自称"阿佤""布饶"，至今仍保留着一些古老的生活习惯，喝烤茶就是一种流传已久的饮茶风俗。

佤族的烤茶，冲泡方法很别致。通常先用茶壶将水煮开。与此同时，另选一块清洁的薄铁板，也有的用石板或绵纸，上放适量茶叶，移到烧水的火塘边烘烤。为使茶叶受热均匀，还得轻轻抖动、翻动茶叶。待茶叶发出清香，叶色转黄时，将茶叶倾入开水壶中进行烧煮。约3分钟后，即可将茶置入茶碗，以便饮用。

如果烤茶是用来敬客的，通常得由佤族少女奉茶敬客，待客人接茶后，方可开始饮茶。

7. 其他

中国有55个少数民族，每个民族都有自己独特的饮茶风俗。除上面介绍的以外，还有壮族打油茶、布朗族糊米香茶、哈尼族瓦罐烤茶等许多民俗茶艺。

广西南宁古鼎香队"黑衣壮族打油茶"茶艺

十四、水的选择

茶因水而发香，水因茶而添韵。清人张大复在《梅花草堂笔谈》写道："茶性必发

布朗族糊米香茶

于水，八分之茶，遇十分之水，茶亦十分矣；八分之水，试十分之茶，茶只八分耳。"
水是茶的载体，离开水，所谓茶色、茶香、茶味便无从体现。因此，择水成为饮茶艺
术中一个非常重要的部分。

（一）软水

泡茶用水有软水和硬水之分，所谓软水是指每升水中钙离子和镁离子的含量不到
10毫克。近代科学分析证明，一般在无污染的情况下，自然界中只有雪水、雨水和露
水即"天水"，才称得上是纯软水。例如，虽然雨水在降落过程中会碰上尘埃和二氧化
碳等物质，但含盐量和硬度都很小，历来被文人和茶人所喜爱，用之煮茶。

软水中含其他溶质少，茶叶有效成分的溶解度高，故茶味浓。用软水泡茶其汤色
清明、香气高雅、滋味鲜爽，品质自然可贵。

（二）硬水

每升水中钙离子和镁离子的含量超过10毫克的即为硬水了。除去"天水"外，其
他如泉水、江水、河水、湖水和井水，这些地水都属于硬水。水的硬度影响水的pH，
而pH又影响茶汤色泽，pH高会使茶汤颜色变深，茶中的茶黄素流失。

水的硬度还影响茶叶有效成分的溶解度。饮水中含有较多的钙、镁离子和矿物质，
茶叶有效成分的溶解度低，茶味就会变淡。如钙含量较多，则滋味会变苦涩。所以硬
水并不适合泡茶。

（三）酸性水与碱性水

关于水的酸碱性与人体健康的关系目前并没有得到明确的科学证明。人体胃酸的

酸性很强，但由于人体自身有强大的酸碱调节功能，即使喝了比胃酸 pH 更高的弱酸性水，对健康也并无明显的影响。人若多量饮用弱碱性水，反而会在一定程度上破坏体内的酸碱平衡，中和胃酸，影响食物消化。

茶叶泡出的茶汤都是酸性的，绿茶 pH 约为 6；红茶、普洱茶 pH 为 4.6~4.9；没有茶汤是碱性的。若用碱性水泡茶，碱会使茶叶中的茶多酚分解，使茶色变深；若用酸性水，会破坏茶叶中的茶红素，使茶变黑。只有微酸性水最适合泡茶。中国人几千年来养成的良好饮茶习惯，证明偏酸性的茶并不会因长期饮用而影响健康，反而会养生保健、益寿延年。

十五、好水饮好茶

"其水，用山水上，江水中，井水下。其山水拣乳泉、石池漫流者上；其瀑涌湍漱，勿食之。"

——《茶经·五之煮》

在《茶经》的第五章，陆羽指出："煮茶的水，以山泉为最好，其次是江水、河水，井水最差。山泉水最好取用乳泉、池塘等流动缓慢的水。瀑布、涌泉之类奔流湍急的水不要饮用，长期饮用这种水会使人的颈部生病。"可见，唐代便深知饮茶用水至关重要。那么，什么样的水才是最适宜饮茶的绝佳好水呢？我们试列举一二。

（一）山泉水，泡茶最好

陆羽认为，煮茶最好的水是山泉水。因为山泉水水源多出自深山，或潜埋地层深处，而流出地面的泉水，经多次渗透过滤，一般比较稳定，以致有"泉从石出清且冽"之说，泉水即陆羽茶经中所提的上上之水，出自岩石重叠的山峦，山上植被繁茂，从山岩断层涓涓细流汇集而成的泉水，不但富含二氧化碳和各种人体有益的微量元素，而且经过砂石过滤，水质清澈晶莹，含氯化物极少。因此，用这种泉水沏茶，总能使茶叶的色、香、味、形得到最大的发挥。

泉水涌出地面之前为地下水，经地层反复过滤，涌出地面时，水质清澈透明，沿溪涧流淌，又吸收空气，增加溶氧量；并在二氧化碳的作用下，溶解岩石和土壤中的钠、钾、钙、镁等元素，具有矿泉水的营养成分。但也并不是所有的泉水都可用来沏茶，如硫磺矿泉水等是不能沏茶的。而且，泉水也不可能随处可得，因此，对大多数茶客来说，只能视条件和可能来选择宜茶用水了。

（二）江河雨雪水，优劣见分晓

一般来说，江河湖水均为地面水，所含矿物质不多，通常有较多杂质，浑浊度大，受污染较重，情况较复杂，所以江河湖水一般不是理想的泡茶之水。但《茶经》所说的"其江水，取去人远者"，也就是在远离人烟、污染较少的地方汲取江水，用来泡茶仍是适宜的。古人深知此理，"远向溪边寻活水，闲于竹里试银芽"。我国地域广阔，不少江河湖水清澈，有些湖水经澄清后用来泡茶，也很不错。

至于雨水、雪水，这是自然之水。雨水在降落过程中会碰上尘埃和氮、氧、二氧化碳等物质，但含盐量和硬度都很小，古人誉为"天水"，历来就被用来煮茶。一般来说，雪水和雪是比较纯净的，也很受古代文人和茶人的喜爱。雪水是软水，用来泡茶，汤色鲜亮，香味俱佳，饮过之后，似有一种太和之气，弥留于齿颊之间，余韵不绝。雨水的洁度因季节不同而有很大差异。秋季，天高气爽，尘埃较少，秋雨水泡茶滋味爽口回甘；梅雨季节，微生物滋长，梅雨水泡茶品质较次，夏季雷阵雨，常伴飞沙走石，水质不净，泡茶茶汤浑浊，不宜饮用。

（三）井水来煮茶，秋茶滋味佳

井水属地下水，悬浮物含量较低，透明度较高，但由于在地层的渗透过程中溶入了较多的矿物质、盐类，因而硬度比较大，特别是城市水井，水源往往受到污染。用这种水泡茶，会损害茶味。然而井水是否适宜泡茶，不可一概而论。有些井水，水质甘美，是泡茶好水，如湖南长沙城内著名的"白沙井"，那是从砂岩中涌出的清泉，水质好，而且终年不干涸，取之泡茶，香味俱佳。

井的第一层隔水层以上的地下水称浅层水，深度 1～15 米；第一层以下的地下水，统称深层水。深层水被污染的机会少，过滤的距离长，一般水质洁净、透明无色。其实只要周围环境干净，深而多源头的井水，用来泡茶还是不错的。宋人梅尧臣诗："远汲芦底井，一啜同醉翁。"明代高叔嗣在《煎茶七类》中说："井取多汲者，汲多则水活。"陆游有诗曰："村女卖秋茶，怀茶就井煎。"元代洪希文的诗句："莆中苦茶出土产，乡味自汲井水煎。"这些诗都是吟咏用井水煮茶的。

（四）静置自来水，无氯好泡茶

目前，就国内城镇来说，人们普遍使用的是自来水。水有"软""硬"之分，自来水一般属于硬水或暂时性硬水。自来水经过水厂净化和消毒处理，其水质则可软化，通常都是符合饮用水标准的。但用漂白粉消毒的自来水，往往会有较多的氯离子，气味不佳，会使茶中多酚类物质氧化，影响汤色，损其茶味。有鉴于此，可根据各自地区的水质情况，采取一些相应措施。

可以将自来水贮于缸或水桶中，静置 24 小时，待氯气自行挥发消失，即可煮沸泡茶；或者延长煮沸时间，然后离火静放一会儿，煮沸的自来水，既能使钙、镁、铁、铝离子等杂质沉淀，又能释放水中的氯气和氧气；亦可采用磁水器、纯水器，达到水质软化的目的。

如今也有采用活性炭吸附的方式除去自来水中氯及其他杂质的方法。具体是将活性炭置于煮水器中，在点水的同时活性炭可吸附自来水中的氯和其他杂质。所以，经过处理后的自来水也是比较理想的泡茶用水。

十六、天下名泉

唐代张又新所著的《煎茶水记》记载了茶圣陆羽品茶鉴水的轶事：

"代宗朝李季卿刺湖州，至维扬，逢陆处士鸿渐。李素熟陆名，有倾盖之欢，因之赴郡。至扬子驿，将食，李曰：'陆君善于茶，盖天下闻名矣。况扬子南零水又殊绝。今者二妙千载一遇，何旷之乎？'命军士谨信者，挈瓶操舟，深诣南零，陆利器以俟之。俄水至，陆以勺扬其水曰：'江则江矣。非南零者，似临岸之水。'使曰：'某棹舟深入，见者累百，敢虚绐乎？'陆不言，既而倾诸盆，至半，陆遽止之，又以勺扬之曰：'自此南零者矣！'使蹶然大骇，驰下曰：'某自南零赍至岸，舟荡覆半，惧其鲜，挹岸水增之。处士之鉴，神鉴也，其敢隐焉。'李与宾从数十人，皆大骇愕。李因问陆：'既如是，所经历处之水，优劣精可判矣。'陆曰：'楚水第一，晋水最下。'李因命笔，口授而次第之。"

（一）天下第一泉

根据上面这段文字记载，古人便引出天下第一泉之说。而这被陆羽命名的"天下第一泉"便位于今庐山大汉阳峰康王谷中，名为谷帘泉。泉水周围重峦叠嶂，植被茂盛。大自然的降水通过植被，顺着岩石纹理向下渗透，从岩石的罅隙渗出，汇聚成一泓清泉，从山谷喷薄而出，倾泻入潭。泉水甘腴清冷、清澈透明、味道香醇，无杂质污染，有益身体健康，成为泉水中的绝佳上品，泡出茶来甘润甜香、清新爽口。

因得到茶圣陆羽的推崇，谷帘泉引得天下无数的好茶品泉者纷纷前来，宋代的陆游、苏轼、秦观、朱熹、王安石等名士大家都曾到此游览，品尝茶中的"琼浆玉液"，并公认此处泉水"具备诸美而绝品也"，苏轼曾称赞"谷帘自古珍泉"，并留诗称颂："此山此水俱第一，共成三人鉴中人。"宋代名人王禹对谷帘泉水赞许有加，称其"水之来计程，一月矣，而其味不败。取茶煮之，浮云蔽雪之状，与井泉绝殊"，形象生动地描述出谷帘水泡茶的形色之美。

（二）虎丘寺石泉

苏州虎丘寺不仅风景秀丽，也以拥有天下名泉著称于世。茶圣陆羽曾长居于此，并潜心研究水质对饮茶的影响。虎丘寺山泉水因甘甜可口，陆羽将此泉水评定为"天下第五泉"，而今此泉又被称为"陆羽泉"。而唐代文人刘伯刍品过之后，觉得此泉清甘味美，将其命为"天下第三泉"。宋代司马允曾为此泉赋诗一首："百尺寒泉浸崖腹，藓蚀题名不堪读。只今此味属谁论，自把铜瓶汲深渌。"由于陆羽的影响，苏州人饮茶成风，茶道文化底蕴深厚，被誉为"苏州茶饮遍天下"。

（三）惠山泉

惠山泉位于江苏无锡惠山寺附近，共两池，上池水色清碧，水质更优，无任何有害物质，故饮用水都在此池汲取。陆羽在茶经中以茶味评定了天下名泉二十等，惠山泉居于第二。惠山泉水为山水，是通过了岩层裂隙过滤的地下水，含矿物质少，无色透明，水质纯良，甜美适口，"味甘"而"质轻"，宜以"煎茶为上"，是泉水中难得的泡茶珍品，名不虚传。惠山泉自古以来得到诸多文人雅士的喜爱，他们都以品尝到惠山泉水泡的茶为幸。中唐诗人李绅称赞道："惠山书堂前，松竹之下，有泉甘爽，乃人间灵液，清鉴肌骨。漱开神虑，茶得此水，皆尽芳味也。"

（四）龙井泉

龙井泉位于浙江省杭州市西湖西面的凤篁岭上，是一个裸露型岩溶泉。古时候，龙井泉逢旱年却不干涸，古人以为其与大海相通，有神龙潜居，膜拜景仰，称其为"龙井"。龙井泉是与杭州虎跑泉齐名的天下第三泉，明朝田艺蘅在《煮泉小品》中记载道："（龙井）其产茶，为南北山绝品……求其茶泉双绝，两浙罕伍。"

清朝的陆次元对龙井茶水推崇备至，赞它"甘香如兰，幽而不冽，啜之淡然，似乎无味。饮过之后，觉有一种太和之气，弥沦齿颊之间，此无味之味，乃至味"。乾隆皇帝也曾经多次御驾亲临，在龙井问茶一试甘泉，并留下了"龙井新茶龙井泉，一家风味称烹煎"的赞许，一时间让龙井泉身价倍增。

（五）招隐泉

招隐泉位于江西庐山风景区内三峡桥东，传说陆羽经常来此地取水烹煮庐山云雾茶，经招隐泉水煮过的云雾茶汤，汤色清亮、醇香持久，喝起来清凉爽口、气畅神怡。很长一段时间内，陆羽都在泉水附近的石亭中一边专心致志地撰写《茶经》，一边如痴如醉地品饮招隐泉水烹制成的云雾茶。"翁在野亭醉，皆为泉人心"，最终他将招隐泉水列为"天下第六泉"，这个小亭子也被人称为"陆羽亭"。

十七、饮茶的精要

"茶之为用，味至寒，为饮最宜精行俭德之人。若热渴、凝闷、脑疼、目涩、四肢乏、百节不舒，聊四五啜，与醍醐、甘露抗衡也。"

———《茶经·之源》

"精行俭德"是陆羽对饮茶人道德修养的基本要求，也可以说成是他衡量茶人思想、品德、行为、信念等的标准。他将简单的品茶升华到了精神层次上。

（一）精

《管子·心术》中记载"中不精者心不治"，意即为若一个人做事不专心一致，那他的道德品行也就无药可救了。陆羽用一个"精"字，说明有关茶事的各个方面都要求达到此标准。"茶有九难"包括："造、别、器、火、水、炙、末、煮、饮"。种茶、制茶、鉴别、煮茶器具的用法、火候的掌握、水的煎煮、烤茶的讲究、饮时的程序等，无不要求精心而作。要想品饮茶的真香，唯有达到克服"九难"的精益求精才行。

（二）行

"行"，在这里可以理解为两层意思：一是足以表示品质的举止行动，如品行、操行等；二是实际地去做，如行茶道等。陆羽是想说明一个品格高尚、坚守操行的茶人，其行茶事、品茶论道是非常适合的。

（三）俭

《易·否象传》说"君子以俭德避难"。可见"俭"是一个人的精神品质，而单非行为而已。陆羽将"俭"作为约束茶人行为的首要条件，以勤俭作为茶事的内涵，反对铺张浪费的茶事行为。《茶经·七之事》举例古代茶事说：晏婴身为宰相，一日三餐只有粗茶淡饭；扬州太守恒温性俭，每次宴饮只设七个盘子的茶食。茶人道德修养的标准"俭"是一个人的精神品质，而非单单行为而已，以勤俭作为茶事的内涵，反对铺张浪费的茶事行为。

（四）德

陆羽对茶人在茶事内外所有德行品行都有规范要求，具有君子性情的高尚品德的人，具有仁爱、善行的道德品行的人，才是属于真正意义上的茶人。在陆羽所作的诗中也可看出他的这种主张："不羡黄金罍，不羡白玉杯。不羡朝入省，不羡暮入台。千羡万羡西江水，曾向竟陵城下来。"

十八、水温的把握

"其沸如鱼目，微有声为一沸，缘边如涌泉连珠为二沸，腾波鼓浪为三沸，已上水老不可食也。"

——《茶经·五之煮》

与现代大多数采用的泡茶方式不同，古人饮茶，多为"煮"饮，而今人饮茶则多为"泡"饮。但二者的本质却都是用适当温度的开水煮（冲泡）茶叶。

古人煮茶用水十分讲究。最适宜泡茶的水为刚煮沸起泡，这种水煮出来的茶"色、香、味"俱佳。烧水，要选用大火急沸，而非慢火煮。若是水沸腾过久，则水便过老；而"水老"的概念就是水中的二氧化碳挥发殆尽，会使茶的鲜爽滋味受损。而未煮沸的水，还没有完全烧开，古人称之为"水嫩"，同样不适宜。未沸腾的水温低，茶中有效成分并没有出来，香味低，并且茶末浮于水面，品饮起来也十分不便。

陆羽对水沸程度的辨识，目的都是防止水"嫩"或水"老。用开过头的水煮、泡茶，茶色沉闷，不利于茶味。如果河水、井水烧开了头，水中所含的亚硝酸盐因水沸腾过久，水分蒸发太多，剩下的水里面亚硝酸盐含量就很高了。与此同时，水中有一部分硝酸盐因水沸受热转变成亚硝酸盐，亚硝酸盐的含量又升高了。这是一种有毒物质，人喝下后会容易中毒。陆羽提倡的"三沸，已上水老不可食也"是非常正确的。

现代都采用泡茶法。泡茶水温对于茶汤色、滋味来说十分重要。要因茶而定水温，如高级绿茶，以80℃左右的水温为最合适，不可用100℃的沸水冲泡。其道理是泡茶水温同茶叶有效物质的水中溶解度呈正比。水温越高，溶解度越大，茶汤越浓；反之，水温越低，溶解度越小，茶汤越淡。

十九、绿茶的冲泡

绿茶和白茶、黄茶的冲泡方法相似，因此就用绿茶的冲泡简单概括之。

1. 茶具的选择

因为绿茶冲泡后的最大特点就是茶叶条索舒展，在水中的形态富于变幻，因此，为了能更好地观察，透明度佳的玻璃杯是冲泡绿茶的首选，尤其是西湖龙井、碧螺春等细嫩的名贵绿茶，绿芽入水后在水中舒展游动，上下翻滚，少顷便徐徐沉入水中，或直立而下、或曲折徘徊，姿态婀娜。透过玻璃杯，这一系列"绿茶舞"都可尽收眼底。

此外，白瓷茶杯也是不错的选择。瓷茶具造型雅致精细，托在手中手感细腻，比玻璃杯更宜于保温，好的白瓷光洁如玉，内盛茶汤，能充分映衬出茶汤的青翠明亮。不足之处是透明度不足，不能完整地欣赏茶叶在水中的动态变化。不管用何种茶具，器形宜小不宜大，大则水多，茶叶易老。

2. 水温的掌控

这是冲泡绿茶的关键，一般来说，最适宜的水温在85℃左右，根据冲泡方法及茶叶品种、时节、鲜嫩程度的不同，水温可适当调整。清明前后一周左右采制的绿茶及一些高档名优的茶叶，因绿芽较为幼嫩，温度需求要低一些，大概80℃左右为宜。水温太高的话不利于及时散热，茶汤会被闷得泛黄，口感苦涩，带熟汤之气。冲泡两次之后水温可适当提高。某些极粗老的低档绿茶可以用95℃的水冲泡。把握原则后，还需要在冲泡时根据具体情况灵活运用，才能泡出色香味俱全的好茶。

3. 投放茶量

茶叶用量直接影响茶汤浓淡，这里并没有统一的规定，要视茶具的大小、茶叶种类和个人口味喜好而定。一般来说，茶叶与水的标准比例以1∶50为宜，即1克茶叶用50毫升左右的水量。这样冲泡出来的茶汤浓淡适中、口感鲜醇，尤其适于细嫩度高的名优绿茶。刚开始可尝试不同的用量，找到自己最喜欢的茶汤浓度。如果喜浓饮者，可略多添茶；喜淡饮者可以少加茶。比例严重失调的话，很容易失去绿茶特有的香气和细腻口感，而且味道还会苦涩，影响品饮。

4. 冲泡方法

绿茶的冲泡，简言之有3种方法。即上投法、中投法和下投法。

上投法是一次性向茶杯中注完水，待水温适度时投放茶叶，多适用于细嫩炒青绿茶，如特级龙井、碧螺春、信阳毛尖、六安瓜片，细嫩烘青绿茶如黄山毛峰等。此法水温要掌握得非常准确，越是嫩度好的茶叶，水温要求越低，有的茶叶可在水温为70~85℃再投放。

中投法是在投放茶叶后，先注入三分之一的热水，稍加摇动使茶叶充分舒展开来，再注至七分满热水。此法也适合较为细嫩的茶叶，可以彻底降低水温，避免茶的苦涩；茶叶的上下浮动姿态也最为持久，但是茶汤滋味不及上投法。

下投法则适用于较粗老的绿茶，即先投放茶叶，然后一次性向茶杯内注完热水。这是最易于操作的一种泡茶方式。

5. 冲泡时间

冲泡品饮绿茶以前3次冲泡为最佳，至第三道之后滋味已经开始变炎。首先用水烫杯，起到温杯和洁具的作用，然后注水半杯即可，此为润茶，大约1分钟后，用水高冲；在水流的激荡下可以使茶叶更加清香可口，较高的杯温已隐隐烘出茶香，再浸泡约一分半钟，即可品茶。冲泡好的绿茶应在3~6分钟内饮用完毕，不可久放，放置超过6分钟后，口感已经变差，失去了绿茶的鲜爽。

（一）中投法冲泡竹叶青

1. 称茶　将干茶叶放置电子秤上称重。150毫升的玻璃杯，投茶量在3克左右，比例为 1 ：50。

2. 凉水　将煮沸的开水倒入凉水器中等待水温下降，主要原因在于绿茶多为细嫩的芽叶，高水温会烫伤茶叶，使茶叶苦涩从而失去鲜爽的口感。

3. 冲水　将凉好的水倒入茶杯的三分满。

4. 置茶　将茶叶轻轻拨入茶杯中。

5. 摇香　轻轻转动玻璃杯，让茶叶与水融合。温烫的水浸透干茶，使茶中的芳香物质迅速散发。

6. 闻香　轻嗅杯口细品茶香。

7. 冲水　再次向玻璃杯中注入凉好的开水至茶杯的七分满。

8. 静候茶汤　观赏芽叶慢慢舒展上下漂浮，茶汤慢慢变得翠绿透亮，绿茶冲泡时间在 2~3 分钟，即可饮用。

（二）下投法冲泡六安瓜片

1. 备具　盖碗、公道杯、品茗杯、水盂、茶荷、凉水器、茶巾。多人品饮绿茶时可选用盖碗为主泡器，倒入公道杯分汤品饮。也可单独各持盖碗饮用一杯，富有古朴的气息。

2. 温盏洁具　用煮沸的开水温烫盖碗，在稍后放入茶叶冲泡热水时不至冷热悬殊。温汤时沿着杯沿慢慢倒入，温烫每个一部位，至杯的三分之一。

3. 温盖碗　双手轻扶盖碗杯壁转动温烫。

4. 温滤网、公道杯　将滤网放置公道杯上。

5. 持盖碗　揭开杯盖，稍稍倾斜。

6. 持盖碗　食指轻按住盖扭，大拇指与中指捏杯沿提杯，将水倒入公道杯中温烫。

7. 温品茗杯　将公道杯中的水倒入品茗杯中温烫。

8. 洁具　用茶巾轻轻擦拭杯底、杯壁。

9. 温品杯　用茶夹夹取品茗杯，放入另外品茗杯中转动温烫。

10. 温品杯　将品茗杯中的水倒入水盂中。

11. 洁具　用茶巾轻轻擦拭杯底、杯壁。

12. 置杯　将温烫洁净的茶具放入杯垫，静候茶汤。

13. 凉水　将煮沸的开水倒入凉水器中等待水温下降。

14. 置茶　将茶叶轻轻拨入盖碗中。

15. 冲水　将凉好的水倒入盖碗至七分满。

16. 静候茶汤　将杯盖轻轻侧盖，切勿盖严。绿茶芽叶细嫩，冲泡时多为不盖盖子，或是盖盖子略开口，防止水热量不易散发将茶叶焖熟，导致茶叶苦涩。冲泡时间在2~3分钟，即可饮用。

17. 出汤　将冲泡好的茶汤倒入公道杯中。

18. 洁具　用茶巾轻轻擦拭杯底、杯壁。洁具在整个泡茶过程中是不可缺少的一步，每次茶汤倒入时都要清洁杯壁的水滴保持茶具的整洁。

19. 置茶　将公道杯中的茶汤斟入品茗杯七分满。

20. 持杯　大拇指、食指握杯沿，中指托杯底，雅称"三龙护鼎"。

21. 品茶　品茶时一小口一小口慢慢喝，用心体会茶汤的美。

22. 静坐回味　结束整个泡茶过程后静坐，回味茶的甘甜。

二十、红茶的冲泡

红茶性温，十分适合女性饮用，除了清饮，还能调饮，可谓百搭的茶饮。

1. 适宜的茶具

红茶高雅的芬芳以及香醇的味道，必须要与合适的茶具搭配，才能烘托出它独特的风味。建议选择白色瓷杯或瓷壶，尤以骨瓷最佳，质地莹白，隐隐透光的骨瓷杯盛入色彩红艳瑰丽的红茶茶汤，在升腾的雾霭中感受扑鼻而来的香气。闲暇时捧着一杯红茶，一个轻松的下午就这样度过了。骨瓷杯能保证你品到的每一口茶都温暖且甘甜。

一般来说，工夫红茶、小种红茶、袋泡红茶、速溶红茶等大多采用杯饮法，即置茶于白瓷杯中，用沸水冲泡后饮。红碎茶和片末红茶则多采用壶饮法，即把茶叶放入壶中，冲泡后为使茶渣和茶汤分离，从壶中慢慢倒出茶汤，分置各小茶杯中，便于饮用。茶叶残渣仍留壶内，或再次冲泡，或弃去重泡，处理起来都很方便。

2. 水温的掌控

红茶最适合用沸腾的水冲泡，高温可以将红茶中的茶多酚、咖啡因充分萃取出来。对于高档红茶，最适宜的水温在95℃左右，稍差一些的用95~100℃的水即可。注水时，要将水壶略抬至一定的高度，让水柱一倾而下，这样可以利用水流的冲击力将茶叶充分浸润，以利于色、香、味的充分发挥。

3. 投放茶量

茶叶投放量的多少要视茶具容量大小、饮用人数、饮用人的口味、饮用方法及茶的不同品性而定。大体原则和绿茶相类似的，茶叶与水的比例一般为1：50，1克茶叶需要50毫升的水，过浓或过淡都不适宜，或者减弱茶叶本身的醇香，或者伤胃。按照一般的饮用量来讲，冲泡5~10克的红茶较为适宜。红茶多放一点，冲泡出来会很浓香。总之，还是要根据个人喜好饮用。

4. 充分润茶

泡茶之前要有一个短暂的烫壶和润茶的工夫，即用热滚水将茶具充分温热，之后再向茶壶或茶杯中倾倒热水，静置片刻。如有盖子，还可将盖子盖严，让红茶在封闭的环境中充分受热舒展。

根据红茶种类的不同，等待时间也有少许不同，原则上细嫩茶叶时间短，约2分钟；中叶茶约2分半钟；大叶茶约3分钟，这样茶叶才会变成沉稳状态；若是袋装红茶，所需时间更短，一般40~90秒。泡好后的茶不要久放，放久后茶中的茶多酚会迅速氧化，茶味变涩。好的工夫红茶一般可冲泡多次，而红碎茶只能冲泡一两次。

5. 冲饮方法

红茶冲饮通常分清饮和调饮两种方式。

清饮是指将茶叶放入茶壶中，加沸水冲泡，然后注入茶杯中细品慢饮，不在茶汤中加入任何调味品，体味的完全是红茶固有的芬芳。工夫红茶多采用此种方式饮用。清饮时，一杯好茶在手，慢慢啜饮，默默赏味，最能使人进入一种忘我的精神境界，欢愉、轻快、激动、舒畅之情油然而生。

调饮法可谓源自西方，而现时多元的文化渗入，也使得调饮方式十分流行。所谓的调饮法，是在泡好的茶汤中加入奶或糖、柠檬汁、蜂蜜、咖啡、香槟酒等，以佐汤味。所加调料的种类和数量，根据个人爱好，任意选择调配，风味各异。也有的在茶汤中同时加入糖和柠檬、蜂蜜和酒同饮，或置于冰箱中制成不同滋味的清凉饮料，都别具风味。

调饮法尤其受到年轻人的喜爱。调饮法用的红茶，多数用红碎茶制的袋泡茶，茶汁浸出速度快、浓度大，也易去茶渣。至于两种方式孰优孰劣，全看饮茶者自己的个人喜好。

（一）冲泡四川金芽

1. 备具　瓷壶、公道杯、品茗杯、水盂、茶荷、茶巾。

2. 赏茶　观赏干茶外形、色泽。

3. 温盏洁具　用煮沸的开水温烫瓷壶，在稍后放入茶叶冲泡热水时不至冷热悬殊。温汤时沿着壶沿慢慢倒入，温烫每一部位，至杯的三分之一。

4. 温公道杯　将温壶的水倒入公道杯中温烫。

5. 洁具　用茶巾轻轻擦拭壶底、壶壁。

6. 温品茗杯　将公道杯中的水倒入品茗杯中温烫。

7. 温品茗杯　将品茗杯中的水倒入水盂中。

8. 置茶　将茶叶轻轻拨入瓷壶中。

9. 冲水　将煮沸的开水冲入瓷壶中，水流要平稳切勿急冲，慢慢唤醒干茶，香气悠然飘出。很多人在品饮红茶时都会洗茶，其实这是一个误区。首先，要知道的是红茶不用洗茶，而什么茶才需要洗茶呢？黑茶。黑茶在制作过程中会有灰尘飘入，所以为了健康干净才要洗茶。

10. 出汤　将冲泡好的茶汤倒入公道杯中，第一道冲泡时间控制在 30 秒，而后时间逐渐增加几秒。不是一定很标准化，有时候也需要因茶而定。

11. 置茶　将公道杯中的茶汤斟入品茗杯七分满。

12. 静坐回味　结束整个泡茶过程后静坐，回味茶的甘甜。

（二）瓷杯冲泡玫瑰红茶

1. 备具　瓷杯。办公室白领丽人，下午时光最适合品上一杯香气迷人的玫瑰红茶，打破下午的困意，补充皮肤的水分。

2. 置茶　将茶叶拨置杯中。

3. 冲水　将沸水冲入杯中。

二十一、乌龙茶的冲泡

与绿茶和红茶相比较，乌龙茶的冲泡可谓最为讲究了。

1. 烹茶四宝

生活在中国闽南、广东潮汕地区的人们对乌龙茶非常热爱。品饮乌龙，首重风韵，讲究用小杯慢慢品啜，闻香玩味。冲泡起来也需很下功夫，因此称之为饮工夫茶。福建工夫茶历史悠久，自成文化，配有一套精巧玲珑的茶具，美其名曰"烹茶四宝"。

四宝指的是：潮汕风炉、玉书碨、孟臣罐、若琛瓯。潮汕风炉是一只缩小了的粗陶炭炉，为广东潮汕地区所制，生火专用；玉书碨是一个缩小的瓦陶壶，约能容水 20 克，架在风炉上，烧水专用；孟臣罐是一把比普通茶壶还小的紫砂壶，专门泡工夫茶用；若琛瓯是个只有半个乒乓球大小的白色瓷杯，容水量仅 4 毫升，通常一套 3~5 只不等，专供饮工夫茶用。

茶具的摆设以孟臣罐为中心，排放在一个椭圆或圆形茶盘中，壶、杯、盘可按个人的喜好自行搭配，具有独特的艺术价值美感，缺一不可，它们往往被看成一套艺术品，为细腻考究的工夫茶艺锦上添花。

2. 同心杯组

台湾是乌龙茶的生产大省，台湾五花八门的泡茶法也成为乌龙茶泡法的一大流派。同心杯组泡乌龙茶是台湾较为流行的方法之一。同心杯组由一个大茶杯及其中的内胆组成。顾名思义，茶杯与内胆同心，"内胆"即过滤网，可以将茶渣滤出。泡茶时，将茶叶置于内胆中，泡好后可取出内胆，轻易实现茶叶与茶汤的分离。内胆顶部的凹槽设计使其能跨置于杯口，不会滑落，待茶汤沥干后，取下内胆置于杯盖上即可。

这种简洁、卫生的组合适合在办公室内泡乌龙茶。同心杯的杯壁往往刻上箴言或祝福之语，被当作礼物赠予亲友，极具纪念和收藏价值。

3. 水温的掌控

乌龙茶采摘的原料是成熟的茶枝新梢，对水温要求与细嫩的名优茶有所不同。在所有茶叶中，乌龙茶要求的冲泡水温是最高的，由于它包含某些特殊的芳香物质，需要在高温的条件下才能完全发挥出来，要求水沸之后立即冲泡，水温为 100℃。

水温高，茶汁浸出率高，茶中的有效成分才能被充分浸泡出来，茶味浓，茶香易发，滋味也醇，更能品饮出乌龙茶特有的韵味。如水温偏低，茶就会显得淡而无味。煮茶的水不要烧得时间太长，沸腾时间太长的水也不利于茶味散发。

4. 投放茶量

乌龙茶由于叶片较粗大，茶汤要求滋味浓厚，冲泡时茶叶的用量比名优茶和大宗花茶、红茶、绿茶要多，若茶叶是紧结半球型乌龙，茶叶需占到茶壶容积的 1/4~1/3；

若茶叶较松散，则需占到茶壶的一半。如果是用玻璃杯来泡，茶叶的用量就可以少一些，与绿茶相仿即可。置茶时，通常将碎末茶先填入壶底，其上再覆以粗条，以免茶叶冲泡后，碎末填塞茶壶内口，阻碍茶汤的顺畅流出。

5. 冲泡要领

乌龙茶的冲泡时间是由开水温度、茶叶老嫩和用茶量多少3个因素决定的。一般情况下，冲入开水2~3分钟后即可饮用。但是，有下面两种情况要做特殊处理：一是如果水温较高，茶叶较嫩或用茶量较多，冲第一道可随即倒出茶汤，第二道冲泡后半分钟倾倒出来，以后每道可稍微延长数十秒时间。二是如果水温不高、茶叶较粗老或用茶量较少，冲泡时间可稍加延长，但是不能浸泡过久，要不然汤色变暗，香气散失，有闷味，而且部分有效成分被破坏，无用成分被浸出，会增加苦涩味或其他不良气味，茶汤品味降低。若是泡得太短，茶叶香味则出不来。乌龙茶较耐泡，一般可泡饮五六次，上等乌龙茶更是号称"七泡有余香"。

6. 冲泡步骤

泡乌龙茶的第一步为淋壶增温，即泡茶之前先用沸水将茶壶、茶杯、茶盘一一冲烫，既保持茶具清洁，又利于提高茶具本身的温度。一直以来，乌龙茶也有洗茶的习惯。当茶壶中置茶以后，将沸水沿茶壶内壁缓缓冲入，在水漫过茶叶时，便立即将水倒出，称之为"洗茶"，洗去茶叶中的浮尘和泡沫，便于品其真味。

洗茶后即第二次冲入沸水，水量以溢出壶盖沿为宜。冲茶时，盛水壶需在较高的位置沿边缘不断地缓缓冲入茶壶，使壶中茶叶打滚，形成圈子，俗称"高冲"之后，盖上壶盖。在整个泡饮过程中需经常用沸水淋洗壶身，以保持壶内水温，这时茶盘中的水涨到壶的中部，又称"内外夹攻"。静候片刻，乌龙茶的精美真味就被浸泡出来了。

7. 品饮得法

品饮乌龙茶的方式也别具一格。一般用右手食指和大拇指夹住茶杯杯沿，中指抵住杯底，先看汤色，再将茶杯从鼻端慢慢移到嘴边，乘热闻香，再尝其味。尤其品饮武夷岩茶和铁观音，皆可闻到浓郁花香。闻香时不必把茶杯久置鼻端，而是慢慢地由远及近，又由近及远，来回往返三四遍，顿觉阵阵茶香扑鼻而来。慢慢啜饮，刚开始茶汤入口会有苦涩味，不消一会儿就会芳香盈喉，渐入佳境，此为茶之回甘，不但满口生香，而且韵味十足，茶之香气、滋味妙不可言，真正让人领会到品饮乌龙茶的妙处。

冲泡大红袍

1. 备具　紫砂壶、公道杯、品茗杯、水盂、茶荷、茶巾。

2. 温盏洁具　用煮沸的开水温烫紫砂壶，在稍后放入茶叶冲泡热水时不至冷热悬殊。温烫时沿着壶沿慢慢倒入，温烫每一部位，至杯的三分之一。

3. 温公道杯　将温壶的水倒入公道杯中温烫。

4. 洁具　用系巾轻轻擦拭壶底、壶壁。

5. 温品茗杯　将公道杯中的水倒入品茗杯中温烫。

6. 温品茗杯　将品茗杯中的水倒入水盂中。

7. 赏茶　观赏干茶的外形、色泽。

8. 置茶　将茶叶轻轻拨入紫砂壶中。

9. 润茶　将煮沸的开水冲入紫砂壶中，唤醒干茶。

10. 刮沫　轻轻用壶盖刮去水面上的茶末。

11. 冲洗　用沸水洗去壶盖上的茶末。

12. 温润茶　将润茶的茶汤倒入水盂中。

13. 冲水　第一道茶汤冲水。

14. 出汤　将冲泡好的茶汤倒入公道杯中。

15. 控茶　将茶壶里的茶汤尽量控净，以免影响下一道茶汤的口感和香气。

16. 分茶　将公道杯中的茶汤斟入品茗杯七分满。

17. 静坐回味　结束整个泡茶过程后静坐，回味茶的甘甜雅韵。

二十二、黑茶的冲泡

黑茶因多为紧压茶，因而冲泡上需颇具技巧。

1. 适宜的茶具

在器皿的选择上也需要根据茶类的不同有所差异，但大致而言，以下5种为必备之选。

（1）茶壶：冲泡黑茶首选宜兴紫砂壶。紫砂壶良好的透气性和吸附作用，有利于提高黑茶的醇度，提高茶汤的亮度。选择紫砂壶一般以朱泥调砂和紫泥调砂为理想，以利于提高透气性。

（2）烧水用具：现今人们泡茶常用电"随手泡"烧水，使用起来比较方便。但如果是冲泡一些比较好的黑茶时，还是应该以铜壶或砂壶明火烧水为妙，所谓"活水还需活火煎"，以保持泉水的活性。

（3）品茗杯：一般以白瓷或青瓷为宜，便于观赏黑茶的汤色。茶杯应大于工夫茶（乌龙茶）用杯，以厚壁大杯大口饮茶，这既适应黑茶醇厚香甜的特性，也比较贴近现代人追求返璞归真的心理。

（4）公道杯：以质地较好的透明玻璃器具为首选。

（5）剥茶起：形状像起子，以硬木、硬竹子或金属制作，用于紧压茶的解块。通过逐层拨茶，既能保持茶条的完整，减少碎末茶，又便于面茶与里茶的搭配，准确反映紧压茶的品质。

2. 水温的掌控

一般来说，冲泡黑茶须用100℃的沸滚开水。想要冲泡出黑茶应有的风味，温度就应尽量提高。但是在冲泡黑芽茶（如嫩沱茶）时，水温过高很可能造成儿茶素大量溶解而产生涩味，所以，此时冲入的沸水应细水高冲，让温度下降。如果冲泡的黑茶档次较高，原料以嫩芽为主，且白毫明显，则一般冲泡黑茶的手法都可不用，用冲泡绿茶的方式为之，才不算糟蹋茶叶。一般要对不熟悉的黑茶进行必要的试泡，通过试泡来熟悉茶性，以确定冲泡要领。

3. 投放茶量

冲泡黑茶时，投茶量不是一成不变的。冲泡品质正常的茶叶，投茶量与水的质量比一般约为1：40或1：45。冲泡黑茶时可以通过增加或减少投茶量调节茶汤的浓度，还可以通过控制冲泡时间来调节茶汤的浓度。

4. 充分润茶

"洗茶"对于黑茶来说是不可缺少的程序。好的陈年黑茶至少要储存10年左右，可能会有部分灰尘在里面。第一次冲泡茶叶的热水除了可以唤醒茶叶的味道之外，还具有将茶叶中的杂质一并洗净的作用。

第一次的冲泡速度要快（即倒即出），只要能将茶叶洗净即可，不需将它的味道浸泡出来。一般需要洗两次茶，在第二次以后正式泡茶时浓淡的选择就可依照个人喜好来决定。

黑茶即使变冷以后还是风味十足，夏天的时候可以放凉或者是冰过以后再喝。

对于比较细嫩的茶，"洗茶"的时候要注意掌握节奏，避免多次"洗茶"或高温长时间"洗茶"，以减少茶叶中营养成分的流失。

5. 冲泡方法

针对品质较好的黑茶建议采用宽壶留根闷泡法冲泡，"留根"就是经"洗茶"后从始至终将泡开的茶汤留在茶壶里一部分，容量为茶壶容积的1/3，一般采取"留四出六"或"留半出半"，根据个人喜好而定。

每次出茶后再以开水添满茶壶，直到最后茶味变淡。"闷泡"是指出水时间较长，讲究以"慢"为主。这样才能让茶性慢慢舒展开来，也能让茶汤的品种比较均匀，滋味更富有层次感，又为黑茶的滋味形成留下充分的时间和余地，达到"茶熟香馨"的最佳境界。

冲泡普洱生茶

1. 备具　紫砂壶、公道杯、品茗杯、水盂、茶荷、茶夹、茶巾。

2. 温盏洁具　用煮沸的开水温烫紫砂壶，在稍后放入茶叶冲泡热水时不至冷热悬殊。温烫时沿着壶沿慢慢倒入温烫每一部位，至杯的三分之一。

3. 温公道杯　将温壶的水倒入公道杯中温烫。

4. 温品茗杯　将公道杯中的水倒入品茗杯中温烫。

5. 温品茗杯　将品茗杯中的水倒入水盂中。

6. 置茶　将茶叶轻轻夹入紫砂壶中。普洱茶在撬茶时多为小块状，可选用茶夹夹入壶中。

7. 洗茶　轻轻冲入煮沸的开水，需慢慢唤醒干茶。

8. 洗茶　将洗茶的茶汤倒掉。普洱茶第一道的茶水一般不作为饮用，主要洗去在制作过程中留下的灰尘，称为"洗茶"。

9. 冲水　第一泡茶汤冲水，水要平稳冲入，勿急勿躁。

10. 出汤　将冲泡好的茶汤倒入公道杯中，普洱茶第一泡冲泡时间控制在10秒，第二泡冲泡时间控制在5秒，而后时间逐渐增加几秒。不是一定很标准化，有时候也需要因茶而定。

11. 置茶　将公道杯中的茶汤斟入品茗杯七分满。

12. 静坐回味　结束整个泡茶过程后静坐，回味茶的甘甜。

二十三、意境之美

古人饮茶多在自然环境中寻找乐趣，现实生活中的人们往往身处闹市而远离山野。人文环境与自然环境相呼应，也可称为人造环境，在这种环境中，人造景观与文化氛围都是最重要的元素。

1. 人文之境

除了建筑与创造的人文性之外，人文环境还追求一种自然与人和谐的氛围。茶，正满足了这种需求，能够很好地营造出优雅、恬然的人文气氛。

为了享受品茗的乐趣，爱茶之士精心布置、创设了各种人造设施和条件，以求在品茗过程中达到自然与个人深度融合的身心享受。例如，现代茶舍在注重营造返璞归真的自然气息的同时，也倾向于安排脱离城市喧嚣和嘈杂的人文环境要素。书画、音乐、围棋、曲艺均能很好地创造出别致的人文环境。饮茶的环境不拘泥于一定的模式和固有的元素，无论是喧嚣的都市还是僻静的山村，都可以利用已有的环境特点因地制宜地打造出雅致适宜的人文环境。

2. 心境淡雅

品茶用口也用心，因此品茶时候的美妙心境便不可或缺。美妙心境如其字面意思，即心情要无忧、舒畅、放松，心无挂碍同时能够悠然闲适，不牵缠世俗的烦琐，忘却生活的劳顿。

古人品茶讲究心境的 3 个层次：首先就是有空闲，即不受琐事牵绊；其次还要清静，即淡泊宁静的心情；最后是与三五知音共饮，在品茗过程中伴以闲谈，通过意识的碰撞，达到心灵的共鸣，进而进入启迪性灵、感悟人生的境界。烦恼的时候不妨适度将进酒，悠闲的时候何如细细地品茶。因此，品茶需要有相对美好的心境。

3. 清幽的茶室

与茶馆相比，茶室更给人一种清幽、宁静的感觉。简单的设计，轻装修且不重装饰，几张茶几，几把木椅，古香古色的木制门窗，洁净又不失典雅，再配上古朴的紫砂壶，具有中华民族特色的青瓷碗，光是欣赏着这一切都能使人的身心得到放松。斟上一杯清茶，感受着空气中迷漫的茶香，品上一口香茗，难得的闲适正是从古至今人们所追求的幽雅和情调。闹中取静，清幽的茶室仿佛喧闹都市中的世外桃源，人们紧张焦虑的情绪在这里得到了一丝慰藉。

4. 雅致装饰

对于品茗而言，茶舍对内部环境的设计和布置，同样体现着对品茗佳境的努力追求。要布置出适宜品茶的内部环境，雅致的装饰品则必不可少。饮茶的环境通常要求清静、洁净、舒适和文化气息浓厚。因此，陈设和布置要能令人感到放松、摒弃杂念、忘却烦恼，而专注地沉醉于品茗的乐趣中。装饰品多以文化艺术的形式或以茶本身为主题，如名家书法、绘画、匾额题字，古朴典雅的雕刻、摆饰，精致的或独具特色的茶具，以及突出中国传统文化特色的瓷器、刺绣、中国结等艺术品。

5. 窗外的风景

靠进深而软的安乐椅，品着一杯香气浓郁、入口清香飘逸的茶，欣赏着窗外的小桥流水，鸟语花香，更少不了山石、水池。沉浸于安逸和谐之中，又别有一番情趣。聆听春雨的旋律，欣赏夏荷的仙姿，感受秋收的喜悦，迎接冬雪的洗礼。在四季赋予的奇迹中享受着茶的芬芳，释烦止渴，提神益思，不失为一种美的享受，让人只想一味置身于这片淡然中。在为生活而忙碌，为理想而拼搏的过程中，偶尔倚窗品茗，亦是一种对生活的感悟。

二十四、六艺助茶

六艺之说原出自《周礼·保氏》，原文为"养国子以道，乃教之六艺：一曰五礼，二曰六乐，三曰五射，四曰五驭，五曰六书，六曰九数"。礼、乐、射、驭、书、数六种技能若能精通，则为好礼之根本，而若精通六艺，亦可助茶兴。

1. 诗兴茶风

诗是诗人对生活的感悟，亦是一种即兴的畅言。茶诗缘深，兼而爱之，茶益人思。可见品茗时吟诗是一种雅事。在品着新茶的同时吟几句诗似乎是自娱，亦是一种助兴。试想，高吟"得于天下同其乐，不可一日无此君"，浅尝细品，领略茶的幽香醑味，便是一种快意的意境，古往今来，数不胜数的诗可信手拈来，在与友人对饮时一展文采，即为一种高雅脱俗，令人怡情悦志。

2. 古乐相伴

音乐与茶有着陶冶性情的共通之处。舒缓曼妙的音乐可以营造品茗时宁静幽雅的氛围，具有很强的烘托和感染性。

品茶时伴以音乐，无疑是一种高雅的精神享受。古人在饮茶时喜欢临窗倾听月下松涛竹响，抑或是雪落沙沙、清风吹菊，从而享受到高洁与闲适的心灵放松。如白居易在《琴茶》诗中所言"琴里知音唯渌水，茶中故旧是蒙山"。

品茶时的音乐以古典轻音乐为主，旋律悠扬、节奏舒缓、乐音清雅。《梅花三弄》《雨打芭蕉》《平湖秋月》等乐曲，古筝、古琴、洞箫、竹笛、琵琶等乐器，都能发人思古之幽情，也均为入茶的上选。品茶时与音乐为伴，不仅平添了许多优雅，也传送出缕缕的文化韵味。

3. 闻香品茶

香与茶以及音乐仿佛是天然的相生相伴，从人的嗅觉、味觉和听觉的不同触感出发使人怡神清心。焚香除了平静心神、调和气息之外，还在于它的优雅和禅意。有茶而无香仿佛情趣不足，有香而无茶则稍嫌清淡。香之于茶就像美酒之于佳人，二者相得益彰。

饮茶时焚的香多为禅院中普遍燃点的檀香，既能够与茶香很好地协调，更能促使杂念消散和心怀澄澈。

4. 书画相随

与书画相伴来品茶，可以营造浓重的文化氛围并激发才学之士的灵感。书画与品茶二者之间自古就有着紧密的关联。历来文人名士的书画创作往往在品茗之间灵感突发，从而成就了千古卓绝的诗文和画作。元代大画家赵孟頫的《斗茶图》、清代画家薛怀的《山窗清供图》以及南宋刘松年的《斗茶画卷》等均为古代书画家抒发茶缘的名作珍品。因为书画与茶之间的关系，甚至出现了茶画、茶诗等一个个专门的艺术部类。

5. 棋艺高下

棋局与品茗相伴随，悠闲的趣味便冲淡了胜负争逐的分量。一杯香茶和一盘棋局，无限雅静与和美。棋局对弈凝聚着默然深思的宁静智慧，而在僵持犹疑之间，轻啜一口清茶，舒滑绵软的香气弥漫于口中，犹如清风拂面，令人神清气爽。于是。智慧的火花被点燃，灵感的潮水开始喷涌。品茗之余，茅塞顿开直至心绪豁然开朗，嘴角微微上扬，把棋子轻轻捺入一个绝妙的位置。或者，仅仅手持一杯清茶，静静地观看他人对弈，同样可以增进品茗的快意与雅致。

品茗赏棋亦如静观人生，多少古今事，均付笑谈中。这便是茶与棋之间形成的默契，浑然天成的情趣。

6. 花能添香

茶花俱香花伴茶亦是一种经典。花能协调环境，亦能调节心情。花有着柔美的色彩，美妙的姿态，芬芳的气息和独特的品质。因此品茶时周边摆放几枝鲜花可为茶艺增辉不少。"墨兰数枝宣德纸，苦茗一杯成化窑""眉梢春色活火煎，山中人分仙乎仙"等一些诗句把花和品茗的那种微妙氛围渲染得淋漓尽致。提壶一把，鲜花数枝，给人一片清雅宁静的天地。而这种意境，在当今这个节奏越来越紧凑的大环境下，令人心生向往。

二十五、茶艺问答

（一）评鉴泡茶法与品饮泡茶法

1. "审茶杯法"是怎样的一种泡茶方式？

审茶杯法是评鉴泡茶法中的一种，另外还有盖碗评茶法、茶碗评茶法。

为了评鉴茶的品质差异所采取的泡茶方法称为评鉴泡茶法，相对应的，为了欣赏、享用茶所采取的泡茶方法称为品饮泡茶法。评鉴泡茶法是以相同的水温、相同的茶水比例、相同的浸泡时间，泡出茶汤，用以比较数种茶间品质与茶性上的差别；品饮泡茶法则是就每一种茶，采取最适合它的水温、茶水比例与浸泡时间，得出最能代表该种茶品质特性的茶汤供我们欣赏与享用。

评鉴泡茶法最常使用的器具是"审茶杯组"，由一只"审茶杯（含盖）"与"审茶碗"，或再加上一个"审茶碟"组成。审茶杯的容量是150CC，审茶碗是200CC。将3g的茶样放入审茶杯中，以将近100℃的沸水浸泡5~6分钟，然后将茶汤滤出倒于审茶碗内。先是审看碗内的汤色，再闻杯内茶叶的香气，接着喝茶汤尝滋味。闻香气还分成闻热香、闻中香与闻冷香。喝茶汤要待温度降到不烫嘴的程度。如此地一杯杯闻下去，一碗碗喝下去。最后再将审茶杯内的茶叶倒出，审看被泡开后的叶底。就这样，比较各种茶在汤色、香气、滋味，甚至外观上的差异与特性。

2. 利用"审茶杯组"冲泡茶汤有何作用？

以评鉴泡茶法泡就的茶汤是不是就是"标准茶汤"呢？不是的，仅能从中了解该茶样的状况，如各种不同类别的茶叶比较：这碗茶特别浓，我们就知道该茶样所代表的这批茶的"水可溶物"特别丰富，平时饮用时的置茶量要少一些或浸泡的时间短一

审茶杯法

些；如果评比的结果，发现这碗茶的苦味特别重，那我们在品饮泡茶时就将水温降低一点。若是同样茶类间的比较，主要是想知道哪一碗茶的质量较佳，以作为进货或定价的参考。

3. 评鉴泡茶法有哪些泡茶方式？

除了"审茶杯组"外，另外被应用到评鉴泡茶法中的器具还有"盖碗组"，由盖碗与茶碗组成。将一定量的茶叶如5g放入盖碗，冲泡后将茶汤滤出倒于茶碗内。盖碗用以闻茶香与看叶底，茶碗用以看汤色与尝滋味。这种鉴定法可以将茶样冲泡数次，分别鉴定各种状况下的茶叶表现。

另外一种评鉴泡茶法的器具是"鉴茶碗"，就只有这个碗。将定量的茶叶如5g放入碗内，一定时间后，持汤匙在"含叶茶"中闻香与尝味，最后连带在茶汤中看叶底。

无论是哪种形式的用具，评鉴泡茶法都是在统一设定的条件下将茶泡出，审看每种茶在这个状况下的茶汤表现。茶叶浸泡的条件无须一成不变，但在从事相互比较的数种茶间应该是一致的。

4. 一般生活上所看到的是哪种泡茶法？

一般生活上所看到的泡茶法是品饮泡茶法，也就是依该种茶的状况，采取最适当的冲泡方法。

由评鉴泡茶法推想到品饮泡茶法，我们就很容易理解到那是为了品饮到一杯好茶而为那种茶"量身订制"的泡茶法。泡茶之前会很仔细地观看它的发酵程度、揉捻轻重、粗细与老嫩、焙火与存放的情形……然后决定用怎样的水温、多大的茶水比例、

盖碗评茶法

多长的浸泡时间，甚至于关心到适当的冲泡器，设法泡出这壶茶最好的茶汤。这种泡茶方式或许会将一壶茶冲泡好多次，每一次也都要调整浸泡的方法，以达到当时茶叶可能的最佳状况，即使已冲泡到了第八次。

5. 为何有些人喝茶时会将茶汤在口腔内吸两三回才喝下去？

这种喝茶法源于茶叶的感官评鉴，是茶叶评鉴上的一种职业性评茶法。将一小口茶汤吸进口里，接着连续在口腔内吸气二三次，让茶汤在口腔内迅速散开，让口腔的各部位体认茶汤的各种香与味，然后将茶汤吐出。记下评鉴的心得后，继续评鉴下一杯茶。

我们日常生活中的喝茶应是属于品茗式的喝法，可以借鉴评鉴式的喝法要领来认识、欣赏茶汤内的各种滋味与特性，但是可以不必发出那么大的声音，茶汤当然也可以喝下去。评鉴时之所以不将茶汤喝进肚里，是怕茶香沿着食道回到口腔而影响下一道茶汤的品评。

6. 评鉴泡茶法和品饮泡茶法的用具可以相互拿来使用吗？

评鉴泡茶法的用具可以拿来作为品饮泡茶法使用，就是把审茶杯作为壶，把审茶碗当作盅，依该茶应有的茶水比例、水温与浸泡时间冲泡之。相反的，只要找出同一款式与大小的壶具，也可以充作审茶杯组使用，这时的茶叶用量、水温、浸泡时间就得依评鉴的规矩来了。

7. 评鉴泡茶法与品饮泡茶法有何交叉应用的机会？

评鉴泡茶法与品饮泡茶法的差别不在于泡茶用具的不同，而是因为目的性不同而采取了不同的泡茶方式。如果我们选用了"鉴定杯组"，然而采用的是品饮泡茶法的方式，我们仍然说是"品饮泡茶法"。由于鉴定杯组的方便性，在课堂上讲授"各种茶之认识"时，就经常使用数组鉴定杯同时冲泡不同类型的茶，但是每组使用着每种茶所需的水温与浸泡时间，这样的泡茶法当然是"品饮泡茶法"。

配合二种泡茶法的喝茶方式与态度也应该不一样，喝评鉴泡茶法的茶汤时是以"当茶的医生、当茶的法官"之心态来对待的；喝品饮泡茶法的茶汤时是以"作为茶的朋友"之心态来对待的。作为茶的朋友，不嫌茶之质量，当喝到等级不是太高的茶时，会以那种等级的心态来欣赏它，来与它为友。

（二）泡茶用水

1. 何谓软水？

水中矿物质含量太多，一般称为硬水，泡出的茶汤颜色偏暗、香气不显、口感清爽度降低，不适宜泡茶。水中矿物质含量低者，一般称为软水，容易将茶的本质表现出来，是适宜泡茶的用水。但矿物质完全没有的纯水，口感不佳，也不是泡茶品饮的好水。水中矿物质的含量若是 10~100PPM 是很好的状况，200PPM 以上就嫌硬了点。降低矿物质含量可用"逆渗透"等方法处理。

2. 矿泉水与饮用水适宜泡茶吗？泉水适宜泡茶吗？

市面上销售的矿泉水与饮用水适不适宜泡茶，要看它是属于高矿物质含量还是低矿物质含量，前者不适宜泡茶，后者可以。至于泉水是不是适宜泡茶要看其中的矿物质、杂质与含菌量而定，不是每一口泉水都有好的水质。

3. 有什么办法能让自来水变得可以泡茶？

家里的自来水拿来泡茶要从下列因素加以分析，并做适当的处理：

（1）矿物质总含量：如果太高，应该设法降低。可用"逆渗透"等方法进行水处理。市面上可以买到家庭用的逆渗透水处理机。

（2）消毒药剂含量：若水中含有消毒药剂，如"氯"，饮用前可使用活性炭将其滤掉。市面上也可以买到活性炭滤水器。慢火煮开一段时间，或在高温下打开盖子放置一段时间，也可以降低其含量。明显的消毒剂直接干扰茶汤的味道与品质。

（3）氧气含量：水中氧气含量高者，有利茶香挥发，而且口感上的活性强。一般说活水益于泡茶，主要是因活水的氧气含量高；又说水不可煮老，也因为煮久了，水中的氧气含量会降低。在水中打入空气或臭氧也可以增加氧气含量。

（4）杂质与含菌量：这两项愈少愈好。一般高密度滤水设备（如逆渗透滤水器）都可以将之隔离。含菌部分还可以利用高温的方法将之消灭。

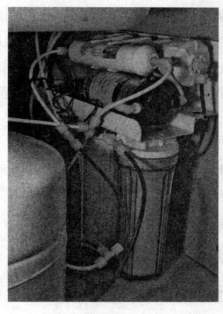

小型逆渗透滤水器

4. 冲泡不同类型的茶，泡茶的水温有何不同？

冲泡不同类型的茶需要不同的水温：

（1）低温（70~80℃）：用以冲泡龙井、碧螺春、煎茶等带嫩芽的绿茶类与霍山黄芽、君山银针等黄茶类。

（2）中温（80~90℃）：用以冲泡白毫、乌龙等带嫩芽的乌龙茶，六安瓜片等采开面叶的绿茶与虽带嫩芽但重萎凋的白茶（如白毫银针、白牡丹）。

（3）高温（90~100℃）：用以冲泡包种、冻顶、铁观音、水仙、武夷岩茶等采开面叶为主的乌龙茶和后发酵的普洱茶、全发酵的红茶。

这三类茶中，偏嫩采者，水温要低；偏成熟采者，水温要高。上述乌龙茶之焙火高者，水温要高；焙火轻者，水温要低。

泡茶水温的调整是先烧到100℃再降低到所需的温度？还是需要多高的水温就烧到所需温度即可？这要依水质是否需要杀菌，或需要利用高温降低矿物质与杀菌剂含量而定，如果需要，先将水烧到100℃再降到所需温度，如果不需要，直接加温到所需温度即可。

5. 有什么简单的方法可以辨别泡茶用水的温度?

如何知道水的温度呢? 先买支150℃左右的温度计, 测量个五六次, 每次注意温度与水气外冒的状况, 以后就可以直接用感官判断了。想将茶泡好, 泡茶水温的判断是很重要的。一般来说, 95℃左右的高温, 蒸汽是直线状往上冲的; 85℃左右的中温, 蒸汽是左右摇晃地向上飞扬; 75℃左右的低温, 蒸汽是左右飘散的。

蒸汽外冒的状况还受到大气压力的影响, 高山上煮水, 蒸汽外冒的程度会来得比较快, 来得比较猛。

6. 为何煮老的水不可以拿来泡茶?

书上说煮老的水不可以拿来泡茶, 这是有道理的, 因为水开滚太久, 水中氧气含量会降低, 不但口感的活性减弱, 也不利于茶叶香气的挥发, 这就是所谓煮老的水不适宜当成泡茶用水的缘故。

(三) 泡茶置茶量

1. 什么是1.5%的置茶量?

用多少茶泡多少水是泡茶要领上很重要的一环。只冲泡一次时的置茶量都以 "重量" 为思考模式, 所谓1.5%的置茶量是只泡一次的最经济用茶量。操作方法如下:

置茶量 (g数) 是水量 (cc数) 的1.5%, 也就是: 水量 (cc数) ×0.015＝置茶量 (g数), 以所需的温度浸泡10分钟。这种置茶量与浸泡时间能将茶的 "水可溶物" 几乎全部溶解出来, 所以浸泡时间稍微延长无妨, 但不够时恐有浓度不足之虞。

2. 2%的置茶量有何意义?

2%的置茶量是评鉴泡茶法中 "审评杯法" 的置茶量, 也是一次性泡茶法有别于经济型的所谓 "优裕型" 置茶量。其置茶量 (g数) 是水量 (cc数) 的2%, 也就是: 水量 (cc数) ×0.02＝置茶量 (g数), 以所需的温度浸泡5~6分钟。这时必须依茶况 (老嫩、粗细、质量……) 与饮用者的喜好调整浸泡的时间, 细碎如红茶者可能是4分钟, 叶形完整的铁观音可能是6分钟, 如果没掌握好时间, 可能有太浓或太淡的现象。

目前通用于国际的评茶鉴定杯, 其容积为150cc, 放3g茶, 依茶况与喜好的浓度浸泡4~6分钟。

3. 一般泡茶时衡量置茶量的标准是什么?

日常生活应用的多是小壶茶法, 这种泡茶法通常会一壶茶冲泡好几道, 所以不以一次性泡茶法的重量评估方式来判断置茶量，而以占茶壶容积的比例作为衡量的标准。

因为泡茶时的"浸泡时间"是依壶内茶水比例而定的，所以置茶量习惯以浸泡器的有效容积占比为衡量标准。如果壶的体积超过需要，可每次只冲入七分满的热水，这时就以七分满的体积作为判断置茶量的基准。如果只有一把小壶，明显不够六个人饮用，可考虑连续泡两次才奉一次茶，这时原拟奉三次茶者，就得泡六次，置茶量就要以泡六次时要求之。

4. "上投法""中投法""下投法"等术语与什么有关？

上投法是在冲泡器内先注入所需的热水，再将茶叶投放入冲泡器内。中投法是在冲泡器内先注入 1/2 的热水，再将茶叶投放入冲泡器内，最后补足所需的热水。下投法是在冲泡器内先投入所需的茶叶，再注入所需的热水。

这些不同的投茶法不外乎在调节泡茶的水温，上投法可以不让茶叶承受太高的温度，中投法次之，下投法承受较高的温度。但这些调节水温的方法都可以从原本的水温控制做起，所以今人泡茶时已少谈及此。

5. 招待客人时以壶泡茶，置茶量依什么而定？

泡茶时要在壶内放多少茶量？置茶量要依"要泡几次"而定，如果只泡两次，不必放太多；如果要泡到五六次，就得放多一点。以揉成球状的冻顶型乌龙茶为例，如果只想泡两次，放 1/6 壶的茶量即可；如果想泡五六次，就得放 1/4 壶的茶量。

6. 为了泡好一壶茶，在置茶量上有何技术性讲究？

小壶茶的置茶量依茶叶外形松紧而定：非常蓬松的茶，如清茶、白毫乌龙、粗大型的碧螺春、六安瓜片等，放七八分满；较紧结的茶，如揉成球状的乌龙茶、条形肥大且带茸毛的白毫银针、纤细蓬松的绿茶等，放 1/4 壶；非常密实的茶，如剑片状的龙井、煎茶，针状的工夫红茶、玉露、眉茶，球状的珠茶，碎角状的细碎茶叶、切碎熏花的香片等，放 1/5 壶。

以上的置茶量是以一壶茶冲泡五道左右而设的，如果想泡至六七道，置茶量必须增加 1/3 左右，否则后面几道的浸泡时间必须拉得很长，而且茶汤品质一定降得很多。相反，如果一壶茶只准备冲泡二三道，那茶量要减少 1/3 左右，否则浪费茶叶。

七分满壶量

四分之一壶量

五分之一壶量

（四）浸泡时间

1. 以壶泡茶的场合，茶叶浸泡时间有何规则可以遵行？

小茶壶的冲泡，如果要泡至五泡左右，第一泡的浸泡时间原则上控制在 40 秒至 1

分钟（不实施第一泡倒掉的所谓"温润泡"），第二泡需要缩短时间，第三泡起逐渐增加浸泡的时间。

至于第二泡的时间需要缩到多短？第几泡起才会恢复到第一泡的时间？第三泡以后每次增加的时间差距应该多少，这些都与"茶叶水可溶物溶出速度""茶叶水可溶物含量多少"以及"泡茶的水温"等有关。但有一个现象是确定的，那就是第三泡以后每泡增加的时间是越来越多，而不是等量的，也就是第四泡如果增加 40 秒，第五泡一定要增加得更多，而且愈往后，增加的比例要愈大。

2. 如何判断茶叶的浸泡时间？

说到茶叶浸泡时间的判断，茶友们会有许多诀窍，什么是较实际的办法呢？计算茶叶浸泡的时间，可以使用向前读秒的计时器，凭直觉判断容易有误差。但盯着计时器看，等时间一到赶快把茶倒出来，也显得太不可爱了。泡茶还是要用心，时钟只是辅助的工具。

3. 有哪些非茶叶本身的因素会影响茶叶浸泡的时间？

影响茶叶浸泡时间的外在因素有：

（1）前后两泡间隔时间长短的影响

泡了第一道，客人走了，等了半小时后再回来泡第二道，这时的浸泡时间要比原来需要者缩短一些，因为这段等待的时间里，茶汤虽然已经倒出，但茶叶终究是潮湿的，水可溶物的溶解现象依然进行着。如第二道原本应该浸泡 20 秒的，这时可能 10 秒就行了。但这种情形如果发生在第四道、第五道，影响就不是那么大，如第四道原本应该浸泡 1 分 20 秒的，这时可能只要 1 分 10 秒。

上述这种现象除受间隔时间长短的影响外，还要考虑再度冲泡时水温的变化、茶叶水可溶物含量的多少以及水可溶物溶解速度的快慢等因素。

（2）太浓、太淡时，对下一道茶的影响

一般人会有这样的想法：这一泡太浓了，下一泡就得缩短时间；这一泡太淡了，下一泡就得增加时间。但要留意，上述的概念是指茶汤而言，但在泡法上却是相反的。

由于这一泡太浓了，已将茶叶的水可溶物溶出太多，所以下一泡应浸泡比正常时更多的时间，否则会太淡。相反地，如果这一泡太淡了，表示有更多的水可溶物尚留在茶叶内，所以下一泡浸泡的时间应比正常时更短。

（3）紧压茶的冲泡前处理

遇到紧压茶，冲泡前应先行"解块"，也就是将压成块状的茶剥碎成适于冲泡的小块。要剥得多小呢？视饮用的急迫性而定，如果要慢慢饮用，可剥成大拇指头的大小；如果要快快饮用，则剥成小指尖的大小。解块之间难免会有一些细碎的茶叶，正可先行溶解以应第一泡之需，然后一道道冲泡，块状的部分逐渐松散，如此，后头浸泡的时间就可以不必拖得那么长了。

紧压茶的浸泡时间之所以很难找出稳定性的规则，就因为解块的大小、细碎部分的多少、紧压的松紧程度有很大的差异。

紧压茶包括饼状、碗状、砖形……如果近期就要饮用，可将之全部解块，装于茶罐内备用；如果还要继续存放，则整块放着较好。

极松的紧压茶

较紧的康砖黑茶

4. 有哪些茶叶本身的因素会影响茶叶浸泡的时间？

影响茶叶浸泡时间的内在因素有：

（1）揉捻的轻重：也就是叶胞被揉破的程度，揉捻愈重，溶解速度愈快。如铁观音、红茶等揉得重；清茶、白毫乌龙等揉得轻，从泡开后的叶底可以清楚地看得出来。

重揉的茶

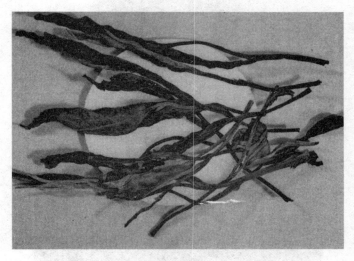

轻揉的茶

（2）茶青的嫩度：嫩度愈高，水可溶物溶出的速度愈快，同样的浸泡时间下，溶出的成分就愈多，茶汤就显得愈浓稠。芽茶类当然比叶茶类嫩，而叶茶类之间也有嫩度上的差别。

（3）萎凋的轻重：单就萎凋而言，萎凋愈重，溶解速度愈慢，但若加上揉捻等因素，就减弱了它的影响。如重萎凋轻发酵的白茶类，溶解速度很慢，但重萎凋全发酵的红茶，由于经过重揉，溶解的速度又变得很快。下图是重萎凋轻揉捻的白茶，干茶，泡在水中；是重萎凋重揉捻的红茶泡开后的叶底。

芽茶茶青叶底

叶茶茶青叶底

白毫银针干茶与叶底

（4）外形紧结程度：外形紧结的茶由于需要舒展后才容易将水可溶物溶出，所以第一泡需要较长的时间，但被泡开后就不一样了。

（5）条索紧结程度：不论外形揉成什么样子，茶叶本身的条索紧结程度会影响成

高级滇红叶底

分的溶解。原因有二：一是紧结程度高者第一泡需要较长时间的舒展，二是紧结程度高者代表嫩度高、水可溶物多。

（6）焙火的轻重：焙火愈重，溶解速度愈快，尤其是历经数次焙火的情形，如一面揉一面焙的铁观音与历经数次焙火的茶。

数次焙火之铁观音

（7）昆虫叮咬情形：昆虫叮咬厉害的茶，柔软度变差，成分溶解的速度变慢。如白毫乌龙"着涎"（即遭虫害）较重者，冲泡时要增加浸泡的时间。

（8）枝叶连理的情形：同一类茶，枝、叶分离得愈彻底的茶（在叶茶类即所谓之"拣梗"拣得干净），溶解的速度愈快。

（9）茶形的大小：茶形大者溶解速度慢，小者溶解速度快。包括因品种关系造成的茶形大小与制成以后经各种人为因素变小者（如搬运造成的破碎或为加工需要加以

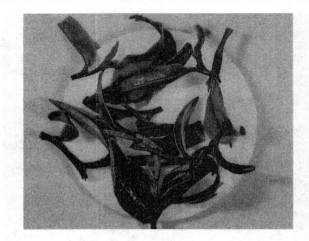

着延白毫乌龙叶底

"剪切")。

（10）存放的时间：存放愈久的茶，溶解的速度会变得愈快。

（左）带梗与（右）净梗

（11）渥堆与否：经过渥堆后发酵的茶，其溶解速度会变得很快。

（12）水可溶物含量的多寡：水可溶物含量高的茶（往往是高质量的茶），在同样条件下一定会溶出更多的成分，而且每次溶出一定比例之后，所剩的依然比别的茶多。

依上述置茶量，第一道大约浸泡 1 分钟可以得出适当的浓度，第二道以后要看茶叶舒展状况与品质特性来增减时间，以下是几项需要考虑的因素：

①揉捻成卷曲状的茶，第二道、第三道才完全舒展开来，所以第一道浸泡时间宜

长，第二道浸泡时间往往需要缩短很多，第三道以后才逐渐增加一点浸泡的时间。

②揉捻轻、发酵少的茶，可溶物释出的速度较快，所以第三道以后浓度增加已趋缓慢，必须增加更多的浸泡时间。

③重萎凋、轻发酵的白茶类，如白毫银针、白牡丹，可溶物释出缓慢，浸泡时间应延长得更多，也就是每一道的间距较大。

④细碎茶叶可溶物释出很快，前面数道浸泡时间宜短，往后各道的浸泡时间应增加得更多。

⑤重焙火茶可溶物释出的速度较同类型茶之轻焙火者为快，故前面数道浸泡时间宜短，往后愈多道则增加愈多的浸泡时间。

5. 泡茶一定要达到标准浓度吗？

有人认为数泡间的浓度不一定要"要求一致"，泡出各种不同的浓度与风格正可欣赏该种茶不同的滋味。这话初听之下似乎有理，但仔细思考一下，这样做不就成了"随意泡"？那又何必讲求章法？你或许又要提出异议：让人喜欢的不会只是一个浓度与风格吧？没错，但是这个范围还是包括在我们所说的"标准浓度"之内，所以不能将之解释为"都可以"，或"故意泡成各种状况"。

"追求最好的（不是单一的）"一直是我们鼓励与努力的，人生有各种不同的层面，但实际生活中是不需要每一层面去体会、去实践的；泡茶也是如此，太浓的、太淡的、太苦涩的，能避免就尽量避免，随手泡壶（杯）好茶，才符合我们的希望。

（五）茶汤之标准

1. 每道茶的浓度应力求一致吗？

一壶茶的数道茶汤，其浓度应力求一致吗？这有两种不同的看法：

（1）从每一道茶都应将此时之茶表现得最好的角度看，应该尽量将每道茶汤泡至所需浓度，因为我们是将"所需浓度"定义为"此时之茶的最佳表现"。所以每道茶汤的浓度应力求一致，即达到所谓的标准浓度，但品质在第三、第五道后难免开始下降，直到饮用者认为不宜再泡为止。

（2）有人认为每道茶泡出不同的浓度与特性，正可多方面了解茶的状况。这个观点从"评茶"的角度可以说得通，但在欣赏的角度上、在与茶为友的态度上，是说不通的，因为即使"为人"，也无须在别人面前表现出各种不同的"面目"；"评茶"也只宜在特定时间为之，平时喝茶，哪能时时以"批评"的态度与茶为伍？

2. 泡好茶的意义是什么？

泡好茶的意义就是将每一道茶都泡出当时茶叶最佳状况的茶汤，第四道的茶汤质量一定不如第一道，但是我们要将每一道都泡得最好。

我们常说：会泡茶的人可以将100元一斤的茶泡出150元的价值，同样的，不会泡茶的人，可以把200元一斤的茶泡得50元不值。这只是说明泡茶技术的重要，并不是说泡茶技术可以改变茶叶的质量。同样的技术，可以将50元的茶泡好，当然也可以将100元的茶泡好，得出来的茶汤应该是100元的胜于50元的。

泡好茶的真义在于：就现有的条件将茶泡出最佳的茶汤，即使已经泡至第五道，或是原本苦涩味就偏重的茶。泡好茶也是茶道的基础，如果茶都泡不好，如何讲求茶道的艺术与精神？再进一步说，不断地练习泡茶，才能使茶人在意志与思想上进入更高的茶道境界，或是体悟、创造出新的层面。所以泡茶师们有一句箴言：泡好茶乃茶人体能之训练，茶道追求之途径，茶境感悟之本体也。

3. 茶汤所需要的浓度有一定标准吗？

所谓茶汤的适当浓度就是将该种茶的特性表现得最好的浓度，这其中尚包含其他欣赏的要素，但本节仅就浓度一项叙述之。

泡茶时若可溶物释出太少，我们称为太淡，喝来觉得水水的；若可溶物释出太多，我们称为太浓，喝来味道太重，或苦涩味太过突显。

适当的浓度是否有一定的标准？应该说有，只是并非每一个人认定的标准都一样。口味重一点的人，可能会要求浓一些；口味淡一点的人，可能会要求淡一点，但一百个人之中，八九十人认为适当的浓度就是标准的浓度，国际鉴定茶的标准杯泡法就是以此原则设计而成，也就是以3g的茶量，冲泡150cc的开水（即茶为水量之2%），浸泡5~6分钟得出的茶汤浓度。

茶汤有一定的标准浓度，个人对茶汤浓度的喜爱也有某些程度的差异，但我们建议爱茶人尽量往标准浓度修正，因为太浓的茶汤有如太淡的茶汤，不易体会出细微的味道。

4. 茶汤温度对该种茶的品质欣赏有何影响？

（1）香气在不同温度下的表现

一般说来，茶汤的温度高时，香气比较活泼，所以无论是欣赏茶干的香或浸泡后叶底的香或茶汤表面发散出来的香，都要趁热为之。但由于组成香的成分太多、太复杂，有些香在高温时挥发得最旺盛，或表现得最叫人喜欢，有些香则要在温度稍降后才表现出来。

（2）香的含量与组合

香的含量多时，挥发的延续性比较长；香的组合完整时，闻来较具立体感。茶香在不同温度下，还会显现不同的类型，这也提供了茶叶质量鉴定的重要参考数据，故有人说：冷了还香的茶，是好茶。

（3）最佳的赏香时机

由于不同茶类有其应有的特质，也就是应有其特有的香气成分才对，所以有些茶在稍微烫嘴的温度下提供最佳的赏香时机，如冻顶、铁观音、水仙等；有些茶则在适口的温度下表现得最好，如白毫乌龙、白毫银针、白牡丹等。遇到汤温稍降反而讨好时，茶泡妥后，稍等片刻才倒给客人喝，或倒至杯内稍等片刻才端给客人。这时的杯子与茶盅就不要"烫杯"或"温盅"了。

（4）口腔内的赏香

茶香在口腔内还要与茶味再次被享用的，如果把香气排除在外，茶汤就没那么好喝了。茶香在口腔内的感受部位偏向于上颚，所以香气含量多的茶，茶汤咽下后，上颚的感受会存续很久。

（5）苦涩味与温度

至于茶味部分，苦涩味被感受的强弱与汤温的高低成反比，也就是温度高时苦涩味在感受上比较不那么强烈，所以苦涩味强的茶要趁热喝。有些茶的苦味较强，若属品种或茶性使然，其感受部位是偏向于上颚；若属原料或制作不良造成的，其感受部位是在喉头。前者会比较快速地转化而消失，后者会迟迟不散。

（6）甘味与温度

当茶汤中的善质苦味（非令人不快的苦味）减弱后，甘味会显现出来，就是所谓的回甘或喉韵。甘味在温度稍降后反而感觉清楚，所以苦涩味强时，甘味往往不易察觉，多泡几道，让苦涩味转弱后，即使汤温降低，甘味反而容易显现出来。

（六）各种泡茶法

1. 小壶茶法有什么特征？

小壶茶法是指小型壶具冲泡叶型茶（非末茶）的方法与品饮方式。茶壶大约在400cc 以内，杯子大约在 50cc 以内，装一次茶叶，冲泡数次以供品饮。

小型壶又因搭配的杯子大小与数量分为单杯壶、二杯壶、四杯壶、六杯壶、十杯壶等不同的大小与配备。

小壶茶法

"小壶茶法"是用以与"大桶茶法"（或称大壶茶法）、"浓缩茶法""含叶茶法"相对应的一种泡茶法与品饮方式。

2. 小壶茶法需要的全套泡茶用具有哪些？

基本的小壶茶法配备是壶与杯，若为方便分茶入杯，可增加"茶盅"（或称茶海、公道杯），若为使茶壶有个承座，可增加"茶船"或"壶垫"。若为增加杯子的完整性，可增加"杯托"。

如果一个或数个杯子可以让一壶的茶汤一次倒干，茶盅可以被省略。为了简便，茶船或壶垫以及杯托可以被省略。结果，只要一壶一杯或一壶数杯也就可以将茶泡得很好了，可称之为简式小壶茶法。

3. 盖碗茶法有何特别的地方？

盖碗通常以"茶碗"为主，上加一"碗盖"，下配一"碗托"，形成所谓三件式盖碗。盖碗茶法包括下列两种形式：

（1）以盖碗泡茶兼品饮。将茶叶放入碗内，冲水，浸泡，适当浓度后就直接以盖碗品饮茶汤。

（2）以盖碗作为茶壶使用。将茶叶放入碗内，冲水，浸泡，适当浓度后将茶汤一次倒入盅内或一次分倒入杯。

一壶二杯与包壶巾

盖碗茶法是比小壶茶法更为简便的一种泡茶品饮方式，以盖碗泡茶兼品饮时，就只要这么一组盖碗，简单利落；以盖碗作为茶壶使用时，不但可随时打开碗盖观看茶汤的浓度，而且置茶、去渣、清洗上也比茶壶方便。

以盖碗泡茶兼品饮

也可以将盖碗只作为盛放茶汤的用具，这就是将泡好或调好的茶汤倒于盖碗内请客人品饮。这种状况就将盖碗作为茶杯看待。

4. 单位如何准备茶能让同人们一天到晚都有茶喝？

这就得介绍浓缩茶法了。浓缩茶法就是将茶泡至双倍的浓度，放至常温，饮用时调以另一倍高温的开水，稀释至标准浓度与适口的温度。

这种泡茶与品饮法有三大特点：一是避开茶汤不宜高温存放的缺点，将泡好的茶降至常温，以利香味的保存。二是以兑半杯热开水的方式使茶汤恢复成适口的浓度与

盖碗作为茶壶使用

温度。三是饮用者长时间随时需要时，经简便的兑水方式就可以有一杯相对高品质的茶汤可喝。

浓缩茶供茶法

在浓缩茶的旁边放置一桶白开水与杯子，饮用者拿着杯子，先倒半杯的浓缩茶，再加半杯的白开水，就是一杯标准浓度与适口温度的茶了。这桶白开水的温度可视气候而定，天气热时，温度不必太高；天气冷时，不妨温度高些。在天气寒冷的地方，还可以把杯子放于保温箱内，使用时才将杯子从保温箱内取出；若没有保温箱，也可以在使用前将杯子用热水烫过。

5. 出外旅行或因公出差，如何让自己随时能喝到一杯好茶？

这就是所谓的旅行茶法，使用旅行用茶具。所谓旅行用茶具就是方便携带外出旅行的茶具，包括方便携带与包装两个层面的问题。方便携带上如选用质地较坚固的茶具（高度烧结者较坚固）、外形无脆弱凸出物者（如细小装饰物）、杯子胎壁较厚者（非薄胎之蛋壳杯）、以热水瓶代替煮水器（热水瓶避免使用玻璃内胆者）、省略非必要之器物（如杯托）……包装上的问题如器材可重复使用、器材坚韧度够，器材无杂味与卫生的顾虑、使用方便、造型美观……

旅行用茶具可大致分为下列三大类：个人旅行茶具、多人旅行茶具、登山茶具。

个人旅行茶具基本的配备是一壶二杯一热水瓶，出门时将茶叶放入壶内，二个杯子用杯套套着，分别倒扣于壶嘴与壶把上，然后用一条包壶巾将它们包扎起来。找一只旅行用热水瓶装上适温的热水，这样就可以出门了。一壶二杯包扎起来如拳头一般大小，加上500cc左右的小热水瓶，一般的随身旅行袋都可以装得下。拜访客户时、在飞机上吃过餐点、在汽车上的时间，打开包壶巾，包壶巾铺在桌上或任何一个平面上作为泡茶巾，壶摆中间，两个杯子取下杯套放在茶壶前方，打开热水瓶冲水，以手表或心算计时，到了适当时间，将茶来回平均倒于二个杯子内。自己一个人时，先喝第一杯，再喝第二杯；旁边有人时，另一杯就请他同饮。

一壶二杯一热水瓶

由于省略了茶盅，所以壶的大小应与二个杯子配合，要能一次将茶倒光；若壶大了一点，冲水时少冲一些。壶的滤渣功能要好，否则倒出太多的茶渣无法喝掉，又没有适当的地方倾倒。壶的断水功能要好，否则倒茶入杯时容易有水滴落在外。

这样连续喝个3~4道（若壶的容积在150cc左右），将杯子用纸巾擦拭一下，用杯套套好，倒扣回壶嘴与壶把上，用泡茶巾（即原来的包壶巾）包扎起来，结束泡茶。最后一道茶要倒得特别干，以免包装后有残水外流。整套茶具回家或回餐厅、旅馆后再行清洗，下午或第二天出门时，再放一些茶叶到壶内，则又是有茶相伴的一天。清洗完茶具，若用高温热水烫过，壶口朝上放在桌面上，壶内残水一会儿就会干的。

这样的泡茶法是不温壶也不烫杯的，所以准备热水时要将温度提高一些，若无足够高温的热水可带，泡茶时应延长一点浸泡的时间。倒完茶，待半分钟后才端茶饮用，才请客人喝茶，让杯子吸点茶汤的热度而不至于端在手上觉得冷冷的，也避免饮用时被茶汤烫着了。

6. 抹茶法有何要领？

抹茶法就是调制粉末茶的方法与品饮方式。粉末茶不像叶形茶是用浸泡的方法，而是直接用水调开饮用。使用"抹茶"这个名称是迁就日本茶道界的用法，免得重新立个名称，事实上"抹茶"就是"末茶"。

把茶叶磨成细粉

粉末茶与速溶茶的所谓"茶精"不同，粉末茶是直接把茶叶磨成细粉，含纤维质与不溶于水的成分在内；茶精是将茶叶浸泡出茶汤，再将茶汤浓缩成粉末，只是茶叶可溶于水的成分而已。

粉末茶还分成食品加工用的与茶道上直接调制来喝的，前者粒子较粗，品质可以不必那么讲究，也比较不易将茶调制成胶溶的状态。后者不只粒子要细，而且苦涩味不能太高，否则不好直接拿来饮用。

抹茶的调制是使用茶碗，持茶勺将适量的末茶放入碗内，冲入适量、适温的热水，使用茶筅，以直线形的来回方向快速将末茶打入水中，并使之成胶溶状态，这时液面会有泡沫层出现。胶溶状况佳者，泡沫层很密很稠，而且历久（如20分钟或半小时）不消；胶溶状况不佳者，茶、水呈分离状况，茶末沉淀，茶汤喝来水水的。持茶筅打

液面有泡沫层出现

茶时，要让茶筅垂直于液面，于水中来回击打，茶筅不要刮到碗底，打至茶汤变稠、泡沫层形成为止。

7. 冷泡茶法的茶水比例与浸泡时间应如何把握？

根据研究发现，冷水泡茶能降低茶叶中造成苦涩味的咖啡因和单宁酸的释出，所以茶汤喝起来比较甘甜，且比较不刺激胃黏膜和影响睡眠，因此以冷水泡茶来降低茶汤苦涩味的泡茶方法便出现了。

冷泡茶法，是一种以冷水来冲泡茶叶，经过较长时间的浸泡，达到我们所需的适口浓度之后进行饮用的泡茶方式。

我们从当前大家经常饮用的茶类中选取 8 种茶叶分别用冰水（约 3℃）、常温水（约 18℃）和热水（75℃~90℃）以 1.5%、2%、5% 的茶水比例进行多组冲泡，从而对各组冷泡茶达到适口浓度时的浸泡时间和口感进行对比总结，以及将其与热泡之茶汤进行比较后对适合冷水冲泡的茶类进行分析探讨。结果表明，不发酵茶、不焙火的部分发酵茶、全发酵茶，及不经渥堆的后发酵茶等，较适合用冷泡法进行冲泡，而花茶、焙火的部分发酵茶及经渥堆的后发酵茶，较不适合于冷泡法。

冲泡冷泡茶最佳的茶水比例是 2%；将冷泡茶进行冷藏，茶汤口感更佳。

8. 泡沫茶是如何调制的？

市面上开设的泡沫茶店首先是泡沫红茶店，后来演变成贩卖各种调味冷饮的专卖店。茶饮的部分是先将茶泡至平常饮用的二三倍浓度，然后加入冰块、调味料，在摇荡器内摇荡至各种材料成交融状态并起泡沫。倒出的时候是先将汤汁分倒至杯内，再将泡沫平均分配至各杯。

9. 煮茶法应如何操作，适合各种茶类吗？

唐代的煮茶是在水初滚后将碾碎的茶叶投入水中，待水再度沸腾后就舀出茶汤饮用，事实上很像今天的泡茶。而今天所谓的煮茶是将茶叶放入水中熬煮颇长的一段时间，这种泡茶法仅适合于较成熟枝叶制成的普洱茶（广义解释，含边销茶）或冲泡数次后之叶底。

煮茶法

10. 有什么方法可以让茶叶一直浸泡在水中也能控制好茶汤浓度？

这就是所谓的含叶茶法。含叶茶法是控制茶、水比例，使茶叶浸泡至一定时间后即使茶叶与茶汤不分离，浓度仍固定在所需程度的一种泡茶法与品饮方式。要如何才能使茶叶浸泡到一定时间后就不再继续增加浓度呢？就是要控制好一定的茶水比例，使茶叶的水可溶物质全部释出后刚好达到我们需要的浓度。这个茶水比例大约是：水量（cc 数）×1.5%＝茶量（g 数）。也因为水可溶物质已几乎全部溶出，所以浸泡再久也不会变得太浓。

接下来的问题是要浸泡多久才能使水可溶物质全部释出呢？如果是冲以该茶叶所需温度的热水，时间是在 10 分钟以上。

含叶茶法所使用的茶量，在上述所谓"水量之 1.5%"的标准上，尚可依照茶况加以微调，如嫩采者少放一些，老采者多放一些，苦涩味偏重的茶少放一些。也可依饮用者的口味加以调整，重口味者多放一些，轻口味者少放一些。若小壶茶以含叶茶的方法冲泡，又以小杯子饮用，茶量应增加到水量的 2%，因为小杯茶的浓度需要高一些才好。

11. 如何让很多人在短时间内一次喝到茶？

这种人多的场合，要使用大桶茶法。大桶茶法是指一次冲泡大量的茶汤，将茶叶分离后，供许多人在 1 个小时内饮用的泡茶与品饮法。为什么要强调 1 个小时内饮用呢？因为茶汤放置太久，不是温度变凉了就是在保温过程中产生了闷味，所以我们将大桶茶法界定在"短时间的单次性冲泡"。

大桶茶法的茶水比例可依评茶鉴定杯的方式推算，鉴定杯的茶水比例是以 3g 的茶，冲泡滚开水 150cc，浸泡 5~6 分钟。3g 的茶兑 150cc 的水，也就是每克茶兑 50cc 的水，但我们仍然使用 3g 为一个计算单位，因为 3g 刚好是一个人饮用"一次"的茶量，这"一次"若以大茶杯饮用，150cc 是颇为适当的分量。150cc 也是我们日常喝汤使用的汤碗的分量。这"一次"若换作小杯饮用，150cc 也是数杯加在一起很舒服的分量。

所以如果有人问您 50 人的聚会，每人供应一杯 150cc 的茶，需要准备多少茶叶，您就可以这样计算：3g×50 人 = 150g。再以上述方法放大成大桶茶的茶水量，例如 80 人的同学会，会上预估每人将喝二杯 100cc 的茶，请问要泡多少量的茶汤，以及应买多少茶叶？茶汤量算法：100×2 杯×80 人 = 16000cc（即 16 升）。但茶渣会吸掉 6%~10% 的水量，所以冲水量最好补足这部分。如果这次拟冲泡铁观音，这些采成熟叶制成的

大桶茶法

茶叶冲泡后的吸水量较大（相对的，如龙井、红茶等采嫩芽嫩叶的茶，吸水量就较小），应补足 10% 的水量，则冲水量应为：$16000cc \times 1.1 = 17600cc$。茶量的计算一般以未追加时的汤量折算，即：$16000cc \div 50cc = 320g$。因为同样的浸泡时间，汤量多时会比汤量少时的温度持续长一些，茶水可溶物溶出的速度也比较快，所以追加的那些水量刚好补救了这项误差。

第八节　茶之事

我国茶饮历史悠久，发乎于神农，闻于鲁周公，与饮茶相依相伴的茶事也多而有趣，陆羽在《茶经》中也将茶事单列出章，可见，此内容的重要。茶文化的历史脉络经历了秦汉的启蒙、魏晋南北朝的萌芽、唐代的确立、宋代的兴盛和明清的普及等各个阶段。从这几千年的沉浮中，今人可叹茶的历史兴衰。

一、茶事的历史

（一）秦汉时期，茶事萌芽

1. 中国最早的产茶区

巴蜀之地，茶风源远流长，自古便被人们命名为孕育中国茶业与茶文化的摇篮，古代的巴蜀国也可以说是中国最早的产茶地区。明代杨慎的《郡国外夷考》中记载："《汉志》葭萌，蜀郡名，萌音芒。《方言》，蜀人谓茶曰葭萌，盖以茶氏郡也……"表明很早之前蜀人已用"茶"来为当地的部落和地域命名了。这点也同时反映出巴蜀地区在战国之前已经形成了具有一定规模的茶区。明末学者顾炎武在他的《日知录》中也提出："自秦人取蜀而后，始有茗饮之事。"也反映了茶饮是秦国统一巴蜀之后开始传播开来的。

西汉时，王褒的《僮约》中记载了"烹茶尽具"以及"武阳买茶"的记载，可见在当时的巴蜀地区，饮茶已经很广泛，茶叶甚至成为一种商品。发展到三国时期，魏国《广雅》一书记载："荆巴间采茶作饼，成以米膏出之……"

2. 茶区的扩大

两汉茶文化的发展，首先表现在茶区的扩大上。马王堆出土文物表明，汉朝时期长江中游的荆楚之地已经出现了茶和饮茶习俗。资料显示荆楚茶业曾一度发展到今广东、湖南和江西接壤的茶陵。据《汉书—地理志》记载，西汉时已有的"荼陵"即今日的湖南省茶陵县。从明朝嘉靖年间的《茶陵州志》可以考证，茶陵境内的茶山，就是湖南省与江西省交界处的"景阳山"，那里"茶水源出此"且"林谷间多生产茶茗，故名"。

3. 煮饮法的流行

饮茶发展到这个时期完全是煮茶法在主宰着，就是茶放在水中烹煮而饮。唐代陆羽之前还没有严格意义的制茶法，从魏晋南北朝一直到初唐，人们主要是将茶树的叶子采摘下来直接煮成羹汤来饮用，颇类似于今天的喝蔬茶汤，吴人称此为"茗粥"。

自《茶经》问世之后，逐渐以陆羽发明的煎茶为主。但煮茶的习惯并没有完全摒弃，尤其在少数民族地区仍然十分流行，晚唐樊绰的《蛮书》记载："茶出银生界诸山。散收，无采早法，蒙舍蛮以椒、姜、桂和烹而饮之。"这已经是唐代晚期，煮茶，往往会加入盐、姜等各种作料。到了宋朝时期，北方少数民族地区在茶中放入盐、干酪和姜等一起煮，南方地区也仍然偶有煮茶的习俗。

4. 王褒的《僮约》

王褒，字子渊，是西汉时期著名的文学家，为四川资中（今四川省资阳市）人。后人喻他"文采秀发，擅长辞赋"。写作《僮约》实出偶然，没想到却成就了茶史一段重要的考据。

西汉宣帝神爵三年（公元前59年）正月之时，王褒寓居于成都一个叫杨惠的寡妇家中。杨氏家中有个名叫"便了"的髯奴，王褒经常指派他去买酒。便了觉得王褒是个外人，替他跑腿很不心甘情愿，私下又怀疑王褒可能与杨氏有暧昧。有一天，他就拿着一根大杖冲上男主人的坟头，高声叫嚷："大夫买便了之时，契约上明明写明守墓冢，没有约定替别人家的男子买酒哇！"

这件事很快就传开了，王褒知道之后，非常愤怒，一气之下，在正月十五这天，以一万五千钱从杨氏手中买下便了为奴。便了虽然十分不乐意，但是也没有办法。在写契约的时候，他怕王褒为难他，就提出来："既然事已至此，您也应该像当初杨家买我的时候那样，将以后凡是要我干的事明明白白写在契约中，否则，我可不干。"这提议对王褒简直小儿科，他文采风流，为了教训便了，便洋洋洒洒地写下了一篇六百余字的《僮约》，上面列举了名目繁多的劳役项目和时间的安排，按照契约上所写，便了没有一时空闲。

便了看后痛哭流涕向王褒求情说，如是照此干活，恐怕马上就会累死进黄土，早知如此，情愿给您天天买酒。《僮约》中有"烹茶尽具"和"武阳买茶"的词句。可见此时茶叶已经成为商品上市买卖。这篇《僮约》虽然是作者的消遣之作，但是，无意中却为中国茶史留下了非常重要的一笔。

（二）六朝时期，重心东移

1. 饮茶重心的转移

三国两晋时期，长江中下游地区因为便利的地理条件和较高的经济文化水平，茶业和茶文化也得到较大发展，该地区在中国茶文化传播中的地位，逐渐明显且重要起来，呈现出取代巴蜀的趋势来。此外，由于六朝基本上都是定都建康，中国茶业的重心也逐渐由西向东移，从而使得中国南方，特别是江东的茶文化和饮茶习俗有了较快发展。

同一时期在我国版图的东南方，茶叶的种植也逐渐由浙西扩展到现今的温州、宁波沿海一带。南北朝时期的《桐君录》记载，"西阳、武昌、晋陵皆出好茗"。晋陵即今江苏省常州的古名，表明东晋末期以及南朝时，长江下游一带种植的茶叶也著名起来。

2. 国内的传播

秦汉的统一使各地文化逐渐融合，巴蜀地区的封闭也逐渐被打破了，茶叶和饮茶风俗逐渐向北、向东传播开来。发展到魏晋南北朝时期，茶叶的种植和生产已经遍及四川、湖南、湖北、浙江、江苏、安徽、河南等地。

我国的长江及其众多的支流如同一张辐射网，为茶叶的传播提供了便利的自然条件。这一点也有文字记载，三国吴赤乌元年（238年），道士葛玄"植茶之圃已上华顶"，"华顶"即浙江天台山，可见饮茶之风已发展到了江淮流域。

汉王亦曾在江苏宜兴的茗岭，招收学童，专门教习种茶的技艺。而长江流经湖北武汉，其支流进入陕西，茶也可能顺着这条支流传入了陕西一带的北方地区。

3. 从药用到饮用

秦汉时期，茶还是作为药物被广泛使用，它并不是普通百姓的日常饮品。一直到三国时期，茶才开始在王室贵族等上层社会中流行开来。两晋和南北朝时期，茶作为药用还是饮用，因南北地域和习俗的不同，而经历了一段具有南北差异的过渡期。

由于茶叶原产自云南、四川等地，南方饮茶习俗较北方成熟略早。南下的中原贵族逐渐适应了南方的饮茶文化，喜欢上了饮茶。而东晋南渡之初，北伐志士刘琨在信中写道："前得安州干姜一斤，桂一斤，黄芩一斤，皆所须也。吾体中溃闷，常仰真茶，汝可置之。"可见，北方士族还将茶视为中药服用。

4. 茶文化的萌芽

至魏晋时期，饮茶的方式逐渐进入烹煮的阶段，对烹煮的方法技巧也开始讲究起来。饮茶的形态除了在种类上呈现多样化的特点之外，还开始具有一定的仪式、礼数和规矩，人们日益自发自觉地遵守和规范起来。

在这一时期，茶也开始成为文人雅士吟咏、赞颂和抒情达意的对象。杜毓的《荈赋》、左思的《娇女诗》等从各个方面对种茶、煮茶、饮茶等茶事进行了描述。此外，茶作为一种健康的饮品，其清香雅致的特质被赋予高雅纯朴的精神力量，并与儒、佛、道和神、鬼、怪等联系起来，开始进入宗教领域。

（三）唐代，茶叶制度的确立

1. 比屋之饮

比屋之饮说的是唐朝时期饮茶已经十分普遍，特别是在唐都长安几乎走进家家户户的意思。唐朝时期的经济发展日趋繁盛，文化昌明，社会处处生机，充满活力，这些有利条件为包括茶业在内的各行各业的发展提供了动力。茶圣陆羽就是生于这样一个繁荣的朝代。

特别是唐朝中期以后，饮茶之风已经开始从皇宫、贵族、文人雅士阶层逐渐普及到社会中下阶层，尤其得到了普通百姓的欢迎。唐代开元年间（713—741 年）以后，社会上茶道兴盛，饮茶之风大兴，有"穷日竟夜""遂成风俗"且"流于塞外"等记载。史料记载，文成公主入藏时（641 年）就曾把茶叶及茶子随身带入吐蕃，饮茶使得以肉食为主的藏民获益良多。很快，饮茶习俗在西藏地区逐渐形成，发展到今日"宁可三日无粮，不可一日无茶"的程度。

唐朝时文成公主远嫁吐蕃，促进了汉藏两个民族之间的友好和经济文化交流。由于文成公主爱饮茶，嫁妆里自然也少不了茶叶，茶文化也随之传入西藏，并在当时的贵族间盛行，因此开始了两地的茶马交易。

相传，藏区人民最爱喝的酥油茶也是文成公主创制的。当时，文成公主刚嫁到吐蕃，适应不了高原干冷的气候环境，对每餐肉多乳多的饮食也不习惯，常常感到油腻，消化不好，于是她便想到把清爽的茶加进奶中饮用，果然好了很多，这便是奶茶的由来。她还尝试在煮茶时，加入酥油、盐、松子等，发展成了现在的酥油茶。文成公主还经常把茶赐予臣民，使得越来越多的藏民感受到茶水清幽的口感和醒脑提神的功效。这对西藏茶叶的传播和发展做出了巨大的贡献。

2. 茶税制度的确立

唐朝时期茶叶生产得到大发展，从事茶叶买卖的商人均可以迅速致富。但唐中期以后国家却出现了财政危机，在这种形势下，唐王朝开始制定关于茶叶的经济法规，以增加财政收入，这些法规包括税茶、贡茶、榷茶、茶马互市等，大多被历代沿袭下去并成为定制。

税茶：唐德宗建中元年（780年），户部侍郎赵赞提出朝廷对茶征收10%的税。贞元九年（793年），张滂据此创立了税茶法。

榷茶：榷的本义为独木桥，引申为专卖或垄断。唐武宗时期，茶叶开始"禁民私卖"，榷茶制度正式确立。

贡茶：贡茶不是商品，而是专供朝廷使用的茶叶。由于其制作精致讲究，大大推进了种茶和制茶技术的进步。但同时贡茶也加重了茶农的负担，并一定程度上阻碍了茶叶贸易的发展。

3. 陆羽的煎茶法

煎茶法主要是指陆羽在《茶经》中所记载的饮茶方法。煎茶法通常用饼茶，主要程序有备茶、备水、生火煮水、调盐、投茶、育华、分茶、饮茶、洁器等9个步骤。煎茶法一出现就受到士大夫阶层、文人雅士和品茗爱好者的喜爱，特别是到了唐朝中后期，逐渐成熟并且流行起来。

由于茶圣陆羽正是煎茶法的创始人，因此煎饮法又被称为"陆氏煎茶法"。煎茶之道可以说是中国茶道形式的雏形，兴盛于唐朝、五代和两宋，历时约500年。

4. 茶禅一味

有句俗话说"吃茶是和尚家风"，僧侣与品茶之风有着极其密切的关系。茶道从一开始萌芽，就与佛教有着千丝万缕的联系。旧时有"自古名寺出名茶"之说，也有说法称茶由野生茶树到人工培植也是始于僧人。佛教的禅宗认为，参禅时需要有一颗平常心，无妄无欲。茶性平和，香气淡雅含蓄，细品慢啜，回味持久，让人内心宁静，归于平和，这些特性与参禅悟道所秉持的心态有异曲同工之妙。正如同古人讲"禅让僧人有一颗平常心，而茶给茶人以一颗平常心"。日常生活中最平凡不过的"茶"，与佛教中最重要的精神"悟"结合起来，作为禅宗的"悟道"方式，升华出"茶禅一味"的至高无上境界。

佛中有茶，茶中有佛，佛离不了茶，茶因佛而兴，唐代高僧从谂禅师，嗜茶成癖，并留下"吃茶去"的茶文化典故，成为禅林法语。

5. 与文人结缘

饮茶能怡神醒脑，有助文思，因此格外得到文人喜爱，两者结下不解之缘，成为中国人文精神的重要组成部分。于唐朝兴起并得到较大发展的茶文化同时也体现着中国传统文化丰富、高雅、含蓄的特点。

唐朝以来流传下来的茶文、茶诗、茶画、茶歌等，无论从数量还是质量，从形式还是内容，都大大超过了唐以前的任何朝代。饮茶过程既是品味的过程，也是一个自我调节和修养的过程，是灵魂的净化过程。

茶文化为中华民族异彩纷呈、灿烂辉煌的传统文化增添了新的形式和新的内涵，注入了旺盛的生命力。饮茶、赋诗、会友，根植于民间百姓的社会生活，为广大人民所普遍接受，逐渐积淀、固定下来，成为一种独具特色的民族文化形态，这是茶文化得以顺利发展，且盛行、繁荣至今的坚实基础。

6. 李白与仙人掌茶

李白，字太白，自号青莲居士，是我国著名的浪漫主义诗人。众人皆知李白嗜酒如命。其实，他也爱茶。唐肃宗上元元年（760年），他在金陵（今南京市）游历之时遇见了同宗的侄子，出家僧人中孚禅师。中孚禅师善种茶，每当春茶竞相迸发之际，他就在珍珠泉水汇结成的玉泉溪畔的乳窟洞边，采回茶树的嫩叶，运用熟练的制茶技术，制出扁形如掌、清香滑熟、饮之清芬、舌有余甘的茶来。他以此茶作见面礼。饮品之后，李白便作诗一首，作为答谢。他觉得此茶外形"其状如掌"，内质"清香滑熟"，滋味独具，因此就给茶命名为"仙人掌茶"。

诗云：

尝闻玉泉山，山洞多乳窟。仙鼠白如鸦，倒悬清溪月。

茗生此中石，玉泉流不歇。根柯洒芳津，采服润肌骨。

丛老卷绿叶，枝枝相接连。曝成仙人掌，以拍洪崖肩。

举世未见之，其名定谁传。宗英乃婵伯，投赠有佳篇。

清镜烛无盐，顾惭西子妍。朝坐有余兴，长吟播诸天。

此诗指出，此处的石上生长着佳茗，玉泉在下流淌不停，茶树的根和枝茎都被泉水滋润着，采服此茶可以丰润肌骨。李白还在诗序中举寺中玉泉真公为例，说他常采而饮之，所以"年八十余岁，颜色如桃李。而此茗清香滑熟，异于他者，所以能还童振枯，扶人寿也"。仙人掌茶名逐渐流传开来，并成为唐代名茶，为茶客所喜爱。

7. 从谂禅师与"吃茶去"

在今河北省石家庄市有个赵县，古时被称为赵州，赵州有远近闻名的柏林禅寺，此寺之所以出名，在于一著名的佛家公案。

从谂禅师（778—891 年，俗姓郝，山东曹州人），唐代高僧，早年四处云游，晚年住赵州观音寺，因早证悟，人称"赵州古佛"。

据《指月录》载：有僧到赵州从谂禅师处，师问："新近曾到此间吗？"曰："曾到。"师曰："吃茶去。"又问僧，僧曰："不曾到。"师曰："吃茶去。"后院主问曰："为什么曾到也云吃茶去，不曾到也云吃茶去？"师召院主，主应喏。师曰："吃茶去。"

对"吃茶去"这三个字历来也是见仁见智的，这三字禅有着直指人心的力量，也从而奠定了赵州柏林禅寺是"禅茶一味"的故乡的基础。

在中原，后来的历代高僧以茶说法渐成风气。《五灯会元》卷九载唐末五代时沩仰宗僧资福如宝禅师与学僧的问答：

问：如何是和尚家风？

师曰：饭后三碗茶。

这"和尚家风"已包含了佛家修行的最高境界。

黄龙宗开山祖师黄龙慧南有偈云："但见日头东畔上，谁能更吃赵州茶。"

清代湛愚老人《心灯录》称赞："赵州'吃茶去'三字，真直截，真痛快。"已故原中国佛教协会会长赵朴初老先生对"吃茶去"公案大为赞叹："七碗爱至味，一壶得真趣。空持千百偈，不如吃茶去。"以及"万语与千言，无外吃茶去。"

无论茶界还是佛界，对"三字禅"的推崇都是一致的，因为茶人的最终追求并不是口腹之欲的满足，正如同参禅者一样，完全是为了得到心灵的解脱，而从谂禅师的"吃茶去"恰恰指出了由茶达到解脱的真实不虚，与皎然"三饮"互相印证。

（四）宋代，全民皆知饮茶事

1. 街知巷闻饮茶事

经历了唐朝茶业与茶文化启蒙发展阶段后，宋朝成为历史上茶饮活动最活跃的时代，除了有内容丰富、技艺高超的"斗茶""分茶""绣茶"等以外，民间的饮茶方式更是丰富多彩。

民间饮茶最为典型的是在南宋时期的都城临安（今浙江杭州）。当时繁华的临安城，茶肆经营昼夜不绝，无论烈日当头还是隆冬腊月，时时有人来提壶买茶。茶肆里面张挂着名人书画，装饰古朴，四季有鲜花装点。前来饮茶的人们络绎不绝，往来如织。

临安的茶肆通常分成很多种。来适应不同层次的消费者。有一部分茶肆，多是士大夫等人与朋友相聚的场所，人们在此不但品茗倾谈，甚至开展体育活动，如蹴球茶坊等。还有，作为品茗场所的茶楼、茶馆的主要顾客多为文雅和有学识之人，他们在此把玩乐器，学习曲目弹奏等，当时人们把这种茶肆称为"挂牌儿"；还有一些茶馆并非以茶为营生，只是挂名而已，人们在此进行买卖交易，谈事论情，饮酒甚至赌博，成为娱乐场所。

2. 制茶法的流行

从宫廷到民间，宋代对茶的品质要求都更为讲究。宋朝历任皇帝几乎皆嗜饮茶，特别是宋徽宗赵佶，虽然不事政务，却在艺术上有很高的成就，对茶也有着深刻的研究，并亲自著成《大观茶论》辑录茶事，他曾不惜重金派人四处寻找新的茶叶品种，大大促进了团茶种类的增多和制茶技术更大的进展。据《宣和北苑贡茶录》记载，贡茶在宋朝极盛时，有40多种。

团茶制法比唐朝陆羽在《茶经》中所载的方法又更为精细科学，茶的品质也得到提高。宋代的团茶制法主要有采茶、拣芽、蒸茶、榨茶、研茶、造茶、过黄等7个步骤：

宋朝末年开始出现散茶制法；到元朝时团茶已不再流行，散茶则大为发展，"蒸青法"逐渐改为"炒青法"；到了明代，团茶几乎已遭淘汰，炒青看则开始大行其道。

3. 特色的点茶法

宋朝时期，饮茶方式逐渐发生了新的变化。煎茶法由于烦琐复杂而开始走下坡路，新兴的点茶法成为时尚。蔡襄编著的《茶录》为点茶茶艺奠定了基础。点茶法主要包括备器、选水、取火、候汤和习茶5个环节。在点茶时先将饼茶碾成末，放在碗中待用；烧水时要注意调整炭火，调炭时有"三炭"之说，即底火、初炭（第一次添炭）和后炭（第二次添炭）；待水初沸时立即离火，冲点碗中的茶末，同时搅拌均匀，茶末上浮，形成粥面，即可饮用。

点茶茶艺于唐朝末期出现，到北宋时期逐渐发展成熟，北宋后期至明朝前期达到鼎盛，明朝后期走向衰亡，在茶史中持续存在了600余年。

4. 斗茶的兴起

宋朝时期，随着饮茶的普及，关于茶的活动也日渐丰富起来，民间开始兴起了斗茶的风气，"斗茶"也称"茗战"，用来决定胜负的标准共有两条，一是汤色，二是"汤花"。所谓的"汤色"就是指茶汤的颜色，有一个固定的标准。茶汤的颜色以纯白色为最上，其他的颜色则不正。茶汤纯白色，说明茶叶的采摘、加工，都是恰到好处。如果颜色偏青，说明在加工的时候火候不足；相反，如果偏灰，就是过火。如果偏黄，那么则是茶叶的采制出了问题。

所谓的"汤花"是指茶汤倒进茶盏之中在表面上泛起的泡沫。汤花讲究匀称，在汤花散尽之后，水痕出现得越晚越好。要想在斗茶中获胜，就必须把茶末研磨得非常细腻，同时在注水点汤的时候，力道要把握好，不温不火。汤花的最佳效果是，汤花出现之后，久久不散，而且汤花紧紧咬住茶盏的边缘，但是绝不流溢，这就叫作"咬盏"。如果汤花很快散开，或者流溢出来，就会落败。

5. 分茶的艺术

分茶是饮用末茶时饮茶人所从事的一种技能性游戏，也叫作"茶百戏"。分茶技艺高超的人可以利用茶碗中的水脉，创造许多绮丽美妙、富于变化的图案来，从图案的变化中得到赏心悦目的乐趣。分茶可以寄托文人的闲情雅兴，培养艺术创作的灵感，体现出人格的品位，是一种精致的技巧。

酷爱分茶的蔡襄在《茶录》中提出，要点一盏好茶，首先要严格地挑选茶叶。茶以青白色为好，黄白色为差；以自然芬芳者为好，添加香料者为差。其次，为了防止团茶在存放时吸潮而影响品质，在饮用前要进行炙烤以激发其香气，碾罗是冲泡沫茶的特殊要求，操作时也要讲究技巧，先用纸将茶裹紧捣碎，然后熟碾并细细筛滤。最后是点汤，要注意控制茶汤与茶末的比例，以及投茶与注水的先后顺序，烧水的温度、茶具的质地、颜色以及手法等也有诸多讲究和技巧，如此才能分出一盏美茶。

6. 宫廷绣茶

宋朝茶文化的发展在很大程度上与宫廷风俗的影响密不可分。因此，无论民间饮茶的文化特色或是形式内容，都带有明显的贵族色彩。茶文化在这种高雅的文化范畴内，得到了丰富全面的发展。宋代贡茶在自蔡襄任福建转运使后，制作变得更加精良细致，品质上有了更进一步的发展，并由蔡襄亲自研制出了小龙凤团茶。欧阳修评论这种茶为"价值黄金二两"，但是金可有，茶却不可多得。

宋仁宗就格外偏爱饮用这种小龙凤团茶，对其倍加珍惜，即使是居功至伟的近臣，也不随便赐赠，只有在每年的南郊大礼祭天地时，中枢密院的列位大臣才有幸共同分到一小团。连大臣自己往往都舍不得饮用，而用它来孝敬父母或转赠好友。这种茶在赏赐给大臣之前，要先由宫女用金箔剪成龙凤和花草图案贴在上面，因此叫作绣茶。"绣茶"是皇廷内的秘玩，由专人掌握此种技术，宫外的人难得一见。

7. 宋徽宗与《大观茶论》

宋徽宗（1082—1135 年），赵佶，精通书、画、词、文、茶。大观元年（1107），他完成了《大观茶论》的写作，全书分为"序、地产、天时、采择、蒸压、制造、鉴辨、白茶、罗碾、盏、筅、瓶、杓、水、点、味、香、色、藏焙、品名和外焙等二十目"。比较全面地论述了茶事在当时的发展状态。

宋徽宗还十分有见地地在序中写道："至若茶之为物，擅瓯闽之秀气，钟山川之灵禀，祛补救涤滞，致清导和，则非庸人孺子可得知矣。中澹闲洁，韵高致静，则非遑遽之时可得而好尚矣"，十分准确地阐释了茶于人的情性的陶冶和饮茶的文化内涵。

茶叶这种东西，发挥瓯闽（福建）的秀气，饱含山川的灵禀。祛除体内滞留之物，能够使人清醒调和，不是凡夫俗子可以知道的……宋徽宗在此文中记录了宋代饮茶的浓厚风气。他还发现了安吉白茶的树种，并在文章中指出："白茶自为一种，与常茶不同，其条敷阐，其叶莹薄。崖林之间偶然生出，盖非人力所可致，正焙之有者不过四五家，生者不过一二株，所造止于二三銙而已。芽英不多，尤难蒸焙。汤火一失，则已变而为常品。"

宋徽宗是我国历史上最昏庸的皇帝之一，然而也是历史上最富有才情的帝王。他对茶事活动的参与，对茶学理论的研究，对茶文化起到了不可估量的推动作用。

（五）明代，茶类格局的形成

1. 一纸诏书的改革

明代是中国茶业与饮茶方式发生重要变革的发展阶段。为去奢靡之风、减轻百姓负担，明太祖朱元璋下令茶制改革，用散茶代替饼茶进贡，伴随着茶叶加工方法的简化，茶的品饮方式也发生了改变，逐渐趋于简化。

真正开从简清饮之风的是朱元璋的第十七子朱权。朱权大胆改革传统饮茶的烦琐程序，并著有《茶谱》一书，书中对茶品、茶具、饮茶方式等茶事活动涉及的各个方面都提出了明确具体的要求，特别对于茶提出讲求"自然本性"和"真味"。对于茶具，反对繁复华丽和"雕镂藻饰"，为形成一套从简行事的烹饮方法打下了坚实的基础。

2. 茶类格局的形成

随着明朝制茶技术的改进，各个茶区出产的名茶品类也日渐繁多。宋朝时期闻名天下的散茶寥寥无几，有史料记载的只有数种。但到了明朝，仅黄一正编写的《事物绀珠》一书中收录的名茶就有近百种之多，且绝大多数属于散茶。

在明清时期，茶叶的形式得到了真正的飞跃发展，黑茶、青茶、红茶、花茶各种茶类相继出现和扩大。青茶，即乌龙茶，是明清时期由福建首先制作出来的一种半发酵茶类。红茶最早见之于明朝中期刘基编写的《多能鄙事》一书。清朝时，随着茶叶贸易的发展，红茶从福建很快传播到云南、四川、湖南、湖北、江西、浙江、安徽等省。此外，在各地茶区，还出现了工夫小种、紫毫、白毫、漳芽、选芽、清香和兰香等许多名优茶品，极大地丰富了茶叶种类，推动了茶业的发展。

3. 流传至今的泡茶法

泡茶法是将茶放在茶壶或茶盏之中，以沸水冲泡后直接饮用的便捷方法。唐及五代时期的饮茶方式都以煎茶法为主，宋元时期以点茶法为主。泡茶法虽然在唐代时已经出现，但是始终没有传播开来，直到明清时期才开始流行，并逐渐取代煎茶法和点茶法成为主流。

明清的泡茶法更普遍的是用壶冲泡，即先置茶于茶壶中冲泡，然后再分到茶杯中饮用。据古代茶书的记载，壶泡法有一套完整的程序，主要包括备器、择水、取火、候汤、投茶、冲泡、酾茶、品茶等。泡茶之道孕育于元末明初时期，正式形成于明朝后期，到清中期之前发展到鼎盛阶段，流传至今。今日流行于福建、两广（广东、广西）、台湾等地区的"工夫茶"即是以明清的壶泡法为基础发展起来的。

4. 焚香伴茗

明代有很多文人雅士为得到品茗佳境，开创了"焚香伴茗"的品茗方式。这是指品茶之时在茶室内焚上淡雅的沉香，在清香袅袅之中，烘托出亦真亦幻的朦胧之感，顿时便可抛却缠身俗务，忘却尘世喧嚣。沉香与茶香之气交织糅合在一起，更添茗茶之美，给人以轻松、愉悦、舒适、安详的享受。

明朝文震亨编写的《长物志》第十二卷中有"香茗"一节，便详细记载了明代茶人焚香伴饮的情趣6种：一是隐士谈玄悟道时，焚香品茗能清心悦神醒脑；二是晨钟暮鼓令人伤感、兴致索然时，焚香品茗可使人心胸豁达，舒抑解郁；三是读书写字、吟诗咏文困倦之时，焚香品茗可去困解乏；四是亲人团聚，儿女情长，焚香品茗有助于享受天伦之乐；五是雨天闭门在家，焚香品茗能解慰寂寥；六是宿醉或熬夜之后，焚香品茗能使身轻舒爽，润肺甘喉。明清时期品茗方式有了更新的发展，主要表现在对饮茶的人数追求。明朝开始，人们在品茶时已经开始刻意地对自然美与环境美提出了明确的要求，其中的环境美包括品茗的人和外部环境。名人对饮茶人数有"一人得神，一人得趣，三人得味，七八人是名施茶"之说；而环境则追求在幽静的山林、广阔的田野、溪畔、泉边与鸟鸣、松涛、清风为伴。

品茗自古以来就被人们当作一种高雅的生活享受，品茗时既讲究烹煮的技艺和品饮的方式，更注重情趣和环境气氛，并以天然野趣为美。茶人往往置身于大自然的山谷水畔，天高地阔、景色秀丽，茶带给人们的是清新、纯洁，内心的空灵与山水融为一体，天人合一，返璞归真。

明代有众多绘画名家以此为题材，留下珍贵的传世之作，如唐伯虎的《烹茶画卷》和《品茶图》，文徵明的《陆羽烹茶图》《惠山茶会记》等，除了茶画还有很多关于茶的美文诗语。

（六）清代，普洱茶的兴起

1. 茶叶的生产

据古籍史料显示，明清时期在前朝的基础上出现了很多新的茶树种植和茶叶生产加工技术，对于茶树生长规律和特性的掌握也有很大进步。如明学者方以智的百科式著作《物理小识》中就有记载"种以多子，稍长即移"，说明在明朝，除了种子直播以外，有的茶园还采用了育苗移植的方法。到清康熙年间一位叫作李来章的知县编写的《连阳八排风土记》，已有对于茶树插枝繁殖技术的记载。

此外，在清朝的福建北部一带，茶农们对珍稀名贵的优良茶树品种已开始采用压条繁殖的方法。在茶园管理方面，明清时期在种植时有了关于灌溉肥等更加精细的要求，在抑制杂草生长和茶树与其他植物间种方面，也有精辟见解。此外，明清时期在茶叶采摘技术方面较前朝也有较大的提高和发展。

2. 从调饮到清饮

调饮法与清饮法有着显著的区别，各有优势。从饮茶历史总的看来，其发展的时间顺序是由调饮法逐渐过渡到清饮法。在饮茶之风兴盛的唐代，人们在饮茶时普遍以作料调味；到了现代，只有部分边疆少数民族地区还继续沿用调饮的方式。而清饮法早已得到普及。

所谓"调饮法"，即在茶汤中加入糖或盐等调味品以及牛奶、蜂蜜、果酱、干果等配料，调和后一同饮用。调饮法因地区和民族的不同而呈现出复杂多样的特点，其中最具代表性的咸味调饮法有：西藏的酥油茶和蒙古、新疆的奶茶等；甜味调饮法有宁夏的"三泡台"；调味既可咸也可甜的饮茶法有居住在四川、云南一带山区少数民族的擂茶、打油茶等。而"清饮法"就是不加入任何调料，单纯的茶汤，来品尝真正的茶味。时至今日，中国广大的汉族人民仍多采用此种饮法。

3. 普洱贡茶

普洱茶是茶中珍品，不但深受民间百姓的喜欢，还上贡朝廷，供皇族大臣们品饮，甚至作为珍贵礼品馈赠他国。普洱茶茶味浓醇，具有性温味香、助消化、消积去腻等诸多利于人体的保健作用，这些特点正适合游牧出身、以肉食为主的清廷满族皇亲国戚的需要。清朝政府规定每年茶农需上缴普洱贡茶6.6万斤，由地方官吏负责组织运送。在进贡清宫的普洱茶中，主要有来自云南西双版纳原始森林的大叶种极品"金瓜贡茶"，还有其他各地进贡的小叶种茶，其中的"女儿茶"、团茶、茶膏等，深得王公贵族的钟爱。一时，宫中饮普洱茶之风成为时尚，既有清饮，也有用来熬煮奶茶。朝廷之风得到民间的大力效仿，普洱茶在清朝声名大振，流传甚广。

1963 年，北京故宫的工作人员在清理宫廷贡茶时，共发现各类名茶 2000 多千克，其中就包括一些保存完好的，最长时间已达 150 多年的普洱茶，更有普洱茶精品。"人头茶"（人头形状的茶团），每个重约 2.5 千克，形状完整，色泽明艳。

4. 茶馆兴盛

明清之际，茶馆开始兴盛，特别是清代，各种茶馆、茶肆、茶档作为百姓生活重要的活动场所，如雨后春笋般迅速发展起来。人们在此既可饮茶，也可会友，书生吟诗作对，商人高谈阔论。据史料记载，到清朝末期，仅皇都北京城有规模的茶馆就达数十家，上海更多达 66 家。即使在乡野之间，茶馆的发展也不亚于繁华都市，特别是江南的苏浙一带，有的小镇只有居民数千家，可是茶馆却有上百家之多。清朝的茶馆依照经营内容和功能特色的不同，主要有以下几种：品茗饮茶之地，饮茶兼饮食之地，还有最富特色的听书赏戏之地。除此之外，在江南乡镇，有的茶馆还兼做赌场所，有时也充当排解百姓纠纷的仲裁场所，如民间流传的"吃讲茶"，就是指乡邻之间发生了各种纠纷又不愿对簿公堂，常常会邀上当地极富声望的长者或公证之人一起到茶馆，三方坐下一边饮茶一边陈述评理以求得到圆满的解决。

5. 地方茶俗的发展流传

清代茶文化在民间的深入，还突出表现在一些地方茶俗的发展流传，形成了各具特色的地方茶文化，如茶叶的生产习俗、茶业经营、日常饮茶，以茶待客、节日饮茶、婚恋用茶、祭祀供茶、茶馆文化、茶事茶规等，涉及各个方面，内容丰富多彩。

地区不同，风俗不同，饮茶也不同。北方人喜欢喝花茶，江浙人喜欢喝绿茶，福建人擅长饮乌龙茶，而两广人则喜红茶。边疆少数民族饮用的"边茶"属于黑茶。

同时，明清时期还涌现出大量悦耳动听的茶歌、别开生面的茶舞、幽默风趣的茶戏和曲折动人的茶故事，可谓各种与茶相关的文化艺术百花齐放，繁花似锦。

二、名士与茶

（一）文人茶文化概览

自茶以饮料的面貌出现之后，最早喜好饮茶的多是文人雅士。如在中国文学史上，提起汉赋，首推司马相如和杨雄，而他们两个都是早期著名茶人。司马相如曾作《凡将篇》，杨雄作《方言》，一个从药用、一个从文学角度谈到茶。

魏晋以来，天下大乱，文人的才华无以施展，社会上开始兴起清谈之风。然而终日高谈阔论，必然需要一些助兴之物，而茶则可长饮且始终保持清醒，于是清谈家们就转而好茶，所以后期出现了许多茶人。

南北朝时，几乎每一种文化都与茶套上了关系。在政治家那里，茶是提倡廉洁、对抗奢侈的工具；在辞赋家那里，茶是引发思维、以助清醒的手段；在佛家那里，茶是禅定入静的必备之物。这样，茶的文化、社会功用已超出了它的自然使用功能。

唐朝不仅是中国茶文化的形成时期，在这个诗的朝代，茶诗也颇负盛名。如李白的《答族侄僧中孚赠玉泉仙人掌茶》、杜甫的《重过何氏五首之三》、白居易的《夜闻贾常州、崔湖州茶山境会亭欢宴》等，有的赞美茶的功效，有的以茶寄托诗人的情感，显示了唐代茶文化的兴盛与繁荣。

北宋前期经济繁荣，茶文化极为发达。当时的茶诗、茶词大多表现以茶会友，相互唱和，以及触景生情、抒怀寄兴的内容。到了南宋，由于朝廷苟安江南，茶文化呈现了与以往不同的特点，在茶诗、茶词中开始出现了不少忧国忧民、伤事感怀的内容，最有代表性的是陆游和杨万里的咏茶诗。

元代咏茶的诗文，以反映饮茶的意境和感受的居多，著名的有耶律楚材的《西域从王君玉乞茶，因其韵七首》、洪希文的《煮土茶歌》、谢宗可的《茶筅》、谢应芳的《阳羡茶》等。

明代的咏茶诗比元代多，著名的有黄宗羲的《余姚瀑布茶》、文征明的《煎茶》、陈继儒的《失题》、陆容的《送茶僧》等。此外，特别值得一提的是，明代还有不少反映人民疾苦、讥讽时政的咏茶诗。

清代也有许多诗人撰写咏茶之诗，如郑燮、金田、陈章、曹廷栋、张日熙等，甚至清代的皇帝也亲自创作茶诗，这在我国历史上算是一绝。乾隆皇帝六下江南，曾五次为杭州西湖龙井茶作诗，这在中国茶文化史上亘古未有。此外，此时的文人开始重视品水，名茶伴好水，是饮茶之道中最为精辟的一项内容。

在近代，从文学家到政治家，爱好饮茶的人更是不计其数。鲁迅爱品茶，经常一边构思写作，一边悠然品茗。著名文学家老舍更是位饮茶迷，还研究茶文化，深得饮茶真趣，他以清茶为伴，创作的《茶馆》成为文学名作。

（二）僧人茶文化概览

北宋时期，僧人的斗茶活动十分活跃，他们经常聚在一起，切磋茶叶的色、香、味和品饮的方法，这对茶叶种类的增加和品质的提高有很大的促进作用，当时各大寺庙都大兴种茶、采茶、制茶，人们称之为"佛茶"。所以，这些寺庙里的僧人们也都善于品饮，并美其名曰"茶禅一味"，这使僧与茶结下了不解之缘。

佛教在唐代更为盛行，所以茶与佛教的关系也就更为密切了。佛教重视"坐禅修行"，要求排除所有的杂念，专注于禅境，以达到"轻安明净"的状态，这就要求僧人们莲台打坐、过午不食。而茶则有提禅养心之用，又可以祛除饥饿，所以就选茶作为其修行的饮品。僧人茶文化影响主要有以下三点：

1. 促进了茶艺的发展

僧人对茶的热爱在一定程度上体现在对茶艺的追求上，并将它作为日常娱乐的一部分，比如宋代佛门中的斗茶、分茶。此时的茶技已经发展到精益求精的地步，创造出了茶艺美学，这在中国历史上是很少见的，没有哪个朝代如此热衷于斗茶，注重茶的感官趣味。

首先，僧人对品茶方式的贡献。以分茶为例：分茶是一种技巧性很强的烹茶游戏，善于此道者，能在茶盏上用水纹和茶沫形成各种图案，当时人也称这一技艺为"汤戏"。而这种独特的艺术美的创造，很大一部分都得归功于僧人的贡献。

其次，僧人对茶的种植与品种的培育也起了重要作用。千百年来各寺院都遵循一条祖训："农禅并重"，可见制茶、售茶对僧人的影响，许多名茶都是由和尚制的，如"碧螺春"产于洞庭水月院山僧，武夷岩茶也由寺僧制作，蒙顶山茶的采制也由僧人经手，等等。

2. 加强了与世俗的文化交流

宋代的佛寺常兴办大型茶宴，请许多文人名士前来赴会。茶宴上，要谈佛经与茶道，并赋诗，把佛教清规、饮茶谈经与佛学哲理、人生观念都融为一体，这样就使得佛教文化与世俗文化有了交流的机会，开辟了茶文化的新途径。

其中最有名的茶宴要算是"径山茶宴"。径山，位于天目山东北高峰，处于浙江著名的产茶区。径山寺始建于唐，到宋时十分有名，宋孝宗亲自御笔题额"径山兴盛万寿禅寺"，从宋到元，都享有"江南禅林之冠"，而茶宴也举办了将近一百年之久。

3. 推动了茶道的产生

南北朝时，佛教就受到统治者大肆推崇，此后历代王朝都乐于此道，因此佛教在我国古代得以蓬勃发展。佛门弟子不仅很早就开始饮茶，"茶道"二字也是首先由僧人提出的。佛教禅宗主张圆融，能与其他传统文化相协调，从而使茶道文化得以迅猛发展，并使饮茶之风在全国流行。

（三）酒茶兼好的白居易

白居易（772—846年），字乐天，晚年又号香山居士，唐代的现实主义诗人。他把茶事大量"移入"诗坛，体现了茶在文人心中地位的上升，他也是在我国的诗坛上茶和酒并驾齐驱的诗人。白居易虽嗜酒成性，但又有好茶之举。究其原因，有人说是因为朝廷曾下达禁酒令，长安一带不准饮酒；还有人说是因为唐代中期贡茶兴起，白居易也是为了追赶时尚。以上的说法或许都有道理，但白居易作为一位大诗人，从茶中体会到的不仅仅是茶的物质功能，肯定还有艺术家特别的感悟。他一生一世与茶为伴，早上饮茶、中午品茶、晚上喝茶、酒后索茶，甚至睡觉前还要饮茶，他还精于鉴别茶的好坏，曾自称"别茶人"。

1. 用茶激发创作灵感

卢仝曾说，"三碗搜枯肠，唯有文字五千卷"，这是浪漫主义的夸张。白居易是典型的现实主义诗人，对茶激发诗兴的作用他说得更实在，"起尝一碗茗，行读一行书"；"夜茶一两杓，秋吟三数声"；"或饮茶一盏，或吟诗一章"，这些是说明茶助醒脑、茶助文思、茶助诗兴的作用。同时，吟着诗品茶也更有滋味。

2. 用茶提高自身修养

白居易生逢乱世，但并不是一味地苦闷和呻吟，而常能在忧愤中保持理智。白居易曾把自己的诗分为讽喻、闲适、伤感、杂律等四类，他的茶诗一是休闲雅致，二是伤感郁闷。白居易常以茶宣泄沉郁，正如卢仝所说，茶可浇开胸中的块垒。但白居易毕竟是个胸怀报国之心、关怀人民疾苦的伟大诗人，他并不过分感伤于个人的得失。

茶还有助于清醒头脑，是提高修养的良丹妙药。白居易在《何处堪避暑》中写道："游罢睡一觉，觉来茶一瓯"，"从心到百骸，无一不自由"，"虽被世间笑，终无身外忧"，以茶陶冶性情，于忧愤苦恼中寻求自拔之道，这是他爱茶的又一用意。此外，白居易不仅饮茶，而且还开辟茶园，亲自种茶。他在《草堂纪》中就记载，他的草堂边就有"飞泉植茗"，在《香炉峰下新置草堂》也记载："药圃茶园是产业，野鹿林鹤是交游。"所以，在白居易看来，饮茶、植茶也是为回归自然。

3. 用茶结交名人志士

在唐代，名茶并不易得，所以，官员、文士常相互赠茶或邀友品茶，以表示友谊。白居易的妻舅杨慕巢、杨虞卿、杨汉公兄弟都曾从不同地区给白居易寄好茶。白居易得茶后常邀好友共同品饮，也常应友人之约去品茶。从他的诗中可看出，白居易的茶友很多，尤其与李绅交谊甚深。他在自己的草堂中说："应须置两榻，一榻待公垂"，公垂即指李绅，看来偶然喝一杯并不过瘾，二人还要对榻而居，长饮几日。白居易还常赴文人茶宴，如茶山境会亭茶宴，太湖舟中茶宴等。从中可以看出，中唐以后文人以茶叙友情已是寻常之举。

4. 用茶沟通儒、道、释

白居易晚年好与儒、释、道交往，自称"香山居士"。居士是不出家的佛门信徒，白居易还曾受称为"八关斋"的戒律仪式。茶在中国历史上是沟通儒道佛各家的媒介，儒家以茶修德，道家以茶修心，佛家以茶修性，都是通过茶来净化私欲，纯洁心灵。从这里我们也能看到三教合流的趋势，白居易就是通过品茶与儒、释、道的各界名流进行交往的。

（四）以茶代酒的皎然

白居易的茶诗清灵飘逸，然而在白居易之前，唐代还有一位嗜茶的僧人也写过许多茶诗，并不亚于白居易，他就是皎然。皎然早年信仰佛教，在杭州灵隐寺受戒出家，后来迁居湖州乌程杼山麓妙喜寺，与武当元浩、会稽灵澈为道友。皎然博学多才，不仅精通佛教，还精于经史子集，他文笔清秀瑰丽，作品也很丰硕。最重要的是，皎然不仅是个诗僧，更是个茶僧，他精于烹茶，作有许多茶诗。

1. "诗僧"与"茶圣"的友谊

陆羽在唐肃宗至德二年（757年）前后来到湖州，在妙喜寺与皎然结识，后来二人成了忘年之交。皎然与陆羽共同的爱好和兴趣不仅体现在日常的饮茶、谈佛、论道，更体现在他们的纯洁个性中。陆羽隐逸的生活，使得皎然造访是经常不遇。在皎然的名篇《寻陆鸿渐不遇》中就反映了皎然因造访陆羽而不遇的惆怅心情，对陆羽的仰慕之情跃然纸上。从皎然的诗中，除了可以了解到两位忘年交之外，这些诗作也是研究陆羽生平事迹的重要材料，如后人有关茶圣陆羽的形象，很多都是从皎然的诗中获得的。此外。他们在湖州所提倡的节俭品茗习俗对唐代后期茶文化的发展影响很大，更对后代茶艺、茶文学的发展奠定了基础。

2. 淡泊的饮茶观

皎然淡泊名利，豁达坦然，不喜欢迎来送往的恶俗之风。他也不愿广交朋友，只与韦卓、陆羽深交，颇有"不欲多相识，逢人懒道名"的率真个性。皎然的生活形态也非常简单：饮茶、读书、吃野蔬，品茶是皎然生活中不可或缺的一种嗜好。每当友人来送茶，皎然总是高兴地赋诗致谢，分享品茶的乐趣。在皎然的诗中，茶已经上升到一种极美的境界。南宋大诗人杨万里在怀念故人时，曾将茶与人格修养联系起来，这很显然是受到了皎然的影响。后来逐渐成为古人的一种习惯性思维，就像将梅兰竹菊隐喻为君子一样，茶也成为高尚人格的象征，饮茶成了厚德之人的文化表征。

皎然不仅喜欢以茶会友，他和陆羽一样还关心着茶事。他也在一些诗中记载了茶树的生长环境、采摘季节和方法、茶叶的品质与气候的关系等。优美的诗句不仅为历代文人们所津津乐道，更是人们研究当时湖州茶事的宝贵资料。

3. 茶的意境学

意境是中国哲学和美学中非常重要的一个范畴，而在意境理论中，皎然是不能被遗忘的一个人。皎然由茶入诗，由诗入禅，又由禅悟出了意境。皎然的意境理论不仅是一种文艺审美的理论，更是一种人生境界。中国哲学在谈到人生境界时，往往借鉴佛家的三个层次，表述为"见山是山，见水是水""见山不是山，见水不是水""见山还是山，见水还是水"，在皎然那里，人生境界是意境很重要的一个方面。作为诗人的皎然，对出世、入世也许并没有刻意地去追求，但对于人生的意境，他有着独特的理解。每个人都有自己的境界，都生活在有一定意义的境域或意境之中，即诗意地栖居于一定的境界中，就像品茶，淡淡地去品味生活，这便是皎然的境界。

皎然不仅在理论上有所突破，更在实践中实现着自己的主张。他是这一时期茶文学创作的能手，他的茶诗、茶赋鲜明地反映出这一时期茶文化的特点和咏茶文学创作的趋势。皎然描写的是一种超然脱俗、唯我独在的美妙境界，这也是皎然心中所向往的意境。

（五）从诗人到"茶官"的陆游

陆游（1125—1210 年）字务观，号放翁，山阴（今浙江绍兴）人，南宋著名爱国诗人，有许多脍炙人口的佳作，广为人们传诵。他自言"六十年间万首诗"，这并不是虚数，在《陆游全集》中涉及茶事的诗词多达 320 首，是历代写茶事诗词最多的诗人。

陆游早年喜欢喝酒，作品也颇为丰富。正如他在诗中说"孤村薄暮谁从我，惟是诗囊与酒壶"。到福建当茶官之后，开始嗜茶，并将茶作为主要消遣之物。陆游称自己的一生有四项嗜好：诗、客、茶、酒，以诗会友，以茶待客。

陆游一生经历坎坷，壮志未酬。年轻时曾立下"上马击狂胡，下马草军书"的决心，一片报国之心悠然可见。但是，他却在充满挫折的仕途中消磨意志，慨叹自己报国无门。陆游一生曾在福州、江苏、四川、江西等地为官，辗转祖国各地，在大好河山中饱尝各处名茶。他是南宋的著名爱国大诗人，也是一位嗜茶诗人。茶孕诗情，裁香剪味，陆游的茶诗情结，是历代诗人中最突出的一个。陆游的茶诗，包括的面很广，从诗中还可以看出，他对江南茶叶，尤其是故乡茶的热爱。

1. "茶官"陆游的坎坷仕途

绍兴二十八年（1158 年）陆游被举荐在福建管理茶事。闽北的山山水水，特别是武夷山优美的自然风光给他留下了深刻的印象，尤其是十余年的"茶官"经历，使他有机会品尝到天下的各种名茶，从而留下许多有关名茶的绝妙诗句。如"建溪官茶天下绝""隆兴第一壑源春"和"钗头玉茗妙天下，琼花一书直虚名"，"思酒过野店，念茶叩僧扉"，他对北苑茶、武夷茶、壑源茶以及峨眉、顾渚等地的名山僧院的新茶也很为赞赏。

隆兴元年（1163 年）他从福建宁德任满回京，孝宗皇赐给他小饼龙团茶。小饼龙团是福建上等贡茶，专供皇帝所用。陆游获赐此茶感到十分高兴，所以碾茶时就乘兴写下赞誉建茶的经典诗作《饭店碾茶戏作》。

2. 陆游在建州的茶事

陆游在建州（今福建建瓯市）时吟咏甚多，满纸珠玑的茶诗寄寓深远。茶道的高尚，斗茶的技巧，建茶的韵味，制茶的妙法，以及对建茶的品评与他的爱国豪情都写入饮茶诗。此期间陆游与朱熹交往甚笃，朱熹曾以武夷茶中头品馈送，他接茶后写下《喜得建茶》来感谢好友赠茶，并赞誉建茶的优佳品质。

此外，陆游自从来建州之后，对北苑贡茶颇感兴趣，不仅嗜饮茶而且研究茶经，深诸斗茶品茶之道。淳熙六年，武夷山举办了一次斗茶竞赛，陆游也莅临武夷斗茶现场，当时，灵峰白云庵住持慈觉和尚的"供佛茶"下场斗试，赢得"斗品充官司茶"。陆游在《建安雪》中大赞武夷茶，明为咏雪，实为咏茶。

陆游在诗中还对"分茶游戏"作了不少的描述。分茶是一种技巧性很强的烹茶游戏，善于此道者，能在茶盏上用水纹和茶沫形成各种图案，也有"水丹青"之说。宋代斗茶风形成一种"分茶"的技艺。

（六）精于茶道的苏东坡

相传，苏东坡极为爱茶，还与佛家结下了深厚的茶缘。他在杭州做官时，常与佛僧品茗吟诗。据说，他自己常向灵隐寺的老僧索讨茶叶，多次后不好再索取，就叫仆人头戴草帽、脚蹬木屐到老僧那里去借东西。他并不告诉仆人要借什么，仆人去老僧处也不说要借什么，老僧却看出了苏东坡的玄机，只好又送一包茶叶给他。原来，草头、人、木三字组合正是一个"茶"字。

苏东坡（1037—1101年），字子瞻，号东坡居士，眉山（今四川眉山市）人，中国宋代杰出的文学家。长期遭贬谪的仕途生活，使苏轼的足迹遍及我国各地，从钱塘之水到峨眉之峰，从宋辽边陲到岭南、海南，为他品饮各地的名茶提供了机会。在中国文学史上，与茶叶结缘的文人不计其数，但像苏东坡那样精于种茶、烹茶、品茶，对茶史、茶学也颇有造诣的则不多见。同时，他也还创作出很多咏茶诗词。

苏轼

1. 苏东坡的种茶之道

苏东坡亲自栽种过茶树，这是在他刚遭贬到黄州时，由于经济困难，生活拮据，黄州一位书生马正卿替他向官府借来一块荒地，他从此便开始亲自耕种，并以收获来周济生活。之后，他在这块取名"东坡"的荒地上种了茶树，正如《问大冶长者乞桃花茶栽东坡》中所说的："磋我五亩园，桑麦苦蒙翳。不令寸地闲，更乞茶子艺。"

苏东坡还精通茶叶的种植之道。他在《种茶》诗中说："松间旅生茶，已与松俱瘦""移栽白鹤岭，土软春雨后。弥旬得连阴，似许晚遂茂"，即茶种在松树间，虽生长瘦小但不易衰老，移植于土壤肥沃的白鹤岭，由于连日春雨滋润，才得以恢复生长、枝繁叶茂。可见，苏东坡在躬耕期间已经深梧茶树的习性。

2. 苏东坡的烹茶之术

苏东坡十分精于煮茶。他提出"精品厌凡泉"，认为好茶必须配好水。熙宁五年在杭州任通判时，就做有《求焦千之惠山泉诗》，这是苏东坡用诗的形式向当时无锡的焦千之索要惠山泉水。在他的《汲江煎茶》中还提到，煮茶用的水是他亲自在钓石边（不是在泥土旁）从深处汲来的，并用活火（有焰方炽的炭火）煮沸的。为此南宋胡仔赞叹道："此诗奇甚，道尽烹茶之要。"

3. 苏东坡的品茶之法

苏轼深知茶的功用。有一次，苏轼身体不适，他先后喝了七碗茶，之后就感觉身轻体爽，病已不治而愈。苏轼的《论茶》还介绍茶可除烦去腻，用茶漱口，能使牙齿紧密。

苏东坡对煮水器具和饮茶用具很讲究。他指出"铜腥铁涩不宜泉""定州花瓷琢红玉"，即用铜器铁壶煮水有腥气和涩味，石兆烧水则味道最为纯正；喝茶最好用定窑产的兔毛花瓷，又称"兔毫盏"。苏东坡在宜兴时，还亲自动手设计出一种提梁式紫砂壶，后人为了纪念他，就把这种茶壶命名为"东坡壶"。"松风竹炉，提壶相呼"就是苏东坡用此壶烹茶独饮时的生动描绘。

（七）以茶看社会的鲁迅

鲁迅（1881—1936年）是中国伟大的文学家、思想家和革命家，原名周树人，字豫山、豫亭，后改名为豫才。他出生于浙江绍兴一个没落的士大夫家庭，自幼受诗书经传的熏陶，对文学、艺术有很深的造诣。此外，鲁迅也爱喝茶，他的日记中和文章里就记述了很多饮茶之事和饮茶之道。

1. 鲁迅的喝茶习俗

鲁迅喝茶不是很讲究，据周遐寿在《补树书屋旧事》中说，"平常喝茶一直不用茶壶，只在一只上大下小的茶杯内放一点茶叶，泡上开水，也没有盖，请客人吃的也只是这一种"。由此看来，鲁迅喝茶所用的茶杯和过去的茶缸差不多。周遐寿还提到当时常到邑馆与鲁迅聊天的钱玄同。钱玄同到邑馆来，一般是在午后，一直与鲁迅谈到深夜才回去。晚饭后鲁迅照例给他倒上热茶，还装一盘点心放在旁边，钱说："饭还刚落肚呢。"鲁迅说："一起消化，一起消化。"这就是同消化的典故。从这件事不仅可以看出鲁迅的幽默，也可以感受到他喝茶的特点。

鲁迅的家乡绍兴盛产茶叶，主要以绿茶为主，但它的品质不如杭州的龙井，所以鲁迅更喜欢龙井茶。鲁迅到上海以后，因为离杭州较近，又有同乡友人在杭州工作，就常托人代购。1928 年鲁迅同夫人许广平游西湖，回去时也没有忘记买龙井茶。据他的友人章廷谦回忆："在要回上海的前一天上午，鲁迅先生约我同到城站抱经堂书店去买一些旧书，又在旗下看了几家新书店。晚上一同到清河坊翁隆盛茶庄去买龙井。鲁迅先生说，杭州旧书店的书价比上海的高，茶叶则比上海的好。书和茶叶都是鲁迅先生所爱好的，常叫我从杭州买了寄去。"

2. 鲁迅喝茶看社会

鲁迅对喝茶和人生有着独到的见解，并且善于借喝茶来剖析社会和人生。鲁迅有一篇名为《喝茶》的文章，其中说道："有好茶喝，会喝好茶，是一种'清福'。不过要享这'清福'，首先就须有工夫，其次是练习出来的特别感觉。""喝好茶，是要用盖碗的，于是用盖碗，泡了之后，色清而味甘，微香而小苦，确是好茶叶。但这是须在静坐无为的时候的。"后来，鲁迅把这种品茶的"工夫"和"特别感觉"喻为一种文人墨客的娇气和精神的脆弱，而加以鞭挞和讥讽。

他在文章中嘲讽道："……由这一极琐屑的经验，我想，假使是一个使用筋力的工人，在喉干欲裂的时候，那么给他龙井芽茶、珠兰窨片，恐怕他喝起来也未必觉得和热水有什么区别罢。所谓'秋思'，其实也是这样的，骚人墨客，会觉得什么'悲哉秋之为气也'一方面也就是一种'清福'，但在老农，却只知道每年的此际，就要割稻而已。"

由此可见，"清福"并不是人人都可以享受的，这是因为每个人的命运不一样。同时，鲁迅先生还认为，"清福"并非时时可以享受，它也有许多弊病，享受"清福"要有个度，过分的"清福"，有不如无。

鲁迅的《喝茶》，就像是一把解剖刀，解析着那些无病呻吟的文人们，虽然题为《喝茶》，但其茶中却别有一番深意。鲁迅心目中的茶，是一种追求真实自然的"粗茶淡饭"，而绝不是斤斤计较、细致入微的所谓"工夫"。鲁迅所追求的"粗茶淡饭"恰恰是茶饮的最高层次：自然和质朴。因此，鲁迅笔下的茶，是一种"社会之茶"。

（八）隐于茶斋的周作人

周作人（1885—1967 年），字星杓，号起孟知堂，晚号苦茶庵老人。绍兴人，鲁迅二弟，曾参加《新青年》编辑工作，任《新潮》月刊编辑主任，创办《语丝》杂志等，被认为是现代杰出的散文家。他的小品文以通达雅致，平和冲淡为特色，开创了颇有影响的"苦茶派"文学。在现代文人中，他与茶的关系也很突出，在他的小品文中很多都谈到了茶。

1. 独饮绿茶的周作人

周作人从小就开始饮用绍兴本地采制的平水珠茶，他的许多散文中都谈到他饮绿茶的习惯。如早期文章《喝茶》《关于苦茶》，以及解放后的《吃茶》和《煎茶》。他在这些文章中说自己只爱绿茶，而不喜欢红茶和花茶，在 1924 年的《喝茶》中还说"喝茶以绿茶为正宗，红茶已经没有什么意味，何况又加糖与牛奶"。周作人除了喝龙井、平水珠茶外，还有六安茶、太平猴魁，横山细茶等。除此之外，周作人在日记中还记载他在短短的一个多月中，就喝了近 500 克龙井，可见周作人的茶瘾很大。

2. 清茶闲话的周作人

周作人很向往清茶闲话的生活，这也是历史上文人逸士的普遍偏好。1923 年他在《雨天闲话·序》中说"如在江村小屋里，靠着玻璃窗，烘着白炭火钵，喝清茶，同友人谈闲话，那是颇为愉快的事"。一年之后，他在《喝茶》中又说，"喝茶当于瓦屋纸窗之下，清泉绿茶，用素雅的陶瓷茶具，同二三人共饮，得半日之闲，可抵十年的尘梦"，这已充分彰显了周作人内心深处固有的传统士大夫气息。事实上，他在大部分的人生时光中也的确是过着这种悠闲的生活，读书、写作、吃茶、会友便是他的全部。

3. 以茶待客的周作人

周作人经常用茶款待客人，碧云在《周作人印象记》中回忆道"书房桌椅布置得像日本式的，洁净漆黑的茶盘里，摆着小巧玲珑的茶杯"。梁实秋在《忆岂明老人》中也细致地回忆了他在周作人家中吃茶的情景，"照例有一碗清茶献客，茶盘是日本式的，带盖的小小茶盅，小小的茶壶有一只藤子编的提梁，小巧而淡雅。永远是清茶，淡淡的青绿色，七分满"。此外，林语堂在《记周氏兄弟》中还描绘了周作人举办的"语丝茶话"的活动。

4. 钻研茶道的周作人

周作人不但喜好喝茶，也研究茶学。如他喝过苦丁茶后，就翻阅了大量的古书和资料来考证其来历，甚至将民间可以用来代茶的植物都梳理了一遍。还像学生作植物学实验一样，认真地将杯中叶子取出弄平，仔细观察。周作人对辅茶的食品也很精通，在南京水师学堂读书时，他对下关江天阁茶馆的茶食"干丝"（豆制品）非常喜欢，此外，他对日本茶点也很赞赏，认为其形式优雅、味道朴素，很适合茶食。但他印象最深的是绍兴周德和豆腐店的"茶干"，他曾在《喝茶》一文中对其进行详细的描绘。

5. 吃"苦茶"的周作人

周作人饮"苦茶"，并不是指他的饮茶习惯越来越浓，只是反映了他的生存状态。历史上，文人的最高理想是济世救世，但往往又怀才不遇，于是开始转向归隐山林，游戏人生，从日常生活的琐碎中寻求艺术的情趣。

（九）因《茶馆》而闻名的老舍

老舍（1899—1966年），北京人，满族，原名舒庆春，字舍予，老舍是最常用的笔名。老舍是我国现代著名的文学家，以善于描写旧北京市民与下层劳动人民的生活而著称。他的话剧《茶馆》就是以一家茶馆的兴衰表现了新旧社会交替的历史变迁，读了老舍先生的《茶馆》，就会对旧北京、旧社会有一个更深刻的了解。当然，也正是由于老舍对茶、对茶馆的深刻经历，才能写得出如此经典的话剧。

1.《茶馆》的创作渊源

贫民家庭出身又久居北京的老舍先生，创作《茶馆》是有着深厚的生活基础的。老舍出生的第二年，充当守卫皇城护军的父亲在抗击八国联军入侵的巷战中阵亡。从此，全家依靠母亲给人缝洗衣服和充当杂役的微薄收入为生。老舍在大杂院里度过艰难的幼年和少年时代，使他从小就熟悉挣扎在社会底层的城市贫民，喜爱流传于北京市井巷里和茶馆的曲艺、戏剧。

在老舍的出生地小杨家胡同附近，当时就有茶馆。每次他从门前走过，总爱多瞧上几眼，或驻足停留一会儿。成年后也常与朋友一起去茶馆品茗；所以，他对北京茶馆非常熟悉。1958年，

老舍

他在《答复有关〈茶馆〉的几个问题》中说："茶馆是三教九流会面之处，可以容纳各色人物。一个大茶馆就是一个小社会。这出戏虽只三幕，可是写了五十来年的变迁。在这

些变迁里，没法子躲开政治问题。可是，我不熟悉政治舞台上的高官达人，没法子正面描写他们的促进与促退。我也不十分懂政治。我只认识一些小人物，这些人物是经常下茶馆的。那么，我要是把他们集合到一个茶馆里，用他们生活上的变迁反映社会的变迁，不就从侧面透露出一些政治消息吗？这样，我就决定了去写《茶馆》。"所以，正因为老舍先生对"一个大茶馆就是一个小社会"有切身的感悟，才能写出《茶馆》这样的经典之作。

2. 酷爱饮茶的老舍

在生活中，老舍本人也极为好茶，边饮茶边写作是他一生的习惯，他的"茶瘾"很大，并且喜饮浓茶，一日三换，早、中、晚各来一壶。外出体验生活，茶叶是随身必带之物。在他的小说和散文中，也常有茶事提及或有关饮茶情节的描述，他的自传体小说《正红旗下》谈到，他的降生，虽是"一个增光耀祖的儿子"，可是家里穷，父亲曾为办不起满月而发愁。后来，满月那天只好用清茶来恭候来客。

老舍在抗日战争时期也是日不离茶，他在回忆抗战生活的《八方风雨》中说，自己的生活水平下降了，但生活的品位并没有下降，这其中很重要的一个因素就是茶带来的情调。在云南的一段时间，朋友相聚，他请不起吃饭，就烤几罐土茶，围着炭盆，大家一谈就谈几个钟头，倒是颇有点"寒夜客来茶当酒"的儒雅之风。

老舍爱茶，兼容并包，无茶不饮，不论绿茶、红茶、花茶，都爱品尝一番。即便是出国访问，也忘不了喝茶。老舍有一次去莫斯科访问，在房间泡茶喝，但刚喝上几口，就被服务员拿去倒掉了。原来外国人喝茶是定时论"顿"的，以为老舍喝完了，老舍只能哭笑不得地说："他不知道中国人喝茶是一天喝到晚的呀！"这也从侧面反映了中俄茶文化的差异。

老舍在家里也经常用好茶、名茶来款待客人。正如一位作家回忆说："北京人爱喝花茶，认为只有花茶才算是茶（北京有很多人把茉莉花茶叫作茶药花），我不太喜欢花茶，但好的花茶例外，如老舍先生家的花茶。"由此，我们可知，老舍自己喝茶比较随便，但他待客的茶是颇为讲究的。

老舍的《茶馆》也许早已成为历史，但茶却永远会伴着中国人。在中国人的生活中，特别是在像老舍一样的文人那里，坐茶馆永远是在体味一种境界。

第九节　茶之政

一、茶政茶法的兴起

在唐代以前，中国的茶叶经营为自由贸易，不征赋税，但随着茶叶生产、消费的不断普及，茶逐渐成为社会经济生活中不可或缺的重要物资，而茶叶经营过程中所产生的巨大利益，也引起了统治阶级的重视。为了提高国库收入，统治阶级开始对茶的经营方式进行变革，因此，各种茶法应运而生，如有关茶税、贡茶、榷茶、茶马贸易的一些上谕、法令、规定和奏章。从某种意义上讲，茶法的本质就是封建统治阶级限制和控制茶叶生产、压迫和剥削茶农、掠夺和独揽茶利的一种手段。

1. 茶税制

中国古代茶税的征收，开始于唐德宗建中元年（780 年）。当时安史之乱平息不久，国家大伤元气，国库空虚，政府财政拮据。于是皇帝下诏对茶叶经营征收临时性赋税，其税赋大概为"十取其一"。但征税以后，统治阶级发现税额十分显著，从而就将这一临时措施改为"定制"，与盐、铁并列为主要税种，并相继设立"盐茶道"等官职专门管理茶业。

唐代茶税的税额并没有随着政府财政收支状况的好转而有所减免，反倒根据茶叶生产和贸易的发展而不断增加。唐武宗会昌年间，除正税以外，还增加了一种"过境税"，又叫"塌地钱"。至宣宗大中六年（852 年），当时的盐铁转运榷茶使裴休制订了"茶法"12 条，严禁私贩，使茶税斤两不漏。裴休的茶法在不增税率的前提下使茶税大增，最高时达 60 万贯以上，对稳定当时政府财政起到了积极的作用，因而得到了政府的大力支持。

唐代实行茶税制的结果，极大地殷实了国库，而茶税的巨大数额也使此后统治者趋之若鹜，从而使茶税一直沿用不断。

2. 茶叶专卖制

茶的专营专卖在古代称为"榷茶制"，这一政策也始于中唐时期。唐文宗太和九年（835 年）当时的宰相王涯奏请皇帝推行榷茶，并自请担任"榷茶使"，强令民间的茶树全部移植于官办茶场，实行政府统制统销，同时还将民间的存茶一律烧毁，但此法令颁布后，遭到全国人民的强烈反对。王涯十月颁令行榷，十一月就被宦官仇士良在"甘露之变"中所杀，而继任"榷茶使"吸取了王涯的教训，奏请皇帝停止榷茶，恢复税制。所以，唐代真正实行榷茶的时间不到两个月。

中国历史上真正推行"榷茶制"，是从北宋初期开始的。当时的统治者沿长江设立8个"榷货务"（即官府的卖茶站），还在产茶区设立了13个山场，专职茶叶收购，茶农除向官府缴纳赋税之外，其余的茶叶均全部交给山场，严禁私买私卖。据文献记载，宋朝的茶法，先后经历了多次改革，如所谓"三税法""四税法""贴射法""见钱法"等。这些改革都是换汤不换药，其本质就是坚持国家专卖，到了宋代晚期甚至成为茶叶生产的障碍，还诱发多次茶农起义。

此后的元、明、清，都推行茶叶专营专卖制，直到清朝的咸丰年间，由于当时国际国内茶叶贸易都发生了巨大的变化，才将专营改为征收税金，民间逐步恢复茶叶的自由经营。可见，茶叶专卖制在中国历经的时间之久。

二、不断变革的榷茶制

中国榷茶制正式推行于北宋初年。当时朝廷在各主要茶叶集散地设立管理机构，称为榷货务，主管茶叶流通与贸易。同时，在主要的茶产区设立茶场，称为榷山场，主管茶叶生产、收购和茶税征收。茶农由榷山场管理，称为园户。园户种茶，必须先向榷山场领取资金，而所产茶叶，也要先抵扣本钱，再按税扣茶，剩下的余茶则要卖给榷山场，榷山场再批发给商人销售。商人贩茶应先向榷货务缴纳钱帛，换取茶券去指定的榷山场提取茶叶，再运往非官卖之地出售。官府从园户处低价收购茶叶，然后再用高价卖给茶贩，以此来获取高额差价利润。

1. 通商法

北宋宋仁宗嘉祐年间和宋徽宗建中靖国时期，还实行过通商法。通商法的残酷程度丝毫不亚于榷茶。据《梦溪笔谈》记载，通商后的宋代茶利收入，由榷茶时的109万贯增至117万多贯。通商法允许园户、茶商之间自由买卖，但政府不再预付本钱，也不再统购茶叶。以园户种茶来说，政府把原来茶的收入，立名为租钱，分摊到各个园户身上，而园户种茶也不能再向政府领取资本，但园户生产的茶叶，必须要先缴纳租金才准出售。

此外，通商法的推行也有其历史背景。当时正处于宋金战争期间，军费亏空较大，政府的财政又无力负担，统治者才临时推行此法。到了宋徽宗崇宁元年（1102年），又恢复了榷茶制。

2. 政和茶法

为了完善榷茶制，北宋政府在政和二年（1112年）又推出了新茶法，即政和茶法。该茶法吸收了榷茶制和通商法中有利于政府的长处，使管理制度更加严密和完备，属委托专卖制性质。它不干预园户的生产过程，也不切断商人与园户的直接交易，但加强了对两者的控制。园户必须登记在籍，将茶叶产量、质量详细记录在册，园户之间互相作保，不得私卖；商人贩茶，须向官府领取茶引，茶引上明确规定茶叶的购处、购量和销处、销期，不得违反，商人的行为受到官府严格监控。

政和茶法把茶叶产销完全纳入榷茶制的轨道，同时也给予园户和商人一定的生产经营自主权，调动了他们的积极性，对茶业的发展起到了很大的促进作用。

3. 茶引制

到了北宋末期"榷茶制"逐渐发展成"茶引制"。这时官府不再直接买卖茶叶，而是由茶商先到"榷货务"缴纳"茶引税"（茶叶专卖税），购买"茶引"，凭引到园户处直接购买茶叶，再送到当地官办"合同场"查验，并加封印后，按规定数量、时间、地点出售。"茶引"分"长引"和"短引"两种，"长引"准许销往外地限期一年，"短引"则只能在本地销售，有效期为三个月。这种"茶引制"，使茶叶专卖制度更加完善、严密，一直沿用到清朝。

4. 引岸制

清朝乾隆年间，"茶引制"又发展成为官商合营的"引岸制"，"岸"是口岸，是指定的销售或易货地点。当时的商人经营各类茶叶必须要纳请茶引，并按茶引定额在划定范围内采购茶叶，卖茶也要在指定的地点，不准任意销往其他地区。所以"引岸制"的特点是根据各茶区的产量、品种和销区，实行产销对口贸易。这样有利于政府对不同茶类生产、加工实行宏观调控，做到以销定产。

上文所述的各种茶税制度都没有脱离榷茶制，直到清代咸丰年间，由于国外列强深入茶区开厂置业，榷茶制名存实亡，才逐渐被政府废黜。

三、强化统治的茶马贸易

马作为重要的战备物资，其优良品种主要产于塞外。所以，统治阶级为了获得足够的战马，就以茶换马，和边地少数民族进行交易。据《封氏闻见记》和《新唐书》记载，茶马交易始于唐肃宗时期（756—761年）。早期的茶马交易，仅是对少数民族进贡的一种回赠，直到唐德宗贞元年间，商业性的茶马交易才正式开始。

1. 宋代的茶马贸易

宋朝茶马贸易十分繁盛，熙宁七年（1074年），宋神宗还派遣李杞到四川筹措茶叶，对成都府路、利川路的茶叶实行官榷，设茶场司与买马司，后更名为茶马司，专掌以茶易马。从此，茶马交易开始成为定制，且产生了专门的管理机构和相应的"茶马法"。此后，茶马贸易发展迅速，交易所得马匹的数量也十分巨大，一般每年一万匹左右，最多时达两万多匹。进行交易的边市有晋、陕、甘、川等地，换取的多是吐蕃、回纥、党项等族的马匹。

茶马交易一方面保证了朝廷的防务所需，另一方面也维持了西南、西北部分地区的安宁。如从西南换得的马品种低劣，一般用作劳役，但价格却是战马的两三倍。宋朝为了西南边境的稳定，便通过茶马交易，在经济上笼络和安抚西南少数民族。此外，宋朝时的茶马比价的变化也较大，北宋时因熙河（今甘肃临兆一带）地区为宋管辖，因此马源丰富，茶贵马贱；在宋神宗时，100斤茶可换一匹良马；但到南宋时，熙河被金所控制，马源大为减少，因此马贵茶贱；宋孝宗时，换一匹良马需1000斤茶。

2. 元明时期的茶马贸易

由于元代的统治者来自蒙古族，作为"马背上的民族"，他们以游牧业为主，不缺马匹，因此茶马交易中止，直到明朝初年才得以恢复。明朝在秦（今西安）、洮（甘肃临洮）、河（今甘肃临夏）设置3个茶马司，专司与西北少数民族的茶马交易。开始还曾推行金牌制，即以金牌为凭，每3年交易一次，后因受元朝残余势力侵扰，部分金牌散失，而逐渐废止。

明朝初期的茶马交易是由官方垄断，严禁商人介入，而且对官茶实行榷禁，并严厉打击走私。当时的驸马欧阳伦就是因为挟私茶出境，而被赐自尽。随后政策有所放宽，开始允许部分官茶商运、商茶商运。此外，朝廷对茶马的交易数量有明确规定，其目的是控制少数民族，使其年年买茶，岁岁进贡。同时，也有利于茶马比价的稳定，如在洪武初年，七十斤茶换一匹马；正德时，五六十斤茶换一匹马；万历时，四五十斤茶换一匹马。

3. 清朝的茶马贸易

清初继续推行茶马交易，而且发展较快。尤其是顺治年间，不但陕西设立 5 个茶马司，还允许直隶河宝营（今张家口之西）与鄂尔多斯部族交易马匹。后来，又批准达赖喇嘛的建议，在云南胜州开始茶马互市。清代茶马交易，主要以笼络边民为主，管理上不及明代严格，部分配额任由商人倒卖，所得马匹数也不及明朝。

尤其是康熙以后，清朝疆域扩大，政局稳定，茶马交易的政治作用和实际需要日趋下降，导致无马可易，甚至出现了积茶沤烂的情况。康熙四十四年（1705 年），西宁等地茶马交易停止；雍正十三年（1735 年），甘肃茶马交易停止。从此，有着千年历史的茶马交易，在中国历史上画上了句号。

四、贡茶制的起源和发展

中国的贡茶起源于上古时期的西周，距今已有 3000 多年的历史。由东晋常璩的《华阳国志·巴志》中记载了周武王时期，各诸侯国向周王朝进贡的贡品中就有"土植五谷……茶"，但这只是贡茶的萌芽，还没有形成制度。

1. 唐代贡茶

贡茶的制度化起始于唐朝。唐朝是中国茶业发展的重要历史时期，此时社会安定、国富民强，茶性高洁清雅的品质，也深受皇室的宠爱。同时，全国经济重心的南移，极大地促进了茶叶种植业的发展，家庭的制茶作坊也相继出现，茶叶商品化、区域化、专业化特征逐渐明晰，这为贡茶制度的形成奠定了坚实的物质基础。此外，唐朝形成的茶贡制度也为历代所效仿。唐代贡茶制度有两种形式：定额纳贡制（即由地方主动贡献）和贡焙制（朝廷在产茶地直接设立贡茶院），如唐代的顾渚贡茶院。

2. 宋代贡茶

宋代的贡茶仍沿袭唐朝的贡茶制度，但此时的顾渚贡茶院开始走向衰落，取而代之的是福建建安（今建瓯）境内凤凰山的"北苑龙焙"。"北苑龙焙"产出的贡茶也极为讲究，茶饼表面的花纹不仅要用纯金镂刻而成，还要刻成龙凤花纹，栩栩如生，精湛绝伦。这样的团茶每二十个饼重一斤，而且按质量优劣分成 10 个等级，朝廷官员按职位高低分别享用。

北苑贡茶把中国茶叶制造技术、品饮技艺提高到一个新水平，而且将茶叶的饮用价值和工艺欣赏价值完善地结合了起来。正如宋徽宗的《大观茶论》所说："本朝之兴，岁修建溪之贡，龙团凤饼，名冠天下……故近岁以来，采摘之精，制作之工，品第之胜，烹点之妙，莫不盛造其极。"此外，宋代的很多茶学专著，如《大观茶论》《宣和北苑贡茶录》《茶录》等，多是以建安贡茶为主要内容，这对研究宋代贡茶有很大的参考价值。

3. 元明茶贡

元明时代，定额纳贡制仍在实施。但风行于唐宋的贡焙制有所削弱，这是因为明太祖朱元璋善于总结前朝的经验教训，他深知"居安虑危，处治思乱"的治国策略。而且由于他亲自参加元末农民大起义，转战江南广大茶区，对茶事也有很多接触。因此，他深知茶农疾苦，当看到精工细琢的龙凤团饼茶，认为这既劳民又耗国力，从而下令罢造团茶，只进贡散茶，这一举措，不仅对中国古代的贡茶制度产生了深远的影响，更是开了茗饮之宗。

4. 清代茶贡

清代前期，贡茶依然采取的是定额纳贡制，但到了清朝中叶随着商品经济的发展、经济结构中资本主义因素的增长，贡茶制度开始消亡。这是因为全国形成了产茶的区域化市场，商业资本也开始逐步转化为产业资本，如福建建瓯茶厂不下千家，小的有工匠数十人，大者有工匠百余人。另据江西的《铅山县志》载："河口镇乾隆时期业茶工人二三万之众，有茶行四十八家。"但此时的贡茶并没有消失，各地在制作贡茶的过程中，依旧极尽精工巧制贡茶，为中国古代名茶生产起到了推进作用。

五、以早为贵的唐代贡茶

唐代贡茶，以蒸青团饼为主，有方有圆，有大有小。贡茶品目，据李肇在《唐国史补》中记载有十余种，分别是：剑南的蒙顶石花；湖州的顾诸紫笋；峡州的碧涧、明月；福州的方山露芽；洪州的西山白露；寿州的霍山黄芽；东川的神泉小团；江陵的南木；睦州的鸠坑；常州的阳羡；余姚的仙茗等。

1. 源于崇佛的贡茶

据史料记载，东汉时佛教开始传入中国，当时僧侣云集，各地的寺院达 300 多座，寺庙大多坐落于深山峡谷，人烟稀少的自然之所，因此寺院大多栽种茶树，焙制茶叶。到了唐代开元年间，泰山灵岩寺的僧人坐禅，昼夜不眠，只以饮茶来充饥，从而天下闻名。而此时的帝王也十分信仰佛教，并把敬茶作为敬佛的最高礼仪，于是王室为了满足自己物质生活和文化生活的需要，开始重视贡茶生产和贡茶制度。

2. 贡茶制度

唐代贡茶分定额纳贡制和贡焙制。

定额纳贡制：由朝廷选择茶叶品质优异的州郡定期定量纳贡。当时的贡茶地区共计十六个郡，这十六郡包括今湖北、四川、陕西、江苏、浙江、福建、江西、湖南、安徽、河南等地区。因此，不难看出，凡是当时有名的茶叶产区，几乎都要以茶进贡。

贡焙制：在适宜茶树生长，且茶叶品质优异、产量集中的产茶之地，由朝廷直接设立贡茶院，专业制作贡茶，这是贡茶的另一个重要的来源。最有代表性的是湖州长兴顾渚山，在唐朝广德年间便被列为贡品，此后这里设置了规模宏大、组织严密、管理精细、制作精良的贡茶院，它也是我国历史上第一座大型国营茶叶加工厂。

3. 顾渚山贡茶院

顾渚山位于湖州长兴和常州宜兴交界之地，这里云雾弥漫，土壤肥沃，十分适宜茶树的种植。据《长兴县志》载："顾渚贡院建于唐代大历五年（770 年），到明洪武八年（1375 年），兴盛时期长达 605 年。"顾渚山贡茶院规模宏大，组织严密，管理精细，除中央指派官吏负责管理外，地方长官也有义不容辞的督造之责。贡茶院有茶厂30 间，役工 3 万余人，工匠千余人。每年初春时节和清明之前，贡焙新茶制成后，就要快马专程送京都长安，不得拖延。

4. 伤财劳民的贡茶

唐朝皇室为求显赫，还不时督促早进贡茶。贞元五年（789 年），朝廷限令贡茶必须清明前到京，从长兴顾渚到京都行程三四千里，因此必须日夜兼程，快马加鞭，才能在十日之内赶到，所以叫"急程茶"。李郑《茶山贡焙歌》中写道："凌烟触露不停采，官家赤印连贴催……十日王程路四千，到时须及清明宴。"

建中二年（781 年），袁高任湖州刺史，亲自督造贡茶。他深深体会到茶农为赶制贡茶的艰辛和疾苦，愤而写下《茶山诗》，随贡茶并呈唐德宗。诗中备述茶农制造贡焙的苦难和为求晋身的奸人残酷压迫百姓的事实，并直言不讳地说"后王失其本"，引起德宗重视，贡茶限制遂有所减缓。清代郑元庆《石柱记笺释》中也说："自袁高以诗进谏，遂为贡茶轻省之始。"但实际上贡茶定制、贡额并未因此而有太大的改变。

六、精致绝伦的宋代贡茶

宋代是中国茶业发展史上又一个重大时代，此时社会上的饮茶风俗已经相当普及，朝野间的"茶会""茶宴""斗茶"之风也刮遍大江南北。宋代贡茶在唐代的基础上有了很大的进步，对采摘、焙制、造型、包装、递运、进献诸方面都有明细规定，与唐代求早求量不同，宋代的贡茶更重品质，而且贡茶的名目繁多，命名也十分讲究。此外，据《元丰九城志》所载，宋神宗时的贡茶来源已遍布江南路、南唐路、广德路、荆湖路、江陵郡、建安郡、剑浦郡等主要茶区。

1. 种类繁多的贡茶

在中国历史上，宋代的帝王最为嗜茶，于是一些奸佞之臣就投其所好，挖空心思献上各种巧立名目的贡茶，在北宋 160 多年间，所创贡茶名目达四五十种之多。如《宋史·食货志》中记载：宋代贡茶之中仅片茶一类，就有龙、凤、石乳、白乳四种共十二等，用来进贡皇帝和恩赐邦国。

在北宋几乎每个时代都有新创贡茶品种，如宋真宗时的福建转运使丁谓、宋仁宗时的福建转运使蔡襄，分别创制了大、小龙团茶并献给皇帝，深得皇帝赏识。对此，苏东坡在《荔枝叹》中讽刺道："君不见武夷溪边粟粒芽，前丁后蔡相笼加。争新买宠各出意，今年斗品充官茶。"到宋神宗元丰年间又有官员创制出了密云龙，它在品质上比小龙团更为精良，用双袋装盛，也叫双角龙团。宋哲宗绍圣年间还创制瑞云翔龙等等。

在北宋的众多皇帝中，以宋徽宗赵佶最为爱茶、识茶，还亲自撰写了《大观茶论》。赵佶在其《大观茶论》中力推白茶为第一佳品，然后又创出三种细芽（御苑玉芽、万寿龙芽、无比寿芽），并制成两种贡茶模型（试新銙、贡新銙）。到了徽宗宣和二年（1120 年），福建转运使郑可简别出心裁，造茶献媚，创制了银线水芽，它的特点是：精选茶叶熟芽，并剔皮取心，用清泉渍之，达到光明莹洁，如同银线的效果，上边还压上小龙纹，制作精美，令人咂舌，这种银线水芽又称作"龙团胜雪"。

2. 恢宏的北苑贡茶

宋代贡茶的规模很大，像南唐、吴越、闽等五代遗存的割据政权均向宋朝进贡大量茶叶。宋代本土的官焙，除保留唐代的顾渚贡茶院之外，在建州北苑又设立了专门采进贡茶的官焙，称为北苑贡焙。建州的地理环境与湖州顾渚相比，丛山深岙，云雾缭绕，纬度更低，更靠南面，气候更宜种茶，还能保证"京师三月尝新茶"的要求。而且北苑贡焙规模巨大，采造之繁，动用劳工之浩，远远超过前代。由于北苑贡茶的快速发展，到南宋时，贡茶的采制中心已从湖州转移到了建州。

宋代对贡茶的要求也十分苛刻，如北苑采摘贡茶，必须在凌晨未见天日之时，所谓"侵晨则夜露未晞，茶芽肥润，见日则为阳气所薄，使芽之膏腴内耗"，可见当时对贡茶的要求之高。此外，北苑贡茶的名目也很多，而且多以雅致祥和之意命名，所以深得皇帝的欢心，贡茶数量也与日俱增。如宋太平兴国初年（976年）贡茶才50斤，至哲宗元符年间，已达1.8万斤，而到徽宗宣和年间，则达4.71万余斤。

总之，宋代在建州大规模设置贡焙，在客观上有力地推动闽南以至中国南方茶叶生产的发展。此外，当时建州所产的茶也开始从海上向海外输出，促进了中外经济文化的交流。

七、由繁入简的元明贡茶

元代是中国贡茶承上启下的时期。此前，茶叶生产多以饼茶为主，而到了元代之后，除了继续前人的饼茶制造，还出现散茶的生产，而且逐渐成为茶叶的主流形式。此时的团饼数量很少，仅限于充贡，主要是供皇室宫廷所用。民间饮茶之风多趋向条形散茶。

1. 元代的官焙

作为游牧民族的统治阶级在入主中原之后，逐渐接受了汉族茶文化的熏陶。元代宫廷饮茶就有宋代的遗风，因此，元代贡茶也基本沿袭宋代的旧制，元大德三年（1299年）在武夷四曲溪设焙局，又称御茶园，其规模宏大，焙工数以千计。据董天工在《武夷山志》中记载，元顺帝至正末年（1367年），贡茶额达990斤。后来贡茶院逐渐移到顾渚，重新恢复了湖州、常州等处贡茶园，并设置提举官专门掌管贡茶。

元朝的统治者虽然也极为重视贡茶，但是没有唐宋王朝那样奢侈讲究。虽然保留和恢复了一些宋代的御茶园和官焙，但是贡茶制有所削弱。据统计，在元朝全国只有120处茶园受朝廷控制，专门制造贡茶。可见，元朝的贡茶已经开始走向简朴，即使一些精品散茶、末茶在元代王室宫廷中也有所应用。

此外，元代茶叶的饮用方式，主要还是沿袭前人的煎煮之法，但也开始出现了泡茶方式。同时，蒙古宫廷饮茶，除吸收了汉族的饮茶方式之外，还结合了本民族饮茶特点，形成了具有蒙古特色的饮茶方法。

2. 明代贡茶变革

明代，唐宋时期的贡焙制有所削弱。因为明太祖朱元璋出身贫寒，他在起义期间曾转战江南很多茶区，深知茶农的疾苦，他在南京称帝后，下诏废除官焙，停造龙凤团茶，改贡芽茶。这一举措，实质上是把我国唐代炙烤煮饮团饼茶，改革为直接冲泡散条茶"一瀹而啜"法，开启了我国数百年的茗饮之宗，客观上把我国造茶法、品饮法推向一个新的历史时期，具有重要的历史意义和现实意义。

茶叶的产制方法在明代也发生了很大的变革，不但将饼茶改成了散形茶，而且将蒸青改为炒青，为今日绿茶生产奠定了基础，到了明中后期，改制已臻完善。同时，由于明代贡茶采用散茶，所以宋代建立的北苑龙团贡茶制度，在历时 260 多年的风雨之后，终于走到了历史尽头。

3. 明代茶农的沉重负担

明初，由于太祖朱元璋罢龙团、停官焙之举，贡茶的数量有所减少，曾一度减轻了劳动人民的负担，但此后又逐渐增加。据《明史·食货志》记载，太祖时期，建宁贡茶 1600 余斤，到隆庆时期，已增至 2300 斤，其他地方的贡茶，比宋时还多。如宜兴明初时进贡 100 斤，但到了宣德年间增至 29 万斤。

明代贡茶增加之多之快，有相当一部分是由于督造官吏的层层盘剥。明孝宗弘治年间，光信府官员曹琥曾上书《请革贡茶奏疏》称："本府额贡芽茶，岁不过二十斤。迩年以来，额贡之外有宁王府之贡，有镇守太监之贡……如镇守太监之贡，岁办千有余斤，不知实贡朝廷者几何？"此外，据明代史籍记载，万历年间（1573—1620 年），富阳县以鱼和茶交贡，苦不堪言，韩邦奇《茶歌》中写道："鱼肥卖我子，茶香破我家"，此外他还道出了劳动人民的感叹："富阳山，何日摧？富阳江，何日枯？山摧茶亦死，江枯鱼始无。"可见，明朝的贪官污吏借贡茶牟取私利，广大茶农受尽盘剥，度日维艰。

八、重现辉煌的清代贡茶

到了清代，茶业生产进入鼎盛时期，此时也形成了以产茶著称的区域和区域化市场。贡茶的产地也进一步扩大，江南、江北的著名产茶地区都有贡茶，还出现了大量的历史名茶。

1. 钦定的贡茶名号

在清代，贡茶的品种很多，而且很多贡茶的名字是由皇帝亲自赐封的。康熙三十八年（1699 年），圣祖玄烨南巡路过江苏太湖，巡抚宋荦用洞庭山所产的"吓煞人香"

茶进贡，康熙品尝之后大为赞赏，赐名"碧螺春"。从此，该茶每年必采办进贡，并成为绿茶的极品，中国茶之代表。

乾隆十六年（1751 年），高宗弘历南巡，为尝尽地方名产，他诏令天下："进献贡品者，庶民可升官发财，犯人重刑减轻。"徽州名茶"老竹铺大方"，就是当时老竹庙和尚大方所贡之茶，高宗就赐以"大方"为茶名，也岁岁精制进贡。

贡茶虽然促进了当地茶叶发展，但也加重了劳动人民的生活负担。陈章《采茶歌》中对茶农采制龙井茶的艰辛给予了深切的同情："焙成粒粒比莲心，谁知侬比莲心苦。"

2. 贡茶的采制工艺

清代，在明代贡茶的基础上有所扩大，以烘青茶与炒青茶为主，制作工艺更加精细，外形千姿百态。此间，武夷山御茶园荒芜，茶叶向三坑两涧转移。茶农以传统方式做制茶工艺，创制了乌龙茶，后来又出现红茶。在其他贡茶产地出现丁黄茶、黑茶以及白茶和花茶等，广大茶区形成了多品种的贡茶。

3. 贡茶的数额

清代茶叶的贡额，由中央政府明确规定。据《清会典》载，康熙二十三年（1684年），贡芽茶额为：江南省广德、常州、庐州三处，725 斤；浙江省 505 斤；江西省450 斤；福建省 2350 斤；湖广省 200 斤。另据，查慎行所编《海记》记载康熙年间各地贡茶列有条目：江苏、安徽、浙江、江西、湖北、湖南、福建等省的七十多个府县，每年向宫廷所进的贡茶即达一万三千九百多斤，可见，清代皇室所消耗的贡茶数量之惊人。此外，贡茶运京期限，也按路程远近有明确规定，不得延期，如庐州府期限为谷雨后 25 日内，赣州府期限为谷雨后 83 日内。

清代前期，虽然继续延续前朝的定额纳贡制，但是随着清朝中叶社会商品经济的发展，经济结构中资本主义因素的增长，传统的贡茶制度开始走向没落。到了清朝末期，由于西方列强的入侵和自然经济的瓦解，流传千余年的贡茶制度最终消亡。

第十节　茶之典

一、赵佶与《大观茶论》

宋徽宗赵佶（1082—1135 年）是宋神宗第十一子，北宋的第八任皇帝。赵佶多才多艺，却治国无方。他在位期间疏于朝政，政治腐朽黑暗，但他精通书画、音律等，对茶艺也极为精通，他自己嗜茶，也提倡人们饮茶。他以御笔编著了举世闻名的茶书《大观茶论》，这在我国历代君王中是绝无仅有的。他认为茶是灵秀之物，饮茶除了可以享受芬芳韵味，还令人清和宁静。宋代斗茶之风盛行，制茶工艺精湛，贡茶品种繁多，都与赵佶爱茶有关。

《大观茶论》包括序、地产、天时、采择、蒸压、制造、鉴辨、白茶、罗碾、盏、筅、瓶、水、点、味、香、色、藏焙、品名和外焙等 20 项，比较全面地论述了宋代茶业、茶道的发展情况、茶叶的特点和当时茶事的各个方面。全书 2800 余字，其中对采摘、制作、品尝、烹煮的论述最为精辟，它反映了北宋茶业和茶文化的发展，至今仍有参考价值。

1. 茶叶品质的形成

赵佶精研茶叶，深知茶叶品质的形成与茶叶的生长地、生长环境、采摘、蒸压、制造等紧密相关。制造茶叶，芽叶、器具必须洁净，火功要好，当天采摘的芽叶当天加工，不然将影响茶叶的品质，这与今天做出好茶的基本要求完全一致。同时，在水的选用上，则以山泉之水为上，赵佶指出"水以清轻甘洁为美，轻甘乃水之自然，独为难得"。

2. 茶叶的鉴别

赵佶提出，茶的色泽，以当天采摘当天加工的为最好，隔天加工的则差。精品茶汤晶莹透亮，茶芽细小实重。如赵佶在论及茶叶的品质时认为："茶以味为上，甘香重滑，为味之全。"又说："茶有真香，非龙麝可拟。……和美具足，人盏馨香四达，秋爽洒然"即说茶味甘甜，茶香浓郁，色泽光润为好。

3. 茶艺的规则

《大观茶论》最精彩的部分是"点"篇，即对茶艺茶道规则的论述。此篇见解精辟、阐述深刻，总结了当时上层社会人士普遍流行的点茶法，对点茶的茶艺技法做了详尽的描述。《大观茶论》首先指出了"一点法"和"静面点法"的不正确之处，详细描述了如何正确地点好茶：要点出上好的茶汤，必须取茶粉适量，注入水的方法还要得当，要经过七次注水和击拂，才可以饮用。

4. 茶道精神

宋徽宗赵佶在《大观茶论》中从文化学的角度提出了茶道精神。宋徽宗在序中说："至若茶之为物，擅瓯闽之秀气，钟山川之灵禀，祛襟滞，致清导和，则非庸人孺子可得而矣。冲闲洁，韵高致静，则非遑遽之时可得而好尚矣"，对茶人的饮茶心境和情性陶冶做了高度概括。

宋徽宗以茶叶专家姿态撰写的《大观茶论》的影响力是巨大的，不仅促进了茶业的发展，同时推进了中国茶文化的发展，最终使得宋代成为中国茶业和茶文化的兴盛时期。

二、许次纾与《茶疏》

许次纾（1549—1604 年），字然明，号南华，明代钱塘人。据相关史料记载，许然明是个跛子，但是他却很有文采，也是一个性情中人。传说他爱好搜集奇石，又好品泉，还很好客，虽然自己没有多少酒量，但宴请宾客时却经常是通宵达旦，有饮则尽，非常爽快。许次纾的父亲是嘉靖年间的进士，官至广西布政使，许次纾则因为有残疾没有走上仕途，终其一生只是一个布衣百姓。他的诗文很多，可惜大部分都已经失传，只有《茶疏》还留传于世。

1. 产茶之地

关于产茶，许次纾认为南方比北方更适于种茶，科学地阐述了茶产地对气候条件的要求。他还发现钱塘诸山北麓所产的茶叶，由于施肥过勤，使茶芽生长过快，鲜叶内涵成分积累时间过短，造成茶叶香气不足。

2. 制茶之法

关于采茶，许次纾认为谷雨前后是采茶的最宜时节。炒茶则不宜久炒，鲜叶入锅要适量，火也不易过大，否则容易使茶香散失。炒茶所用的木材要选用细枝条，炒制茶叶时，先用小火，待到鲜叶柔软时再用大火，快速炒干。

3. 藏茶之道

瓷瓮是收藏茶叶的最适宜器具，用来贮茶的瓷瓮必须干燥，四周围以厚箬，中间存放茶叶。茶叶取用的时间也有讲究．阴雨天则不宜开瓮，必须等到天气晴朗之日。而取茶之前，先要用热水洗手，擦拭干净之后再行取茶。

4. 煮茶之具

对于煮茶用水，许次纾提出，"水为茶之母，器为茶之父"，由此可见择水的重要。他提出"古人品水，以金山中冷泉为第一，庐山康王谷为第二，今时品水，则以惠泉为首"。煮茶的器具也不要用新的，因"新器易败水，又易生虫"。

5. 泡茶之法

茶具在泡茶之前就要准备好，而且必须保持茶具的干燥和洁净。木炭也要先烧红，目的是去其烟气，以免烟气进入茶汤之中。木炭烧红后再放上盛水的器皿，泡茶之水既要烧开又不能煮老。烹茶时先要洗去沙土，这对茶性的把握很重要。取茶也特别讲究，切忌茶叶提早取出，而是水好入壶之后，即刻把茶叶投入壶中，加上盖子，并快速除去第一次浸润的水，这与今天茶艺中常提到的"洗茶"有相似性。之后再次冲入沸水，利用水进入茶具中的冲击力使茶叶翻滚，这样茶叶的香气才显露出来。

6. 茶具选择

许次纾在谈到茶具时精简地提出了选择的原则和标准，其中包括产地、材质、做工、制作名家等，指出银制的茶具比锡制的好，劣质的紫砂壶对茶的滋味、品质影响极大，不宜采用。

7. 饮茶氛围

古人对于饮茶环境颇有要求，一般会在住所之外另建茶寮。茶寮建造要求"干燥明爽，勿令闭塞"，这与我们今天建造茶馆时要求"干燥洁净，宽敞明亮"是完全一致的。许次纾还提出"粗童、恶婢"不宜用，其中深含道理，品茗本来是一件高雅之事，粗童、恶婢与这一氛围格格不入。此外，寮内的摆设也很有讲究。

三、蔡襄与《茶录》

蔡襄，字君谟，谥忠惠，兴化仙游（今属福建）人。天圣八年（1030 年）进士，任西京留守推官。庆历三年（1043 年）知谏院，进直史馆，兼修起居注，次年知福州，转福建路转运使，监造小龙团茶，名重一时，后迁龙图阁直学士知开封府、枢密直学士知福州、端明殿学士知杭州。他还是一位书法家，与苏轼、米芾、黄庭坚并称"宋四家"。

蔡襄不但在文学方面造诣较深，而且对植物学也颇有研究。他生于茶乡，习知茶事，又两知福州，采造北苑贡茶，茶文化造诣颇深，尤其是农艺名著《茶录》影响很大。《茶录》作于皇佑三年（1051 年），传世版本达十余种。

1.《茶录》的写作缘起

蔡襄之所以编写《茶录》，就不得不提丁谓，这个人的人品和为政之道在历史上贬多于褒，然而在中国茶文化史上，他却是一个重要人物，宋代的北苑贡茶龙团凤饼的创始人便是他。宋咸平年间，丁谓任福建转运使，他在监制龙凤贡茶的过程中，将自己的所观所感进行了一番理论总结，撰写了《北苑茶录》三卷，这是我国第一部记载北苑茶事的开山之作，十分遗憾的是，《北苑茶录》没有流传下来。

蔡襄作为一个行政官员，他在丁谓任福建转运使40年后，有幸忝列其职，尽力监制贡茶，他将丁谓创制的北苑大龙凤团，改成小龙凤团，又奉旨制成"密云龙"，使北苑贡茶在质量上更上一层楼，越发名扬天下。他在长期实践中，成为制茶和品茶的行家，他有感于陆羽《茶经》没有谈及建安茶，丁谓的《北苑茶录》只谈建安茶的采造之法，"至于烹试之法，曾未有闻"。于是蔡襄在皇佑三年（1051年）撰写了这本《茶录》，这也是北苑茶典中最富有特色的一部茶书。

2.《茶录》的内容和特色

蔡襄的《茶录》共19目，分为上下两篇，上篇茶论，分色、香、味、藏茶、炙茶、碾茶，罗茶、候汤、熁盏、点茶等10目，主要论述茶汤品质与烹饮方法；下篇器论，分茶焙、茶笼、砧椎、茶钤、茶碾、茶罗、茶盏、茶匙、汤瓶等9目，谈烹茶所用器具。比较详细地介绍了北苑茶的品质、品尝、保存及茶器具的特色。据此，可见宋时团茶饮用状况和习俗。

蔡襄作为宋代著名的书法家和文学家，他以艺术的眼光来分析北苑贡茶的烹试。首先他强调茶饮过程中的"色彩美"，提出了茶色贵白的美学观点。为了使茶色更白，他用绀黑色的兔毫茶盏，在黑白分明的强烈对比中，茶汤之色更为鲜明；其次，在北苑茶的味与香方面，他大力推崇茶的"真"，追求北苑茶的真香正味，因此他反对宋代盛行在茶中加入香片的做法。这种贵白贵真的观点，表明了蔡襄在茶饮中所孜孜追求的自然之美。

《茶录》虽然篇幅简短，仅800字，但是内容却丰富而精到，是一部具有美学意蕴的茶典，其中所反映的美学思想，是茶文化向更高阶段发展的重要标志。《茶录》也成为继陆羽《茶经》之后最有影响力的论茶专著之一。

四、罗廪与《茶解》

罗廪，明朝宁波慈溪（今宁波江北区）人，中国古代著名书法家、学者、隐士。他的家乡也是贡茶产地，他生活在明朝后期万历年间，此时皇帝怠政、政治腐败，淡泊名利的罗廪就归隐山野，开辟茶园，以植茶、造茶、品茶为生，过着闲情逸致的生活。虽然生活清贫，但立志不渝，锲而不舍，总结前人经验，亲自参与实践，历经十载，于万历三十三年著成《茶解》。

《茶解》全书约 3000 字，前有序，后有跋，分总论、原、品、艺、采、制、藏、烹、水、禁、器等十一目，对茶叶栽培、采制、鉴评、烹藏及器皿等各方面均有记述，既科学，又富有哲理，不仅弘扬了中华茶文化，更起到了传播茶叶科技知识的作用。

1. 茶叶园艺概念的提出

《茶解》有许多创新之处，尤为突出的是，罗廪首次提到茶叶园艺概念。唐代之前的茶树以野生为主，陆羽《茶经》称"野者上，园者次"。随着茶树栽培、育种技术的提高，大多栽培茶质量已超越野生茶。罗廪根据长期实践，对茶树的栽培、施肥、除草、采制、储藏等技术进行了改善和提高，提出了一些茶树的种植原理，如在夏秋等干旱高温季节，要防止茶树在烈日下曝晒，因为漫反射的光线更有利于积累茶叶营养成分；再如，茶树之中也以适当套种些桂、梅、兰、菊、桃、李、杏、梅、柿、橘、白果、石榴等花木、果木，因为茶树的花、叶可以吸收这些花果的香气。

2. 茶树种植技术的革新

经过十余年的辛勤耕耘，罗廪对植茶技术的研究取得了新的成果。他在《茶解》中讲到"秋收后，摘茶子水浮，取沉者。略晒去湿润，沙拌，藏竹篓中，勿令冻损。俟春旺时种之。茶喜丛生，先治地平整，行间疏密，纵横各二尺许。每一坑下子一掬，覆以焦土，不宜太厚，次年分植，三年便可摘取。茶地斜坡为佳，聚水向阴之处，茶品遂劣。故一山之中，美恶相悬"。可见，罗廪既否定了唐宋以来的"植而罕茂"的种植传统，又提出了"覆以焦土，不宜太厚"的种植技术，这在当时而言可谓茶叶种植技术的重大革新。

3. 绿茶炒制技术的总结

罗廪对绿茶炒制也进行了全面的总结。他指出，采茶"须晴昼采，当时焙"，否则就会"色味香俱减"。采后的茶要放在筜中，不能置于漆器及瓷器内，也"不宜见风日"。炒制时，"炒茶，铛要热；焙，铛宜温。凡炒止可一握，候铛微炙手，置茶铛中，札札有声，急手炒匀，出之箕上薄摊，用扇扇冷，略加揉捣，直至烘干"。"茶叶新鲜，膏液就足。初用武火急炒，以发其香；然火亦不宜太烈，最忌炒至半干，不干铛中焙操，而厚雹笼内，慢火烘炙。"罗廪通过自己的亲身实践对当时的制茶工艺进行了全面的研究，这在当时的文人中是少见的，而罗廪的这些经验之作，也是中国古代茶书中有关制茶最为全面、系统的总结。

跟着《茶经》来学茶

五、朱权与《茶谱》

朱权（1378—1448 年）是明太祖朱元璋第十七子，为朱元璋所宠信。洪武二十四年（1391 年）受封为宁王，洪武二十六年就驻大宁（今辽宁沈阳一带）。据《明史》记载，当时的大宁地理位置十分险要，为军事"重镇"，而朱权也是最有实力的藩王之一。

朱元璋令其掌握强兵猛将，镇守北边军事要塞，目的是防备元室卷土重来。建文元年（1399 年），燕王朱棣起兵靖难，朱权被迫屈从燕军，替燕王起草文书。朱棣靖难成功后登上皇位，于永乐元年（1403 年），改封朱权到南昌。朱权到南昌不久就被人诬告有"巫蛊诽谤事"，因查无实据作罢。此后，朱权为远祸避害，开始深自"韬晦"，不问世事，还著成《茶谱》一书，以茶明志。

1. 朱权著《茶谱》的渊源

作为一个有特殊背景的文人，朱权著《茶谱》是有所寄托的。他在《茶谱·序》中说："予尝举白眼而望青天，汲清泉而烹活火。自谓与天语以扩心志之大，符水火以副内炼之功。得非游心于茶灶，又将有裨于修养之道矣，岂惟清哉？"由此可见，朱权著茶书的目的是自保。《茶谱》除绪论外共 16 则，约 2000 字，分品茶、收茶、点茶、熏香茶法、茶炉、茶灶、茶磨、茶碾、茶罗、茶架、茶匙、茶筅、茶瓯、茶瓶、煎汤法、品水诸章，所述多有创见。如他将明初的饮茶之法与前代相比，指出前人饮茶的不足之处，意在较量优劣，别出心裁，自成一家之言。

2.《茶谱》的深远影响

朱权对后世茶饮的贡献主要表现在以下几个方面：

首先，他将饮茶看作一种"修养之道"，这在《茶谱·序》中说的较为明确。除上文引述的一段话外，他接着说："凡鸾俦鹤侣，骚人羽客，皆能志绝尘境，栖神物外，不伍于世流，不污于时俗。"在这里，朱权实际上把普通的饮茶提升到"道"的高度，不仅完善了唐宋以来的茶道艺术，而且为明及以后的文人茶饮向雅致化方向发展做了理论上的铺垫。

其次，他主张饮茶与自然环境的融合。"或会于泉石之间，或处于松竹之下；或对皓月清风，或坐明窗净牖。乃与客清谈款话，探虚玄而参造化，清心神而出尘表。命一童子设香案，携茶炉于前，一童子出茶具，以瓢汲清泉注于瓶而炊之。"在这里，泉、石、松、竹、皓月、清风、明窗、净牖、香案、茶炉、瓢、瓶、清泉等，构成一个完整的意境，实现了人与自然的高度契合，达到了物我两忘的境界。自陆羽著《茶经》就讲求饮茶与自然的统一，至宋几乎中断，到了元代又向自然回归，至明代朱权，重新成为高雅茶文化的核心。

最后，他对废除团茶后所实行的新品饮方式进行了探索，简化了传统的品饮方式和茶具，开一代清饮之风。朱权主张保持茶叶本身的色、香、味，以"遂其自然之性"。此外，与明代散茶的饮用相配合，朱权还创造了自饮茶以来所未有的"茶灶"。与前人相比，朱权在茶具上多有省俭，黜金银不用而代之以竹、木、石等物，使茶又回到了清俭的轨道上来。朱权的品饮艺术，后经顾元庆等人的反复改进，形成了一套简便新颖的叶茶烹饮方式，于后世影响深远。

六、张源与《茶录》

张源，明代著名茶人，字伯渊，号樵海山人，洞庭西山（今江苏吴江一带）人。它为人淡泊致远，常年隐居于山野之中，有隐君子之称。据明代戏剧家顾大典为《茶录》所做的序文介绍，张源对茶很有体验，"隐于山谷间，无所事事，日习诵诸子百家言。每博览之暇，汲泉煮茗，以自愉快，无向寒暑，历三十年，疲精殚思，不究茶之指归不已"，经过他的不懈努力，终于在万历二十三年（1595年）著成《茶录》一书。

《茶录》内容简明，篇幅不长，全书共计 1500 余字，而且正文之中是以《张伯渊茶录》为题。其内容分为采茶、造茶、辨茶、藏茶、火候、汤辨、汤用老嫩、泡法、投茶、饮茶、香、色、味、点染失真、茶变不可用、吕泉、井水不宜茶、贮水、茶具、茶盏、拭盏布、分茶盒、茶道等 23 则。

1. 茶叶的种植和采摘

据张源《茶录》中所讲，洞庭西山一带盛产碧螺春，当时人们对于采茶的时间、天气、地点的要求比较严格。如文中提出"采茶之候，贵及其时，太早则味不全，迟则神散。以谷雨前五日为上，后五日次之，再五日又次之"；又提出"彻夜无云，露采者为上，日中采者次之，阴雨中不宜采"。而在张源之前的有关史志资料，只讲到碧螺春采摘前要沐浴更衣，贮不用筐，"悉置怀间"而别无其他记载。

此外，《茶录》还对茶树的生长环境、土质也进行了论述，认为"产谷中者为上，竹下者次之，烂石中者又次之，黄砂中者又次之"。

2. 茶叶的制造工艺

跟着《茶经》来学茶

关于制茶的方法，元代农学家王祯在《农书》和《农桑撮要》中已有记载，但记载得很简略，而张源《茶录》不但对当时苏州洞庭的炒青制茶工艺记述得很完整，而且对当地的制茶经验总结得也很精辟。他指出，茶的好坏，在乎始造之精，"优劣定乎始锅，清浊系于末火。火烈香清，锅寒神倦；火猛生焦，柴疏失翠，久延则过熟，早起却还生。熟则犯黄，生则着黑。顺那（挪）则甘，逆那则涩。带白点者无妨，绝焦点者最胜。"这些归纳，不但提炼了炒青制茶各道工序所需要注意的要点，而且有些提法，也达到了较高的理论水平，真实地反映了明末清初苏州乃至整个太湖地区炒青技术的实际水平，这些经典的总结，对今天生产高标准绿茶，仍有很大的参考价值。

3. 张源的煮水工艺

张源在《茶录》一书中还列出了"汤辨"一条，详细介绍了煮水的技巧，他指出煎水（烧开水）分为三项大辨，十五项小辨。一是对（水面沸泡）形状的辨别，二是对（水沸时）声音的辨别，三是对水气的辨别。例如，虾眼、蟹眼、鱼眼、连珠（按水沸腾时气泡从小到大，分为这几个档次）都是萌汤（刚烧开时的水），直到水沸腾时翻腾的波纹，水汽都没有了，才是煎水完成。如果水汽一缕、二缕、三缕、四缕，杂乱交织，氤氲缠绕，都还是萌汤，要直到水汽往上冲，那才是煎水完成。

七、周高起与《阳羡茗壶系》

周高起，明末著名学者、藏书家。他历经了明朝的万历、天启、崇祯和清朝顺治时期，见证了国家的衰亡和朝代的变迁。周高起的家庭具有浓郁的文化气息，因此他从小便喜欢读书，其文章深得人们的赏识，后来与徐遵汤同修《崇祯江阴县志》八卷，还著有《读书志》十三卷、《洞山茶系》等著作。此外，周高起还是一位紫砂工艺的研究专家和紫砂壶的收藏家。

由于明代制茶和饮茶方式的变革，引起人们对新茶具的追求，江苏宜兴紫砂壶茶具迎合了明代文人雅士的需求，因而很受欢迎，大有取代瓷器茶具的趋势。于是一大批研究紫砂茶具的文献在明代涌现出来，其中以周高起所著的《阳羡茗壶系》最为有名，它是系统论述紫砂茶具的第一部专著，涉及的内容十分广泛，是后人研究明代紫砂工艺不可缺少的重要文献。

1. 周高起的紫砂收藏之路

周高起是一位紫砂收藏家和鉴赏家，从他的《阳羡茗壶系》中可以看到他收藏和研究紫砂的艰辛过程。他喜欢紫砂，尤其是喜欢名家作品，但由于名家的作品价格很高，他便一面去有实力的收藏人士家中欣赏，一面寻求名家残壶进行收藏，还自嘲爱好残壶。最为可贵的是，在收藏过程中，他注重研究每位艺人的工艺特点，并极力探寻紫砂的来源及其制作工艺。他曾实地考察了宜兴周围的名山大川，了解制作紫砂的各种胎泥，列出嫩泥、石黄泥、天青泥、老泥、白泥等泥品。此外，他还对茶叶与茶壶的关系进行了深入的研究，积累了大量的素材，为《阳羡茗壶系》的编写奠定了良好的物质基础。

2. 周高起与吴氏家族

周高起的家境并不富裕，而收藏、研究紫砂茶壶是需要一定的经济实力的。据史料记载，周高起正是在吴家子孙吴迪美、吴洪裕等收藏鉴赏家的资助下完成这部书的。吴仕，约1526年前后在世，江苏宜兴人，字克学，号颐山，官居四川布政司参政，作有《颐山诗稿》。明代著名的紫砂工艺大师供春，年少时曾是吴仕的书童，陪读于金沙寺中，并学会了金沙寺僧制作紫砂的工艺，可能正是由于这段因缘，才使吴仕及其子孙成为著名的紫砂收藏世家。

出于对紫砂的共同热爱，周高起与吴家的交往甚多。周高起经常在吴家欣赏难得一见的名壶，吴家人也常听周高起的赏析和评论。正是周高起对紫砂孜孜不倦的探求精神感动了吴家，才使他得到了吴家的资助，完成了他的紫砂理论名著——《阳羡茗壶系》。

3.《阳羡茗壶系》评述

《阳羡茗壶系》成书于明崇祯十三年（1640年），是我国历史上第一部关于宜兴紫砂茶具的专著。此书专门记载阳羡茗壶制作及名家，分为创始、正始、大家、名家、雅流、神品、别派数则，还记录时大彬等十余位著名陶工的不同制作手艺，并考证了传说中宜兴壶泡茶过夜不馊的荒谬之处。此书兼及泥胎的研究和品茗用壶的原则，在陶瓷工艺史和茶文化史上具有重要的学术价值。此书虽然主要论述的是紫砂工艺，但涉及面颇广，如考据学、地理学、矿物学、文学诗歌等多学科，反映了作者广博的知识。所以《阳羡茗壶系》不仅成为研究紫砂茶具史的珍贵资料，也成为茗壶收藏家、品茗爱好者的重要的参考书。

第十一节　茶之馆

一、唐代茶馆文化

在中国南北朝时期，出现了以贩卖茶饮为生的商贩。西晋文学家傅成在《司隶教》中就记述了四川地区一个老婆婆因上街卖茶粥而被官府衙门驱逐的故事；《新唐书·陆羽传》也记载了："天下普遍好饮茶，其后，尚茶成风。"可见，中国饮茶的历史虽然很早，但饮茶之风的真正盛行是在唐代中晚期。而茶肆就是随着饮茶习俗的兴盛而出现的，是一种以喝茶为主的综合性群众活动场所。唐宋时称茶馆为茶肆、茶坊、茶楼、茶邸，明代以后始有茶馆之称，清代以后就惯称茶馆了。唐代封演的《封氏闻见记》中说："（唐代开元年间）邹、齐、沧、棣，渐至京邑城市，多开店铺，煎茶卖之，不问道俗，投钱取饮。"这是关于茶肆最早的记载。

1. 茶馆的萌芽

纵观唐代茶文化史，茶肆在这一时期出现主要是由于当时饮茶之风的盛行。唐朝初年，茶叶的种植已经非常普遍，茶税也成为国家的一项重要税收，但文人饮茶的风气尚未盛行，所以关于饮茶的记载并不很多。安史之乱后情况有了较大的改变，由于唐王朝由盛而衰，朝中政治斗争激烈，许多知识分子因政治失意，又受佛教禅宗的影响，转而崇尚幽静，追求自然、淡泊的人生境界，因此饮茶之风开始盛行，尤其是陆羽《茶经》的问世，助长了文人的饮茶之风，关于饮茶的记载也越来越多。

2. 唐代茶馆的概况

在唐代茶馆中，陆羽被奉为茶神。《新唐书·陆羽传》中记载："羽嗜茶，著经三篇，言茶之原、之法、之具尤备，天下益知饮茶矣。时鬻茶者，至陶羽形置炀突间，祀为茶神。"

关于唐代茶馆的情况，唐代知识分子给我们提供了很多资料。但总体看来，茶馆在当时主要是用于休息、解渴的。《封氏闻见记》记载了不少茶邸的佚事，唐朝长庆初年，有一次韦元方出门，正好遇见裴璞，裴璞"见元方若识，争下马避之人茶邸，垂帘子小室中，其从御散坐帘外"。这里的"茶邸"就是茶肆。关于茶馆的文字记载，除了已经提到的《封氏闻见记》外，还有一些著作涉及唐代的茶馆。据《旧唐书·王涯传》载，文宗太和七年，江南榷茶使王涯在李训诛杀宦官仇士良事败后，仓皇出逃，但逃至永昌，在一家茶肆里喝茶时，不幸被禁兵擒获。此外，宋代任防编的《太平广记》也有在茶肆中休息的相关记载。

此外，日本僧人圆仁所著的《入唐求法巡礼行记》还记载了唐代农村的茶馆。书中记载唐会昌四年（844年）六月九日，圆仁在郑州"见辛长史走马赶来，三对行官遇道走来，遂于土店里任吃茶"。据吴旭霞《茶馆闲情》描述，唐代除了长安有很多茶肆之外，民间也有茶亭、茶棚、茶房等卖茶设施。

二、宋代茶馆文化

到了宋代，由于皇室的提倡，饮茶之风更为盛行，而且以极快的速度深入民间，茶成了人们日常生活的必需品之一。吴自牧《梦粱录》说："人家每日不可缺者，柴、米、油、盐、酱、醋、茶。"随着饮茶之风的盛行，宋代的茶馆也开始兴盛起来，几乎各大小城镇都有茶肆，而且逐渐脱离酒楼、饭店，开始独立经营。

北宋都城开封，自五代时就有茶馆。据宋人孟元老《东京梦华录》载，北宋建都开封后，在皇宫门内的朱雀门大街、潘楼东街巷，马行街等繁华街巷，都是茶肆林立。南宋经济较北宋发达，城市也更加繁华，南宋都城杭州及各州县都开有茶馆。据范祖禹《杭俗遗风》所载，杭州城内还有所谓"茶司"，其实就是一种流动的茶担，是为下层百姓服务的。

1. 茶馆兴盛的缘由

南北宋在外交上十分软弱，使得封建知识分子在精神上有一种压抑感，当时的文人已经没有了奋发昂扬的精神，转而寻求个人生活的精致。此外，由于当时农村耕地的扩大和农作物单位产量的提高，许多人脱离了农业生产，从事文化活动，知识分子人数激增。而且宋代重文轻武，文人有着极高的政治地位，他们崇尚平淡、幽静，精神和物质生活倾向纤弱、精致，而饮茶恰恰具备了这一特点。文人的饮茶为下层百姓所效仿，这对饮茶之风向市井普及起到了推波助澜的作用。

市民阶层的兴起对宋代茶馆的兴盛也起了很大的作用。两宋城市人口较多，来源也非常复杂，除了大量的商人、手工业者、挑夫、小贩之外，还有很多落魄文人、僧人、妓女等。宋代的茶叶种植十分广泛，不但产量大为增加而且制茶的技术也迅速提高，出现了许多名茶。这为饮茶之风的盛行创造了必不可少的条件。

此外，北宋王朝在军事部署上也十分奇特，采取了"守内虚外"的政策，把大部分军队驻屯在国内的重要地区，以防范农民的反抗。同时，为了防止农民迫于饥寒，铤而走险，北宋王朝每到荒年还大量招募饥民来当兵，从而使军队的数额不断扩大。这些人口都涌入城市，他们自然需要一个能够满足他们住宿、饮食、娱乐、交流信息的活动场所，于是茶馆等服务性设施开始流行。

2. 茶馆的文化功能

宋代的茶馆具有一些文化功能，已经不再是单纯的饮茶解渴的场所，它开始给人们提供精神愉悦的功能，这在茶馆的装饰上表现得很明显。如《梦粱录》中说杭州的大茶馆富丽堂皇，目的虽然是吸引客人，但它确实美化了环境，增添了饮茶的乐趣。今天，许多茶馆同样重视装饰，使得饮茶具有了优雅的环境。此外，许多茶馆还安排了多样化的文化活动，以满足不同层次人们的需要。

据史料记载，宋代除了唱曲、说书、卖娟、博弈的茶馆之外，还有人情茶馆、聘用工人的市头、蹴球茶馆、大街车儿茶肆、士大夫聚会的蒋检阅茶肆，甚至还有买卖东西的茶馆。出入茶馆的人也形形色色，尤其是一些靠茶馆谋生的社会下层百姓，据《东京梦华录》载，茶馆中有专门跑腿传递消息的人，叫"提茶瓶人"。最初，这些人的服务对象主要是文人，后来范围扩大，媒婆、帮闲也厕身其间了。

两宋茶馆虽不是鼎盛时期，但它基本上奠定了中国传统茶馆文化的基础，此后元、明、清直至近代的茶馆虽呈现出不同风貌，但基本没有超出两宋茶馆的格局。

三、元明茶馆文化

元代茶馆的数量很大，在民间甚至把"茶帖"（类似于现在的代金券，专门在茶馆中使用）当钱使用，由此可见茶馆在元代已经有了相当程度的普及。元代茶馆的社会功能也是多样化的，如元人秦简夫的杂剧《东堂老劝破家子弟》中说，"柳隆卿、胡子传，上云：……今日且到茶房里去闲坐一坐，有造化再弄个主儿也好"。这里的柳隆卿、胡子传是戏中两个帮闲无赖人物，他们所说的"再弄个主儿"即寻找有钱人家的子弟，怂恿其挥霍，自己从中捞钱的意思。这个例子说明元代茶馆文化已经是当时社会生活的一个缩影了。

1. 崇尚"俗饮"的元代茶馆文化

元代文人对茶馆的态度开始发生了变化。两宋时期，文人士大夫普遍认为茶馆品位不高，"非君子驻足之地"，而元朝的社会情况有较大的变化，文人受其影响很大。因为入主中原的蒙古族人不太重视文化教育，元朝建立之初就取消了科举考试，使许多知识分子失去了唯一的一条走向仕途的道路，郁闷的文人开始热衷于泡茶馆，以排解心中的烦闷。

由于蒙古人性格豪爽质朴，对宋代精致文雅的茶艺茶技不感兴趣，而是喜欢直接冲泡茶叶，因此，散茶在元代大为流行。散茶简化了饮茶的程序，在某种程度上更加有利于饮茶的普及，促进茶馆的大规模发展。此外，随着饮茶的简约化，元代茶文化出现了一个明显的趋势，即"俗饮"日益发达，饮茶与百姓生活结合得更为密切而广泛。而"俗饮"也正是茶馆文化的精神。

2. "雅俗共享"的明代茶馆文化

"茶馆"一词正式出现在明代末期。据张岱《陶庵梦忆》记载："崇祯癸酉，有好事者开茶馆。"明代茶馆较之唐宋，多元化倾向更加明显。经过唐、五代、宋、元的发展，茶馆在明代走向成熟。

明代茶馆较之以前各代有了比较明显的变化，其中最重要的是茶馆的档次有了区分，既有面对平民百姓的普通茶馆，也有了满足文人雅士需要的高档茶馆，后者较之宋代更为精致雅洁，茶馆饮茶对水、茶、器都有严格的要求，这样的茶馆自然不是普通百姓可以出入的。明代市井文化相当繁荣，这是由于明代资本主义萌芽的出现，商品经济也十分发达，在这样的社会背景之下，明代的茶馆文化又表现出更加大众化的一面，最为突出的表现即是明末北京街头出现了面向普通百姓的大碗茶。

明代茶馆除了茶水之外，还供应各种各样的茶食，仅《金瓶梅》一书就提及了十余种之多，此外，这一时期曲艺活动盛行。北方茶馆有大鼓书和评书，南方茶馆则盛行弹词，这为明代通俗文学的繁荣起了推波助澜的作用。张岱在《陶庵梦忆·二十四桥风月》还记载了江苏扬州"歪妓多可五六百人，每日傍晚，膏沐熏烧，出巷口，依徙盘礴于茶馆酒肆之前，谓之'站关'。"可见妓女之众、茶馆之多，而妓女与茶馆的共生关系更值得研究。

元明茶馆文化具有雅俗共存的特征，从而突破了茶馆的庸俗化倾向，满足了社会各个阶层的不同需求，也使茶馆自身保持了旺盛的生命力，同时，也进一步体现了茶馆文化的开放性和包容性，丰富和发展了中国的茶馆文化。

四、清代茶馆文化

清代茶馆遍布全国各地，其数量之多为历代所不及。据统计，当时北京有名的茶馆就有几十家，上海比北京还多出一倍，而产茶胜地杭州的茶馆更是鳞次栉比，在西湖周围，几乎到了步步为营的地步。吴敬梓在《儒林外史》中就描述到"（马二先生）步出钱塘门，在茶亭里吃了几碗茶……又走到（面店）间壁一个茶室吃了一碗茶，买了两个钱处片嚼嚼……又出来坐在那个茶亭内"。此外，清代民间茶馆的繁荣甚至波及皇宫，乾隆年间，每到新年，朝廷即在圆明园中设买卖一条街，街中即有模仿一般城市所设的茶馆，而且逼真如实，热闹异常。由此可见当时茶馆吸引力之大、影响之深。

1. 茶馆繁盛的缘由

清代前期，由于统治阶级的励精图治，出现了历史上著名的"康乾盛世"。清代的制茶业比以前更为发达，康熙中叶，福建瓯宁一地就有上千个制茶作坊或工厂，大厂往往多达 100 多人，小厂也有几十人。云南普洱所属的六茶山，雍正时已名重于天下，入山采茶制茶者很多。据乾隆《雅安府志》卷七《茶政》所载的"茶船遍河"，可见当时的茶叶贸易之盛以及消费数量之巨大。

除了经济的繁荣之外，清代的社会结构也有利于茶馆的发展。清朝是满族人统治的国家，旗人享有特殊的权利，在安定和平的局面下，八旗子弟游手好闲，频繁出入于茶馆、酒肆之中，带动了茶馆业的繁荣。

2. 清代茶馆的文化功能

清朝茶馆的文化功能与前代没有什么特别之处，茶馆仍然是供人们饮食、休息、娱乐、交流信息的活动场所。当时的茶馆大约有四种，即清茶馆、茶饭馆、书茶馆和戏茶馆。

茶饭馆则是针对普通民众，但是其提供的饭食一般都很简单，不像饭馆的品种多。上文提及《儒林外史》中马二先生游西湖，茶室供应的食品就有橘饼、芝麻糖、粽子、烧饼、处片、黑枣、煮栗子等，严格说来，这连简单的饭食都算不上，只是辅茶的点心。

书茶馆在清代非常盛行，北京东华门外的东悦轩、天桥的福海轩等就是有名的书茶馆，是人们娱乐的好地方。

戏茶馆在清代也很常见，最早的戏馆统称茶园，是朋友聚会喝茶谈话的地方，看戏不过是附带的性质，这些戏馆不收门票，只收茶钱，可见茶馆与戏曲的密切关系。

3. 茶馆文化的繁盛

清代出入茶馆的人涵盖了社会的各阶层。这些人在茶馆中演绎着自己独特的生活方式，这一定意义上讲，茶馆已经成为当时社会的一个缩影，人们在茶馆中品的不仅仅是茶水，而是社会中形形色色的人和事，以及自己人生历程中的酸甜苦辣。这也使得茶馆文化在这一时期开始走向成熟。

茶馆文化是市民茶文化的产物，而市民又是一个人数众多、身份难以界定的庞大阶层，由于出身不同、修养不同、贫富不同，需求也就各不相同。为满足他们的不同需要，茶馆的经营方式必然会呈现出多样化的特点，甚至背离了茶馆的基本原则。但恰恰是这样一种多样性和开放性成就了中国的茶馆文化，因为大众性、娱乐性、包容性才是茶馆文化的精神之本。

五、近代茶馆文化

老舍的《茶馆》对近代茶馆文化有两段经典描写：

"这里卖茶，也卖简单的点心和饭菜。玩鸟的人们，每天在遛够了画眉、黄鸟之后，要到这里歇歇腿，喝喝茶，并使鸟儿表演歌唱。商议事情的、说媒拉纤的也到这里来，那年月，时常有打群架的，但是总会有朋友出头为双方调解；三五十口子打手，经调人东说西说，便都喝碗茶，吃碗烂肉面（大茶馆特殊的食品，价钱便宜，作起来快当），就可以化干戈为玉帛了。总之，这是当日非常重要的地方，有事无事都可以来坐半天。"

"在这里，可以听到最荒唐的新闻，如某处的大蜘蛛怎么成了精，受到雷击。奇怪的意见也在这里可以听到，像把海边上修上大墙，就足以挡住洋兵上岸。这里还可以听到某京剧演员新近创造了什么腔儿，和煎熬鸦片烟的最好方法。这里也可以听到某人新得到的奇珍——一个出土的玉扇坠儿，或三彩的鼻烟壶。这真是个重要的地方，简直可以算作文化交流的所在。"

这两段话精准地概括了中国近代茶馆的社会功能。

1. 茶馆文化的转变

中国近代茶馆文化与古代茶馆文化相比有了很大的变化，最主要的就是茶馆中茶的角色转化问题。茶馆刚刚兴起的时候，其主要目的是解决饮食与休息，后来又有了娱乐和信息交流的功能，但喝茶还是重要内容。尤其是文人进茶馆，讲究茶、水、器，使茶馆开始向高雅精致的方面发展，与市民的"俗饮"一起成为茶馆文化的两大特色，二者互不干涉，平行发展。

到了近代，茶馆有了更多的社会功能，如老舍在《茶馆》中的相关描述，茶水在其中只起了一个媒介作用，地位有所下降。茶馆似乎只是一个场所，饮茶变得可有可无了，有些茶馆更是"醉翁之意不在酒"，名为茶馆，志在其他；一些茶馆甚至变成了藏污纳垢的地方。但不管怎么说，茶馆从它最初产生的那一刻起，就是市民文化的结晶，它是为普通大众服务的，满足他们的要求是茶馆经营的一个原则。

2. 茶馆的污秽之风

近代中国，社会环境极其污浊，茶馆也深受其影响，近代茶馆中的狎妓之风依旧风行。据一些史料记载：当时青莲阁茶肆中的茶客并不是品茗之人，而是品雉（雉就是流妓）；同芳茶居，每到天黑之时，妓女就会蜂拥而至。日本在中国开设的一些茶馆其实质也是妓院，提供服务的都是从日本招来的妙龄少女，但后来因为有损日本声誉而被查禁。此外，黑社会在茶馆的活动也很多，从事窝藏土匪、私运枪支、贩卖毒品、绑架勒索、拐卖人口等罪恶活动。当时出入茶馆的人更是三教九流，除社会闲杂人员之外，甚至有私访的官员、政府的密探，以至于大小茶馆都贴有"莫谈国事"的字条。茶馆中的悠闲之风荡然无存。

新文化运动之后，整个社会发生了翻天覆地的变化，随着"科学""民主"之风的盛行，大量的西方思想进入中国，中国传统文化日趋衰落，植根于中国传统文化之上的茶馆也随之没落。人们的娱乐、休闲观念也发生了很大的变化，随着新兴娱乐设施的兴起，诸如舞厅、影院等吸引了更多的年轻人，去茶馆中喝茶的人越来越少。中国的茶馆业开始进入了萧条时期。

总而言之，茶馆文化就是俗文化，它的特点就是其开放性、平民性和包容性。近代茶馆，虽然污秽之风盛行，但它仍然是茶馆文化的发展和补充。

六、北京茶馆文化

北京的茶馆在清代极为发达，它的发展与清代"八旗子弟"饱食终日、无所用心泡茶馆有关。在清末，甚至官居三四品的大员，也喜欢坐茶馆。很多北京百姓也有喝茶的习惯，不少北京人早晨起来的第一件事就是泡茶、喝茶，茶喝够了才吃早饭，所以，老北京人早晨见了都问候：喝了没有？如果问吃了没有，就有说对方喝不起茶的嫌疑，是很不礼貌的。由此可见，饮茶已经成为北京民众生活的一部分，他们也是茶馆中的主角。

1. 独特的茶馆习俗

北京的茶馆与南方的茶馆不同，有很多独特之处。其一，北京茶馆是把开水与茶叶分开结账，有的茶馆干脆只供应开水，称为"玻璃"，听凭茶客自带茶叶，"提壶而往，出钱买水而已"。其二，北京茶馆所卖的茶叶，一律是茉莉花茶，俗称"香片"，不像南方茶馆还有红茶、绿茶等多种茶叶供应。其三，茶馆里用的茶壶也很有特点，大肚子，细长壶嘴，俗称"铜搬壶"，沏茶时从柄上一搬，开水就从壶嘴流出。

北京茶馆的服务人员都是男性茶馆，而没有女招待。因为茶馆中人员庞杂，如遇见不检点的茶客，会使主客都不愉快，这也是一种行规。《茶馆》中的王利发在茶馆经营惨淡而打算请女招待时，要自己掌嘴的原因就在于此。此外，茶馆伙计提水壶的手势有讲究，要手心向上、大拇指向后。茶谱写在特制的大折扇上，客人落座后，展开折扇请其点茶。

2. 田园风味的野茶馆

野茶馆是指设在北京郊外的茶馆。旧时北京的郊区与现在不同，具有纯粹的乡村特征，而茶馆也是农家小院的模样。茶馆的设置也很粗陋，多是紫黑色的浓苦茶。这类茶馆主要以环境清幽、格调朴素为卖点，主要是供人休闲、遣闷，也可做临时的歇脚点。这种风格的野茶馆也正好契合了文人对田园的追求，所以也曾经红火一时。北京较著名的野茶馆有麦子店茶馆、六铺炕野茶馆等。

3. 茶助弈兴的棋茶馆

北京的棋茶馆多集中在天桥市场一带，茶客以普通百姓为主，而且多是闲人。大多数棋茶馆只收茶资不收棋盘租费，但茶室的设备十分简陋，只是将长方形木板铺于砖垛或木桩上，然后在上面画上棋盘格，茶客便可以在这里边饮茶边对弈，来这里的人们主要是为了下棋，对茶具、茶叶并不讲究。当然，北京也有专门的棋茶馆，这些棋茶馆环境高雅、器具别致，如什刹海二吉子围棋馆、隆福寺二友轩象棋馆等。

4. 简朴的季节性茶馆

北京的季节性茶馆一般设施都比较简陋，但其环境却十分适合吃茶的，尤其是什刹海附近的茶馆最为有名，旧时的什刹海不仅有荷花，还有各种水生植物，如菱、茨等，甚至还有不少稻田。坐在这样的茶馆里喝茶，满园的荷塘景色尽收眼底，颇有一番"江南可采莲，莲叶何田田"的滋味。季节性茶馆往往还兼卖佐茶的点心，种类多而且做工精致，较有名的是莲藕菱角、豌豆黄等。

除此之外，北京的新式茶馆也曾经繁盛一时，新式茶馆是以茶社、茶楼命名的茶馆。庚子祸乱后，北京前门外建造了几处新式市场，如劝业场、青云阁等，茶社就开设在新式市场中。这种茶社的鼎盛时期是在清末民初前后十三四年中，在19世纪30年代中叶则开始走向没落。

七、上海茶馆文化

清朝初期的洞天茶楼是上海的第一家大型茶楼，比之稍晚一点的是丽水台茶楼，从此上海茶馆的生意开始兴旺起来。史载，清末宣统元年（1900年），上海约有茶馆64家，到了民国八年（1919年），短短十年间便增到164家。近代上海的茶馆更是发展迅速，随着市民文化日益发达，茶馆也成为人们消闲、娱乐、交流的重要场所。

1. 不同等级的茶馆

上海有很多高档茶馆，出入这种茶馆的人一般来自上流社会，多为政界要人、社会名流、商贾老板以及在社会颇有名望的帮、门、会、道首领等。这类茶馆大多地处城市繁华地段，店面高大雄伟，不论是建筑风格，还是内部装潢，都极为讲究。茶馆内环境优雅，器具名贵，还设有内室和雅座，茶资也比一般茶馆高得多。

上海还有许多大众茶馆，它遍布街市里弄，其中数量最多的是一种俗称"老虎灶"的茶馆。老虎灶一般设在马路边，砌一个灶头就可以开店。店内一般用的是廉价紫砂壶，茶叶也是最低档的粗茶，这类茶馆的茶客多为穷苦百姓和一些无业游民。当时的老虎灶也时兴"吃讲茶"，但这里的吃讲茶，不是为了生意上的矛盾或帮派之间的纷争，而是为了鸡毛蒜皮的小事，如借钱不还、家庭纠纷等。

2. 茶馆的社会功能

上海的茶馆是新闻的集散之地。各路记者、巡捕侦探都经常光顾茶馆。记者在茶馆听到一些消息后，往往当场在茶馆里写稿，然后送往报社印刷发行。而巡捕侦探不仅从茶馆中得到破案线索，有的甚至在茶馆办案，把茶馆变成公事房。不过，这种茶客喝茶是不付茶资的，茶楼老板则依仗他们的势力维持市面。

上海的茶馆还是商人们进行交易的场所，他们也是上海一些茶馆的主要茶客。每日清晨，各行各业的商人都到茶馆里洽谈生意，著名实业家刘鸿生在那时就经常出入"青莲阁"茶楼与人进行煤炭交易。而创建于清末的"春风得意楼"更是商贾们的聚集之地，时间一长，商人们就形成了每天到茶楼的固定时间，并且按照不同的行业交错，形成了"茶会"。

上海的茶馆中还有一种专门从事房屋租赁或买卖的经纪人，由于他们经常活跃在上海的各种茶楼中。所以，一般有房屋出租、出卖或需租赁房屋的人就经常去茶楼与经纪人接洽。此外，上海的茶馆还有劳务市场的功能，在一些茶馆中，经常有一些手工工匠在这里等待雇工。

3. 茶馆中的曲艺

上海有曲艺表演的茶馆多是中小型茶肆，这类茶馆一般都比较宽敞，以便于安置茶壶茶杯，茶客也可以随听随喝。茶馆门口常挂着一块黑牌，用白粉写上艺人姓名和所说的书名，尤其是到年底，茶馆主人还争邀各路艺人联袂登台表演，这时的茶客最多，茶馆主人为了容纳更多的听客，往往把桌子和凳子全部撤掉，茶也不备了，因为茶客的目的也不是喝茶，主要是听书。

茶馆对听书的老茶客服务极为周到，有的茶馆甚至在书台前设置专门的席位，以供这些人享用。而这些茶客入座时也很有特点，要茶不张口，而是用手势表示：食指伸直是绿茶，食指弯曲是红茶，五指齐伸微弯是菊茶。上海的书场式茶馆较著名的有景春楼、玉液春茶楼以及城隍庙附近的茶楼，如春风得意楼、乐辅阆、四美轩等。

上海的茶馆文化也反映了当时社会文化风貌，从中可以品味到西方思潮下的旧上海风情。

八、广州茶馆文化

在广州，饮茶之风极盛，饮茶习俗渗透到生活的方方面面，广州人称茶馆为茶楼或茶居。根据史料记载，广州第一家茶馆应该出现在唐代之后，但茶肆的繁荣是在清代。广州较有影响的老字号茶楼，大多创始于清代，至今仍有很大的号召力。到了民国时期，广州茶馆依然保持了兴旺的势头，茶馆仍然很多，高级茶楼有 30 多家，中档茶楼 60 多家，低档的也有数百家，而且供不应求。

1. 各式各样的名号

广州茶馆的名目很多，如茶肆、茶居、茶室、茶馆、茶寮、茶楼等。清朝末年，广州最多的是"二厘馆"（即只收二厘钱的廉价茶馆），属于档次较低的茶馆。这类茶馆多设在市民集中的地方，建筑、器具、茶叶都不甚讲究，属于大众化茶馆，这里也有廉价的点心出售，据说这就是广州"早茶"的源头。

清光绪年间，广州的茶馆多改叫"茶楼"了，这些茶楼一般都较有档次，三元楼就是当时的著名茶楼。三元楼楼宇宽大、装饰豪华，镜屏字画、奇花异草应有尽有。体现了广州茶馆文化中的商业气息，在当时有很大的影响力。

随后，广州又出现了一批以"居"命名的茶馆，如怡香居、陆羽居、陶陶居等，因此，茶馆在那时也称为茶居。这些茶居大都建筑雄伟，内设豪华，其中的器具、茶叶也很名贵，多用瓷盏沏名茶，并佐以高级点心，还有名伶艺人，吹拉弹唱，及其奢华。

2. 古风浓郁的楹联

匾额、对联是我国古代文化的重要表现形式，至今风采依旧，广州的茶馆则继承了它的形式与精神，这使得商气浓郁的广州茶馆也具有古风浓郁的一面。据史料记载，清末广州大同茶楼就曾出巨款征联，并规定上、下联除了要有品茗之意，还要包含"大"和"同"二字，最后征到一奇联："好事不容易做，大包不容易卖，针鼻铁薄利，只想微中剥；携子饮茶者多，同丈饮茶者少，檐前水点滴，何曾倒转流"，将卖茶微利、饮茶之乐寓于联中，质朴而又自然。广州著名茶馆陶陶居的门联是："陶潜善饮，易牙善烹，饮烹有度；陶侃惜分，夏禹惜寸，分寸无遗。"此联的妙处就是将"陶陶"二字嵌于上下联之首。

3. 富于特色的俗约

在广州，茶馆的规矩很多。最为典型的是客人需要添水时，服务员不为客人揭壶盖冲水，客人必须自己打开壶盖。部分茶楼还有收"小费"的习惯，体现了广州浓厚的商业氛围。此外，当服务人员端上茶或点心时，客人用食指和中指轻轻在台面上点几点，以示感谢。据说，这是乾隆下江南时流传下来的礼俗。

广州茶馆实行"三茶两饭"。所谓"三茶"，即在一天之内有早、午、晚茶三次，"两饭"则指午、晚饭各一。广州的"三茶"以早茶最为热闹，"饮早茶"是广州茶文化最具特色的内容，突出体现了岭南文化"早"的特色。广州人饮早茶的同时一定要伴以可口的茶点，一般两种，这就是广州茶馆中最著名的"一盅两件"，这些特点也是广州茶馆文化的突出之处。

九、杭州茶馆文化

南宋时，杭州茶馆星罗棋布，盛极一时。南宋诗人吴自牧所著《梦粱录》专《茶肆》一卷，记述了杭州茶馆业的盛况，以后历代都没有超出过南宋。直到晚清及民国末年，由于市民阶层的进一步扩大，杭州茶馆又得到了迅猛发展，仅大型茶馆就达三百多家，小型茶馆、茶摊更是不计其数，空前繁荣。

1. 茶馆中的曲艺

自宋代以来，杭州的茶馆中就有多种形式的曲艺表演，其中最为广泛的就是说书。清同治、光绪年间，茶馆书场发展很快，较有名的有三雅园、藕香居及四海第一楼、雅园、迎宾楼、碧露轩、补经楼、醒狮台等。到了民国时整个杭州茶馆书场多达两百余家，较大的有望湖楼、得意楼、雅园、碧雅轩、松声阁等。一般而言，稍大一点的茶馆都设有专门的书场，请说书艺人进馆表演。

除了评话说书外，还有不少曲艺品种也选择茶馆作为表演场所，如说唱评词的涌昌、宝泉居、杨冬林等茶馆。演唱杭摊的宴宾档、望湖楼等茶馆，演唱杭州地方曲种的也有数十家之多。总之在当时，曲艺往往选择茶馆作为生存场所和立足之地，而茶馆也把曲艺作为招徕生意的手段。

2. 专门性茶馆的出现

杭州的一些茶馆还具有行业性的特征，同一行业或爱好相同的人，每天到特定茶馆聚会、谈生意、找工作、交流技艺。如南班巷茶馆就是曲艺艺人们指定的聚会之所，住在上城区的艺人们每天上午都来此吃茶，商议业务，交流说书唱曲技艺。周围的一些茶馆书场老板也会按时赶来，寻找需要的艺人并商定场次与节目安排，然而最有特色的还是"鸟儿茶会"。清末以前，杭州喜欢养鸟的人不少，他们拎着鸟笼到特定的茶馆聚会，叫作鸟儿茶会，当时较著名的有三处：涌金门外的三雅园，官巷口与青年路之间的胡儿巷，另一处是鸟雀专业交易市场，叫"禾园茶楼"。这一类的还有万安桥下的水果行茶店，堂子巷、城头巷等处的木匠业茶店等，都是特定行业聚会之所，在当时杭州都小有名气。

3. 别具一格的旅游茶馆

杭州最有特色的茶馆当属西湖水面上的"船茶"。旧时西湖上有一种载客的小船，摇船的多为青年妇女，当地人称作"船娘"。小游船布置得干净整洁，搭着白布棚，既可遮阳，又可避雨。舱内摆放一张小方桌和几只椅子，桌上放有茶壶、茶杯。游客上船，船娘便先沏上一壶香茗，然后荡开小船，成了一座流动茶馆了。此外，吴山茶室也是赏景品茶的绝妙去处，吴山脚边的"鼓楼茶园"，环境清幽，冬暖夏凉。清代小说家吴敬梓在乾隆年间来杭州游玩，对吴山茶室印象很深，在《儒林外史》中花了大量笔墨描述了"马二先生"上吴山品茗的情况。

4. 茶馆中的社会

近代杭州茶馆也是各种消息的集散地，人们在这里议论国家大事和民间琐事，散布奇闻逸事和各种流言，衙门捕快也常混迹其中，监视舆论。因此许多茶馆怕茶客惹是生非，常在醒目处贴上"莫谈国事"的纸条。一些茶客终日混迹于茶馆，养成散漫的性情，更有一些茶客上茶馆并非为了品茗，而是寻找刺激，吃喝玩乐，甚至狎妓。茶馆里还有各种形式的赌博、打牌搓麻、掷骰划拳、赛鸟斗蟋蟀等。但不管怎样，近代杭州茶馆富有鲜明的地域特色，是吴越茶馆文化的典型代表，真实地反映了当时杭州社会状况和人情风物，是观察近代杭州的百叶窗。

十、四川茶馆文化

"头上晴天少，眼前茶馆多"就是指四川，在这里不论是风景名胜，大街小巷还是田间地头，茶馆随处可见。这些茶馆不但价格低廉，而且服务周到，一杯茶、一碟小吃就可以消遣半日。在茶馆之中休闲的同时，也可以尽情地领略巴蜀之地的茶馆文化。四川著名作家李劼人曾说过："要想懂得成都，必须先懂得茶馆。"在他的著名作品《死水微澜》《暴风雨前》和《大波》中，对成都四川的茶馆有极为精彩的描写；另一位作家沙汀，他的代表作《在其香居茶馆里》，故事就以一家川西茶馆为背景而展开。

1. 精巧的内设

四川生产竹子，茶馆大多以竹子作为其建筑材料，馆内的桌椅板凳也多为竹制。一方面是取材方便，另一方面则是竹的清雅之风与茶的清新之香珠联璧合，有些茶馆内还张贴许多名人的字画以供客人在饮茶之余欣赏。

四川茶馆对茶具的选择很讲究。这里的茶以盖碗茶居多，盖碗茶具分茶碗、茶船（茶托）、茶盖三部分，各有其独特的功能。茶船既防烫坏桌面，又便于端茶。茶盖则有利于泡出茶香及刮去浮沫，若将其置于桌面，则表示茶杯已空；倘有茶客将茶盖扣置于竹椅之上，表示暂时离去，少待即归。由此可知，精巧的盖碗茶具不仅美观。而且实用。

2. 精湛的茶艺

四川茶馆特别值得一提的是号称"巴蜀一绝"的掺茶技艺。在大大小小的茶馆中，茶堂倌（也称茶博士）提壶倒水是千年传承下来的绝技。当茶客一进店，茶倌左手拿七八套茶碗，右手提壶快步迎上前来，先把茶船布在桌上，继而把茶盖搁在茶船旁，然后又把装好茶叶的茶碗放到茶船上。之后便是表演绝技，堂倌把壶提到齐肩高，水柱临空而降，像一条优美的弧线飞入茶碗，须臾之间，戛然而止，茶水恰与碗口平齐，最后用小指把茶杯盖轻轻一勾，来个"海底捞月"稳稳扣在碗口，整个过程没有一滴水洒在桌面、地上。有时候堂倌还哼几句川戏，别有一番风味。

3. 休闲娱乐之所

四川人泡茶馆并不只是为了饮茶，而是"摆龙门阵"（即聊天），并借此获得精神上的满足。把自己的新闻告诉别人，再从别人那里获得更多的社会信息，家长里短、国际大事都是佐茶的谈资。在熙来攘往的茶馆之中，一边品茶，一边谈笑风生，人生之乐，不过如此。四川茶馆还是休闲娱乐场所，到了晚上，若无处消遣，就可以到茶馆去，要一杯茶，边饮茶边欣赏具有浓郁地方特色的曲艺节目，如川剧或者四川扬琴、评书、清音、金钱板等。

4. 社会交往之所

四川的茶馆除了休闲娱乐之外，也是重要的社交场所。在旧社会，三教九流相聚于此。不同行业、各类社团也在这里了解行情、洽谈生意或看货交易。黑社会的枪支、鸦片交易也多选在茶馆里进行，因为这里的嘈杂、喧闹提供了相对安全的交易环境。袍哥组织（清末民国时期四川盛行的一种民间帮会组织）的联络点也常设在茶馆里。每当较有势力的人物光顾时，凡认识的都要点头、躬腰，为付茶钱争得面红耳赤，青筋毕露。这时，谙于人情世故且又经验丰富的堂倌就会择"优"而取，使各方满意。

总之，四川茶馆是多功能的，集政治、经济、文化功能为一体，大有为社会"拾遗补缺"的作用。因此，四川茶馆可以说是社会生活的一面镜子，虽然少了些儒雅，但茶的文化社会功能却得到充分体现，这也是四川茶馆文化的一大特点。

第十二节 茶之俗

一、闽粤工夫茶

工夫茶历史悠久，在中国福建和广东一带很为盛行，也留下了许多趣事。传说古代有一富翁，十分喜好工夫茶。一天，来了一个乞丐，倚门斜立，瞟着富翁说："听说你家的工夫茶不错，能否见赐一杯？"富翁说："你一个乞丐也懂品茶？"乞丐说："我以前也是富裕人家，因好茶才破家。"富翁斟茶给他，他喝后说："茶的确好，只可惜未到最醇厚，原因是茶壶较新。我有一个茶壶，凡出门都随身携带，就是挨饿受冻也未曾转让给人。"富翁拿过来一看，造型精绝，泡出的茶更是味道芳醇，非同一般，于是富翁便要买下此壶。乞丐说："我不能全卖，只卖一半给你。此壶值三千金，你给我一千五，我回去安置妻儿。以后再经常来与你品茗清谈，共享此壶，怎么样？"富翁欣然答应，由此也可看出此富翁也是个茶痴。

工夫茶，因其冲泡时颇费工夫而得名，是汉族的饮茶风俗之一。地道的潮汕工夫茶，所用的水需是山坑石缝之水，而火必须用橄榄核烧取，茶罐则用酥罐，还得选用上等乌龙茶，经过独特的冲泡方法，才能充分表现出工夫茶所特有的色、香、味。

1. 工夫茶的冲泡艺术

工夫茶的冲泡很讲究，第一步是准备茶具，即"备具迎客"，有些地方在冲泡前还焚香奏乐，观赏干茶，称为"观赏佳茗"。第二步是烫杯，当水烧至二沸时（此水不嫩也不老）进行，烫杯的动作有个很好听的名字，叫"狮子滚球"，它可以使杯壶受热升温，同时也起到消毒杀菌的作用。在整个泡饮过程中还要不断淋洗，使茶具保持清洁和有相当的热度。第三步是放茶，用茶针把茶叶按粗细分开，先放碎末填壶底，再盖上粗条，把中小叶排在最上面，以免碎末堵塞壶内口，阻碍茶汤顺畅流出，茶叶放量一般以占壶三分之二较适宜。第四步是用沸水冲茶，循边缘缓缓冲入，形成圈子，以免冲破"茶胆"。冲水时要使壶内茶叶打滚。第五步是"洗茶"，通常乌龙茶的第一泡是不喝的。当水刚漫过茶叶时，立即倒掉，把茶叶表面尘污洗去，使茶之真味得以充分体现。第六步是"重洗仙颜"。第二次将沸水注入茶壶，并把壶中的泡沫刮出，再在壶的表面反复浇上几遍沸水，这样可以"洗"去溢在壶上面的白沫，同时起到壶外加热的作用，使茶叶的精美真味浸泡出来。最后一步是"闷茶"，一般需要 2～3 分钟，如果时间太短，茶叶香味出不来，时间太长，茶又会泡老，影响茶的鲜味。

2. 工夫茶的斟品艺术

工夫茶泡好后，斟茶的方法也很独特。茶汤要轮流注入茶杯之中，但是不可一次倒满，每杯先倒一半，周而复始，逐渐加至八成，使每杯茶汤均匀，色泽一致，这个动作名叫"关公巡城"。斟茶则还要先沿着茶杯的边缘注入，而后再集中于杯子中间，并将罐底最浓部分均匀斟入各杯中，最后点点滴下，此谓"韩信点兵"。因为这种泡茶方法，茶汤极浓，往往是满壶茶叶，而汤量很少。客人取杯之后，不可一饮而尽，而应拿着茶杯从鼻端慢慢移到嘴边，趁热闻香，再尝其味。品饮之前还可鉴赏茶汤三色（呈金、黄、橙三色），闻香时不必把茶杯久置鼻端，而是慢慢地由远及近，又由近及远，来回往返三四遍，顿觉阵阵茶香扑鼻而来，慢慢品饮，则茶之香气、滋味妙不可言，达到最佳境地。

二、藏族酥油茶

传说在很久以前，一对男女青年在放牧中遥相歌唱彼此相爱，男的叫文顿巴，女的叫美梅措。他俩的相爱遭到了姑娘的主人、一个凶恶的女土司的反对，她指使打手们用毒箭射死了年轻英俊的文顿巴。善良的美梅措悲痛万分，在焚烧文顿巴尸体的时候，她冲进大火一起化为灰烬。狠毒的女土司知道后，又下令设法把他俩的骨灰分开埋葬。可是第二年在埋骨灰的地方长出了两棵树，枝丫相抱，象征着他俩永恒的爱情。女土司得知之后，又生毒计，命人将树砍断。于是，他们又变成一对比翼双飞的鸟儿，一个乘祥云来到藏北羌塘变为白花花的盐，一个腾云雾飞到林芝变为嫩绿的茶林。每当藏人捧起酥油茶的时候，便会想起这对生死不离的情侣。

实际上，藏族饮酥油茶的风俗习惯，还应归功于文成公主。文成公主入藏时，带去了内地的茶叶，并提倡饮茶，而且亲制奶酪和酥油，创制了酥油茶，还赏赐给一些大臣，自此酥油茶便成了赐臣敬客的隆重礼节。后来，酥油茶流传到民间，成为藏族人民的一种饮食风俗。

1. 藏人的必备之茶

藏民常年居住在高原山区，气候寒冷干燥，水果蔬菜缺少，人体不可缺少的许多营养，如维生素类的营养物质非常稀缺，主要靠茶来补充，并借助它来解渴、消食、除腻。故藏民把酥油茶和其他主食一样看重，不可一日或缺。

藏族的日常主食是糌粑，牛、羊肉和奶制品，吃饭还加上茶、酥油和奶渣。如糌粑是将青稞或豆类晒干、炒热，磨成粉，吃之前把粉放在碗里，加上酥油茶，用手不断地搅匀，最后捏成团，吃时还要用手不断地在碗里搅捏。而且，藏民在接待尊贵客人时，总是以献酥油茶来表示敬意。

2. 酥油茶的制作之道

酥油茶的制作原料，除了茶叶之外，还有酥油、盐巴和各种作料，如核桃泥、芝麻粉、花生仁、瓜子仁和松子仁等，作料可根据饮者不同的爱好或口味选择和增减。藏民家中都备有一个专门打酥油茶的黄铜箍茶桶，制作酥油茶时，先把茶叶捣碎，倒入茶壶，煮沸半小时。同时，把酥油、精盐、少许牛奶倒进干净的茶桶内，待茶水熬好后倒入茶桶。接着，用拉杆上下来回有节奏地敲打，直到茶桶中的酥油、茶、盐及其他作料已混为一体。酥油茶打好以后，将其倒进茶壶内加热1分钟左右即可饮用。饮用此茶时，有时还要轻轻摇晃几下茶壶，使水、乳、茶、油交融，滋味就更加可口了。

3. 酥油茶的饮用风俗

酥油茶是藏民必备的待客饮料。喝酥油茶有一定的礼节。主妇先把装有糌粑的木盒（或精美的竹盒）放在桌子中间，每人面前放好茶碗。主人依次为客人倒酥油茶，热情地喊着"甲通、甲通"，意即请喝茶。客人在喝酥油茶时，还要用手指拈起糌粑丢入口中。

敬酥油茶是藏族最为郑重的礼节之一，在重大节日，或重要客人来访时，藏族就是用献酥油茶的隆重仪式接待的。主人请喝酥油茶，一般是边喝边添，不可一口喝完，否则与当地的风俗相悖，会被视为一种不礼貌的举动。通常第一碗应留下少许，意思是还想再喝一碗，以表示对主人手艺的认可。如果喝了第二、第三碗后，不想再喝了，待主人再次添满后，或客人在辞行时，应一饮而尽，这样才符合藏族的习惯。

三、蒙古族奶茶

蒙古族人以游牧为生，因此他们以牛、羊肉和奶制品为主食，喜欢吃烤肉、烧肉、手抓肉和酸奶疙瘩等。蒙古族人还提倡"三茶一饭"，即每天早、中、晚要喝三次茶，只在收工回家的晚上，一家人才欢聚一起吃一顿饭。其中的"三茶"也不是单纯的饮茶，而是有许多辅食，如炒米、奶饼、油炸果、手扒肉、馍馍和酥油等，而且喝的也不是清茶，而是加了盐的奶茶，富含营养。因此，即便是"三茶一饭"也不会有饥饿感。

1. 蒙古族的奶茶情结

蒙古民族特别喜欢喝咸奶茶，并将其视为上等饮品，一日三餐均不能缺少。若有客人至家中，热情好客的主人一定会斟上香喷喷的奶茶，表示对客人的真诚欢迎。如果客人光临家中而不斟茶，就会被视为草原上最不礼貌的行为，并且还会将此事迅速传遍每家每户，从此各路客人均绕道而行，不屑一顾。如若去亲戚朋友家中做客或赴重大的喜庆活动，要是带去一块或几块熬制奶茶的砖茶，则被认为是上等的礼物，不仅大方、体面、庄重、丰厚，而且会赢得主人的赞誉。

2. 奶茶的制作风俗

一般而言，蒙古族妇女煮奶茶的手艺都很高明。因为在蒙古族风俗中，姑娘在未出嫁之前，母亲就要向她传授煮茶技艺。儿女结婚时，新娘到男方家，拜过天地，见过公婆后，第一件事，就是在前来贺喜的亲朋好友面前，展示煮茶的本领，并亲自敬茶，让宾客们品饮，显示不凡的煮茶手艺，否则，就会被认为缺少家教，不善打理家事。

蒙古族的奶茶用的是青砖或黑砖等紧压茶，煮茶的方法，因地区不同而各有差异。煮茶时，先将砖茶砸碎、掰成小块，放入茶壶或锅内，再加水煮沸，而后加入适当的鲜奶。接着放上盐，就算把咸奶茶烧好了。煮成奶茶表面看起来十分简便，其实，用什么锅煮茶、茶放多少、水加几成、何时投奶放盐、用量多少，都大有讲究。其中，最为正宗的做法是，将掰开砸碎的砖茶用铜茶壶煮沸，过一夜，第二天把澄清的茶水倒入水桶，用有 8 个圆孔的木塞上下捣动，直到把浓茶捣成白色为准。将捣好的茶水倒入锅内，加入牛奶、羊奶或骆驼奶以及黄油、葡萄、蜂蜜、食盐和萝卜干的细面儿，再点火烧沸即成。奶茶做到器、茶、奶、盐、温五者相互协调，达到热乎乎、咸兹兹、油糯糯的效果。

3. 奶茶的品饮风俗

蒙古族人十分好客，当客人进入蒙古包坐定之后，主人便热情地用双手把一碗热气腾腾的奶茶端到你的面前，为你接风洗尘。蒙古包的长条木桌上还摆放手抓肉、炒米、奶制品、点心等辅茶之物，任客人享用，只要置身其境，就会感到一股暖流涌上心头。尤其是家中有重要客人来访，女主人会把茶壶交给男主人，由男主人把第一碗茶用双手递给坐在席位正中的长者或客人，其后，向两旁依次递过。待大家有了茶后，主人便招呼大家喝茶，假如是远道来的客人，主人还会热情相劝，希望客人多喝几碗。

四、瑶族打油茶

据说，明朝时千家洞瑶人不交皇粮，官府派兵清剿，于是千家洞瑶族人逃到了广西恭城一带，其中有一支瑶族八房人，人数比较多，选择了地势较平坦的嘉会定居下来，他们到此后不仅延续了瑶族的文化，而且带来了瑶族的美食——油茶。嘉会瑶族的油茶之所以得到传播，是因为嘉会瑶族定居在茶江河边，掌控者茶江水道。清朝时，在茶江上打鱼的人，都要向他们交税。他们建有唐黄庙，每三年举行一次盛大的庙会，对前来参加庙会的外族人，八房人都用打油茶盛情款待。所以，附近各族群众都来踊跃参加，喝油茶及油茶待客的习俗得以传播。

"油茶"，又称"打油茶"或"煮油茶"。主要流行于广西东北部、贵州东南部和湖南西南部等地区，是瑶族、侗族、苗族、壮族等民族的传统食品，其中瑶族的油茶最具代表性。

瑶族有家家打油茶、人人喝油茶的习惯。一日三餐，必不可少，早餐前吃的称为早餐茶，午饭前吃的称响午茶，晚餐前吃的称为后响茶。

1. 打油茶的制作工艺

打油茶的制作类似于烹炸食品，第一步是炸"阴米"（阴米即是将糯米蒸熟晾干而成），将茶油（其他植物油不能用）倒入铁锅之中，将油烧热煮沸后，把阴米一把一把地放入油锅。当阴米被炸成白白的米花浮在油面，米花荡起汤油后，放在竹制的小盘内。第二步是炒花生仁、炒黄豆、炒玉米或其他副食品。第三步是煮油茶，茶叶一般用当地出产的大叶茶，也有的是用从茶树上刚采下的新鲜叶子，讲究的必须选用"谷雨茶"，一定要在清明至谷雨采摘的，要求芽叶肥壮，凡芽长于叶、叶柄稍长、雨水叶、紫色叶、虫伤叶、瘦弱叶一概不取。煮油茶前，先把茶叶放在碗内，用温水浸泡片刻，准备好切成片状的生姜和葱花，等锅热了，放入茶叶和生姜，并用木槌将其捣烂，然后加进水、油、葱、盐等熬煮十分钟左右，香气四溢的油茶就做成了。

2. 打油茶的食用方法

瑶族打油茶虽然叫"茶"，但并不是单纯的饮料，它更像是一种日常的食物。瑶族人进餐时，全家人都围坐在火塘边，主妇把碗摆在桌面上，在每只碗内放上少量葱花、茼蒿、菠菜等，然后用滚开的油茶一烫，随后再加入两匙米花、花生、黄豆等作料，最后由主妇一碗一碗递给全家人吃。瑶族的打油茶集成、苦、辛、甘、香五味于一体，早上喝它食欲大增，中午喝它提精养神，晚上喝它消除疲劳；盛夏喝它消暑解热，严冬喝它祛湿驱寒。瑶族人日常食用油茶时，副食品也可视具体情况增减，当然也有只饮油茶的吃法。但如果是招待客人，那么就需准备丰盛的副食品了。

3. 打油茶的待客之道

在瑶族的习俗中，打油茶不仅是一种生活必需品，更是当地待客的一种礼俗。按瑶族的风俗，凡是到家里来的客人，不喝饱油茶是不准走的。主妇给客人敬上油茶后，还会在碗旁摆上一根筷子，筷子是用来拨碗里作料的。主人敬茶的次数最多可达十六次，最少不少于三次。如果客人喝了三碗不想要了，那就用筷子把碗里的作料拨干净吃掉，然后把那根筷子横放在碗口上，主人就不会再给客人添油茶了，如果筷子总往桌子上放，主人就会给客人继续添油茶。

五、土家族擂茶

关于擂茶的起源，传说三国时张飞率兵进攻武陵壶头山（今湖南省常德市境内），路过乌头村时，正值盛夏，军士个个精疲力尽，再加上这一带流行瘟疫，数百将士病倒，生命垂危。张飞只好下令在山边石洞屯兵，健康的将士，有的外出寻药求医，有的帮助附近百姓耕作。当地有位土家族老人，见张飞军纪严明，所到之处，秋毫无犯，非常感动，便主动献出了祖传秘方——擂茶。士兵服后，病情好转，避免了瘟疫的流行。为此，张飞感激不已，称老人为"神医下凡"，说："真是三生有幸！"从此以后，土家族百姓也养成了喝擂茶的习惯，而且也把擂茶称为"三生汤"。

1. 擂茶的制作工艺

土家族居民制作擂茶时，一般选取新鲜茶叶、生姜、生米为原料，视不同口味，按一定的比例混合后放入擂钵中。擂钵是用山楂木制成，中间为一弧形凹槽，槽中放一个两头有柄的碾轮，双手推动碾轮，可将三种原料研成糊状。然后将糊状原料倒入锅中，加水煮沸 5~10 分钟，便制成擂茶。擂茶之所以能治病健身，是因为其中的茶可清心明目、提神祛邪；姜能理脾解表、去湿发汗；生米则可健胃润肺、和胃止火。茶、姜、米三者相互搭配协调，更有利于药性的发挥，经常饮用，的确能起到清热解毒、通肺的功效。因此，传说中的擂茶是治病良药，也具有一定的科学道理。

土家族擂茶

2. 擂茶的食用风俗

一般来说，土家族人冬天喝擂茶是用开水冲饮，到了夏天则加白糖用凉水调匀饮用。夏天的擂茶，大多是以茶叶、生姜、芝麻先为原料，用木杵擂磨成糊状后，加适量冷开水调成茶汁，贮于瓦罐内，喝时只要舀出几勺子，即可冲成一碗擂茶。实际上，擂茶中的配料除了茶、姜、米，还可增配炒芝麻、花生仁、炒黄豆、绿豆、玉米、炒米花等。这样吃茶可以达到香、甜、咸、苦、涩、辣一应俱全的效果。也可根据每个人的不同口味，或加盐巴，或加白糖，咸味甜味各取所需。此外，喝擂茶还有许多辅助食品，如瓜子、豆类、墩子、米泡、锅巴、坛菜、桂花糖、牛皮糖等，大碟小盘，少的七八种，多的则不下三四十种。

3. "送擂茶" 的传统礼仪

擂茶不仅是土家族的日常饮品，也是其招待宾客的一种礼仪。有些地区还有贺喜吃擂茶的习俗，但最有代表性的是新房落成之后的"送擂茶"。

送擂茶时，要用一个精致的大茶盒装好。茶盒用香樟或杉木制成，并漆成鲜红色，上面镌刻着花鸟等图案，有的茶盒上还绘着《王母庆寿图》，两边刻有对联："茶糖果豆香喷喷，福禄寿禧乐盈盈。"打开茶盒，里面有四格雕龙镂凤的活动匣子，每格可放两个碟子。八个碟子里都盛满了各种"换茶"（一种茶点）。最底下一层是一个单独的大匣子，似抽屉形状，装饰得更加漂亮，里面放着已经擂好了的擂茶粉。

送擂茶之人要一手提着茶盒，一手燃放鞭炮进屋，主人也放鞭炮迎接。等客人到齐后，主人就把送来的那些擂茶粉分别倒进几个大茶缸里并冲上开水，然后把换茶一碟一碟端出来摆在桌子上，一般一桌摆八个碟子和一钵擂茶。吃擂茶时，除客人外，还要把左邻右舍都请来。这时往往挤满了一屋子人，有的还端着茶碗走来走去，这桌品一番，那桌尝一下，看哪个送来的擂茶味道更好，欢声笑语，不绝于耳，充满了欢乐祥和的气氛。吃过擂茶之后，主人在退还亲朋的茶盒时，还要在原先放擂茶粉的匣子里回赠一条新手巾，表示主人的感激之意。

六、白族三道茶

关于三道茶的来历，还有一个传说。很久以前，在大理苍山脚下，住着一位老木匠。一天，他对徒弟说："你要是能把大树锯倒，并且锯成板子，一口气扛回家，就可以出师了。"于是徒弟找到一棵大树便锯了起来，但还未将树锯成板子，就已经口渴难忍了，徒弟只好随手抓了一把树叶，放进口中解渴，直到日落，才将板子锯好，但是人却累得筋疲力尽。这时，师傅递给徒弟一小包红糖笑着说："这叫先苦后甜。"徒弟吃后，顿时有了精神，一口气把板子扛回家。此后，师父就让徒弟出师了。分别时，师父舀了一碗茶，放上些蜂蜜和花椒叶，让徒弟喝下去后，问道："此茶是苦是甜？"徒弟答："甜、苦、麻、辣，什么味都有。"师父听了说道："这茶中情由，跟学手艺、做人的道理差不多，要先苦后甜，还得好好回味。"

自此，白族的三道茶就成了晚辈学艺、求学时的一套礼俗。随后三道茶的应用范围日益扩大，成了白族人民的一种风俗。

1. 三道茶的历史

三道茶起源于唐朝，当时南诏国的白族人民就有了饮茶的习惯，尤其是每逢有重大祭祀、作战凯旋、迎接国宾、南诏王出巡等各种盛典，都要举行"三道茶歌舞宴"。唐代天宝年间，西南节度使郑回奉命出使南诏国，南诏王就以盛大的"三道茶歌舞宴"为郑回接风。而且南诏王为了强健身体，延年益寿，每天清早都喝三道茶。三道茶在南诏中期，才开始从宫廷流传到民间的大户人家。最初专供长辈60岁生日时在寿宴上饮用，以祝老人吉祥，后来，也用于婚礼。到了宋元时期，白族民间普遍风行三道茶，用来招待远道而来的客人，三道茶的冲泡方式，也渐渐形成了一套程序。

2. 三道茶的敬客风俗

白族是十分好客的民族，他们以敬客的"三道茶"而闻名遐迩。当客人到来时，主人立即在火盆上架火烤茶，待砂罐预热之后，再放入茶叶，用文火慢慢煏炒。每隔

30秒钟左右，提起茶罐反复抖动多次，直到茶叶微黄、逸出香气时，再把用铜壶烧开的泉水冲进茶罐中，浸泡1~2分钟，即可将茶汤倾入一种叫牛眼睛盅的小瓷杯中，这就是头道茶。头道茶茶汤甚浓，俗称"苦茶"，代表的是人生的苦境，只有敢于吃苦，才能事业有成。

头道茶泡成之后，主人会将盛满茶汤的小瓷杯放在红漆木托盘里，然后依次敬给客人。敬茶时，主人先将茶杯双手齐眉举起，然后递给客人。客人双手接茶时，说声"难为你"（即谢谢之意），主人回一句"不消难为"（意思是不必谢）。如果主人家的年长老人也在座，客人必须将茶转敬给主人家的最长者，等到在座的人都轮敬一遍以后，才可以品饮。按规矩，喝头道茶时，客人应双手捧杯，必须一饮而尽。

喝完头道茶之后，主人会在砂罐里再注满开水。然后把切薄的核桃仁片、烤乳扇（用牛奶提炼制成的地方名特食品，其形状呈扇状）、红糖等配料放入茶碗内，待砂罐中的水烧开后倒入茶碗即可敬献给客人。这就是第二道茶，它香甜可口，营养丰富，俗称"甜茶"，具有滋补的作用，寓意为先苦后甜，苦尽甘来。同时，用以祝福客人生活美满，万事如意。

第二道茶喝完之后，主人又会将蜂蜜、姜片、桂皮末、花椒等按比例放入特制的瓷杯中，然后倒入滚沸的茶水，泡成第三道茶。此道茶集甜、麻、辣、涩、苦于一体，令人回味无穷，故俗称"回味茶"。回味茶具有温胃散寒、滋阴补肾、润肺祛痰等功效，代表的是人生的淡境，寓意人要有淡泊的心气和恢宏的气度，才能从容地回味过去的酸甜苦辣。

七、商榻"阿婆茶"

关于"阿婆茶"有一段动人的传说。据说，很早以前，在淀山湖中的山上住着一个名叫阿蒲的老婆婆。她在山上种了许多茶树，每年春季采茶的时候，阿蒲总会带上她的茶叶到各地销售。路经商榻时，她看见一群穷苦的乡亲们，就顺手送了一些茶叶给他们。以后每年的这个时候她都这样做。此后商榻就开始有了茶叶，乡亲们也养成了用茶解渴的习惯。过了很多年，淀山湖中的山忽然不见了，阿蒲也不知去向。但喝茶的习俗却在商榻"生根发芽"，人们为了纪念这好心肠的阿蒲婆婆，就把所喝的茶叫作"阿蒲茶"。后来，人们觉得这样直呼其名，不太尊重阿蒲婆婆了，于是把"蒲"改成了"婆"，从此商榻人喝茶又有了一个更响亮的名字——阿婆茶。

当然也有专家从科学的角度对"阿婆茶"的历史进行了考证，从许多商榻居民家中保存下来的祖传茶具（如印有宋代景德年号的青花小瓷碗，釉色艳丽、图案华美的盖碗，形象逼真、古朴典雅的莲花观音茶壶和胎薄质细、小巧玲珑的茶盅等）之中，可以看出"阿婆茶"至少产生于元明时期，但是确切的年代尚无定论。

1. "阿婆茶"的茶艺

商榻的男女老少都喜爱喝"阿婆茶"，而且这种茶对水、器的讲究也很奇特。水一定要用河里的活水，水壶往往是陶瓦之器，炉子则是用烂泥、稻草和稀泥后套成的，叫风炉。据说可以省柴，而且火很旺。"阿婆茶"还有一种古老而又别具风韵的喝茶方式——"炖茶"，即用陶瓦罐盛水，并用木柴燃煮，其间禁止与金属物品接触，据说这样可以使茶的色、香、味保持原味。此外，沏茶也要用密封性能较好的盖碗，并注意掌握沏茶的时间和水量。首次沏茶，一般只能用少量的开水沏泡，这叫"点茶"。然后，迅速将盖子捂上，隔5分钟，再冲入开水至八分满即可。商榻人喝"阿婆茶"时，还讲究茶点。除了为大众所熟悉的咸菜，还备有橄榄、话梅、蜜枣、花生、糖果、瓜子以及各色糕点等。

2. "阿婆茶"的品饮习俗

商榻一带的人们喝"阿婆茶"，一般是在三个时间段，即上午七八点钟，下午二三点钟和晚上七八点钟。喝茶人数一般三五人为一组，喝茶时主人要在桌上盛几碟腌菜、酱瓜、酥豆、萝卜干之类，以供喝茶者品尝。但是最为传统的"阿婆茶"习俗是在商榻镇西隅的周庄；喝茶者多为五六十岁的老妇人，每到下午，她们便在"做东"的老人家中聚集，拿出祖传的茶具，上好的茶叶，用风炉炖开冲泡，并备有各式茶点，既有蜜枣、桂圆等高级蜜饯或干果，也有一般人家的花生、糖果，熏豆、咸菜、萝卜干等。老太太们寒暄一番后，便入座，边喝茶吃糖果，边谈论天南地北的奇闻逸事及家庭生活琐事，饮完后再约定下次的"东家"。商榻的青年一般在晚上喝"阿婆茶"，与老人相比他们的饮茶方式比较欢快，不仅人数多，而且气氛热烈，有唱小调的、说评书的，还有拨弄琴弦的，别有一番风味。

第十三节　茶之文

一、茶事诗词曲联

（一）茶诗

中国是诗的国度，又是茶的故乡。在中国诗歌史上，咏茶诗层出不穷。中国茶诗萌芽于晋，兴盛于唐宋，元明清余音缭绕，至今不绝于缕。就茶诗的形式而言，有古风、歌行、律诗、绝句、联句、宝塔、回文、顶真、建除以及竹枝词、试帖诗、宫词等，可谓丰富多彩。据统计，中国以茶为题材的诗有数千首，盛唐以后的著名诗人几乎全都留下了咏茶诗篇。

1. 唐五代茶诗

唐朝是中国诗歌的鼎盛时代，诗家辈出。同时，茶业在唐代有了突飞猛进的发展，饮茶风尚在全社会普及开来，品茶成为诗人生活中不可或缺的内容。诗人品茶、咏茶，茶诗大量涌现。

（1）李白、杜甫

李白，字太白，号青莲居士，被誉为"诗仙"。其《答族侄僧中孚赠玉泉仙人掌茶》是中国历史上第一首以茶为主题的茶诗：

常闻玉泉山，山洞多乳窟。仙鼠如白鸦，倒悬清溪月。

茗生此中石，玉泉流不歇。根柯洒芳津，采服润肌骨。

丛老卷绿叶，枝枝相接连。曝成仙人掌，似拍洪崖肩。

……

在这首诗中，李白对仙人掌茶的生长环境、晒青加工方法、形状、功效、名称来历等都做了生动的描述。李白在诗的序中更写道："玉泉真公常采而饮之，年八十余岁，颜色如桃李。而此茗清香滑熟，异于他者，所以能还童振枯，扶人寿也。"道教徒李白认为饮茶能使人返老还童、延年益寿，反映了道教的饮茶观念。

有"诗圣"之称的杜甫，字子美，与李白齐名，时称"李杜"。其诗沉郁顿挫，吟咏时事，被后世称为"诗史"。其在贴近生活、反映现实之外也有描写茶事的诗，如

《重过何氏五首》之三：

落日平台上，春风啜茗时。石阑斜点笔，桐叶坐题诗。

翡翠鸣衣桁，蜻蜓立钓丝。自今幽兴熟，来往亦无期。

落日、春风、翠鸟、蜻蜓，环境幽雅，正是品茗的清雅场所。一边赏茗，一边题诗，情景交融，宛如一幅美妙的饮茶题诗图，雅情逸趣跃然纸上。

（2）皎然

皎然俗姓谢，字清昼，诗人和诗歌理论家，作茶诗二十多首。他的《饮茶歌诮崔石使君》一诗首咏"茶道"：

越人遗我剡溪茗，采得金芽爨金鼎。

素瓷雪色缥沫香，何似诸仙琼蕊浆。

一饮涤昏寐，情思朗爽满天地。

再饮清我神，忽如飞雨洒轻尘。

三饮便得道，何须苦心破烦恼。

此物清高世莫知，世人饮酒多自欺。

愁看毕卓瓮间夜，笑向陶潜篱下时。

崔侯啜之意不已，狂歌一曲惊人耳。

孰知茶道全尔真，唯有丹丘得如此。

茶，可比仙家琼蕊浆；茶，三饮便可得道。修习茶道可以全真葆性，仙人丹丘子就是通过茶道而得道羽化的。皎然此诗认为通过饮茶可以涤昏寐、清心神、得道、全真，揭示了茶道的宗旨。

（3）卢仝

卢仝，自号玉川子，年轻时隐居少室山，刻苦读书，不愿仕进。"甘露之变"时，因留宿宰相王涯家，与王涯同时遇害，死时才40岁左右。

茶诗中最脍炙人口的，首推卢仝的《走笔谢孟谏议寄新茶》。该诗是他品尝友人谏议大夫孟简所赠阳羡新茶之后的即兴作品，直抒胸臆，一气呵成。

日高丈五睡正浓，军将打门惊周公。

口云谏议送书信，白绢斜封三道印。

开缄宛见谏议面，手阅月团三百片。

闻道新年入山里，蛰虫惊动春风起。

天子须尝阳羡茶，百草不敢先开花。

仁风暗结珠琲瓃，先春抽出黄金芽。

摘鲜焙芳旋封裹，至精至好且不奢。

至尊之余合王公，何事便到山人家。

柴门反关无俗客，纱帽笼头自煎吃。

碧云引风吹不断，白花浮光凝碗面。

一碗喉吻润，两碗破孤闷。

三碗搜枯肠，唯有文字五千卷。

四碗发轻汗，平生不平事，尽向毛孔散。

五碗肌骨清，六碗通仙灵。

七碗吃不得也，唯觉两腋习习清风生。

蓬莱山，在何处？玉川子，乘此清风欲归去。

山上群仙司下土，地位清高隔风雨。

安得知百万亿苍生命，堕在巅崖受辛苦！

便为谏议问苍生，到头还得苏息否？

这首诗由三部分构成。开头写孟谏议派人送来至精至好的新茶，本该是天子、王公才有的享受，如何竟到了山野人家，大有受宠若惊之感。中间叙述诗人反关柴门、自煎自饮的情景和饮茶的感受。一连吃了七碗，吃到第七碗时，觉得两腋顿生清风，飘飘欲仙。最后忽然笔锋一转，为苍生请命，希望养尊处优的居上位者，在享受这至精至好的茶叶时，要知道它是茶农冒着生命危险，攀登悬崖峭壁采摘而来。可知卢仝写这首诗的本意，并不仅仅在夸说茶的神功奇效，其背后蕴含了诗人对茶农们的深切同情。

2. 宋元茶诗

宋代茶诗题材丰富，形式多样，堪与唐代争雄。宋辽金元茶诗对当时流行的点茶、斗茶、分茶做了全面的反映。

（1）范仲淹

范仲淹，字希文，是北宋著名的政治家、文学家。他的《和章岷从事斗茶歌》对当时盛行的斗茶活动做了精彩生动的描述。

年年春自东南来，建溪先暖冰微开。

溪边奇茗冠天下，武夷仙人从古栽。

新雷昨夜发何处，家家嬉笑穿云去。

露芽错落一番荣，缀玉含珠散嘉树。

终朝采掇未盈襜，唯求精粹不敢贪。

研膏焙乳有雅制，方中圭分圆中蟾。

北苑将期献天子，林下雄豪先斗美。

鼎磨云外首山铜，瓶携江上中泠水。

黄金碾畔绿尘飞，碧玉瓯中翠涛起。

斗茶味兮轻醍醐，斗茶香兮薄兰芷。

其间品第胡能欺，十目视而十手指。

胜若登仙不可攀，输同降将无穷耻。

吁嗟天产石上英，论功不愧阶前蓂。

众人之浊我可清，千日之醉我可醒。

屈原试与招魂魄，刘伶却得闻雷霆。

卢仝敢不歌，陆羽须作经。

森然万象中，焉知无茶星。

商山丈人休茹芝，首阳先生休采薇。

长安酒价减百万，成都药市无光辉。

不如仙山一啜好，泠然便欲乘风飞。

君莫羡花间女郎只斗草，赢得珠玑满斗归。

全诗内容分三部分。开头写茶的生长环境及采制过程，并指出建茶的悠久历史。中间部分描写热烈的斗茶场面，斗茶包括斗色、斗味和斗香。比斗是在众目睽睽之下进行的，所以茶的品第高低都有公正的评价。因此，胜者得意非常，败者觉得耻辱。结尾多用典故，烘托茶的神奇功效，认为茶胜过任何酒、药，啜饮令人飘然登仙、乘风飞升，把对茶的赞美推向了高潮。

（2）苏轼

苏轼，字子瞻，号东坡居士。苏轼对茶叶生产和茶事活动非常熟悉，精通茶道，具有广博的茶叶历史文化知识。他的茶诗不仅数量多，佳作名篇也多。谈苏轼的茶诗，不能不提到他的《次韵曹辅寄壑源试焙新茶》：

仙山灵草湿行云，洗遍香肌粉未匀，

明月来投玉川子，清风吹破武林春。

要知玉雪心肠好，不是膏油首面新。

戏作小诗君勿笑，从来佳茗似佳人。

作为仙山灵草的壑源茶树，为云雾所滋润。壑源在北苑旁，北苑产贡茶归皇室，壑源茶堪与北苑茶媲美，因非作贡，士大夫可享用。其制法与北苑茶一样，茶芽采下要用清水淋洗，然后蒸，蒸过再用冷水淋洗，然后入榨去汁，再研磨成末，入型模拍压成团、成饼，饰以花纹，涂以膏油饰面，烘干装箱。因加工中有淋洗和研末，所以称"洗遍香肌粉未匀"。"明月"

刘松年《斗茶图》

是团饼茶的借代，"玉川子（卢仝）"是作者的自称，"明月来投玉川子"喻指曹辅寄来壑源试焙的像明月一样的圆形团饼新茶给作者。因杭州有武林山，武林也就成为杭州的别称，此时苏轼正在杭州太守任上。作者饮了此茶后顿觉两腋生清风，从而感到杭州的春意。研末的茶芽如玉似雪，"心肠"则指茶叶的内在品质。颈联说壑源茶内在品质很好，不是靠涂膏油使茶表面上新鲜。香肌、粉匀、玉雪、心肠、膏油、首面，似写佳人。最后，作者画龙点睛，将佳茗比做佳人。两者共同之处在于都是天生丽质，内质优异，不事表面装饰。这句诗与诗人另一首诗中"欲把西湖比西子，淡妆浓抹总相宜"之句有异曲同工之妙。

（3）陆游

陆游，字务观，号放翁，诗与杨万里、尤袤、范成大齐名，"南宋四大家"之一。有茶诗近300首，其《北岩采新茶用忘怀录中法煎饮欣然忘病之未去》较有代表性：

槐火初钻燧，松风自候汤。携篮苔径远，落爪雪芽长。

细啜襟灵爽，微吟齿颊香。归时更清绝，竹影踏斜阳。

作者在野外采茶，钻石取火，松风候汤，煎煮茶叶。方法虽然比较原始、简单，但仍然感到"襟灵爽""齿颊香""更清绝"，直到夕阳西下踏着竹影归家，连有病在身也忘掉了，可谓深得《忘怀录》之法。

（4）耶律楚材

耶律楚材，字晋卿，契丹族，辽皇族子弟。先为辽太宗定策立制，后为成吉思汗所用。耶律楚材是著名诗人，喜弹琴饮茶，"一曲离骚一碗茶，个中真味更何家"（《夜座弹离骚》）。从军西域期间，一茶难求，以至向友人讨茶，并写下《西域从王君玉乞茶因其韵七首·其一》：

积年不啜建溪茶，心窍黄尘塞五车。

碧玉瓯中思雪浪，黄金碾畔忆雷芽。

卢仝七椀诗难得，谂老三瓯梦亦赊。

敢乞君侯分数饼，暂教清兴绕烟霞。

这首诗感叹说自己多年没喝到建溪茶了，心窍被黄尘塞满。时时忆念"黄金碾畔"的"雷芽"，"碧玉瓯中"的"雪浪"。既不能像卢仝诗中连饮七碗，也不能像赵州和尚那样连吃三瓯，只期望王玉能分几块茶饼。

3. 明清及现代茶诗

明清时期中国的茶叶生产与贸易都有很大发展，但就茶诗成就而论，无论是内容，还是形式，比之唐宋都逊色不少。当然，这与中国文学本身的发展演变也有关。时至明清，诗词已失去了像唐宋时期那样的主导地位，让位于小说。因此，明清时期茶诗词的衰微也是可以想见的。

近现代，由于白话文学的兴起，古典诗词的作者越来越少，但也偶有一些名家名作闪耀着光辉。

（1）徐渭

徐渭，字文长，号天池山人、青藤居士，明代文学家、书画家。其《某伯子惠虎丘茗谢之》：

虎丘春茗妙烘蒸，七碗何愁不上升。

青箬旧封题谷雨，紫砂新罐买宜兴。

却从梅月横三弄，细搅松风炧一灯。

合向吴侬形管说，好将书上玉壶冰。

虎丘茶是产自苏州的明代名茶，与长兴的罗岕茶、休宁的松萝茶齐名。从"妙烘蒸"来看，似为蒸青绿散茶。为适应散茶冲泡的需要，明代时宜兴紫砂壶异军突起，风靡天下，"紫砂新罐买宜兴"正说明了这种情况。

（2）郑燮、爱新觉罗·弘历

郑燮，字克柔，号板桥，清代著名的"扬州八怪"之一，他能诗善画，尤工书法。其诗放达自然，自成一格。郑板桥有多首茶诗，其《题画诗》曰：

不风不雨正晴和，翠竹亭亭好节柯。

最爱晚凉佳客至，一壶新茗泡松萝。

爱新觉罗·弘历，即清高宗，年号乾隆，故亦称其乾隆皇帝。乾隆皇帝是位爱茶人，作有茶诗近三百首。乾隆二十七年（1762 年）三月甲午朔日，他第三次南巡杭州，畅游龙井，并上龙井品茶，写下《坐龙井上烹茶偶成》：

龙井新茶龙井泉，一家风味称烹煎。

寸芽生自烂石上，时节焙成谷雨前。

何必凤团夸御茗，聊因雀舌润心莲。

呼之欲出辩才在，笑我依然文字禅。

（3）郭沫若、赵朴初

郭沫若，原名郭开贞，现代文学家、史学家、书法家。湖南长沙高桥茶叶试验场在 1959 年创制了新品高桥银峰茶，郭沫若到湖南考察工作，品饮之后倍加称赞，特作《初饮高桥银峰》：

芙蓉国里产新茶，九嶷香风阜万家。

肯让湖州夸紫笋，愿同双井斗红纱。

脑如冰雪心如火，舌不饾饤眼不花。

协力免教天下醉，三闾无用独醒嗟。

赵朴初，书法家、诗人、佛教居士。1990 年 8 月，中华茶人联谊会在北京成立时，赵朴初特向大会书赠诗幅《题赠中华茶人联谊会》：

不美荆卿夸酒人，饮中何物比茶清。

相酬七碗风生腋，共汲千江月照心。

梦断赵州禅杖举，诗留坡老乳花新。

茶经广涉天人学，端赖群贤仔细论。

（二）茶事词曲联

1. 茶词

词萌于唐，而大兴于宋。宋代文学，词领风骚。宋代茶文学在茶诗、茶文之外，又有了茶词这一新品种。宋以后，元明清及现代，茶词创作不断，但佳作不多。

苏轼的《西江月·茶词》别开生面，对当时的名茶、名泉和斗茶作了生动形象的赞美：

龙焙今年绝品，谷帘自古珍泉。雪芽双井散神仙，苗裔来从北苑。

汤发云腴酽白，盏浮花乳轻圆，人间谁敢更争妍，斗取红窗粉面。

黄庭坚的《西江月·茶》写用兔毫盏、庐山谷帘泉点试北苑头纲贡茶：

龙焙头纲春早，谷帘第一泉香。已醺浮蚁嫩鹅黄。想见翻成雪浪。

兔褐金丝宝碗，松风蟹眼新汤。无因更发次公狂。甘露来从仙掌。

郭沫若《初饮高桥银峰》

其他如黄庭坚的《踏莎行·茶词》、辛弃疾的《临江仙·试茶》、李清照的《摊破浣溪沙·莫分茶》、王喆的《解佩令·茶肆茶无绝品至真》、马钰的《长思仙·茶》等，都是茶词名作。

2. 茶曲

散曲是一种文学体裁，在元朝极为风行，元代又有茶事散曲的出现，为茶文学领域增添了新的形式。李德载的《阳春曲·赠茶肆》小令十首，便是茶曲的代表：

茶烟一缕轻轻飏，搅动兰膏四座香，烹煎妙手赛维扬。非是谎，下马试来尝。

黄金碾畔香尘细，碧玉瓯中白雪飞，扫醒破闷和脾胃。风韵美，唤醒睡希夷。

蒙山顶上春光早，扬子江心水味高，陶家学士更风骚。应笑倒，销金帐饮羊羔。

……

这些小令，将饮茶的情景、情趣一一道出，虽玲珑短小，却韵味尽出。

张可久，字小山，元曲大家，作品涉茶者有数首。其《人月圆·山中书事》：

兴亡千古繁华梦，诗眼倦天涯。孔林乔木，吴宫蔓草，楚庙寒鸦。

数间茅舍，藏书万卷，投老村家。山中何事？松花酿酒，春水煎茶。

茅舍数间，诗酒书茶，松花酿酒，春水煎茶，山中生活，确是逍遥自在。

3. 茶联

茶联的出现，至迟应在宋代。但目前有记载且数量又较多的，乃是清代以后。清代的郑燮能诗善画，又懂茶趣，善品茗，他一生中曾书写过许多茶联，例如：

墨兰数枝宣德纸，苦茗一杯成化窑。

雷文古钱八九个，日铸新茶三两瓯。

从来名士能评水，自古高僧爱斗茶。

楚尾吴头，一片青山入座；淮南江北，半潭秋水烹茶。

……

郑燮书茶联

人们常说竹解心虚，茶性清淡，竹被视为刚直谦恭的君子。正因如此，茶竹结缘。清代名士溥山曾题：

竹雨松风琴韵，茶烟梧月书声。

此联恰是一幅素描风景名画，潇潇竹雨，阵阵松风，在这样的环境中调琴煮茗，读书赏月，的确是无限风光的雅事。

茶馆、茶楼、茶亭、茶肆、茶社、茶室等场所，往往都有以茶为题材的楹联、对联，这些茶联既美化了环境，加强了文化气息，又增进了品茗情趣。

重庆嘉陵江茶楼一联，更是立意新颖，构思精巧：

楼外是五百里嘉陵，非道子一笔画不出；

胸中有几千年历史，凭卢仝七碗茶引来。

北京老舍茶馆有一副茶联，表现了老舍茶馆的创业精神：

大碗茶广交九州宾客，老二分奉献一片丹心。

二、茶事散文小说

（一）茶事散文

1. 古代茶事散文

最早的涉茶文是西汉王褒的记事散文《僮约》，现存最早的茶文是西晋杜育的《荈赋》。

唐代顾况，字逋翁。曾官至著作郎，后携家隐居润州延陵茅山，自号华阳真逸。尝作《茶赋》，赋中赞颂茶乃造化孕育之灵物，极写茶的社会功用：上可达于天子，下可广被百姓。表示自己只想在翠阴下用舒州如金铁鼎（风炉）烹泉煎茶，用越州的似玉瓷瓯来品茶，在茶烟袅袅中消磨时光，并不指望像陈务妻子那样得到古冢茶魂的赠钱、像秦精那样得到毛人赠橘，抒发了作者隐逸山林、无为淡泊的情怀。

宋代黄庭坚也善辞赋，他的《煎茶赋》对饮茶的功效、品茶的格调、佐茶的宜忌，都做了生动的描述。

苏轼在叙事散文《叶嘉传》中塑造了一个胸怀大志，威武不屈，敢于直谏，忠心报国的叶嘉形象。《叶嘉传》通篇没有一个"茶"字，但细读之下，茶却又无处不在，其中的茶文化内涵丰厚。苏轼巧妙地运用了谐音、双关、虚实结合等写作技巧，对茶史、茶的采摘和制造、茶的品质、茶的功效、点茶法，特别是对宋代福建建安龙团凤饼贡茶的历史和采摘、制造，宋代典型的饮茶法——点茶法有着具体、生动、形象的描写。叶嘉其实是苏轼自身的人格写照，更是茶人精神的象征。《叶嘉传》是苏轼杰出的文学才华和丰富的茶文化知识相结合的产物，是古今茶文中的一篇奇文。

文震亨，字启美，他是著名书画家文徵明的曾孙，书画咸有家风。平时游园、咏园、画园，也自造园林。《长物志》卷十二《香茗》：

香、茗之用，其利最溥；物外高隐，坐语道德，可以清心悦神；初阳薄暝，兴味萧骚，可以畅怀舒啸；晴窗拓帖，挥麈闲吟，篝灯夜读，可以远辟睡魔；青衣红袖，密语谈私，可以助情热意；坐雨闭窗，饭余散步，可以遣寂除烦；醉筵醒客，夜雨蓬窗，长啸空楼，冰弦戛指，可以佐欢解渴；品之最者，以沉香、岕茶为首，第焚煮有法，必贞夫韵士乃能究心耳。

焚香品茗，本是文人雅事。高隐大德、贞夫韵士，坐语道德，可以清心悦神。

晚明张岱，字石公，号陶庵，性情散淡，喜游山玩水，读书品茶，曾著《茶史》。其《闵老子茶》写他拜访茶人闵汶水及与之品茗的经过，极具雅兴。其他如《兰雪茶》《露兄》等，都是著名茶事小品散文。

晚明小品文写茶事颇多，公安派、竟陵派作家，大都有茶文传世。

2. 现代茶事散文

现代茶事散文极其繁荣，其数量是历代茶文总和的数倍乃至数十倍。鲁迅的《喝茶》、周作人的《喝茶》、梁实秋的《喝茶》、林语堂的《茶与交友》、季羡林的《大觉明慧茶院品茗录》、冰心的《我家的茶事》、汪曾祺的《泡茶馆》、黄裳的《栊翠庵品茶》、李国文的《茗余琐记》、贾平凹的《品茶》、余光中的《下午的茶》、董桥的《我们喝下午茶去》等均是优秀茶文。个人出版茶事散文专集的，有林清玄的《莲花香片》和《平常茶非常道》、王旭烽的《瑞草之国》和《旭烽茶话》等，茶事散文选集则有袁鹰选编的《清风集》、郑云云选编的《茶情雅致》、陈平原选编的《茶人茶话》等。

在现代散文中，周作人的《喝茶》是别具一格的美文，具有浓重的艺术个性：

喝茶当于瓦屋纸窗之下，清泉绿茶，用素雅的陶瓷茶具，同二三人共饮，得半日之闲，可抵十年的尘梦。喝茶之后，再去继续修各人的胜业，无论为名为利，都无不可，但偶然的片刻优游乃正亦断不可少。……当代散文中，林清玄的《茶味》令人回味：

我时常一个人坐着喝茶，同一泡茶，在第一泡时苦涩，第二泡甘香，第三泡浓沉，第四泡清冽，第五泡清淡，再好的茶，过了第五泡就失去味道了。这泡茶的过程令我想起人生，青涩的年少，香醇的青春，沉重的中年，回香的壮年，以及愈走愈淡、逐渐失去人生之味的老年。

我也时常与人对饮，最好的对饮是什么话都不说，只是轻轻地品茶；次好的是三言两语，再次好的是五言八句，说着生活的近事；末好的是九嘴十舌，言不及义；最坏的是乱说一通，道别人是非。

与人对饮时常令我想起，生命的境界确是超越言句的，在有情的心灵中不需要说话，也可以互相印证。喝茶中有水深波静、流水喧喧、花红柳绿、众鸟喧哗、车水马龙种种境界。

我最喜欢的喝茶，是在寒风冷肃的冬季，夜深到众音沉默之际，独自在清静中品茗，一饮而尽，两手握着已空的杯子，还感觉到茶在杯中的热度，热，迅速地传到心底。

犹如人生苍凉历尽之后，中夜观心，看见，并且感觉，少年时沸腾的热血，仍在心口。

下面，附录一些散文大家品鉴。

茗饮

范烟桥

苏州人喜茗饮，茶寮相望，坐客常满，有终日坐息于其间不事一事者。虽大人先生亦都纡尊降贵入茶寮者。或目为群居终日，言不及义。其实则否，实最经济之交际场俱乐部也。

茶即茗，见《尔雅》"槚，苦茶。"《飞燕别传》云："后梦见帝，赐座，命进茶。"左右奏云："向侍帝不谨，不合啜此茶。"则西汉时已有茗饮。《三国吴志·韦曜传》云：孙皓每饮群臣酒，"以七升为限"。曜饮不过二升，或为裁减，或赐茶茗以当酒。则唐诗"寒夜客来茶当酒"之所本矣。《续博物志》云："开元中灵岩寺有降魔师，教人不寐，人多作茶饮，因以成俗。是则茗饮之习，亦印度文化也。欧俗喜红茶加糖，盖病其苦也。然咖啡质腻重，加糖固当。茶质清洌，似不宜取甜。《茶余客话》谓古人煎茶，必加姜盐，则更不知有何美味？"《物类相感志》云："芽茶得盐，不苦而甜。"此说未经尝试，不敢信。余以为茗饮取其涤污除垢，加姜辛辣，加盐苦涩，皆败胃，甜可养胃，加糖固合于摄养，要不如清饮之爽口也。渔洋谓："茶取其清苦，若取其甘，何如啜蔗浆枣汤之为愈也。"其言至为痛快。

酒食征逐，或嫌其华，乃易以茶话，此亦西方之习，而中土人仿之。其实则虚有其名，因未必有茶，即有之，亦未必皆举杯以饮也。近年订婚，或款亲友以茶点，此则与受茶之谊相合。吴下旧俗订婚，乾宅必馈茶于坤宅。《天中记》云："凡种茶树，必下子，移植则不生。故妇聘必以茶为礼，盖意取繁殖，而兼励贞洁也。"舞场有茶舞，旎旖风光，别有意属。大概舞必以夕，佐舞必以酒，今曰茶舞，则于薄晚行之，而舞客不必费香槟也。乡村间有辟两三座卖茶者，谚所谓"来扇馆"也。往往附以博局，为一方之蠹，余尝谓此而不除，乡村风纪无由整饬。今日言社会教育者，有民众茶园之辟画，因势乘便，改善染濡，颇能扼要，唯须尽力向乡村推展耳。

（原载《茶烟歇》，中孚书局 1934 年版）

说茶

曙山

人每每于饭饱、酒醉、疲劳过甚或忧愁莫解的时候，一旦遇有一杯芬芳适口的香茗，把它端起来咕噜咕噜的几口喝下去，其功用正如阿芙蓉膏之对于泪流气沮的黑籍朋友，能立刻使其活跃鼓舞，精神焕发；又如深恶严冬困苦的人们，一到清朗明媚的春天，忽置身于清旷秀丽的境地，有谁能不陡觉那般清快怡悦的舒服，真无言可喻！

毕竟我们中国人，不愧为拥有五千年来最古最高文化的优等民族，所以早早地就在人类生活史中发明了这种有益于人的"清心剂"——茶，也曾以此夸耀过世界，称为中国的特产。

讲起茶道，我固然是一个爱喝白水的门外汉（但我以前也是一个爱喝好茶者，只因在学校时，被那走廊下的大茶壶把我的胃口灌坏，于是我的这种口福遂完全被剥夺而犹未复），谈不出来一篇什么大道理。不过我在人海中浮沉，从来就欢喜在工作余暇乱翻些书籍，因此也就拾得先民的牙慧不少。

例如，唐代的那位"茶神"或"茶颠"的陆羽先生，他因嗜茶，曾著了一部千秋不朽的《茶经》；到了宋代，又有两位大茶客丁谓和蔡襄，前者复撰《茶图》以行世，后者亦著《茶录》以传后，就仅仅在这些书里面，已把茶道讲得没有我们插嘴的余地。其他如卢仝的《茶歌》、东坡的《茶赋》，更都是千载不朽的茶铭，而今可视为"喝茶礼"。即如吴淑的《茶赋》，使我们一读其"嘉雀舌之纤嫩，玩蝉翼之轻盈"的句子，也就足够我们冥想到那口快心悦的一种味儿了。

又《唐书》内所说："唐大中时，东都进一僧，年百三十岁。宣宗问：'服何药？'对曰：'臣少也贱，素不知药，惟嗜茶。'因赐名茶五十斤，命居保寿宫。"可见在唐代喝茶风气最盛的时候，茶不但是"清心剂"，并被看作"保寿散"或"延命丹"。

因为茶对人有这样的功用，遂往往被视为风流人物的韵事，且也易与文士诗人缔结了良缘。先就我国的古人来说，如上所述的几位"茶神""茶颠""茶客"等，兹不再赘，他如齐之晏婴，汉之扬雄、司马相如，吴之韦曜，晋之刘琨、张载远、祖纳、谢安、左思等，谁非屈指的"茶"迷？

美国的白洛克（H. I. Brock）氏，他于 1931 年在 The New YorrkTimes Magazine 七月号之中发表了《大作家的创作秘诀》一文，劈头就说："最近高尔斯华绥（John

Galsworhy）氏在牛津大学讲演关于他的创作秘诀，他因此说小说家必定不是仅以他自身的事为题材，而成功为创作的作家的，是把烟管、笔尖和稿纸，注意于其结连成一片。"以下他又大论作家之吸烟，由此导入了梦国，虽然这梦与在那烟管上的烟，终至归于消灭了无踪，但必陶醉于那幻想之中的。由此我又想到作家之于茶必定比烟还重要，因为我们常看到，绝大多数的作家都喜爱进咖啡店去品饮名茶，甚至于有什么"茶会"的组织，然终未闻谁进 smoking room，也拿来当作一回事谈说（记者按：此语诬也。世上成功文人之书斋，无一非 smoking room 也）。

我在南京，所以再略谈谈南京的茶风。所谓"到夫子庙吃茶去"的一句话，差不多成为"南京人"的一种极流行的口头禅。他们不但应酬或消遣常说这句话，其实凡是有闲阶级或失业的人，十之八九都以那里为其消磨岁月的乐园，甚至风雨无阻的天天早半跑到那里去，直到子午炮忽张口怒吼的时候，才各鸟兽星散。

夫子庙有名的茶社，当然是大禄、新奇芳阁、六朝居、民众等家。因此你偶尔的要到那几家去吃一回，便往往会因为座上客常满，叫你连呼倒霉不置而抱头鼠窜。幸而挤在黑暗的一角坐下来，那么你非牺牲了半天工夫，使劲地把性子捺住了不可。不然的话，你不致因等待不迭而拂袖欲去，便因叫嚣恼怒而肚皮已饱。只怪那些干丝、大面和烧饼、包子等，到底不能把人的嘴满满地塞起来，所以从各人的牙缝虽少少地漏出几句话，却因其总和之力业已震动屋瓦欲飞。呵，不错！意大利的谚语说："在有三个女人和一只鹅的地方，那里就成了市场。"（女同胞们，这我是说人家的话啦，请恕我无罪！）那么，明乎此则这也就不足怪了。

这些茶社和上海的青莲阁差不多，可以为议和会场，可以为临时法庭，可以为婚姻介绍所，可以为选举运动铺，还可以为朋谋敲诈、密议抢劫等的流动魔窟。这里的茶呢，自然全为滋润他们粗糙喉咙的液汁，助长他们谈吐声音的嘹亮。

至于下晚入夜的一场，那情景与早半的便完全不同了。至此锣鼓喧天，灯光灿灼，一般纸醉金迷、人肉熟烂的气氛，简直使你一不当心便会醉倒如泥而一塌糊涂。这时大开其张的却不只是上举的几家了，如什么麟凤阁、天韵楼、大世界、又世界、月宫、四明楼等，莫不是门庭若市，生意兴隆。以这一带通天赤地的光亮，与下关大马路上的遥遥相映，其魅力殆同样互相颉颃，各显神通。然其主要的支柱是什么呢？绝不是茶，而是元好问早说过的"学念新诗似小茶"的"牙牙娇女"、个个"堪夸"的摩登女郎。她们所有的东西是声、色、肉，这里若缺少了她们便没有戏唱，更没有饭吃，自然也决不会还有人来喝那一杯少有滋味的苦茶。

二二，三，一九，于昏沉的灯下

（原载《论语》第十五期，1933 年 4 月 16 日）

外国人与茶

钱歌川

中国饮茶的风尚，到了 7 世纪的唐代，已经相当盛行了。那时日本派有大批的留学生，到中国来学习中国文化，自然也学会了中国的饮茶。日本现在的所谓茶道，向西方人士夸说是日本独特的艺术（An rt peculiarto Japan），其实完全是中国的古风，明代以前的烹茶办法。唐、宋人饮茶，都是要把绿茶研成细末，再经过三滚的烹茶过程后才饮用的，如宋人罗大经在《鹤林玉露》中，有咏烹茶的诗说，"砌虫唧唧万蝉催，忽有千车捆载来，听得松风并涧水，急呼缥色绿瓷杯。"又说，"松风桧雨到来初，急引铜瓶离竹炉，待得声闻俱寂后，一瓯春雪胜醍醐。"

饮茶的风尚和佛教在唐代同时传入日本，后来到了日本嵯峨天皇时，因他个人特别喜欢饮茶，所谓"上有好者，下必有甚焉"。他的臣民也就对茶感兴趣了，不过那时茶叶和茶具，都要向中国去买，价钱昂贵可想，所以一般平民还不能享受，只有皇帝和贵族才能饮茶。

日本到了镰仓时代，由于寺院禅僧们的大力提倡，饮茶的风气大开，普及全国各地。到了 15 世纪，日本从中国移植的茶树，由于自然环境及土壤的关系，长出来枝叶较小，不过栽培得颇为普遍，年产的茶叶，已够日本自己饮用了。

他们采茶，最早是在五月，叶小而嫩，实为绝品。第二期在炎夏，第三期在秋凉，所采的茶，都远不如春天的头号茶。不过日本有句俗话说，"女鬼十八岁，番茶当令时"，意指哪怕是粗茶，在柔嫩的时候也是好的。

日本现所流行的茶道，原是 15 世纪一位禅宗的和尚所制定的，初期只是作为一种宗教的仪式来举行而已，到 17 世纪时，才深入民间，而成为一般讲究饮茶的人所夸说的艺事了。

除日本以外，最讲究喝茶的外国人，应该是英国人了。在四千七百多年前，中国人就懂得喝茶了，一向不把茶叶当作专利品，也和中国的文化一样，随时都愿意介绍给外国人共同享受。英国人懂得喝茶，至今还不过二三百年的历史，那是先由高僧携往印度。然后由英国侵略印度的东印度公司，第一次把茶叶从海外运到英国。

又有人说最先把中国饮茶的习俗传到西欧的是荷兰人，他们为迎合英国人的口味，在茶内加少许白糖和丁香，使泡出来的茶又甜又香。而茶在伦敦有名的咖啡馆中第一次出现，却是在 1657 年，于是便开了风气之先。从那以后，中国茶叶便成了英国贵族们的时髦饮料。他们付出六镑到十镑的高价，来买一磅中国的名贵茶叶，不但毫不吝啬，而且自认了不起，能懂得饮茶的艺术。

英国 17 世纪的诗人瓦勒（Edmund Waller，1606—1687），从一个到过中国的波斯人那里，学会了饮茶之后，便写诗大为赞美中国茶的美味。诗云："软滑，醒脑，愉快，像女人的柔舌在转动着的饮料。"1660 年英国日记作者匹普斯（Sanucel Pepys，1633—1703 年）第一次喝到一杯香气浓郁的中国茶，在日记中大为赞美说："一杯中国清茶，其味无穷。"可见在 17 世纪中叶以前，茶还没有在英伦三岛风行，只不过少数的文人雅士，偶尔加以品尝罢了。

英国查理二世（Charles Ⅱ，1630—1685 年）的皇后，原为葡萄牙的公主，凯塞琳自称"茶痴"，嗜茶成癖，把饮茶的习惯传到英国宫廷里去，她时常在宫中举行奢侈的茶会。于是贵族们纷纷起来效尤，奠定了茶在英国不可动摇的地位，到 18 世纪时，茶已成为英国人"不可一日无此君"的日常饮料，而当时的约翰生博士（Dr. Samuel Johnson，1709—1784 年），自称为"无厌的茶鬼"。

但是当时英国政府对中国茶课以重税，于是茶叶走私的风气很盛，英国人所喝的茶有三分之二都是走私来的。后来英国政府把茶税减低，走私进口的茶叶渐次绝迹，而合法的茶叶才能源源而来了。

英国人为了茶叶，曾经发动了好几次战争。美国的独立战争，也就是由于茶叶而引起的。英国人对北美殖民地的人，课以很重的茶税（每磅课三便士），又不许殖民地的商人侵犯东印度公司对茶叶生意的垄断，因此殖民地的臣民大为不满，于是在 1773 年 12 月 16 日的夜里，就有一群波士顿的年轻人，化装成红印第安人，登上停泊在波士顿海湾中的三艘英国运茶的船，把船上的茶叶全都抛入海中去了。这便是美国历史上有名的"波士顿茶团"（Boston Tea Party）。此举表示北美殖民地的人反抗英国的压迫，促进了他们的革命精神，不到两年之后，美国独立战争就爆发了。

在满人入关以后，有些汉人不堪压迫，便逃亡到印度东北部的阿萨密区，把中国的茶树大量移植过去，而使那地方后来竟成为一个世界著名的产茶区。英国人曾经为争夺这个产茶区，而展开了好几次战争。很多英国人都知道种茶可以致富，便纷纷跑到印度去，争取阿萨密的茶园，可是因不懂经营，蚀本的大有人在，几乎使得整个阿萨密的产茶区都要荒废了。直到一百年前，茶树的种植才恢复旧观，进而建立了相当的规模，于是阿萨密才正式成为一个世界著名的产茶区了。

锡兰红茶的驰名世界，纯粹出自偶然。英国人先在那里种植咖啡，因为那时种植咖啡可获厚利，不料在 1877 年遭遇到一场植物病害，使咖啡树都死光了。于是英国人便试改种茶树，想不到茶树种下去欣欣向荣，大为繁茂，使得那些亏本的英国人，突然大交好运，锡兰竟一跃而成为世界红茶最大的产区。

在 19 世纪以前，世界各地所需的茶叶，都是中国供给的，而且大都是绿茶，到了印度与锡兰的红茶销行以后，便取代了中国的绿茶，成为英国人新的饮品，每天的下午茶所不可或缺的宠物，因为加上牛奶白糖来喝，绿茶味淡，不及红茶的味浓可口呢。

中国人喝茶，至多只能加点香花进去，是决不可以掺以牛奶和白糖的，否则就失去了茶味，不成其为清茶了。前次英国玛嘉烈公主访问香港，喝了几次"奇种寿眉"，大为赞赏，可能英国人以后又要流行饮清茶了。

下午茶成为英国人一种牢不可破的习俗，被他们认为是一天当中最大的享受。我们上茶馆吃点心是在上午，他们却是在下午四五点钟时举行。文豪萧伯纳曾说："破落的英国绅士，一旦他们卖掉了最后的礼服时，那钱往往是预备拿去喝下午茶用的。""茶鬼"约翰生博士的茶壶，每天从早到晚都是热的，他早晨以茶提神，晚上以茶解睡，一天到晚，浸浸在茶中，优哉游哉，自得其乐。

英国人夸说他们喝茶为世界第一，每一个英国人在一年中要喝上九磅半的茶叶，这数量要五十二株茶树全年生产才够供应。三千万英国人一天平均各喝七杯茶，如果把英国人一年所喝的茶，倒在一个湖里去，便能浮起三十艘伊丽莎白邮船那么大的巨轮了。

《爱丁堡评论》创刊者之一，英国神学者及著作家史密斯（Sydney Smith，1771—1845 年）把英国人在战场上所获得的胜利，也归功于茶。他说："茶之为物，实在是生命的元素，可以使人增加勇气，产生精力。英国人在战争中所获得的胜利，其实是茶的胜利。许多受伤或失血的士兵，第一步就给他喝一杯茶。"这真是对茶推崇备至了。

美国人又和英国人不同，也许是在波士顿茶团那次事件之后，对抗了英国人，连茶也抵制了吧。他们是不大喝茶的，认为茶太刺激，而多半爱喝咖啡，成为美国日常的饮料。他们认为咖啡只可以解渴，并没有刺激作用，所以睡前喝一杯咖啡，也不会妨害睡眠。

美国没有欧洲式的咖啡馆，更没有中国式或日本式的茶馆。他们为了解渴，可到酒吧（Bar）里去喝咖啡，他们要想松弛紧张的神经，或消除一天的劳累，就去喝酒，而且多半是一人独酌。在高度个人主义的美国，一个人要找三五知己是不大容易的。他们没有知己，你只消看他们朋友同去吃饭喝酒，最后各付各的账一事就可知道。他邀你同去吃饭喝酒，你决不可误会是他要请客，结果还是要你付自己的钱的，他不过邀你做伴而已。他不请你，你也不可以请他，你要替美国人付账，他反而认为你瞧不起他。这便是个人主义的精神所在。

说美国人完全不喝茶也是假的，任何饮食店有咖啡卖的就有茶卖，当然卖的都是牛奶加糖的红茶。有个在东方住得较久的美国人，却爱上了中国式的绿茶。他批评美国人喝茶的情形说："用开水煮茶，加冰块使冷，掺白糖使甜，滴柠檬使酸。"

美国是一个高速社会，一切都讲究快速和省事。喝茶的事当然也不例外。他们如果在家里想要喝茶，也不会像中国人或英国人泡一壶或一杯茶来喝，而是取一包李甫顿（Lipton）茶公司的出品，所谓茶袋（Tea bag）的东西，把它泡在滚水里，再加牛奶和白糖来喝。这样既快速而又省事多了。那公司还出了一种罐装茶，自然连冲水加糖奶的麻烦都没有，更加省事，可与可口可乐等冷饮分庭抗礼，也算是一种进化吧。

瑞典人原是爱好喝咖啡的，后来也盛行喝茶了，因为在 18 世纪时，瑞典国王古斯托夫三世（Gustov Ⅲ），为了要了解到底喝咖啡和喝茶，何者比较有害健康，他便下令在宣判了终身监禁的杀人犯中，挑出两个同年的人给他们缓刑。然后规定他们两人的后半生，一个只许喝咖啡，一个只许喝茶。最后所得的结果，是那个喝茶的人迟了三十年才死去，年龄达八十三岁。

1956 年从法国的殖民地而宣布独立的，西北非洲的摩洛哥，虽受法国的长期统治，但他们的生活并没有完全法国化，比方说，法国人是爱喝咖啡的，而他们却爱喝茶。几乎家家户户都放着一壶茶，以供随时饮用。

摩洛哥人最爱喝的是中国绿茶。他们认为中国的绿茶，是世界上各种茶叶中味道最好的。他们对于茶叶，很有鉴赏力，只要把茶叶放近鼻孔一嗅，或放进口中咀嚼一下，便立刻能辨出好坏，判断出是中国绿茶或是日本绿茶。

摩洛哥人虽然这样爱好喝茶，但在他们的国内并不产茶，所饮用的茶叶都是从外国来的，主要是从中国和日本输入，中国茶占三分之二。不过在摩洛哥独立后不久，1960年便移植了中国的绿茶，联合国的专家实地调查的结果，发现在摩洛哥国境内，适合种茶的土壤达五十万公顷以上，即今在山地的丹吉尔省，也有很大的面积适合种茶。于是中国便派遣更多的技术人员，去协助他们普遍地种植中国的绿茶。

据估计他们只要种植了四万五千公顷土地的茶树，便足够摩洛哥人全年茶叶的消费量。从中国移植过来的茶树，都长得枝繁叶茂，每年丰收，如加扩展，远景是很乐观的。

北非的利比亚人也是爱喝茶的，他们叫喝茶为"惬意"，工作之余坐下来喝一杯茶，确是一件惬意的事。他们不论达官贵人，或贩夫走卒，每天都要喝上四五次茶。富有的人家，还要加上点心，和茶一同享用，认为人生一乐。

遇有客人来访，主人一定敬茶。当着客人烹调，烹好了倾入小茶杯内饮用，好像我国潮州人饮工夫茶一样，不可牛饮，要细尝品味。客人至多喝三小杯，喝到第四杯就失礼了。有些主人一面烹茶，一面自制点心飨客，天南地北，高谈阔论，一顿茶喝下来，总要两三小时才散。可见有些非洲人，也是重视饮茶的艺术的。

（选自《钱歌川文集》，辽宁大学出版社1988年版）

吃茶颂

谢兴尧

茶这种东西，虽然不如衣食之重要，但它总是人们生活上不可一日或缺之物，所以古来的妈妈经济家，也把它列入开门七件事之一。而饮食两字又联成一个名词，并且"饮"还在"食"之上。则其重要，实在不逊于衣食。诗人的"寒夜客来茶当酒"，的名句，不但境界清幽，趣致亦高雅。又昔日文人诗文中，以咏酒记茶之篇最多，我想这是时代的不同，到后来便以烟代替了酒。我个人也是喜欢这两样，而不大喝酒的。尤其是好烟佳茗，无论是花晨月夕，也不管是春风秋雨，都可以慰人寂寥，沁人心脾。不过近来纸烟缺乏，不大好买，而我又是懒得成随遇而安的人，有时候在"二者不可得兼"的环境下，于是茶更显其重要。真是"谁谓茶（荼改）苦，其甘如荠"。故平常每当一张（报）在手，一枝（烟）在口的时候，这一杯好茶的需要，比任何事物还要迫切。这种嗜好，我想世人中总不在少数吧。

吃茶说雅一点便是品茗,虽然是件日常的普通事,但这里面也有很多的讲究,以及专门的学问。所以关于"茶经""茶典""茶史"等那一套,都暂且不想提他,只是谈谈我个人对于吃茶的兴趣罢了。我觉得茶,它的好处,也可说是它的长处,便是无论在什么场所,它都可以与思虑、情感融化,决不随主观而有喜厌。譬如我在上海的时候,常常同朋友到永安茶室去吃茶。虽然那个地方是繁华中枢,那个所在是洋楼大厦,吃茶的时候,又只见一片人海,万头攒动,且市声嘈杂。但与二三知己,上下古今,高谈阔论。闹中取静,以绚烂为平淡。一杯清茗,反觉得悠闲舒适。古人说:"臣门如市,臣心似水。"颇可于此借用。所以在热闹的地方吃茶,也不失其清幽。至于久居北京,自然以公园之地最雅,茶最新,松柏参天,花叶满地,树下品茗,顿觉胸襟开朗,尘俗全消。而红男绿女,雅士高人,土气粉香,袭入眼鼻,身坐园林,特感幽趣。论其境界,一动一静,虽不必说有高下之分,实在有老少之别。因为在精神上,好像一个是摩登少年的,一个是澹静老年的。

还有他的功用,就是调剂疲劳,除了吃茶以外,没有再好的方法。所以常看见北平的车夫,每逢走到有名的茶叶店门前,总是进去买一包"高末"(好茶叶末儿),预备回头休息的时候养养神。因此它能够普及的原因,便是同纸烟一样,没有阶级性。不像雪茄烟,老是拿在富贵人的手中,平常的人拿着,与身份也不大调协。有点"鼻子大了压倒嘴"的神气。

关于论茶的文章,虽然很多,但大都偏于煮茶与茶具方面,明人言之尤详,李渔的《闲情偶寄·一家言》即其代表。而说得较深刻有趣致者,还是文震亨的《长物志》,其卷十二香茗云:"香茗之用,其利最溥。物外高隐,坐语道德,可以清心悦神。初阳薄暝,兴味萧骚,可以畅怀舒啸。晴窗榻帖,挥麈闲吟,篝灯夜读,可以远辟睡魔。青衣红袖,密语谈私,可以助情热意。坐雨闭窗,饭余散步,可以遣寂除烦。醉筵醒客,夜语蓬窗,长啸空楼,冰弦戛指,可以佐欢解渴。品之最优者,以沉香岕茶为首,第焚煮有法,必贞夫韵士,乃能究心耳。"这段虽然以"香"与"茗",同时描写,而香究属于气味,虚无缥缈,故仍着重茶字,以香作陪衬耳。

至于讲论吃茶,似以陈金诏《观心室笔谈》所述,最为可取。他说:"茶色贵白,白亦不难,泉清瓶洁,旋烹旋啜,其色自白。若极嫩之碧螺春,烹以雨水文火,贮壶长久,其色如玉。冬犹嫩绿,味甘香清,纯是一种太和元气,沁人心脾,使人之意也消。"又云:"茶壶以小为贵,每一客一壶,任独斟独饮,方得茶趣。何也,壶小香不涣散，味不耽迟，不先不后，恰有一时，太早不足，稍缓已过，个中之妙，以心受者自知。"又云："茶必色香味三者俱全，而香清味鲜，更入精微。须真赏深嗜者之性情，从心肺间一一淋漓而出。"以上各条，由平淡中深得妙谛，知作者于吃茶一事，可谓三折肱矣。陈氏又论茶云："江南之茶，唐人首称阳羡，宋人最重建州。近日所尚者，惟天目之龙井。盖所产之地，朝光夕晖，云瀚雾浮，酝酿清纯，其味迥别，疑即古之顾渚紫笋也。要不若洞庭之碧螺春，韵致清远，滋味甘香，全受风露清虚之气，可称仙品。"按陈氏为清道咸间人，故他的高论，与我们的见闻，尚不相差太远，也能作会心的领悟。不似明以前的文章，无论如何精辟，于时代上，总觉得隔一层似的。

又吃茶遗事，清乾嘉时破额山人《夜航船》记"绛囊三品"："偶阅宋史天禧末年，天下茶皆禁止，主吏私以官茶贸易及一贯五百者死。自后定法，务从轻减。太平兴国二年，主吏盗官茶贩鬻钱三贯以上，黥面送阙下。欧阳文忠公上奏：往时官茶容民入杂，故茶多。今民自买卖，须要真茶，真茶不多，其价遂贵。予想今若此渴杀人矣。叶生在旁曰：我与君无碍，菖蒲汁橄榄汤，乱嚼槟榔木，尽可应酬涠舌。所苦者眉生耳。眉生者进士新淦令莼卿公次子，酷嗜茗茶者也。生尝曰：茗茶味苦，益人知虑不浅。座右书一联云：'身健却缘餐饭少，诗清每为饮茶多。'喜砚石；善清谈，麈挥玉映，香屑霏霏，竟易厌。遇龙图，雀舌、蒙顶、日铸，则漱口汩汩，枯肠沃透，若清明后勿润喉也，谷雨后勿沾唇也。每造友家，辄自带茶，恐主人茶不佳也。主人艳其茶好，恒与索之。于是座客尽索之，生窘甚。归家制绛纱囊三枚，上囊曰原，中囊曰法，下囊曰具，依陆鸿渐《茶经》三篇之名而名之。上系领上，中系肘后，下系腰间。上贮绝妙佳品，非原原本本，殚见博闻，兼诗骨高超，功深养邃，有益于己者，不得丐其余沥。若胸无城府，语亦中听，可以中囊之法字号与饮。然已不可多得。目前泛泛之交，下囊应酬而已。"眉生名士，虽然懂茶，未免把茶看得太珍惜一点，还是随便些听其自然，则更有逸趣。于上记可知"官茶"容民入杂。民自买卖，始得真茶，但价亦贵。这与今天的配给相似，凡是所谓"官米""官面""官烟""官糖"总是有假。自由买卖的，价钱又贵。真是自古已然，于今为烈了。

还有一种吃茶的方式，于时间上地理上，都称得起上乘，便是乡间的"野茶馆"。只可惜都会的人们，少有机会去享受。所谓野茶馆，在北京大半都在城外，或依古寺，或近村庄，有临时搭棚的，有于屋前藤萝花架下，取自然环境的。座位不多，天然幽静。尤其大清早晨，红日未升，余露犹湿，鸟语花香，气新神爽。凡来"遛弯"吃茶的养鸟的人，将鸟笼挂于檐前，让它去"调嗓"，引吭高歌。自己一面啜著，一面和同道或谈些市井琐事，或讲些社会新闻。真可说是世外桃源，羲皇上人。我以为这种境界，与"杨柳岸晓风残月"的图画实相仿佛。城里虽然有什刹海，也可以临水看荷，但终不是农田乡下。越是久居城市的人，越能感觉到这种地方悠闲无为的可贵与可爱。

末了附带地说道"茗具"，自明以来，便一致公认以砂壶为最合适。李笠翁《一家言》，有茶具一篇，他说："茶注莫妙于砂壶，砂壶之精者，又莫过于阳羡。又云：凡制茗壶，其嘴务直，一曲便可忧，再曲则称弃物矣。……星星之叶，入水即成大片。啜茗快事，斟之不出，大觉闷人。"李氏所谈，可谓快语。清中叶以后，砂壶之中，又重陈曼生（鸿寿）所制，名为"曼壶"。确较一般精雅别致。不过近来曼壶真者，颇不易得，即有价亦昂贵。日前在隆福寺古玩摊上，见有小砂壶一具，质式均极精巧，一入眼即知其必系名作，壶底果有"宣统元年匋斋自制"篆章，惜壶盖略有残缺，乃用糨糊黏合者。嫌其破损，太息而去。返家后于心耿耿，终不能释。乃于第二日亟去寻购，据云余看后即出手矣。按匋斋系清人端方号，端方好收藏古物。辛亥革命前，在四川被杀，其枕匣中只一部旧抄本《红楼梦》。可见好东西自有识者。余所置虽有砂壶数件，而日用者仍为瓷壶。老实说还是没有这种真正的闲心逸情，所以虽然天天吃茶，而没有一次品茗。所谓品的环境与机会，也确是很难得的。

1943 年 7 月

（选自《堪隐斋随笔》，辽宁教育出版社 1995 年版）

《金瓶梅》里的饮茶风俗

陈诏

《金瓶梅》是一部反映明代后期社会百态的长篇小说，其中有关饮食生活部分，其繁丰和细腻程度，足堪与《红楼梦》媲美。略有差别的是，《红楼梦》里的贾府是世代簪缨的诗礼之家，他们无论饮茶饮酒，豪华、讲究而且高雅，不失大家风范；而《金瓶梅》里亦官亦商的西门庆，尽管也穷极奢华，毕竟是市井俗物，难免有暴发户的俗气。《金瓶梅》产生于明代，《红楼梦》产生于清代；时代不同，描写对象不同，所以饮食生活的内容也不一样。

《金瓶梅》写喝茶的地方极多：有一人独品，二人对饮，还有许多人聚在一起的茶宴茶会：无论什么地方，客来必敬茶，形成风尚，可见茶在当时确实深深地切入千家万户的日常生活。但是《金瓶梅》写西门庆家里饮茶，提到的茶名只有两个：一个是六安茶，另一个是"江南凤团雀舌芽茶"。

第二十三回，吴月娘吩咐宋惠莲："上房拣妆里有六安茶，顿（炖）一壶来俺每（们）吃。"原来六安茶历代沿作贡品，尤其在明代享有盛誉。明许次纾《茶疏·产茶》云："天下名山，必产灵草，江南地暖，故独宜茶。大江以北，则称六安，然六安乃其郡名，其实产霍山县之大蜀山也。茶生最多，名品亦振；河南山陕人皆用之，南方谓其能消垢腻，去积滞，亦甚宝爱。"《两山墨谈》亦云："六安茶为天下第一。有司包贡之余，例馈权贵与朝士之故旧者。玉堂联句云：'七碗清风自六安，每随佳兴入诗坛。纤芽出土春雷动，活火当炉夜雪残。陆羽旧经遗上品，高阳醉客辟清欢。何时一酌中冷水，重试君谟小凤团'。"观此，则一时贵重可知矣。六安茶有清胃消食的功效，大概对酒肉无度的西门庆相宜吧。

第二十一回，吴月娘"教小玉拿着茶罐，亲自扫雪，烹江南凤团雀舌芽茶"。"江南凤团雀舌芽茶"，指北宋时期一种产于福建北苑、专贡朝廷的一种名茶，"江南"是一种源称，实际产地在建安县（今福建建瓯）凤凰山北苑。《宣和北苑贡茶录·序》云："太平兴国初，特置龙凤模，遣使即北苑造团茶，以别庶饮，龙凤茶盖始于此。……凡茶芽数品，最上曰小芽，如雀舌鹰爪，以其劲直纤挺，故号芽茶。"到明代，建安芽茶仍以名茶作贡品。《茶疏》云："江南之茶，唐人首称阳羡，宋人最重建州；于今贡茶，两地独多。"《金瓶梅》写吴月娘烹江南凤团芽茶，盖喻西门庆家豪华奢侈无比。

茶的饮用方法，到《金瓶梅》时代，一般都以冲泡为主，如第二回，王婆自称：开茶坊，"卖了一个泡茶"；但有时候也烹煮。直到清代初期，才只泡不烹。刘献廷在《广阳杂记》中说："古时之茶，曰煮，曰烹，曰煎；须汤如蟹眼，茶味方中。今之茶惟用沸汤投之，稍着火即色黄而味涩，不中饮矣。乃知古今之法亦自不同也。"《金瓶梅》正写于烹煮法向冲泡法的转换期。

但是，《金瓶梅》里吃泡茶有一个特点，就是很少看到他们喝清茶，却要掺入干鲜果、花卉之类作为茶叶的配料，然后沏入滚水，吃的时候将这些配料一起吃掉，而且配料有二十余种之多。这种风俗都有文献资料可证，试举例如下：

胡桃松子泡茶（第三回）：把胡桃肉、松子和茶放在一起冲泡，古代素来有此吃法。《云林遗事》载："倪元镇素好饮茶，在惠山中，用核桃、松子肉和粉成小块如石状，置茶中，名曰'清泉白石茶'。"

福仁泡茶（第七回）：福仁，当指福建的经过加工的橄榄，俗称福果。福果仁可以泡茶，见于明顾元庆《茶谱·择果》，详见下文。

蜜饯金橙子泡茶（第七回）：金橙子，又称"广柑""广橘"，主要产于两广。果实呈球状，色金黄，皮较厚，味甜酸，《广群芒谱》云："（橙）可蜜煎，可糖制为橙丁，可合汤待宾客，可解宿酒速醒。""蜜饯金橙子泡茶"当指蜜渍橙丁掺入茶中，另一说，金橙子指金柑，亦可通。

盐笋芝麻木樨泡茶（第十二回）：盐笋应是盐笋干。茶中放盐，在唐宋二代较为风行，明代仍有此俗。明张萱《耀疑》云："有友人尝为余言，楚之长沙诸郡，今茶犹用盐、姜，乃为敬客，岂亦古人遗俗耶？"芝麻入茶，很多地方都有此吃法。《玉塵新谭·芝麻通鉴》云："吴俗，好用芝麻点茶。"木樨（桂花）点茶，见于《清稗类钞》。

果仁泡茶（第十三回）：果仁指杏仁、瓜仁、橄榄仁之类。明高濂《遵生八笺》："茶有真香，有佳味，有正色。烹点之际，不宜以珍果香草杂之。……若欲用之，所宜核桃、榛子、瓜仁、杏仁、榄仁、栗子、鸡头、银杏之类，或可用也。"

梅桂泼卤瓜仁泡茶（第十五回）：梅花、桂花、玫瑰入茶，古有此法。顾元庆《茶谱》云："木樨、茉莉、玫瑰、蔷薇、兰蕙、橘花、栀子、木香、梅花，皆可作茶。诸花开时，摘其半含半放蕊之香气全者，量其茶叶多少，摘花为茶。花多则太香而脱茶韵，花少则不香而不尽美。三停茶叶一停花，始称。"此处"梅桂泼卤"，疑指玫瑰酱之类的玫瑰制品。瓜仁，即瓜子仁。

榛松泡茶（第三十一回）：榛，即榛子，形似小栗，味亦如栗子；另有一种榛子，作胡桃味，主要产于辽东山谷。松，即松子。榛松可以泡茶，也见于《茶谱·择果》。

咸樱桃泡茶（第五十四回）：咸樱桃当指盐渍的樱桃，其味咸酸。以咸樱桃入茶，也属于点茶用盐一类。

木樨青豆泡茶（第三十五回）：青豆是剥出来的毛豆或蚕豆，咸味。《清稗类钞·茗饮时食盐姜莱菔》："长沙茶肆，凡饮茶者既入座，茶博士即以小碟置盐姜、莱菔各一二片以飨客。……又有以盐姜、豆子、芝麻置于中者，曰芝麻豆子茶。"

木樨芝麻熏笋泡茶（第三十四回）：笋干泡茶，见于《茶谱·择果》，此处"熏笋"，当指经过烟熏的笋干片。

瓜仁、栗丝、盐笋、芝麻、玫瑰泡茶（第六十八回）：栗丝是栗子切成丝。玫瑰泡茶，又见于《清稗类钞·以花点茶》："花点茶之法，以锡瓶置茗，杂花其中，隔水煮之。一沸即起，令干。将此点茶，则皆作花香。梅、兰、桂、菊、莲、茉莉、玫瑰、蔷薇、木樨、橘诸花皆可。"又《清稗类钞·玫瑰花点茶》则云："玫瑰花点茶者，取未化之燥石灰，研碎铺坛底，隔以两层竹纸，置花于纸，封固。俟花间湿气尽收，极燥，取出花，置于净坛，以点茶，香色绝美。"

土豆泡茶（第七十三回）：此处的"土豆"是指土芋。《广群芳谱》引《本草》曰："土芋一名土豆，一名土卵，一名黄独。蔓生，叶如豆根，圆如卵，肉白皮黄，可灰汁煮食，亦可蒸食，解诸药毒，生研水服，吐出恶物。"土豆泡茶，未见著录。但《茶谱》中载，山药、茼蒿可以泡茶，那么土豆也可以泡茶当是题中应有之义。

芫荽芝麻茶（第七十五回）：芫荽，俗称香菜。茎叶作蔬菜，生熟俱可食，气香令人口爽。芫荽入茶，未见前人记载，但葱、姜、薄荷入茶，则见陆羽《茶经》。又，芹菜入茶，见《金陵岁时记》："盐渍白芹菜，杂以松子仁、胡桃仁、荸荠，点茶，谓之'茶泡'。客至则与欢喜团及果盒同献。"

姜茶（第七十一回）：根据小说描写，此处的姜茶，似指姜片熬煎后放入红糖的姜汤，是冬天御寒的饮料。一说用姜片和茶叶一起熬煎，叫作姜茶，是古代的一种饮茶习惯。《东坡志林·用姜》："唐人煎茶用姜，故薛能诗云：'盐损添常戒，姜宜煮更夸。'据此，则又有用盐者矣。近世有用此二物者，辄大笑之。然茶之中等者，若用姜煎，信佳也。盐则不可。"煎茶用姜的习惯，实际上在明清二代仍在某些地方流行，参见"木樨青豆泡茶"条。

芝麻、盐笋、栗系、瓜仁、核桃仁、春不老、海青、拿天鹅、木樨玫瑰泼卤、六安雀舌芽茶（第七十二回）：明代人饮茶固有在茶中掺入花片、果品、果仁、蜜饯、笋、豆等杂物的习惯，但此处罗列十余种食物投入茶中，成为一盏大杂烩，这恐怕是夸张游戏之笔。"栗系"系"粟丝"之误。"春不老"是一种咸菜，即雪里蕻；"海青"似指青橄榄；"拿天鹅"似指白果。这道茶，甜咸酸涩，诸味俱全，不知如何喝法？

综观《金瓶梅》中所写的种种以花、果、笋、豆等物掺入泡茶的情况，应该说，这都是当时的社会风尚，并非杜撰；不过有些地方，小说略有夸饰，借以形容西门庆家富贵无比而已。我们且看西门庆家的茶具，非金即银，却缺少古玩名器，这也是暴发户家的特点。但茶具中常常写道"银杏叶茶匙""金杏叶茶匙"，这种茶匙有什么用途呢？原来，茶匙既可以撩拨漂浮在水面上的茶叶，又可以捞取茶水中的果品、果仁、笋、豆之类的食品，一起吃下。这也说明，茶匙盛行，与果品点茶之风有关。

果品点茶，在官场新贵、市井商人中最为流行。明代小说《清平山堂话本·快嘴李翠莲记》中写道："此茶唤作阿婆茶……两个初煨黄栗子，半抄新炒白芝麻，江南橄榄连皮核，塞北胡桃去壳祖。"但在真正懂得茶味茶韵的文人雅士中，却对此持否定态度。顾元庆《茶谱·择果》云："茶有真香，有佳味，有正色，烹点之际，不宜以珍果香草杂之。夺其香者，松子、柑橙、杏仁、莲心、木香、梅花、茉莉、蔷薇、木樨之类是也；夺其味者，牛乳、番桃、荔枝、圆眼、水梨、枇杷之类是也；夺其色者，柿饼、胶枣、火桃、杨梅、橙橘之类是也。凡饮佳茶，去果方觉清绝，杂之则无辨矣。若必曰所宜，核桃、榛子、瓜仁、藻仁、菱米、榄仁、栗子、鸡豆、银杏、山药、笋干、芝麻、莒蒿、莴苣、芹菜之类，精制或可用也。"这才是饮茶行家的经验之谈。

目前，在我国汉族地区，这种果品泡茶的风俗几乎濒临绝迹，唯有江浙有些地区新年春节期间接待客人，在茶中放置两枚青橄榄和金橘，叫作"元宝茶"，以取吉利之意。但在少数民族地区，此种遗风流韵仍相当普遍。如藏族和云南纳西族同胞吃"酥油茶"，就要放核桃肉、花生米、盐巴或糖，湘西、黔东地区汉、瑶、壮、苗族的"擂茶""打油茶"，要放花生、芝麻、豆类、葱以及其他副食品。云南白族同胞的"三道茶"中，则放红糖、核桃仁、花椒、蜂蜜等物。湖北鄂西土族同胞的"油茶汤"，也放姜、盐、大蒜、胡椒等。我曾在宁夏工作二十一年，亲眼见过回族同胞习惯于喝糖茶，就是用砖茶、红糖、枸杞、桂圆、红枣、胡桃肉合在一起熬成的，据说这对高寒地区吃惯牛羊肉的人身体有益。总之，各地根据不同情况，这种以果品点茶的风俗习惯还会继续流传下去。即使在汉族地区，新生一代的饮茶者也可能对此种"八宝茶"有兴趣，所以我撰写此文，以供专家学者参考。

（原载《茶报》，1995 年第 1 期）

茶禅闲话

葛兆光

古人以禅意入诗入画，尝有"诗禅""画禅"之称，似无"茶禅"之名，东瀛有"茶道"（Teaism）一词，其意乃"茶道"，我这里杜撰个"茶禅"，并非立异争胜，只不过古时大德嗜茶者多，说公案，斗机锋，常常有个"茶"字存，故生老婆心入文字禅，也在"茶"与"禅"两边各拈一些子花絮，凑合成几则茶不茶、禅不禅的话头，在题内说几句题外的闲言语罢了。

一、文人吃茶

文人吃茶，比不得四川人泡茶馆，也比不得广东人吃早茶。蜀中茶馆烟雾蒸腾，茶博士吆喝声与茶客们聊天声沸反盈天，热闹自是热闹，却不静；粤乡茶楼气味浓郁，肉包子、小烧麦、甜点心外加肉粥、皮蛋粥香气袭人，美味固然美味，却不清。更何况在香瓜子、花生米、唾沫星子、一氧化碳的左右夹攻下，茶成了配角，名曰吃茶，茶却成了点缀、借口、漱口水或清肠汤。而文人吃茶，却是真的吃茶，而文人吃茶中要紧的有两个大字：清、闲，这"清""闲"二字中便有个禅意在。

口舌之味通于道，这是一句老话。中国文人雅士素来看重一个"清"字，然而，若问什么唤作"清"，却颇有些搅不清、拎不清、说不清，只能勉强借了禅宗六祖能大师的四个字，唤作"虚融淡泊"，若有人打破砂锅问什么又是"虚融淡泊"，便只能粗略地说，大凡举止散淡、性格恬淡、言语冲淡、色彩浅淡、音声闲淡及味道清淡者皆可归入此类称作"清"，即老子所云"见素抱朴"，佛陀所云："淡泊宁静"，下一赞语则为"雅"。反之则唤作"浊"，如一身大红大紫花团锦簇披锦挂银，便是暴发的财佬而不是清贫的高士，甜腻秽浊满口胡柴，便是泼妇土鳖市井无赖而不是洁身自爱的君子，钻营入世情欲十足，则是穷酸腐儒小人之辈而算不得孤傲清高的智人，口嗜油腥荤膻如红烧肉、涮羊肉、烤乳猪之类，则只是久饥的老饕而不是入雅士之列的文人，下一字贬词，则唤作"俗"。槛内之人如是，槛外之人亦如是，清人龚炜《巢林笔谈》卷一曾记有一寺庙"盆树充庭，诗画满壁，鼎樽盈案"，而寺中老僧"盛服而出，款曲之际夸示交游，侈陈朝贵"，便下了一句断语说："盖一俗僧也"，而《居士传》卷十九《王摩诘传》记唐代诗人王维"斋中无所有，唯药铛、茶臼、经案、绳床而已"，则暗示他清雅之极无半分浊气，这雅俗之分正在其清浊之间，而这清浊之分则内在其心净与不净，外在其言行举止淡与不淡之间，这雅、清、淡正是六祖能大师所谓"虚融淡泊"，也正是神会和尚所谓"不起心，常无相清净"，习禅修道者不可不识这一"清"字，亦不可不辨那一个"浊"字。禅家多"吃茶"，正在于水乃天下至清之物，茶又为水中至清之味，文人追求清雅的人品与情趣，便不可不吃茶，欲入禅体道，便更不可不吃茶，吃好茶。所谓"好茶"，依清代梁章钜《归田琐记》卷七，并非在其香，而是在其清，"香而不清，则凡品也"，大概不是千儿八百一斤的"碧螺春""君山银针"，至少也得是清明时节头道摘来一叶一芽的"龙井"之类，而北方人惯啜的

"香片儿"，过香而不清，南方人惯啜的"工夫茶"，过浓而不清，但难以入"清茗"之品而只能算解油腻助消化的涤肠之汤了。

得一"清"字，尚需一个"闲"字。若一杯清茗在手却忙不迭地灌将下肚，却又无半点雅致禅趣了。《巢林笔谈续编》卷下云："炉香烟袅，引人神思欲远，趣从静领，自异粗浮。品茶亦然。"故品茶又须有闲，闲则静，静则定，对清茗而遐思，啜茶汁而神清，于是心底渐生出一种悠然自乐的恬恬之情来，恰如宋释德洪《山居》诗中所云："深谷清泉白石，空斋荣几明窗，饭罢一瓯春露，梦成风雨翻江"，吃茶闲暇之中，世间烦恼、人生苦乐、政坛风云乃至什么油盐酱醋柴米，都付之爪哇国去，剩在齿颊间心胸里的只是清幽淡雅的禅意，此时若更配以上佳的茶灶茶具，置身于静室幽篁之中，则更不沾半点浊俗之气，故明人张岱《陶庵梦忆》卷三云雪兰茶须禊泉水、敞口瓶，方能"色如竹箨方解，绿粉初匀"，如百茎素叶同雪涛并泻，而闵汶水茶更须千里惠泉，于明窗净几间取荆溪壶、成宣窑瓷瓯，"方成绝妙"，而《遵生八笺》亦云茶寮应傍书斋，焚香饼，方可供"长日清淡，寒宵兀坐"，这自是深得三昧语。如此既清且闲的饮茶，又岂止在于"解荤腥，涤齿颊"，直在茶中品出禅味来也！所以知堂老人《吃茶》说得最妙："喝茶当于瓦屋纸窗下，清泉绿茶，用素雅的陶瓷茶具，同二三人共饮，得半日之闲，可抵十年尘梦。"这便是文人吃茶。反之，若粗茶大碗，喧喧闹闹，一阵鲸吸长虹，牛饮三江，便不入清品，更不消说有什么茶禅之趣，借妙玉的话说，这不是"解渴"，怕便是饮牛饮骡了。

二、和尚家风

《五灯会元》卷九资福如宝禅师条下载："问：如何是和尚家风？师曰：饭后三碗茶。"

饭后饮茶，依清人《饭有十二合说》，自是"解荤腥，涤齿颊，以通利肠胃"的良方。只是记得《红楼梦》第三回"托内兄如海荐西宾接外孙贾母惜孤女"中说到黛玉到得贾府，"饭毕，各有丫鬟用小茶盘捧上茶来，当日林家教女以惜福养身，每饭后必过片时方吃茶，不伤脾胃……接了茶，又有人捧过漱盂来，黛玉也漱了口，又盥手毕，然后又捧上茶来——这方是吃的茶。"不由得暗暗替和尚担了一份心思：这和尚饭毕便三碗茶，会不会"伤了脾胃"？想来和尚的碗，不是那成窑宣窑里小巧玲珑的盅子，不是文人用的上盖下托的盖碗，也不是妙玉斟茶酬宝黛二人的什么"点犀""瓟斝"，只怕是粗憨的大海碗；和尚的茶，也不是那春露煎就的清明茶，也不是妙玉以冬雪泡就的老君眉，也不是《儒林外史》里林慎卿们用雨水煨的六安毛尖，只怕是比红毛法兰西绿茶还要厉害的老边梗子茶。那三碗茶下肚，景阳冈是能过，但僧寮里吃的那三碗青菜两碗米饭，怕就灰飞烟灭无影无踪了，若连肠里隔年储下的陈板老油也洗下个三两二两去，茶毕静坐，肚中翻起波澜，腹间奏起鼓乐，一片翻江倒海，四周金花乱并，不知又如何定下心来打禅！一日读清人笔记《两般秋雨盦随笔》卷六，云和尚之言有"但愿鹅生四脚，鳖着两裙""狗肉锅中还未烂，伽蓝更取一尊来"，有"混沌乾坤一壳包，也无皮骨也无毛，老僧带尔西天去，免在人间受一刀"，心下恍然有悟，原来和尚早有"酒肉穿肠过，佛祖心中坐"之传统，如此鹅蹼、鳖裙、狗肉、鸡蛋一通大嚼，岂不似鲁提辖山下归来？三碗茶下去，自是心清神定，正好坐禅，静默中细回味腹股间的馥郁浓香，齿颊间的茶叶清香，好不快活如涅槃上了极乐世界？后又阅仰山慧寂禅师语录，有偈语云："滔滔不持戒，兀兀不坐禅，酽茶两三碗，意在镬头边"，方才彻底醒悟，原来"和尚家风"，并不持戒，又不坐禅，如此，又何惧什么三碗两盏酽茶！

三、赵州吃茶去

一人新到赵州禅院，赵州从谂问："曾到此间吗？"答："曾到。"师曰："吃茶去！"又问一僧，答曰："不曾到。"师又曰："吃茶去！"后院主问："为什么曾到也云'吃茶去'，不曾到也云'吃茶去'？"师唤院主，院主应诺，师仍曰："吃茶去！"

唤人"吃茶去"，古今大德猜疑纷纷，只云玄机深奥，无迹可求，故后世禅师多照猫画虎，依葫芦刻瓢，像杨歧方会，一而云"更不再勘，且坐吃茶"，再而云"败将不斩，且坐吃茶"，三而云"拄杖不在，且坐吃茶"，全不顾赵州"吃茶去"本义，直是狗尾续貂，佛头着粪。今来妄解一番，也不知是真的大意，还是画蛇添足，若是郢书燕说，也不枉揣摩一番的苦心。赵州吊诡，古今一词，偏偏此三字内更不曾捉迷藏，打哑谜，"吃茶去"便是"去吃茶"，并无多深意在，既不像清人抬起茶碗暗示送客，亦不像今人倒下茶来便是待客。

禅家讲三个字，唤作"平常心"，何谓"平常心"？即澹泊自然，困来即眠，饥来即食，不必百般须索，亦不必千番计较；禅家又讲两个字，唤作"自悟"，何谓"自悟"，即不假外力，不落理路，全凭自家感悟，忽地心华开发，打通一片新天地。唯是平常心，方能得清净心境，唯是有清净心境，方可自悟禅机，曾来此间与未来此间又有什么分别？偏偏要说"是"道"非"，岂不落了言筌理窟？有问必答，答必所问，如猎犬嗅味而至，钟磬应击而响，全不是自家的平常心，也不是自家的悟性，却像是被人牵着鼻子套上缰，若是这般迷执汉，自家心觅不见，自家事不知做，不唤你去吃茶又唤你去做什么？一碗清茶又不是饱肚之食，又不是泻腹之药，亦无人给你斟，须自家拿碗，自家倒茶，自家张嘴，清且苦，苦且清，若在吃茶中体味出淡泊自然、自心是佛之意，岂不远胜于回头转脑四处投师东问西问？故赵州云："吃茶去！"黄龙慧南《赵州吃茶》说得好：

相逢相问知来历，不拣亲疏便与茶。翻忆憧憧往来者，忙忙谁辨满瓯花。

既问来历，为何又不拣亲疏？既不拣亲疏，又何必问来历？答得出者，免去生死往来轮转周流，答不出者，且去一边坐下吃茶！

（原载《读书》，1990 年 5 月号）

上海的茶楼

郁达夫

茶，当然是中国的产品。《尔雅》释"槚"为"苦荼"，早采为茶，晚采为茗。《茶经》分门别类，一曰茶，二曰槚，三曰蔎，四曰茗，五曰荈。《神农食经》，说茗茶宜久服，令人有力悦志。华佗《食论》，也说"苦荼久食，益意思"。因此中国人，差不多人人爱吃茶，天天要吃茶；柴米油盐酱醋茶，已将茶列入了开门七件事之一，为每人每日所不能缺的东西。

外国人的茶，最初当然也系由中国输入的奢侈品，所谓梯，泰（Tea，The'）等音，说不定还是闽粤一带，土人呼茶的字眼。

日记大家 Pepys 头一次吃到茶的时候，还娓娓说到它的滋味性质，大书特书，记在他的那部宝贵的日记里。外国人尚且推崇得如此，也难怪在出产地的中国，遍地都是卢仝、陆羽的信徒了。

茶店的始祖，不知是哪个人，但古时集社，想来总也少不了茶茗的供设；风传到了晋代，嗜茶者愈多，该是茶楼酒馆的极盛之期。以后一直下来，大约世界越乱，国民经济越不充裕的时候，茶店的生意也一定越好。何以见得？因为价廉物美，只消有几个钱，就可以在茶楼住半日，见到许多友人，发些牢骚，谈些闲天的缘故。

上面所说的，是关于茶及茶楼的一般的话；上海的茶楼，情形却有点儿不同，这原也像人口过多，五方杂处的大都会中常有的现象，不过在上海，这一种畸形的发达更要使人觉得奇怪而已。

上海的水陆码头，交通要道，以及人口密集的地方的茶楼，顾客大抵是帮里的人。上茶馆里去解决的事情，第一是是非的公断，即所谓吃讲茶；第二是拐带的商量，女人的跟人逃走，大半是借茶楼为出发地的；第三，总是一般好事的人去消磨时间。所以上海的茶楼，若没这一批人的支持，营业是维持不下去的，而全上海的茶楼总数之中，以专营这一种营业的茶店居五分之四；其余的一分，像城隍庙里的几家，像小菜场附近的有些，总是名副其实，供人以饮料的茶店。

譬如有某先生的一批徒弟，在某处做了一宗生意，其后更有某先生的同辈的徒弟们出来干涉了，或想分一点肥，或是牺牲者请出来的调人，或者竟系在当场因两不接头而起冲突的诸事件发生之后，大家要开谈判了，就约定时间，约定伙伴，一家上茶馆里去。这时候，聚集的人，自然是愈多愈好，文讲讲不下来，改日也许再去武讲的，比他们长一辈的先生们，当然要等到最后不能解决的时候，才来上场。这些帮里的人，也有着便衣的巡捕，也有穿私服的暗探，上面没有公事下来，或牺牲者未进呈子之先，他们当然都是那一票生意经的股东。这是吃讲茶的一般情形，结果大抵由理屈者方面惠茶钞，也许更上饭馆子去吃一次饭都说不定。至于赎票、私奔，或拐带等事情的谈判，表面上的当事人人数自然还要减少；但周围上下，目光炯炯，侧耳探头，装作毫不相干的神气，或坐或立地埋伏在四面的人，为数却也决不会少，不过是紧急事情不发生，他们就可以不必出来罢了。从前的日升楼，现在的一乐天、全羽居、四海升平楼等大茶馆，家家虽则都有禁吃讲茶的牌子挂在那里，但实际上顾客要吃起讲茶来，你又哪里禁止得他们住。

除了这一批有正经任务的短帮茶客之外，日日于一定的时间来一定的地方做顾客的，才是真正的卢仝、陆羽们。他们大抵是既有闲而又有钱的上海中产的住民；吃过午饭，或者早晨一早，他们的双脚，自然往熟的地方走。看报也在那里，吃点点心也在那里，与日日见面的几个熟人谈推背图的人实现，说东洋人打仗，报告邻右一家小户人家的公鸡的生蛋也就在那里。

物以类聚，地借人传，像在跑马厅的附近，顾客的性质与种类自然又各别了。上海的茶店业，既然发达到了如此的极盛，自然，随茶店而起的副业，也要必然地滋生出来。第一，卖烧饼、油包，以及小吃品的摊贩，当然，城隍庙境内的许多茶店，多半是或系弄古玩，或系养鸟儿，或者也有专喜欢听说书的专家茶客的集会之所。像湖心亭，春风得意楼等处，虽则并无专门的副作用留存着在，可是有时候，却也会集茶客的大成，坐得济济一堂，把各色有专门嗜好的茶人尽吸在一处的。

至如，有女招待的吃茶处，以及游戏场的露天茶棚之类，内容不同是等于眉毛之于眼睛一样，一定是家家茶店门口或近处都有的。第二，卖假古董小玩意的商人；你只要在热闹市场里的茶楼坐他一两个钟头，像这一种小商人起码可以遇到十人以上。第三，算命，测字，看相的人。第四，这总算是最新的一种营业者，而数目却也最多，就是航空奖券的推销者。至如卖小报，拾香烟蒂头，以及糖果香烟的叫卖人等，都是这一游戏场中所共有的附属物，还算不得上海茶楼的一种特点。

还有茶楼的夜市，也是上海地方最著名的一种色彩。小时候在乡下，每听见去过上海的人，谈到四马路青莲阁四海升平楼的人肉市场，同在听天方夜谭一样，往往不能够相信。现在因国民经济破产，人口集中都市的结果，这一种肉阵的排列和拉撕的悲喜剧，都不必限于茶楼，也不必限于四马路一角才看得见了，所以不谈。

（原载《良友画报》第112期，1935年12月）

茶在英国

萧乾

中国人常说，好吃不如饺子，舒服不如躺着。英国人在生活上最大的享受，莫如在起床前倚枕喝上一杯热茶。20世纪40年代在英国去朋友家度周末，入寝前，主人有时会问一声：早晨要不要给你送杯茶去？

那时，我有位澳大利亚朋友——著名男高音纳尔逊·伊灵沃茨。退休后，他在斯坦因斯镇买了一幢临泰晤士河的别墅。他平生有两大嗜好：一是游泳，二是饮茶。游泳，河就在他窗下。为了清早一睁眼就能喝上热茶，他在床头设有一套茶具，墙上安装了插座。每晚睡前他总在小茶壶里放好适量茶叶，小电锅里放上水。一睁眼，只消插上电，顷刻间就沏上茶了。他非常得意这套设备。他总是一边啜着，一边哼起什么咏叹调。

从"二战"的配给，最能看出茶在英国人生活中的重要性。英国一向倚仗有庞大帝国，生活物资大都靠船队运进。1939年9月宣战后，纳粹潜艇猖獗，英国商船在海上要冒很大风险，时常被鱼雷击沉。因此，只有绝对必需品才准运输（头六年，我就没见过一只香蕉）。然而在如此艰难的情况下，居民每月的配给还包括茶叶一包。在法国，咖啡的位置相当于英国的茶。那里的战时配给品中，短不了咖啡。1944 年巴黎解放后，我在钱能欣兄家中喝过那种"战时咖啡"，实在难以下咽。据说是用炒橡皮籽磨成的！

然而那时英国政府发给市民的并不是榆树叶，而是真正在锡兰（今斯里兰卡）生产的红茶。只是数量少得可怜，每个月每人只有二两。

我虽是蒙古族人，一辈子过的却是汉人生活。初抵英伦，我对于茶里放牛奶和糖，很不习惯。茶会上，女主人倒茶时，总要问一声："几块方糖？"开头，我总说："不要，谢谢。"但是很快我就发现，喝锡兰红茶，非加点糖奶不可。不然的话端起来，那茶是涨紫色的，仿佛是鸡血。喝到嘴里则苦涩得像是吃未熟的柿子。所以锡兰茶亦有"黑茶"之称。

那些年想喝杯地道的红茶（大多是"大红袍"），就只有去广东人开的中国餐馆。至于龙井、香片，那就仅仅在梦境中或到哪位汉学家府上去串门，偶尔可以尝到。那绿茶平时他们舍不得喝。待来了东方客人，才从橱柜的什么角落里掏出。边呷着茶边谈论李白和白居易。刹那间，那清香的茶水不知不觉把人带回到唐代的中国。

作为一种社交方式，我觉得茶会不但比宴会节约，也实惠并且文雅多了。首先是那气氛。朋友相聚，主要还是为叙叙旧，谈谈心，交换一下意见。宴会坐下来，满满一桌子名酒佳馔往往压倒一切。尤其吃鱼，为了怕小刺扎入喉间，只能埋头细嚼慢咽。这时，如果太讲礼节，只顾了同主人应对，一不当心，后果真非同小可！我曾多次在宴会上遇到很想与之深谈的人，而且彼此也大有可聊的，怎奈桌上杯盘交错，热气腾腾，即便是邻座，也不大谈得起来。倘若中间再隔了数人，就除了频频相互举杯，遥遥表示友好之情外，实在谈不上几句话。我尤其怕赴闹酒的宴会：出来一位打通关的勇将，摆起擂台，那就把宴请变成了灌醉。

茶会则不然。赴茶会的没有埋头大吃点心或捧杯牛饮的，谈话成为活动的中心。主持茶会真可说是一种灵巧的艺术。要既能引出大家共同关心的题目，又不让桌面胶着在一个话题上。待一个问题谈得差不多时，主人会很巧妙地转换到另一个似是相关而又别一番天地的话料儿上，自始至终能让场上保持着热烈融洽的气氛。茶会结束后，人人仿佛都更聪明了些，相互间似乎也变得更为透明。在茶会上，既要能表现机智风趣，又忌讳说教卖弄。茶会最能使人觉得风流倜傥，也是训练外交官的极好场地。

英国人请人赴茶会时发的帖子最为别致含蓄。通常只写：

某某先生暨夫人

将于某年某月某日下午某时

在家

既不注明"恭候",更不提茶会。萧伯纳曾开过一次玩笑。当他收到这样一张请帖时,他回了个明信片,上书:

萧伯纳暨夫人

将于某年某月某日下午某时

也在家

英国茶会上有个规矩:面包点心可以自取,但茶壶却始终由女主人掌握(正如男主人对壁炉的火具有专用权)。讲究的,除了茶壶之外,还备有一罐开水。女主人给每位客人倒茶时,都先问一下"浓还是淡"。如答以后者,她就在倒茶时,兑上点开水。放糖之前,也先问一声:"您要几块?"初时,我感到太啰唆。殊不知这里包含着对客人的尊重之意。

我在英国还常赴一种很实惠的茶会,叫作"高茶"。实际上是把茶会同晚餐连在一起。茶会一般在四点至四点半开始,高茶则多在五点开始。最初,桌上摆的和茶会一样,到六点以后,就陆续端上一些冷肉或炸食。客人原座不动,谈话也不间断。我说高茶"很实惠",不但指吃的样多、量大,更是指这样连续四五个小时的相聚,大可以海阔天空地足聊一通。

茶会也是剑桥大学师生及同学之间交往的主要场合,甚至还可以说它是一种教学方式,每个学生都各有自己的导师。当年我那位导师是戴迪·瑞兰兹,他就经常约我去他寓所用茶。我们一边饮茶,一边就讨论起维吉尼亚·伍尔夫或戴维·赫·劳伦斯了。那些年,除了同学互请茶会外,我还不时地赴一些教授的茶会。其中有经济大师凯因斯的高足罗宾逊夫人和当时正在研究中国科学史的李约瑟,以及20世纪20年代到中国讲过学的罗素。在这样的茶会,还常常遇到其他教授。他们记下我所在的学院后,也会来约请。人际关系就这么打开了。然而当时糖和茶的配给,每人每月就那么一丁点儿,还能举行茶会吗?

这里就表现出英国国民性的两个方面。一方面是顽强:尽管四下里丢着卐字号炸弹,茶会照样举行不误;正如位于伦敦市中心的国家绘画馆也在大轰炸中照常举行"午餐音乐会"一样。这是在精神上顶住希特勒淫威的表现。另一方面是人际关系中讲求公道。每人的茶与糖配给既然少得那么可怜，赴茶会的客人大多从自己的配给中捏出一撮茶叶和一点糖，分别包起，走进客厅，一面寒暄，一面不露声色地把自己带来的小包包放在桌角。女主人会瞟上一眼，微笑着说："您太费心啦！"

关于中国对世界的贡献，经常被列举的是火药和造纸。然而在中西交流史上，茶叶理应占有它的位置。

茶叶似乎是17世纪初由葡萄牙人最早引到欧洲的。1600年英国茶商托马斯·加尔威写过《茶叶和种植、质量与品德》一书。英国的茶叶起初是东印度公司从厦门引进的。1677年，共进口了五千磅。17世纪40年代，英人在印度殖民地开始试种茶叶。那时可能就养成了在茶中加糖的习惯。1767年，一个叫作阿瑟·扬的人，在《农夫书简》中抱怨说，英国花在茶与糖上的钱太多了，"足够为四百万人提供面包"。当时茶与酒的消耗量已并驾齐驱。1800那年，英国人消耗了十五万吨糖，其中很大一部分是用在饮茶上的。

17世纪中叶，英国上流社会已有了饮茶的习惯。以日记写作载入英国文学史的撒姆尔·佩皮斯在1660年9月25日的日记中做了饮茶的描述。当时上等茶叶每磅可售到十英镑——合成现在的英镑，不知要乘上几十几百倍了。所以只有王公贵族才喝得起。随着进口量的增加，茶变得普及了。1799年，一位伊顿爵士写道："任何人只消走进米德尔塞克斯或萨思郡（按：均在伦敦西南）哪家贫民住的茅舍，都会发现他们不但从早至晚喝茶，而且晚餐桌上也大量豪饮。"（G. M. 见特里维林《英国社会史》）

茶叶还成了美国人抗英的独立战争的导火线。这就是历史上有名的"波士顿事件"。1773年12月16日，美国市民愤于英国殖民当局的苛捐杂税，就装扮成印第安人，登上开进波士顿港的英轮，将船上一箱箱的茶叶投入海中，从而点燃起独立运动的火炬。

咱们中国人大概很在乎口福，所以说起合不合自己的兴趣时，就用"口味"来形容。英国人更习惯用茶来表示。当一个英国人不喜欢什么的时候，他就说："这不是我那杯茶。"

18世纪以《训子家书》闻名的柴斯特顿勋爵（1694—1773年）曾写道："尽管茶来自东方，它毕竟是绅士气味的。而可可则是个痞子，懦夫，一头粗野的猛兽。"这里，自然表现出他对非洲的轻蔑，但也看得出茶在那时是代表中国文明的。以英国为精神故乡的美国小说家亨利·詹姆斯（1843—1916年）在名著《仕女画像》一书中写道："人生最舒畅的莫如饮下午茶的时刻。"

湖畔诗人柯勒律治（1875—1912 年）则慨叹道："为了喝到茶而感谢上帝！没有茶的世界真难以想象——那可怎么活呀！我幸而生在有了茶之后的世界。"

（1989 年 9 月 12 日）

（选自《萧乾文集》，浙江文艺出版社 1998 年版）

中山公园的茶座

谢兴尧

一

我在数月以前，作了一首打油诗，题为：《丙子元旦试笔步知堂老人自寿韵》，文是：

元旦试笔即不佳，开头便遇险韵裟，

本岁须妨牛角鼠，从今勿再虎头蛇；

命非贫贱因骨梗，文守朴拙忌肉麻，

编罢《逸经》作《逸话》，令人思念"稷园"茶。

的确，凡是到过北平的人，哪个不深刻地怀念中山公园的茶座呢？尤其久住北平的，差不多都以公园的茶座作他们业余的休憩之所或公共的乐园。有许多曾经周游过世界的中外朋友对我说：世界上最好的地方，是北平，北平顶好的地方是公园，公园中最舒适的是茶座。我个人觉得这种话一点也不过分，一点也不夸诞。因为那地方有清新而暖和的空气，有精致而典雅的景物，有美丽而古朴的建筑，有极摩登与极旧式的各色人等，然而这些还不过是它客观的条件。至于它主观具备的条件，也可说是它"本位的美"有非别的地方所能赶得上的，则是它物质上有四时应节的奇花异木，有几千年几百年的大柏树，每个茶座，除了"茶好"之外，并有它特别出名的点心。而精神方面，使人一到这里，因自然景色非常秀丽和平，可以把一切烦闷的思虑洗涤干净，把一切悲哀的事情暂时忘掉，此时此地，在一张木桌，一只藤椅，一壶香茶上面，似乎得到了极大的安慰。

二

中山公园的花，一年四季都有，但最伟大的要算这几天（四五月）的芍药和牡丹，与九月间的菊花，真是集中西的异种，可谓洋洋大观也哉。不仅种类众多，颜色复杂，并且占几亩地的面积，一眼望去，好像花海一般。北平以牡丹著名的，是城外古老的

"崇效寺"，是数百年来名流诗人借赏牡丹的吟憩之所，而他除了"年长"以外，（寺内的牡丹，其根茎有茶碗口大，据说是明朝的。）我以为远不如中山公园的多而好看。尤其是夏季的晚上，距花一二尺高，用铁丝挂着一排一排的红绿纱罩电灯，在光炬之下，愈显得花的娇艳，品茗之余，闲步一周，真是飘飘欲仙，再舒适没有的了。

闲言少说，书归正传，中山公园的茶座，虽共有五六处之多，但最闹热为人所注意的，则是园中间大路两旁的三家：春明馆、长美轩、柏斯馨这三家虽都是茶铺，他们的特点和性质，则彼此大大不同，这是本文所特别注意的。简单地说："春明馆"是比较旧式的，"长美轩"是新旧参半的，"柏斯馨"则纯粹摩登化的。所以有人说：这三个茶馆，是代表三个时代，即上古（春明馆）——中古（长美轩）——现代（柏斯馨），又有人说：这是父、子、孙三代，这些话都很对。由他们预备的东西，便可以证明出来，由他们各家的顾客，更可以表明出来。于是凡来吃茶的，先打量自己是哪一个时代的人物，然后再去寻找自己的归宿地，要是走错了路，或是不能认清时代，譬如说你本来是个旧式人物，便应该规规矩矩到"春明馆"去坐下，而你偏要"偷闲学少年"跑到"柏斯馨"去现代化；反过来你本是西装革履油头粉面十成十的摩登角色，你硬要"少年老成"一下，钻入"春明馆""老头票"里，无论是过之或不及，而同样的因为环境不适于生存，与空气的不相宜，都可以使"瞎碰"者感到踽踽的坐立不安，结果只好忍痛牺牲一角大洋的茶资迁地为良。否则多喝两杯茶也只好提前的"告辞了"。这三家中，"春明馆"与"柏斯馨"，在地理上和性质上，确乎是两极端，长美轩位于中间，可说是中和派，他的雇主多半是中年人或知识阶级。但柏斯馨的摩登少年，与春明馆的老太爷，同时也可以到这里来坐，唯其较中和，所以他的买卖比那两家兴旺些。

三

刚才我说由他们各家所预备的东西，便可知道他们所代表的时代，如古老的春明馆为使吃茶的人消遣留连起见，设置了好几副"象棋"和"围棋"，这是其余两家所没有的，每天都有好些人在那里很纯粹地消磨岁月。在茶馆里能有闲情逸致来从容下棋的，恐怕中年人没有这种"耐性"，少年人更不用说了。至于他们的点心，更是带着很浓厚的时代色彩，也是极明显的时代鸿沟，春明馆还是保持古色古香面目，是一碟一碟带着满清气味的茶食，如"山楂红""豌豆黄"之类；长美轩则维新进化了，好像是清末民初的派头，除了"包子""面食"外，碟子有"黄瓜子""黑瓜子"等；柏斯馨则十足洋化，上两家总是喝茶，它则大多数是吃"柠檬水""橘子水""冰激凌"

"啤酒"，他的点心也不是"茶食""包子""面"等，而是"咖喇饺""火腿面包"以及什么"礼拜六"，还有许多说不上来的洋名字。假若你叫六七十岁的人去喝柠檬水，叫一二十岁的小伙子去下象棋，不简直是受罪吗。

从他们的陈设和设置，我们不必进去，便可知道他们座上的人物。不消说春明馆当然是以遗老们为基本队伍，以自命风雅哼诗掉文的旧名士为附庸，在这儿品茶的，他们的态度，与坐茶座的时间，真可够得上"品"字。他们的年龄，若据新宪法的规定，每个都有做中华民国大总统的资格，因为起码都是四十岁往外的正气须生了。最特别的象征，便是这个范围里，多半是不穿马褂即穿背心，秃头而戴瓜皮小帽，很少有穿西服或穿皮鞋的。（固然穿西服当然要穿皮鞋。）长美轩是绅士和知识阶级的地盘，大半都是中年人，穿洋服、中装的均有，这个茶座可说是文化界的休息所。每天下午四点钟后，便看见许多下了课或下了班的"斯文人"，手里夹着皮包，嘴里含着烟卷，慢慢儿走到他天天所坐的地方，来解除他讲书或办事的疲乏。说到柏斯馨的分子，则比较复杂，但简单归纳说也不过指红男绿女两种人。其原因是一般交际花，和胡同里的姑娘都坐在这儿，于是以女性为对象的公子哥儿、摩登青年，也跟着围坐在这里。这个区域的空气特别馨香，情绪也特别热烈，各个人面部的表情，也是喜笑颜开，春风满面，不像前两个地方的客官，都带着暮气沉沉国难严重的样子。

四

这三个茶铺，便是中山公园最热闹的所在，不但空气清新，花草宜人，而又价廉物美。单吃茶每人只花一角钱，点心也大半一角钱一碟，长美轩是川黔有名的菜馆，但是几毛钱可以吃得酒醉饭饱，在旁处是办不到的。每逢"芍药开，牡丹放"的时节，或礼拜六、礼拜天的下午，总是满座，只见万头攒动，真是"人海微澜"。

这三个茶座，大家都喜欢它的，除了上面所说的理由外，还有两个附带的好处，第一是"看人"：它们中间的马路，乃前后门来往的人必经要道，你若是"将身儿坐在大道旁"的茶桌上，你可以学佛祖爷睁开慧眼静观世变；看见人世间一切的男男女女，形形色色，以及村的俏的，老的少的，她们（或他们）都要上你的"眼税"，四川的俗话叫作"堵水口子"，就是这个意思。第二是"会人"：在公园里会人，似乎讲不通，但是有些人自己不愿意去会他，而事实上又非会他不可，这只好留为公园里会的人了。大家在公园无意的碰面，既免除去拜会他的麻烦，同时事情也可以办好。一举两全，这是公园茶座最大的效用。

最后关于这三个地方的逸闻逸事，不可不附记于此。我在北平的时候，常想做一篇《中山公园茶座人物志》，我想这篇东西，或许可以做将来谈春明掌故者的小小参考。至少有人撰《续春明梦余录》时，是一定会把它收进去的。这三家茶铺，虽然茶座稠密，但地方究竟有限，凡是常去的人们，大半彼此都认识，最低面孔是互相熟悉的。这些天天去的，都得有"公园董事"雅号（实在不是董事）。据最近两年的统计，常在柏斯馨坐者，有前国立北平大学校长物理学专家夏元瑮先生。长美轩常去坐的，有已故画家王梦白和数理大家冯祖荀先生，你看他吃得醉醺醺的样子，手拿毛竹旱烟袋，穿着四季不扣纽子的马褂，东张西望，踱来遛去，谁也猜不出来他是位科学家。还有曾做过外交使臣的廖石夫和发明速记学的汪怡，差不多都天天来，也可说是这里的长买主。尤以廖翁健谈，因为他和孙宝琦很熟，对于"洪宪掌故"及外交秘闻，见闻极富，有时候高兴起来，天南地北，高谈阔论，真使围坐环听的人，乐而忘倦，甚至拍案叫绝。还是去年的夏天吧，我记得有一夜同他在茶座谈天，还有在《国闻周报》撰随笔的徐一士与其他诸人，因为谈得起劲，不觉直至夜午，全公园只剩下我们这一桌。这晚所谈的，是说他驻扎欧洲的时候，正值袁世凯执政，那时法国不知道因何事故，想有条件地将安南交还中国，一般外交使臣都认为是千载一时的机会，亟电政府报告。但结果出乎他们的意料之外，袁的复电，是不许收回安南，不久得到密令，说明其故，大意谓现在帝制尚未成功，粤桂滇黔，不少潜伏的革命势力，若此时收回，不啻增加革命党的力量，等将来帝制成功后，所有旧日"属地"，都要完全收回来的。像这种秘闻，只有在茶座上，才可以姑妄言之，姑妄听之。也可算是茶座的一种功效吧？常坐春明馆的，有已故诗人黄晦闻（节）先生，其他的许多老年人，可惜我不大认识。至于我，常去坐的是长美轩，去得最勤的，是民国廿年，那时骂胡适之先生的林公铎（损）先生尚在北平，他常邀我同去吃茶。还有两位也时常在长美轩茶座上的是钱玄同和傅斯年，不过他两人比较特别，总是独自一人，仰天而坐，不约同伴，不招呼人。而疑古老人并且声明在案，凡在公园里，是绝对不和友人周旋的，就是遇见朋侪，也熟视无睹。他的哲学是："逛公园本求清静，招呼人岂不麻烦。"这可算是"独乐"的实行者了。不过这个公园里很少见胡适之、周启明两位的踪迹，而北海公园间或可以看见他们，这当然是北海的景物比较自然而伟大的缘故。

1936 年 5 月，写于上海五知书屋

（选自《堪隐斋随笔》，辽宁教育出版社 1995 年版）

茶坊哲学

范烟桥

江浙之间多茶坊，大约还是南宋时始盛。一般人以为废时失业，就是吃茶人也自以为无聊消遣，可是据我观察，却大不其然，吃茶不能说完全无益，可以引"博弈犹贤"的话来解嘲。

譬如约朋友，不惯信守时间的中国人，往往约在上半天来访的，等到晚上还不见光降。倘然约在茶坊里，先到的可以品茗静待，不至枯坐寂寞。有时只约了甲，却连带会遇见了乙丙诸人，岂不便利。

苏州的茶坊，可以租看报纸，大报一份只需铜圆四枚，小报一份只需铜圆一枚，像现在报纸层出不穷，倘然多看几份，每月所费不赀，到了茶坊，费极少的钱，就可以看不少的报纸，岂不便宜合算。

还有许多新闻，是报纸所不载的，我们可以从茶客中间听到。尤其是在时局起变化的时候，可以听到许多足供参考的消息，比看报更有益。单就吴苑讲，有当地的新闻记者，有各机关的职员，他们是很高兴把得到的比较有价值的消息，公开给一般茶客的。

茶坊又是常识的供应所，因为茶客品类复杂，常有各种专门的经验，在谈话时发挥出来。我们平时要费掉许多工夫才能知道的，在茶坊可以不劳而获。所以图书馆是百科大学，茶坊是活的图书馆。

茶客的品性，当然各如其面，至不一律，倘若以人为鉴，可以增进我们的道德。譬如吝啬的人，吃了几回茶，至少可以慷慨一些。迂执的人，吃了几回茶，至少可以旷达一些。

中国太缺少娱乐了，一天工作辛苦，没有片刻的娱乐，精神上何等苦痛。像都市里，只有赌、嫖、烟等有害无益的消遣，非但不能得到安慰，反而增加了烦恼。至于吃茶，那是绝对没有什么损害的。往往受了委屈，到了茶坊，和几个茶友谈天说地了好一回，顿时可以把苦闷全丢到爪哇国去。因为茶坊里除掉为了争执来吃讲茶的以外，大多数脸上总是浮起一点笑意的。

倘然要知道些市面，也不能不到茶坊里坐坐。这几天蟹卖多少钱一两？美丽牌香烟哪一家贱一个铜圆？哪里的牛奶最好？甚至什么地方有什么特产？这时候有什么时鲜东西？都能从茶客谈话中听到。尤其是商店大廉价，何种的确价廉物美？何种不过是欺人之术？听了可以不至上当吃亏。

再进一步说，尽有许多学问，也可以在茶坊中增进的。因为有许多学者，也常到茶坊里来的。像某字应作何音？某种应酬文字应如何称呼？某人的作品如何？某人的主义如何？某人最诚恳可以为友，某人最宏博可以为师，人物的衡鉴，也在茶客的嘴上。

现在的物质享用，可算得日新月异而岁岁不同了。时常有茶客，把新见到的器物，介绍给茶友，比走到商店里去采办，更多一点实验的机会。小而言之，可以知道什么牌子的东西来得经久耐用？怎样用法可以事半功倍？

至关重要的是一个问题的发生，倘然在自己家里一时不容易解决，可以到茶坊，和茶友去商榷。因为日常相见的茶友，总是很热忱的，很肯发表意见的。倘然身体上有些小毛病，要打听些"单方"，更是便当，几个茶客，可以凑成一部万宝全书的。

这个年头，正是多事之秋，吃官司是家常便饭，那么这个法律顾问，也可以向茶客中义务委任的。因为有许多律师，常到茶坊来休息，有什么问题，可以不费一文谈话费，而向他们请教的。

假使是失业者，没有门路可走，正宜常到茶坊，拣有势力有权威的茶友，和他接近。好在茶坊里是一切平等的，到他们家里，说不定要挡驾，到茶坊里，是不能避而不见的。即使此法不行，还有出路可寻。哪里正在物色何种人物？哪里快要辞去何人？何人和某公司接近？何人和某机关的头脑熟识？何项位置有多少薪水？何项职务最有进展希望？差不多职业指导所就在那里。

我不知道别处茶坊，有没有这种情形？可是我在苏言苏。凡是常到吴苑喝茶的，都能首肯，许为名言。至于证例，多不胜举，恕不絮聒了。

苏州人还有一个奇异的名词，唤作"茶馆上谕"。意思是说，茶坊里有一种不可思议的舆论，去比评一桩事件，比报纸的社论，法院的判决书，还要有力。某人说过，倘然袁世凯常到吴苑来听听茶馆上谕，决不会想做洪宪皇帝的。尽有十恶不赦的人，会给茶馆上谕申诉得服服帖帖的。因为十目所视，十手所指，他不能不内疚神明啊。

政客的论调，是偏激的，有背景。独有茶馆上谕是公平的，是没有作用的，所以在茶馆上谕里，可以保存一点真是非。

以上都是从好的一方面说，凡事有好必有坏，不过好坏还在自择，难道不吃茶的人，是不干坏事的吗？不过这些话，够不上称哲学，要请哲学家原谅的。

（原载《新上海》第4期，沪滨出版社1933年版）

茶馆

缪崇群

每个城市里都有茶馆，就是一个小小的村镇罢，杂货店尽可以阙如，而茶馆差不多是必备的。一个地方的形形色色，各种各样的荟萃，恐怕除了到茶馆去做巡礼之外，再也没有别的适当的所在了。

在南京，大人先生们吃咖啡和红茶的地方不算，听女人唱曲子，又叫你看她的脸蛋儿，又给你茶吃的地方也不在此数。我所说的就是在这条从古便有，而且到如今还四远驰名的秦淮河畔，夫子庙的左右，贡院的近边，一座一座旧式的建筑物，或楼，或台，或居，或阁，或园……都是有着斗大的字的招牌：有奇芳，有民众，有得月，有六朝……这些老的，道地地带着南京魂的茶馆。

喝茶，并不是我所好的一件事，不过这些古雅的招牌，确曾给我一种诱惑和玄想；如果有人对我说某爿茶馆里还留着一个当初朱洪武喝水用的粗大碗，或是某一个朝代御厨房里的破抹布，我都会相信而神往，即使买一张门票进去看看也无不可的。不过这与喝茶是截然的两回事，也许有一种考据癖的人，为考据考据某一块招牌的来历，馆主人的底细，竟走了进去泡一碗茶吃，那就不在此例了。

进茶馆的人，起码是要求一点自由自在的，像北京的茶馆里要贴上"莫谈国事"的红纸条子，那是一种限制，反过来说，也未必不是给人一种方便——国事者国是也，张三谈它，李四论它，混淆听闻，免不了捉将官里去，便惹得大家麻烦了。这里的茶馆倒没有"莫谈国事"的限制，不过走进门来，却常常碰见八个字：

本社清真，荤点不入。

其实，上茶馆的原无须谈什么国事；谈国事的差不多是老爷，老爷们又无须上茶馆了。上茶馆的如果只要不用荤点，那么在教的可以来，出家的也可以来了，大家都得着了方便。上面那八个大字，实际上恐怕还是以广招徕的一种作用罢。

茶，从早卖到天黑为止，客人总满座，并且像川流般的一刻也不停息。上午九十点钟和下午三四点钟的光景，茶馆简直成了蜂窝：那么多的蜂子向里头钻，又是那么多的蜂子朝外边拥。到了星期日便更热闹起来，如果用比喻，就只好说蜂群和蜂群打起仗来，蜂窝的情形你再想想看罢。

在我的最无聊的日子中，我有时也做了一个无头似的蜂子向外边飞，嗅着了那有着雪茄烟和粉脂香的"高贵"的地方连连打着嚏喷回来，撞着了窝一般的地方便把自己当作了他们的一员了。

听见了嗡嗡……不绝的声音以后，我不但觉得神情自由自在起来，而且立刻有些飘飘然了。坐定了，我看见壁上挂着两块横额：

竹炉汤沸

如听瓶笙

典故我懂得的极少，因为茶馆进了几回，对于这两块横额上的句子的意思和出处，仿佛才渐渐领会了一点滋味。我拿蜂子比茶馆的情景，也许是太俗太伤雅了。

楼上喝的大约是"贡针"，每碗小洋七分。楼下的便宜一分，不知道是不是因为茶叶稍次一点的缘故，或者故意地以一分小洋作成一个等级。我以为等级不等级的倒算不了一回事，怕上楼的人还可以省一分钱，正如同近视眼的人去看影戏，你请他坐在后面他反不高兴似的。

无论楼上或是楼下，茶房对于客人的待遇却是有着一种显而易见的记号。不在乎的随他，不懂得的也就根本无所谓了。

这是由我的观察而来的，（我可没有看过什么《茶经》，我想《茶经》上也绝不会有这种记载或分类。）在同一个茶馆，甚至于同一个茶桌上面，我们可以找出三种不同的茶具：

一、紫色的宜兴泥的壶泡茶，大红盖碗或小白杯子喝茶。

二、大红盖碗泡茶，大红盖碗喝茶。

三、大红盖碗泡茶，小白杯子喝茶。

这三种不同的茶具，大约是代表着三种不同性质的茶客。第一种是老而又熟，来得也早。差不多还是上午、下午都到的主顾。第二种则不外是熟人，资格虽不见得比上边的那种老，但在地面上或许都有些为人所知的条件：当杠夫的头目也罢；当便衣的候补侦探也罢；当鸭子店的老板也罢……因为事忙，不常来，来时又迟，宜兴壶分不到他的份上，于是把泡茶的大红盖碗给他当吃茶的杯子，不能不说恭而且敬了。第三种便是普通一点的茶客，为喝茶而来，渴止而去。

除了第一种之外，其余两种的大红盖碗底下，都配着一个茶托子，这托子的用处并不专在托茶，它还附带着是一种账目的标记，如果账目已经付清，那么它也就被拿走了。在这种约法之下，我想，倘使有人把这茶托子悄悄地带走，白吃一次茶，叫他无证可据，倒是一件歹人的喜事哩。好在这种歹人或许并没有，否则真是"防不胜防"

了。不过把三种茶客比较起来，后两种的信用在茶房的眼中恐怕总不会比上第一种的。他们用宜兴壶泡茶，而壶底下压根儿也不曾有过一个什么壶托子的。

虽然是茶馆，但变相的也可以算作一个商场。吃的东西有干丝、面、舌头形状的烧饼、糖果、纸烟……用的东西有裤腰带、毛刷子、捶背的皮球、孩子们的玩具……还有，那一只一只黝黑的手，伸到你的面前，不是卖的，你拿一个铜圆放在那手的中心，它便微颤着缩回去了，你愿意顺着那只手看到他的脸吗？你将看见了什么呢？正是当着你的所谓"茶余饭后"，那一道一道从枯瘪了的眼睛里放射出来的饥饿的光芒！你诅咒他吗？你也知道他在诅咒着谁吗？……

有一次，有一个人问我要不要好货，说着，他小心翼翼地打开一个提箱，提箱里又是几个包来包去的包儿，结果拿出了一副一副的眼镜子。

"你看，真水晶，平光，只卖十二块钱一副，再公道没有了。"

他看我不作声，眼睛不住地盯着他，知道我的眼睛不像戴眼镜的样子，转身又走了。眼镜卖到茶馆里来，我感觉到上茶馆仿佛是一件颇需明察的事了。

卖眼镜的既有，还可惜没有看见人来镶牙。

其次，卖印着女人们大腿的画报的特别多；卖耳挖的也特别多。

在茶馆里最好懂得当地人的话，留心一点旁人的举止，对于自己也是有乖可学的。有一次一个邻座的茶客啰啰唆唆地说：

"……太难了，鼻子怎么也不能大似脸的；鼻子还能大似脸吗？"

此后，我知道茶资七分，小账顶多也过不去七分了。茶房历来是贪多无厌，我心里已经记住了这样的俏皮话，将来足可以对茶房如法炮制了。

好在我也不想喝他们的宜兴壶或大红盖碗，我这个茶客是可有可无，算不上数；不过要真的把鼻子逼得像脸那么大，甚至于比脸还大时，我想那宜兴壶和红盖碗在茶房眼光中又是可有可无，算不上什么了——他们自然而然地会把你标志上第一、二种的好主顾，把那紫泥壶和红盖碗端在你的面前了。

如果不走这条捷径的话，我想等罢，那时候我将有着长白的胡须，或者也可以给他们写上一两块新鲜的横额了？

一九二三，六，十八，京

（选自《晞露新收》，上海国际文化服务社 1946 年版）

茶和交友

林语堂

我以为从人类文化和快乐的观点论起来，人类历史中的杰出新发明，其能直接有力的有助于我们的享受空闲、友谊、社交和谈天者，莫过于吸烟、饮酒、饮茶的发明。这三件事有几样共同的特质：第一，它们有助于我们的社交；第二，这几件东西不至于一吃就饱，可以在吃饭的中间随时吸饮；第三，都是可以借嗅觉去享受的东西。它们对于文化的影响极大，所以餐车之外另有吸烟车，饭店之外另有酒店和茶馆，至少在中国和英国，饮茶已经成为社交上一种不可少的制度。

烟、酒、茶的适当享受，只能在空闲、友谊和乐于招待之中发展起来。因为只有富于交友心，择友极慎，天然喜爱闲适生活的人士，方有圆满享受烟、酒、茶的机会。如将乐于招待心除去，这三件东西便毫无意义。享受这三件东西，也如享受雪月花草一般，须有适当的同伴。中国的生活艺术家最注意此点，例如：看花须和某种人为伴，赏景须有某种女子为伴，听雨最好须在夏日山中寺院内躺在竹榻上。总括起来说，赏玩一样东西时，最紧要的是心境。我们对每一种物事，各有一种不同的心境。不适当的同伴，常会败坏心境。所以生活艺术家的出发点就是：他如更想要享受人生，则第一个必要条件即是和性情相投的人交朋友，须尽力维持这友谊，如妻子要维持其丈夫的爱情一般，或如一个下棋名手宁愿跑一千里的长途去会见一个同志一般。

所以气氛是重要的东西。我们必须先对文士的书室的布置和它的一般的环境有了相当的认识，方能了解他怎样在享受生活。第一，他们必须有共同享受这种生活的朋友，不同的享受须有不同的朋友。和一个勤学而含愁思的朋友共去骑马，即属引非其类，正如和一个不懂音乐的人去欣赏一次音乐表演一般。因此，某中国作家曾说过：

赏花须结豪友，观妓须结淡友，登山须结逸友，泛舟须结旷友，对月须结冷友，待雪须结艳友，捉酒须结韵友。

他对各种享受已选定了不同的适当游伴之后，还须去找寻适当的环境。所住的房屋，布置不必一定讲究，地点也不限于风景幽美的乡间，不必一定需一片稻田方足供他的散步，也不必一定有曲折的小溪以供他在溪边的树下小憩。他所需的房屋极其简单，只需："有屋数间，有田数亩，用盆为池，以瓮为牖，墙高于肩，室大于斗，布被暖余，藜羹饱后，气吐胸中，充塞宇宙。凡静室，须前栽碧梧，后种翠竹。前檐放步，北用暗窗，春冬闭之，以避风雨，夏秋可开，以通凉爽。然碧梧之趣，春冬落叶，以舒负暄融和之乐，夏秋交荫，以蔽炎烁蒸烈之威。"或如另一位作家所说，一个人可以"筑室数楹，编槿为篱，结茅为亭。以三亩荫竹树栽花果，二亩种蔬菜。四壁清旷，空诸所有。蓄山童灌园薙草，置二三胡床着亭下。挟书剑，伴孤寂，携琴弈，以迟良友"。

到处充满着亲热的空气。

吾斋之中，不尚虚礼。凡入此斋，均为知己。随分款留，忘形笑语。不言是非，不涉荣利。闲谈古今，静玩山水。清茶好酒，以适幽趣。臭味之交，如斯而已。

在这种同类相引的气氛中，我们方能满足色香声的享受，吸烟饮酒也在这个时候最为相宜。我们的全身便于这时变成一种盛受器械，能充分去享受大自然和文化所供给我们的色声香味。我们好像已变为一把优美的梵哑林，正待由一位大音乐家来拉奏名曲了。于是我们"月夜焚香，古桐三弄，便觉万虑都忘，妄想尽绝。试看香是何味，烟是何色，穿窗之白是何影，指下之余是伺音，恬然乐之，而悠然忘之者，是何趣，不可思量处是何境？"

一个人在这种神清气爽，心气平静，知己满前的境地中，方真能领略到茶的滋味。因为茶须静品，而酒则须热闹。茶之为物，性能引导我们进入一个默想人生的世界。饮茶之时而有儿童在旁哭闹，或粗蠢妇人在旁大声说话，或自命通人者在旁高谈国是，即十分败兴，也正如在雨天或阴天去采茶一般的糟糕。因为采茶必须天气清明的清早，当山上的空气极为清新，露水的芬芳尚留于叶上时，所采的茶叶方称上品。照中国人说起来，露水实在具有芬芳和神秘的功用，和茶的优劣很有关系。照道家的返自然和宇宙之能生存全恃阴阳二气交融的说法，露水实在是天地在夜间和融后的精英。至今尚有人相信露水为清鲜神秘的琼浆，多饮即能致人兽于长生。特昆雪所说的话很对，他说："茶永远是聪慧的人们的饮料。"但中国人则更进一步，而且它为风雅隐士的珍品。

因此，茶是凡间纯洁的象征，在采制烹煮的手续中，都须十分清洁。采摘烘焙，烹煮取饮之时，手上或杯壶中略有油腻不洁，便会使它丧失美味。所以也只有在眼前和心中毫无富丽繁华的景象和念头时，方能真正地享受它。和妓女作乐时，当然用酒而不用茶。但一个妓女如有了品茶的资格，则她便可以跻身于诗人文士所欢迎的妙人儿之列了。苏东坡曾以美女喻茶，但后来，另一个持论家，《煮泉小品》的作者田艺蘅即补充说，如果定要以茶去比拟女人，则唯有麻姑仙子可做比拟。至于"必若桃脸柳腰，宜亟屏之销金幔中，无俗我泉石"。又说："啜茶忘喧，谓非膏粱纨绮可语。"

据《茶录》所说："其旨归于色香味，其道归于精燥洁。"所以如果要体味这些质素，静默是一个必要的条件；也只有"以一个冷静的头脑去看忙乱的世界"的人，才能够体味出这些质素。自从宋代以来，一般喝茶的鉴赏家认为一杯淡茶才是最好的东西，当一个人专心思想的时候，或是在邻居嘈杂，仆人争吵的时候，或是由面貌丑陋的女仆侍候的时候，当会很容易地忽略了淡茶的美妙气味。同时，喝茶的友伴也不可多，"因为饮茶以客少为贵。客众则喧，喧则雅趣乏矣。独啜曰幽；二客曰胜；三四曰趣；五六曰泛；七八曰施"。

《茶疏》的作者说："若巨器屡巡，满中泻饮，待停少温，或求浓苦，何异农匠作劳，但需涓滴；何论品赏？何知风味乎？"

因为这个理由，因为要顾到烹时的合度和洁净，有茶癖的中国文士都主张烹茶须自己动手。如嫌不便，可用两个小僮为助。烹茶须用小炉，烹煮的地点须远离厨房，而近在饮处。茶僮须受过训练，当着主人的面烹煮。一切手续都须十分洁净，茶杯须每晨洗涤，但不可用布揩擦。僮儿的两手须常洗，指甲中的污腻须剔干净。"三人以上，止爇一炉，如五六人，便当两鼎，炉用一童，汤方调适，若令兼作，恐有参差。"

真正的鉴赏家常以亲自烹茶为一种殊乐。中国的烹茶饮茶方法不像日本那么过分严肃和讲规则，而仍属一种富有乐趣而又高尚重要的事情。实在说起来，烹茶之乐和饮茶之乐各居其半，正如吃西瓜子，用牙齿咬开瓜子壳之乐和吃瓜子肉之乐实各居其半。

茶炉大都置在窗前，用硬炭生火。主人很郑重地扇着炉火，注视着水壶中的热气。他用一个茶盘，很整齐地装着一个小泥茶壶和四个比咖啡杯小一些的茶杯。再将贮茶叶的锡罐安放在茶盘的旁边，随口和来客谈着天，但并不忘了手中所应做的事。他时时顾看炉火，等到水壶中渐发沸声后，他就立在炉前不再离开，更加用力地扇火，还不时要揭开壶盖望一望。那时壶底已有小泡，名为"鱼眼"或"蟹沫"，这就是"初滚"。他重新盖上壶盖，再扇上几扇，壶中的沸声渐大，水面也渐起泡，这名为"二滚"。这时已有热气从壶口喷出来，主人也就格外注意。到将届"三滚"，壶水已经沸透之时，他就提起水壶，将小泥壶里外一浇，赶紧将茶叶加入泥壶，泡出茶来。这种茶如福建人所饮的"铁观音"，大都泡得很浓。小泥壶中只可容水四小杯，茶叶占去其三分之一的容隙。因为茶叶加得很多，所以一泡之后即可倒出来喝了。这一道茶已将壶水用尽，于是再灌入凉水，放到炉上去煮，以供第二泡之用。严格地说起来，茶在第二泡时为最妙。第一泡譬如一个十二三岁的幼女，第二泡为年龄恰当的十六女郎，而第三泡则已是少妇了。照理论上说起来，鉴赏家认第三泡的茶为不可复饮，但实际上，则享受这个"少妇"的人仍很多。

以上所说是我本乡中一种泡茶方法的实际素描。这个艺术是中国的北方人所不晓得的。在中国一般的人家中，所用的茶壶大都较大。至于一杯茶，最好的颜色是清中带微黄，而不是英国茶那样的深红色。

我们所描写的当然是指鉴赏家的饮茶，而不是像店铺中的以茶奉客。这种雅举不是普通人所能办到，也不是人来人往，论碗解渴的地方所能办到。《茶疏》的作者许次纾说得好："宾朋杂沓，止堪交错觥筹；乍会泛交，仅须常品酬酢。惟素心同调，彼此畅适，清言雄辩，脱略形骸，始可呼童篝火，汲水点汤，量客多少，为役之烦简。"而《茶解》作者所说的就是此种情景："山堂夜坐，汲泉煮茗。至水火相战，如听松涛。倾泻入杯，云光潋滟。此时幽趣，故难与俗人言矣。"

凡真正爱茶者，单是摇摩茶具，已经自有其乐趣。蔡襄年老时已不能饮茶，但他每天必烹茶以自娱，即其一例。又有一个文士名叫周文甫，他每天自早至晚，必在规定的时刻自烹自饮六次。他极宝爱他的茶壶，死时甚至以壶为殉。

因此，茶的享受技术包括下列各节：第一，茶味娇嫩，茶易败坏，所以整治时，须十分清洁，须远离酒类、香类一切有强味的物事和身带这类气息的人；第二，茶叶须贮藏于冷燥之处，在潮湿的季节中，备用的茶叶须贮于小锡罐中，其余则另贮大罐，封固藏好，不取用时不可开启，如若发霉，则须在文火上微烘，一面用扇子轻轻挥扇，以免茶叶变黄或变色；第三，烹茶的艺术一半在于择水，山泉为上，河水次之，井水更次，水槽之水如来自堤堰，因为本属山泉，所以很可用得；第四，客不可多，且须文雅之人，方能鉴赏杯壶之美；第五，茶的正色是清中带微黄，过浓的红茶即不能不另加牛奶、柠檬、薄荷或他物以调和其苦味；第六，好茶必有回味，大概在饮茶半分钟后，当其化学成分和津液发生作用时，即能觉出；第七，茶须现泡现饮，泡在壶中稍稍过候，即会失味；第八，泡茶必须用刚沸之水；第九，一切可以混杂真味的香料，须一概摒除，至多只可略加些桂皮或莰莰花花，以合有些爱好者的口味而已；第十，茶味最上者，应如婴孩身上一般的带着"奶花香"。

据《茶疏》之说，最宜于饮茶的时候和环境是这样：

饮时：

心手闲适　披咏疲倦　意绪梦乱　听歌拍曲

歌罢曲终　杜门避事　鼓琴看画　夜深共语

明窗净几　洞房阿阁　宾主款狎　佳客小姬

访友初归　风日晴和　轻阴微雨　小桥画舫

茂林修竹　课花责鸟　荷亭避暑　小院焚香

酒阑人散　儿辈斋馆　清幽寺院　名泉怪石

宜辍：

作字观剧　发书柬　大雨雪　长筵大席

翻阅卷帙　人事忙迫　及与上宜饮时相反事

不宜用：

恶水　敝器　铜匙　铜铫　木桶　柴薪

粗童　恶婢　不洁巾帨　各色果实香药

不宜近：

阴室　厨房　市喧　小儿啼　野性人　童奴相哄

酷热斋舍

（选自《林语堂文集》，作家出版社 1995 年版）

《古今茶事》序

胡山源

　　对于茶，虽然不至于像对于酒那样，我绝对不喝，却也喝得很少。现在我所喝的，就只是开水。

　　一天到晚，在冬季，我大约要喝一壶开水，在夏季，则至少两壶，如果打了球，那就三四壶都说不定。我只用一把壶，瓷壶，不用杯子，嘴对嘴喝着。我以为这种喝，最卫生，最爽快，为什么要用杯子，多麻烦呢！反正这一把壶又只有我一个人喝。（偶然我的妻与儿女也要喝，我也由他们喝，反正同为一家人，吃同一只锅子烧出来的，同一只碗盛出来的饭与菜，要避免什么不良的传染，也避免不到什么地方去。何况我相信，我们一家人都十分健康，谁的口腔里也不含有一些传染病。不过这也许不能通行到别人家去，那么，我还是主张一人一把壶，废去杯子就是了。）

　　我最不喜欢喝热水瓶中倒出来的热开水，而只喜欢喝冷开水。这在夏天，固然很凉，也许为别人所欢迎，在冬天，恐怕就有人要对之摇头吧。但我却以为冬天喝冷开水，其味无穷，并不下于夏天的冰激淋。假使你不相信，请你尝尝看。

我这样的喝开水，不喝茶，甚至冬天喝冷开水，不喝热开水，当然是有原因的，并非我穷得连茶叶都买不起，或故意要惊世骇俗，做此怪僻的行为。原因很简单，就是怕麻烦。既然喝茶是为了解渴，开水、冷开水，都可以解渴，何必一定要喝茶，要喝热开水呢？若说喝茶并非为了解渴，是为了享受茶味，为了助谈兴，与人联欢，那么，我没有这种心思，这种工夫，由别人去吧，我不反对，但同时我希望别人也不要勉强我，勉强我去喝这样的茶。

苏州人上茶馆似乎是很出名的。我曾在苏州做过事，可是一年之内，我只上过一次，至多两次茶馆，那是为了朋友约在那处，不能不去。在故乡，在别处，我就从来不一个人或和别人上茶馆去喝茶，除了有时为人所约，非在这种地方不可之外。

不过我的喝冷开水，也不自今日始。我从小就喝过各种水。我是乡下人出身，我正可以告诉你一些乡下人，也就是我所喝的水。最普通的是缸里的河水。这在我家，是用矾澄清过的。在有些人家，根本就不用矾。夏天喝井水，凉沁心脾，绝不下于冰冻荷兰水。池水我也喝过，我最记得，由我乡间的故乡上城时，必须走过一个出名的"清水池塘"，在热天，我走到那里，和别人一般，总要蹲下去用手掬着喝一个饱。山间的泉水，当然是最好的，我往往要伏下身去坐一会牛饮。此外还有"天落水"，我也喝过，甚至我祖母所说的"灶家菩萨的汰脚水"，就是"汤罐水"，我也喝过。

我的祖母是不许我喝"生水"的，甚至也不给我喝开水，而给我喝茶。但我也许生性不习惯，看见左邻右舍同样的孩子，甚至在喝着污水，并不哼一下肚子痛，我就羡慕得不得了。我要自由喝，我不愿意在喝时受束缚，所以在我的祖母管不着我时，我就喝着上述的种种水。侥幸，我也并没有因此闹过一次肚子。二十多年前在上海，有一年我就完全喝自来水，原因是只有一个人，不高兴每天上老虎灶去泡开水。结果也很好，并没有意外。

我的确主张喝生水。这有什么不好呢？有几个乡下人是喝熟水的？我以为只要身体健康，就会百病消除。不信，正可以使我们记起这样的医药故事：某医药教授，在其身体健康时，当众喝下一杯霍乱菌，结果扬扬如平时，并未吐泻。据说，航海的人缺了淡水，只可以用布绞了咸水喝，旅行沙漠的人缺了鲜水，连泥浆都会喝下去。安知我们就不会有这一天呢？到了这一天你将如何呢？（我主张积极的，压倒病菌的卫生，不主张消极的，处处向病菌示弱的卫生。理由很多，大家总能想到。）

我那样的生水都喝过，我的喝冷开水又何足为奇！不但不足为奇，简直已经很奢侈了：烹熟的，还要用瓷壶装，虽然勉强取消了一只杯子。

不过我在乡间的儿童时代，到底是喝茶的时候为多，而喝生水或开水的时候为少。原因就为了我的祖母是"城里人"出身，她的饮食起居不同于一般乡下人，所以我在解渴时，总喝着茶。

最普通的茶，是到街上去买回来的茶梗泡的。它的味道，平常得很，无可纪念。使我至今还忘不掉的，是这几种茶：一、焦大麦茶。这是许多种田人都喝的，其甘香之味，我以为远胜于武夷或普洱。二、锅巴茶。据说，从前某皇帝，正德或乾隆，出外"游龙"，在一个乡下人家喝了锅巴茶，回到皇宫里因为御茶房烧不出这种茶，杀了不知多少人，其味之佳，可想而知。三、棠橡茶。这是生在山上的较小的一种山楂树，将它的叶子采回来炒焦了也可以泡茶吃。我家没有，偶然在邻家喝到，其味似乎有些涩的。四、夏枯草茶。这也在邻家喝到，有些药味。不过涩与药，也另有清凉之味。

我家还肯买茶叶——其实是茶梗——所以还有真正的茶喝，一般乡下人，如果是喝茶的，就大都只用焦大麦与锅巴来泡茶。因为这不必费钱去买，大麦与锅巴，都是自己家里有的东西，只要炒焦就是了。还有些人家，为了舍不得大麦与锅巴，而也要尝尝茶味，就只有采取野生的棠棣和夏枯草了。我忝为乡下人，总算都尝到了这些好茶。我想，如果将这些茶料装潢起来，放在锦盒中，题个什么佳名，或者甚至说是外国来的，有如 Lipton，放在上海各大公司的橱窗里出售，也许会被高等士女所啧啧称道吧！咖啡和可可，都是南美洲土人喝的东西，但一经提倡，便风行全球，安知它们不会也有这一天呢？"口之于味也，有同嗜焉"，至少在现今的时世，不大靠得住。可惜它们都埋没在乡间，终于难登大雅之堂！然而它们到底还是侥幸的，它们保全了它们的天真，本味，与乡下人为伍，得到了乡下人为知己，并没有为高等的士女所污辱。

据说，有些地方还有炒柳叶或槐叶当茶叶的，我没有尝过这种茶，不知是什么味道。但我却赞成这个办法，我相信可以泡茶的植物，一定是多的，其效用也不会亚于茶的，何必一定要求茶呢？菊花已很普通，当我小学时，我还在校用枯干的木香花瓣泡过茶，其味也不见得比菊花推扳。我以为凡物要被大人先生或高等士女弄得非驴非马，引为他们的专有品，就由他们去，好在天地之大，无所不有，我们正可以另从便利的入手，既然取之不尽，用之不竭，还得到了他们所永远尝不到的真正美味，例如焦大麦等，我们又何乐而不为！

　　以我这样喝冷开水，甚至喝生水的人来说"茶事"，虽然不见得会被人笑掉牙齿，也许要被人讥为不自量力，附庸风雅吧。对的，我是不自量力，但附庸风雅则未必。因为我已自承不喝茶了，自然免了"附庸"之嫌；至于我不喝茶而说"茶事"，则本着述而不作的成法，似乎也与我的"力"无关。我的《古今茶事》就因为有了《古今酒事》，在茶酒不相离的关系之下，不管上面两种的顾忌，而就此集成的。

　　此外，我也可以援知酒之例，自认为知茶，知各名山所出之茶。不过这不是现在所需要的事情，更不是我现在所需要的事情，所以我究竟如何知法，知道如何程度，我也只好存而不论，以待异日了。

　　本书也和《古今酒事》一样，在"八一三"之前早就齐稿，序也早已写好。不料"八一三"事起，比了"酒事"还要不幸，不但序未带出来，连稿也未带出来。本书局当局，为了这是"酒事"的姊妹篇，不能不出，以完成一个系统，所以又在一年多以前，叫我重新从事于此。我也颇有此心，就在百忙之中再从各书中，去搜寻材料。"喝茶"照理要比"饮酒"普遍得多，但等到搜集材料的时候，"茶事"似乎要比"酒事"反而少得多，也许因为茶的刺激不如酒的那样厉害，所以因喝茶而发生的韵事也就减少了；又或者为了我的时间匆促，尚有遗漏之处，那只好等到后来有工夫再补了。至于原序我究竟说些什么话，已一句也不记得，只好另外写了上面这一篇。我以为这书的经过如此，也值得提出，所以补识于此。

编者三十年七月

（选自《古今茶事》，世界书局 1941 年版）

喝茶

梁实秋

　　我不善品茶，不通茶经，更不懂什么茶道，从无两腋之下习习生风的经验。但是，数十年来，喝过不少茶，北平的双窨、天津的大叶、西湖的龙井、六安的瓜片、四川的沱茶、云南的普洱、洞庭湖的君山茶、武夷山的岩茶，甚至不登大雅之堂的茶叶梗与满天星随壶净的高末儿，都尝试过。茶是我们中国人的饮料，口干解渴，唯茶是尚。茶字，形近于"荼"，声近于"槚"，来源甚古，流传海外，凡是有中国人的地方就有茶。人无贵贱，谁都有份，上焉者细啜名种，下焉者牛饮茶汤，甚至路边埂畔还有人奉茶。北人早起，路上相逢，辄问讯"喝茶未"。茶是开门七件事之一，乃人生必需品。

孩提时，屋里有一把大茶壶，坐在一个有棉衬垫的藤箱里，相当保温，要喝茶自己斟。我们用的是绿豆碗，这种碗大号的是饭碗，小号的是茶碗，呈绿豆色，粗糙耐用，当然和宋瓷不能比，和江西瓷不能比，和洋瓷也不能比，可是有一股朴实厚重的风貌，现在这种碗早已绝迹，我很怀念。这种碗打破了不值几文钱，脑勺子上也不至于挨巴掌。银托白瓷小盖碗是祖父母专用的，我们看着并不羡慕。看那小小的一盏，两口就喝光，泡两三回就得换茶叶，多麻烦。如今盖碗很少见了，除非是到故宫博物院拜会蒋院长，他那大客厅里总是会端出盖碗茶敬客。再不就是在电视剧中也常看见有盖碗茶，可是演员一手执盖一手执碗缩着脖子啜茶的那副狼狈相，令人发噱，因为他不知道喝盖碗茶应该是怎样的喝法。他平素自己喝茶大概一直是用玻璃杯、保温杯之类。如今，我们此地见到的盖碗，多半是近年来本地制造的"万寿无疆"的那种样式，瓷厚了一些；日本制的盖碗，样式微有不同，总觉得有些怪怪的。近有人回大陆，顺便探视我的旧居，带来我三十多年前天天使用的一只瓷盖碗，原是十二套，只剩此一套了，碗沿还有一点磕损，睹此旧物，勾起往日的心情，不禁黯然，盖碗究竟是最好的茶具。

茶叶品种繁多，各有擅长。好友来自徽州，同学清华，徽州产茶胜地，但是他看到我用一撮茶叶放在壶里沏茶，表示惊讶，因为他只知道茶叶是烘干打包捆载上船沿江运到沪杭求售，剩下来的茶梗才是家人饮用之物。恰如北人所谓"卖席的睡凉炕"。我平素喝茶，不是香片就是龙井，多次到大栅栏东鸿记或西鸿记去买茶叶，在柜台前一站，徒弟搬来凳子让座，看伙计秤茶叶，分成若干小包，包得见棱见角，那份手艺只有药铺伙计可以媲美。茉莉花窨过的茶叶，临卖的时候再抓一把鲜茉莉花放在表面上，所以叫作双窨，于是茶店里经常是茶香花香，郁郁菲菲。父执有名玉贵者，旗人，精于饮馔，居恒以一半香片一半龙井混合沏之，有香片之浓馥，兼龙井之苦清。吾家效而行之，无不称善。茶以人名，乃径呼此茶为"玉贵"，私家秘传，外人无由得知。

其实，清茶最为风雅。抗战前造访知堂老人于苦茶庵，主客相对总是有清茶一盅，淡淡的、涩涩的、绿绿的。我曾屡侍先君游西子湖，从不忘记品尝当地的龙井茶，不需要攀登南高峰风篁岭，近处于平湖秋月就有上好的龙井茶，开水现冲，风味绝佳。茶后进藕粉一碗，四美具矣。正是"穿牖而来，夏日清风冬日日；卷帘相见，前山明月后山山"（骆成骧联）。有朋自六安来，贻我瓜片少许，叶大而绿，饮之有荒野的气息扑鼻。其中西瓜茶一种，真有西瓜风味。我曾路过洞庭，舟泊岳阳楼下，购得君山一盒。沸水沏之，每片茶叶均如针状直立漂浮，良久始舒展下沉，味品清香不俗。

初来台湾，粗茶淡饭，颇想倾阮囊之所有在饮茶一端偶作豪华之享受。一日过某茶店，索上好龙井，店主将我上下打量，取八元一斤之茶叶以应，表示不满，乃更以十二元者奉上，余仍不满，店主勃然色变，厉声曰："买东西，看货色，不能专以价钱定上下，提高价格，自欺欺人耳！先生奈何不察？"我爱其憨直。现在此茶店门庭若市，已成为业中之翘楚。此后我饮茶，但论品味，不问价钱。

茶之以浓酽胜者莫过于工夫茶。《潮嘉风月记》说工夫茶要细炭初沸连壶带碗泼浇，斟而细呷之，气味芳烈，较嚼梅花更为清绝。我没嚼过梅花，不过我旅居青岛时有一位潮州澄海朋友，每次聚饮酩酊，辄相偕走访一潮州帮巨商于其店肆。肆后有密室，烟具、茶具均极考究，小壶小盅有如玩具。更有姿婉卯童伺候煮茶、烧烟，因此经常饱吃工夫茶，诸如铁观音、大红袍，吃了之后还携带几匣回家，不知是否故弄玄虚，谓炉火与茶具相距以七步为度，沸水之温度方合标准。与小盅而饮之，若饮罢径自返盅于盘，则主人不悦，须举盅至鼻头猛嗅两下。这茶最有解酒之功，如嚼橄榄，舌根微涩，数巡之后，好像是越喝越渴，欲罢不能。喝工夫茶，要有工夫，细呷细品，要有设备，要人服侍，如今乱糟糟的社会里谁有那么多的工夫？红泥小火炉哪里去找？伺候茶汤的人更无论矣。普洱茶，漆黑一团，据说也有绿色者，泡烹出来黑不溜秋，粤人喜之。在北平，我只在正阳楼看人吃烤肉，吃得口滑肚子膨脖不得动弹，才高呼堂倌泡普洱茶。四川的沱茶亦不恶，唯一般茶馆应市者非上品。台湾的乌龙，名震中外，大量生产，佳者不易得。处处标榜冻顶，事实上哪里有那么多的冻顶？

喝茶，喝好茶，往事如烟。提起喝茶的艺术，现在好像谈不到了，不提也罢。

（选自《雅舍小品》，台北中正书局 1986 年版）

茶话

周瘦鹃

茶，是我国的特产，吃茶也就成了我国人民特有的习惯。无论是都市，是城镇，以至乡村，几乎到处都有大大小小的茶馆，每天自朝至暮，几乎到处都有茶客，或者是聊闲天，或者是谈正事，或者搞些下象棋、玩纸牌等轻便的文娱活动，形成了一个公开的群众俱乐部。

茶有"茗""荈""槚"几个别名。据《尔雅》说，早采者为茶，晚取者为茗，荈和槚是苦茶。吃茶的风气始于晋代。晋人杜育，就写过一篇《荈赋》，对于茶大加赞美；到了唐代，那就盛行吃茶了。

茶树的干像瓜芦，叶子像栀子，花朵像野蔷薇，有清香，高一二尺。江苏、浙江、福建、安徽各省，都是茶的产地，如碧螺春、龙井、武夷、六安、祁门等各种著名的绿茶、红茶，都是我们所熟知的。茶树都种于山野间，可是喜阴喜燥，怕阳光怕水，倘不施粪肥，味儿更香，绿茶色淡而香清，红茶色香味都很浓郁，而味带涩性。绿茶有明前、雨前之分，是照着采茶的时期而定名的，采于清明节以前的叫作明前，采于谷雨节以前的叫作雨前，以雨前较为名贵。茶叶可用花窨，如茉莉、珠兰、玫瑰、木樨、白兰、玳玳都可以窨茶，不过花香一浓，就会冲淡茶香，所以窨花的茶叶，不必太好，上品的茶叶，是不需要借重那些花的。

吃茶有什么好处，谁也不能肯定。茶可以解渴，这是开宗明义第一章，有的人说它可以开胃润气，并且助消化，尤以红茶为有效。可是卫生家却并不赞同，以为茶有刺激神经的作用，不如喝白开水有润肠利便之效。但我们吃惯了茶的人，总觉得白开水淡而无味，还是要去吃茶，情愿让神经刺激一下了。

唐朝的诗人卢仝和陆羽，可说是我国提倡吃茶的有名人物，昔人甚至尊之为"茶圣"。卢仝曾有一首长歌，谢人寄新茶，其下半首云："……柴门反关无俗客，纱帽笼头自煎吃，碧云引风吹不断，白花浮光凝碗面。一碗喉吻润；两碗破孤闷；三碗搜枯肠，唯有文字五千卷；四碗发轻汗，平生不平事，尽向毛孔散；五碗肌骨清；六碗通仙灵；七碗吃不得也，唯觉两腋习习清风生。"夸张吃茶的好处，写得十分有趣；因此"卢仝七碗"，也就成了后人传诵的佳话。陆羽字鸿渐，有文学，嗜茶成癖，著《茶经》三篇，原原本本地说出茶之源、之法、之具，真是一个吃茶的专家。宋朝的诗人如苏东坡、黄山谷、陆放翁等，也都是爱茶的，他们的诗集中有不少歌颂吃茶的作品。

制茶的方法，红绿茶略有不同，据说要制红茶时，可将采下的嫩叶，铺满在竹席上，放在阳光中曝晒，晒了一会，便搅拌一会，等到叶子晒得渐渐地萎缩时，就纳入布袋揉搓一下，再倒出来曝晒，将水分蒸散，再装在木箱里，一层层堆叠起来，重重压紧，用布来遮在上面，等到它变成了红褐色透出香气来时，再从木箱里倒出来晒干，然后放在炉火上烘焙。经过了这几重手续，叶子已完全干燥，而红茶也就告成了。制绿茶时，先将采下的嫩叶放在蒸笼里蒸一下，或铁锅上炒一下，到它带了黏性而透出香气来时，就倒出来，铺散在竹席上，用扇子把它用力地扇，扇冷之后，立即上炉烘焙，一面烘，一面揉搓，叶子就逐渐干燥起来。最后再移到火力较弱的烘炉上，且烘且搓，直到完全干燥为止，于是绿茶也就告成了。

过去我一直爱吃绿茶，而近一年来，却偏爱红茶，觉得醇厚够味，在绿茶之上；有时红茶断档，那么吃吃洞庭山的名产绿茶碧螺春，也未为不可。

在明代时，苏州虎丘一带也产茶，颇有名，曾见之诗人篇章。王世贞句云："虎丘晚出谷雨后，百草斗品皆为轻。"徐渭句云："虎丘春茗妙烘蒸，七碗何愁不上升。"他们对于虎丘茶的评价，都是很高的。可是从清代以至于今，就不曾听得虎丘产茶了。幸而洞庭山出产了碧螺春，总算可为苏州张目。碧螺春本来是一种野茶，产在碧螺峰的石壁上，清代康熙年间被人发现了，采下来装在竹筐里装不下，便纳在怀里，茶叶沾了热气，透出一阵异香来，采茶人都嚷着"吓杀人香"。原来"吓杀人"是苏州俗话，在这里就是极言其香气的浓郁，可以吓得杀人的。从此口口相传，这种茶叶就称为"吓杀人香"。康熙南巡时，巡抚宋荦以此茶进献，康熙因它的名儿不雅，就改名为"碧螺春"。此茶的特点，是叶子都蜷曲，用沸水一泡，还有白色的细茸毛浮起来。初泡时茶味未出，到第二次泡时呷上一口，就觉得"清风自向舌端生"了。

从前一般风雅之士，对于吃茶称为品茗，原来他们泡了茶，并不是一口一口地呷，而是像喝贵州茅台酒、山西汾酒一样，一点一滴地在嘴唇上"品"的。在抗日战争以前，我曾在上海被邀参加过一个品茗之会。主人是个品茗的专家，备有他特制的"水仙""野蔷薇"等茶叶，并且有黄山的云雾茶，所用的水，据说是无锡运来的惠泉水，盛在一个瓦铛里，用松毛、松果来生了火，缓缓地煎。那天请了五位客，连他自己一共六人。一只小圆桌上，放着六只像酒盅般大的小茶杯和一把小茶壶，是白地青花瓷质的。他先用沸水将杯和壶泡了一下，然后在壶中满满地放了茶叶，据说就是"水仙"。瓦铛水沸之后，就斟在茶壶里，随即在六只小茶杯里各斟一些些，如此轮流地斟了几遍，才斟满了一杯。于是品茗开始了，我照着主人的方式，啜一些在嘴唇上品，啧啧有声。客人们赞不绝口，都说"好香！好香！"我也只得附和着乱赞，其实觉得和我们平日所吃的龙井、雨前是差不多的。听说日本人吃茶特别讲究，也是这种方式，他们称为"茶道"，吃茶而有道，也足见其重视的一斑。我以为这样的吃茶，已脱离了一般劳动人民的现实生活，实在是不足为训的。

（选自《苏州游踪》，金陵书画社 1981 年版）

（二）茶事小说

1. 古代茶事小说

中国茶事小说的起源，可以追溯到魏晋时期。当时，茶的故事已在志怪小说集中出现。

唐代是中国小说发展的第一个高峰时期，此时的小说开始从志怪小说向轶事小说过渡，增强了纪实性。茶事小说也因此作品迭出，唐至五代茶事小说有数十篇，散见于刘肃的《大唐新语》、段成式的《酉阳杂俎》、王仁裕的《开元天宝遗事》等集子中。除《酉阳杂俎》为志怪、传奇小说集外，其余均为轶事小说集。也就是说，唐五代茶事小说的主要内容是记人物言行和琐闻逸事，纪实性较强。

宋元时期，茶事小说依然多数是逸事小说，多见于笔记小说集。一类专门编辑旧文，如王谠的《唐语林》，汇辑唐人笔记五十种，如"白居易烹鱼煮茗""陆羽轶事""马镇西不入茶""活火煎茶""茶瓶厅""茶托子""茶茗代酒""煎茶博士"等十多篇；再一类是记载时人逸事的，诸如王安石、苏轼、蔡襄等人与茶有关的逸事。此外，宋代话本、"讲史"中也多见茶事，这些茶事小说，故事更加完整，情节更加曲折，描写更加细腻，在艺术上达到较高的成就。

明清时期，古典茶事小说发展进入巅峰时期，众多传奇小说和章回小说都出现描写茶事的章节，如《金瓶梅》第二十一回"吴月娘扫雪烹茶"、《红楼梦》第四十一回"贾宝玉品茶栊翠庵"、《镜花缘》第六十一回"小才女亭内品茶"、《老残游记》第九回"三人品茶促膝谈心"等。其他如《水浒传》《西游记》《三言二拍》《儿女英雄传》《醒世姻缘传》《聊斋志异》等明清小说，也有着对名茶、茶器、饮茶习俗、饮茶艺术的描写。

中国古代小说描写饮茶之多，当推《金瓶梅》为第一。《金瓶梅》为我们描绘了一幅明代中后期市井社会的饮茶风俗画卷，全书写到茶事的有八百多处。以花果、盐姜、蔬品入茶佐饮，表现出市井社会饮茶的特殊性。嚼式的香茶，让我们看到了古代奇特的茶品。茶具的贵重化和工艺化，体现了商人富豪的生活追求。《金瓶梅》也写到清饮茶，即不入杂物的茶叶，如第二十一回"吴月娘扫雪烹茶，应伯爵替花勾使"中，天降大雪，与西门庆及家中众人在花园中饮酒赏雪的吴月娘骤生雅兴，叫小玉拿着茶罐，亲自扫雪，烹江南凤团雀舌芽茶。《金瓶梅》小说中表现了日常生活的不可离茶、茶坊的存在、茶与风俗礼仪的结合，反映了民间饮茶生活的普及。

《儒林外史》是清朝著名的长篇讽刺小说。在这部作品中，对于茶事的描写有近三百处，其中写到的茶有梅片茶、银针茶、毛尖茶、六安茶等。在第四十一回"庄濯江话旧秦淮河，沈琼枝押解江都县"中，细腻地描写了秦淮河畔的茶市：

话说南京城里，每年四月半后，秦淮景致渐渐好了。那外江的船，都下掉了楼子，换上凉棚，撑了进来。船舱中间，放一张小方金漆桌子，桌上摆着宜兴砂壶，极细的成窑、宣窑的杯子，烹的上好的雨水毛尖茶。那游船的备了酒和肴馔及果碟到这河里来游，就是走路的人，也买几个钱的毛尖茶，在船上煨了吃，慢慢而行。到天色晚了，每船两盏明角灯，一来一往，映着河里，上下明亮。

纵观众多古典小说，描写茶事最为细腻、生动而寓意深刻的非《红楼梦》莫属，堪称中国古典小说中写茶的典范。

《红楼梦》所描绘的贾府贵族的日常生活中，煎茶、烹茶、茶祭、赠茶、待客、品茶这类茶事活动比比皆是。《红楼梦》写茶文化，比任何其他古典小说都写得细致入微，情趣盎然，《红楼梦》真正写出了中国茶文化的深邃内蕴。

（1）茶入联诗

①对联

第十七回至第十八回，贾宝玉随游大观园，出沁芳亭到潇湘馆，拟了一副对联："宝鼎茶闲烟尚绿，幽窗棋罢指犹凉。"

②诗

第二十三回，贾宝玉作了四首"即事诗"，四首中就有三首写到"茶"，可见"茶"在宝玉生活中的地位。第五十回"芦雪广争联即景诗"，诸钗联句，中有薛宝琴的"烹茶冰渐沸"句。第七十六回"凹晶馆联诗悲寂寞"，中秋夜大观园即景联句，槛外人妙玉在收结时续了四句："芳情只自遣，雅趣向谁言。彻旦休云倦，烹茶更细论。"

（2）多姿的茶俗

中国饮茶历史源远流长，在长期的饮茶活动中逐渐形成了独特的茶俗，成为中华传统文化之一。《红楼梦》中全面展示了这些传统的茶俗。

①以茶祭祀

第七十八回"痴公子杜撰芙蓉诔"，写贾宝玉备了晴雯平日最喜欢的四样东西，在月下芙蓉花前祭晴雯："谨以群芳之蕊、冰鲛之縠、沁芳之泉、枫露之茗，四者虽微，聊以达诚申信，乃至祭于白帝宫中抚司秋艳芙蓉女儿之前。"又写道："读毕（诔文），遂焚帛奠茗。"以茶作为祭品，寄托哀思。

②客来敬茶

从第一回起就有甄士隐命"小童献茶"招待贾雨村；第三回写林黛玉到王夫人房内，"丫鬟忙捧上茶来"。第十三回写太监戴权上祭，贾珍"让至逗蜂轩献茶"。王熙凤分派人役时说"这二十个分作两班，一班十个，每日在里头单管人客来往倒茶，别的事不用他们管"。第十七至十八回写元妃省亲大典，"茶已三献，贾妃降座，乐止"。第三十三回写贾政接待忠顺王府的人，"忙接进厅上坐了献茶"。

③吃年茶

第十九回写接待元妃省亲大典完毕，贾府上下安闲。于是，袭人之母来回过贾母，接袭人回家去"吃年茶"。同回又写道："至于跟宝玉的小厮们……也有往亲友家去吃年茶的……"

（3）日常饮茶

贾府是贵族之家，对饮茶的讲究自然也不同于平民百姓之家，用茶的种类、烹饮茶的用具都要追求奢华，方不失贵族之家的身份地位。《红楼梦》写到的茶名有好几种，如贾母不喜欢吃的"六安茶"、妙玉特备的"老君眉"、怡红院里常备的"女儿茶"（普洱茶）、茜雪端上的"枫露茶"、黛玉房中的"龙井茶"，还有来自外国——暹罗国（泰国）进贡的"暹罗茶"，这些茶，涉及绿茶、红茶和黑茶三类。

贾府日常饮茶也不普通，有专门的茶房、管茶仆妇，可见这个大家族每天的饮茶情形。小说中写宴前要吃茶，宴后先是"漱口茶"，"然后又捧上新茶来，这方是吃的茶"。

第十九回，贾宝玉到袭人家，袭人给宝玉倒茶，袭人家当然拿不出成窑杯和"枫露茶"，所以袭人拿出自己的杯子和茶叶来招待宝二爷。

第七十七回，贾宝玉去探晴雯，晴雯口渴要茶喝，先看那茶具，"宝玉看时，虽有个黑沙吊子，却不像个茶壶。只得桌上去拿了一个碗，也甚大甚粗，不像个茶碗，未到手内，先就闻得油膻之气"；再看茶，"看时，绛红的，也太不成茶。晴雯扶枕道：'快给我喝一口罢！这就是茶了。那里比得咱们的茶！'宝玉听说，先自己尝了一尝，并无清香，且无茶味，只一味苦涩，略有茶意而已。尝毕，方递与晴雯。只见晴雯如得了甘露一般，一气都灌下去了"。穷人家使用的茶具、饮用的茶与富人家是如此悬殊！

（4）妙玉论茶

在《红楼梦》中，写茶最精彩的当是第四十一回"贾宝玉品茶栊翠庵，刘姥姥醉卧怡红院"，写史老太君带了刘姥姥一行人来到栊翠庵，妙玉以茶相待的情形。

妙玉泡茶用的水是旧年蠲的雨水和梅花上的雪水。其实，这不是曹雪芹故弄玄虚。中国古代早就用"雨水""雪水"煎茶。古时工业不发达，大气没受到污染，所以那时的雨水、雪水要比今天的洁净得多。现代科学证明，自然界中的水只有雨水、雪水为软水，而用软水泡出的茶，汤色清明、香气高雅、滋味鲜爽。古人视"雨水""雪水"为"天泉"，胜于山岩涌出的"地泉"，是有科学道理的。

从泡茶、饮茶中可以看出人的知识和修养，古人讲"品茗"，把饮茶提升到一种高雅的境界，展现出生活的情趣和艺术化。妙玉可以说得中国茶道之真传，深谙茶道真谛，她的"一杯为品"的妙论为后来的茶人们所津津乐道。

妙玉具有很高的文化修养，她的知识和修养并不在宝玉、宝钗、黛玉诸人之下。她心契庄子之文，才情超众，品格特高。曹雪芹通过塑造妙玉的个性形象，细腻而深刻地展现了上层贵族的品茗雅韵。

在中国古典小说中，《红楼梦》关于茶文化的描写堪称典范。《红楼梦》生动形象地传播了茶文化，而茶文化又丰富了小说情节，深化了小说中的人物性格。《红楼梦》中所蕴藏的茶文化内容非常丰富，这是古代一切小说所不能媲美的。

2. 现代茶事小说

现代小说中，茶事也屡见不鲜。鲁迅的短篇小说《药》中许多情节都发生在华老栓开的茶馆里。沙汀的短篇小说《在其香居茶馆里》，整篇故事都发生在茶馆里。李劼人的长篇小说《死水微澜》中有关茶事的描写，是将其作为古典中国的一个缩影。张爱玲小说中的"茶事"多且细致，她笔下的女主角们常与茶为伴。此外，在郁达夫、巴金等众多现代名家的小说作品中，都可找到诸多茶事的踪迹。

现代第一部茶事长篇小说是陈学昭的《春茶》，作品着力描写了浙江西湖龙井茶区从合作社到公社化的历程，同时也写出了茶乡、茶情、茶趣、茶味。20世纪80年代以来，一批茶事小说陆续发表，诸如邓晨曦的《女儿茶》、曾宪国的《茶友》、唐栋的《茶鬼》等。

代表当代茶事小说最高成就的，则是王旭烽的《茶人三部曲》。《茶人三部曲》分为《南方有嘉木》《不夜之侯》《筑草为城》三部，以杭州的忘忧茶庄主人杭九斋家族四代人起伏跌宕的命运变化为主线，塑造了杭天醉、杭嘉和、赵寄客、沈绿爱等闪烁着艺术光彩的人物形象，展现了在忧患深重的人生道路上坚忍负重、荡污涤垢、流血牺牲仍挣扎前行的杭州茶人的气质和风神，寄寓着中华民族求生存、求发展的坚毅精神和酷爱自由、向往光明的理想。

三、茶事戏剧歌舞音乐

（一）茶事戏剧

1. 古代茶事戏剧

茶与戏剧渊源很深，茶事戏剧数量既多，反映内容又广。茶浸染在生活的各个方面，茶事自然被戏剧所吸收和反映。许多戏剧，不但有茶事的内容、场景，有的甚至全剧以茶事为背景和题材。中国古代戏剧成熟于宋元时期，宋元戏剧中就有反映茶事活动的内容。

古代以茶为题材，或情节与茶有关的戏剧不胜枚举，这里列举有代表性的两出戏剧如下。

（1）《茶叙》

明代高濂的传奇《玉簪记》写才子潘必正与陈娇莲的爱情故事。两人从小指腹联姻，后因金兵南侵而分离。《幽情》一折写陈娇莲入女贞观改名妙常，潘必正投金陵姑母处安身，在女贞观与妙常意外相逢。一天，妙常煮茗问香，相邀潘必正谈话。在禅舍里，二人品茗叙情。妙常有言道："一炷清香，一盏茶，尘心原不染仙家。可怜今夜凄凉月，偏向离人窗外斜。"在此，潘、陈以清茶叙谊，倾注离人情怀。昆剧演出时将之改为《茶叙》。

（2）《四婵娟·斗茗》

清代洪昇编剧。"斗茗"为《四婵娟》之第三折，写的是宋代女词人李清照与丈夫——金石学家赵明诚"每饭罢，归来坐烹茶，指堆积书史，言某事在某书、某卷、第几页、第几行，以中否角胜负，为饮茶先后"的斗茶故事，描写了李清照富有文艺情趣的家庭生活。

在中国的传统戏剧剧目中，还有不少表现茶事的情节与台词。如明代戏剧家汤显祖的代表作《牡丹亭·劝农》中，描写了杜丽娘之父、太守杜宝春下乡劝农。农妇边采茶边唱歌："乘谷雨，采新茶，一旗半枪金缕芽。学士雪炊他，书生困想他，竹烟新瓦。"杜宝春为此叹曰："只因天上少茶星，地下先开百草精。闲煞女郎贪斗草，风光不似斗茶清。"表现了谷雨前的采茶活动。

茶不仅广泛地渗透到戏剧之中，而且在中国还有以茶命名的戏剧剧种——"采茶戏"。这种剧种是在茶区人民创作茶歌、茶舞的基础上，逐渐形成和发展起来的。它们以采茶歌、茶灯歌舞为表现形式，通常以两小（小旦和小丑）或三小（小生、小旦和小丑）进行表演。可以说，中国是世界上唯一由茶事发展产生独立剧种的国家。

所谓采茶戏，是流行于江西、湖北、湖南、安徽、福建、广东、广西等省区的一种戏剧类别，是直接从采茶歌和采茶灯舞脱胎发展起来的一种地方戏剧。

可以这样说，如果没有采茶劳动，也就不会有采茶的歌和舞；如果没有采茶歌、采茶舞，也就不会有广泛流行于中国南方许多省区的采茶戏。所以，采茶戏是茶文化在戏剧领域派生或戏剧吸收茶文化而形成的一种艺术，是茶文化对中国戏剧艺术的突出贡献。当然，当后来采茶戏成为一个剧种后，由于题材不断丰富，剧目不断增多，其表演的内容就不限于与茶事有关的范围了。

2. 现代茶事戏剧

（1）《孔雀胆》

郭沫若在悲剧《孔雀胆》中描写了元朝末年云南梁王的女儿阿盖公主与云南大理总管段功相爱的故事，把武夷茶的传统烹饮方法，通过剧中人物的对白和表演介绍给了观众。

王妃：（徐徐自靠床坐起）哦，我还忘记了关照你们，茶叶你们是拿了哪一种来的？

宫女甲：（起身）我们拿的是福建生产的武夷茶呢。

王妃：对了，那就好了。国王顶喜欢喝这种茶，尤其是喝了一两杯酒之后，他特别喜欢喝很酽的茶，差不多涩得不能进口。这武夷茶的泡法，你们还记得？

宫女甲：记是记得，不过最好还是请王妃再教一遍。

王妃：你把那茶具拿来。

（宫女甲起身步至凉厨前……茶壶茶杯之类甚小，杯如酒杯，壶称"苏壶"，实即妇女梳头用之油壶。别有一茶洗，形如匜，容纳于一小盘。）

郭沫若

王妃：在放茶之前，先要把水烧得很开，用那开水先把这茶杯茶壶烫它一遍，然后再把茶叶放进这"苏壶"里面，要放大半壶光景。再用开水冲茶，冲得很满，用盖盖上。这样便有白泡冒出，接着用开水从这"苏壶"盖上冲下去，把壶里冒出的白泡冲掉。这样，茶就得赶快斟了，怎样斟法，记得的吗？

宫女甲：记得的，把这茶杯集中起来，提起"苏壶"，这样的（提壶做手势），很快地轮流着斟，就像在这些茶杯上画圈子。

宫女乙：我有点不大明白，为什么斟茶的时候要画圈子呢？一杯一杯慢慢斟不可以吗？

王妃：那样，便有先淡后浓的不同。

（2）《天下的红茶数祁门》

这是一出由中国现代著名茶学家胡浩川编撰的茶戏剧。剧本初创于 1937 年，当时剧名叫《祁门红茶》。剧本从祁门红茶的茶树种植讲起，以 1933 年和 1937 年两个时间为背景，述说了祁红茶叶采摘、初制、精制的整个过程。当时只完成了剧本创作，并没能排演。1949 年 10 月间，为庆祝祁门县解放需组织一台戏曲晚会，于是将《祁门红茶》剧本改编成六幕剧《天下的红茶数祁门》，进行排练并正式上演。祁门采茶戏《天下的红茶数祁门》分序曲、种茶、采茶、制茶之一（初制）、制茶之二（精制）和尾曲六幕。

（3）《茶馆》

老舍编剧。该剧在时间跨度上从清末戊戌变法失败，经民国初年北洋军阀割据，直到国民党政府崩溃前夕，通过写一个历经沧桑的"老裕泰"茶馆和在茶馆里发生的各种人物的遭遇，以及他们最终的命运，揭露了社会变革的必要性和必然性。

此外，田汉的《环球璘与蔷薇》中也有不少煮水、沏茶、奉茶、斟茶的场面。京剧《沙家浜》的剧情就是在阿庆嫂开设的"春来茶馆"中展开的。

（二）茶歌

1. 古代茶歌

中国的茶歌历史悠久。从现存的茶史资料来看，茶成为歌咏的对象，最早见于西晋孙楚的《出歌》，其中有"姜桂茶荈出巴蜀"。至于专门歌咏茶叶的茶歌从何而始，已无法稽考。

在中国古代，如《尔雅》所说"声比于琴瑟曰歌"，《韩诗章句》所称"有章曲曰歌"，只要配以章曲，声如琴瑟，则诗词也可歌了。从皮日休《茶中杂咏序》"昔晋杜育有荈赋，季疵有茶歌"的记述中，可知最早的茶歌是由唐代陆羽所作。但是很可惜，这首茶歌也早已散佚。不过，有关唐代的茶歌，还能找到如皎然的《饮茶歌诮崔石使君》、刘禹锡的《西山兰若试茶歌》、温庭筠的《西陵道士茶歌》等。

卢仝《走笔谢孟谏议寄新茶》在唐代是否作歌还不清楚，但至少在宋代时，这首诗就配以章曲、器乐而歌了。宋时由茶叶诗词而转为茶歌这种情况较多，如熊蕃在《御苑采茶歌》的序中称："先朝漕司封修睦，自号退士，曾作《御苑采茶歌》十首，传在人口。……蕃谨抚故事，亦赋十首献漕使。"这里所谓"传在人口"，就是歌唱在民间。《竹枝词》是唐代巴渝一带的民歌演变发展而来，经过顾况、张籍和刘禹锡等人仿制后成为当时文人习用的一种通俗文学形式。风格大多清新活泼，语言生动传神。作为民歌中的一种，竹枝词极富节奏感和音律美，而且在表演时有独唱、对唱、联唱等多种形式。

茶歌的来源之一是由谣而歌，民谣经文人的整理配曲再返回民间。在明代正德年间，浙江曾发生过一起有名的"谣狱案"。此案起因于浙江杭州富阳一带流行的《富阳江谣》。这首民谣以通俗朴素的语言，通过一连串的问句，唱出了富阳地区百姓因采办贡茶和捕捉贡鱼所遭受的侵扰和痛苦。此事被当时的浙江按察佥事韩邦奇得知，便呈报皇上，并在奏折中附上了这首歌谣，以示忠心，不料皇上大怒，以"引用贼谣，图谋不轨"之罪，将韩邦奇革职为民，险些送了性命。这首歌谣大概是现在所能见到的最早的茶山歌谣：

富春江之鱼，富阳山之茶。

鱼肥卖我子，茶香破我家。

采茶妇，捕鱼夫，官府拷掠无完肤。

昊天何不仁？此地一何辜？

鱼何不生别县？茶何不生别都？

富阳山，何日摧？富春水，何日枯？

山摧茶亦死，江枯鱼始无！

呜呼！山难摧，江难枯，我民不可苏！

茶歌的另一个来源也即主要的来源，就是茶农和茶工自己创作的民歌或山歌。远在唐代，杜牧在《题茶山》诗中就写道："舞袖岚侵涧，歌声谷答回。磬音藏叶鸟，雪艳照潭梅。"写采茶姑娘在茶山采茶时歌声飘荡山谷的热闹情景。其实，中国各民族的采茶姑娘，历来都能歌善舞，尤其是在采茶季节，尽情歌唱的情景在茶区几乎随处可见。因此，在茶乡有"手采茶叶口唱歌，一筐茶叶一筐歌"之说。清代有一首流传在江西到武夷山采制茶叶的茶工中的茶歌：

清明过了谷雨边，背起包袱走福建。

想起福建无走头，三更半夜爬上楼。

三捆稻草搭张铺，两根杉木做枕头。

想起崇安真可怜，半碗腌菜半碗盐。

茶叶下山出江西，吃碗青茶赛过鸡。

采茶可怜真可怜，三夜没有两夜眠。

茶树底下冷饭吃，灯火旁边算工钱。

武夷山上九条龙，十个包头九个穷。

年轻穷了靠双手，老来穷了背竹筒。

茶工们白天上山采茶，晚上还要加班赶制毛茶，因此非常辛苦劳累。茶歌唱起来凄怆哀婉，令人感慨。但这仅是茶农生活的一个侧面，茶歌中大量的内容是反映茶业生产劳动、赞美茶山茶园茶事的作品。情歌也是茶歌中的重要组成部分，茶歌中最优美动人的正是这些茶歌。

类似的茶歌，在江西、福建、浙江、湖南、湖北、四川、安徽各省的方志中，也都有不少记载。这些茶歌，开始并未形成统一的曲调，后来，孕育出了专门的"采茶调"，以致使采茶调和山歌、盘歌、五更调、川江号子等并列，发展成为我国南方的一种传统民歌形式。当然，当采茶调变成民歌的一种调式后，其歌唱的内容，就不一定限于茶事或与茶事有关的范围了。

采茶调是汉族的民歌，而在我国西南的一些少数民族中，也演化产生了不少诸如"打茶调""敬茶调""献茶调"等曲调。这些兄弟民族和汉族一样，不仅有茶歌，也形成了若干有关茶的固定乐曲。

传统茶歌是开放在民歌艺苑中的一朵奇葩，它的曲调优美动听，节奏轻松活泼，具有浓郁的地方色彩和独特的民间风味。流传于全国的传统茶歌，数不胜数，美不胜收。影响较大、流传较广的茶歌，有江西永新民歌《茶山三月好风光》、江西婺源民歌《十二月采茶》、贵州印江民歌《上茶山》、湘西民歌《采茶调》、福建民歌《茶叶青》、安徽舒城民歌《茶山对唱》等。

2. 现代茶歌

新中国成立后，在音乐工作者的精心创作下，一批优秀茶歌相继问世。它们都具有浓郁的民族风格，鲜明的时代特征。其中以《请茶歌》《挑担茶叶上北京》《请喝一杯酥油茶》等为代表的茶歌在全国广为流传，家喻户晓。由文莽彦作词、解策励作曲的《请茶歌》，曲调优美动人，富有江西民歌特征。歌曲音调高亢爽朗，叙说性强，节奏跳动而充满活力；旋律柔中带刚，一气呵成，音域不宽却抑扬分明，注意了音乐形式的民族性、通俗性。由周大风作词作曲的《采茶舞曲》，具有浓厚的江南水乡风味。它本是越剧《雨前曲》的主题歌，后来作为独立歌舞节目演出。它以龙井茶区为背景，充分反映了江南茶乡的春光山色和姑娘喜摘春茶的欢乐情景。由叶蔚林作词、白诚仁作曲的《挑担茶叶上北京》，具有浓郁的湖南乡土气息，表达的是茶乡人民对毛主席的热爱。曲调明快，纯朴清新。

进入新时期，茶歌不断推进升华，兴盛不衰。由阎肃作词、姚明作曲的《前门情思大碗茶》，勾起了海外游子的无限归思，新旧对比，意味深长。而《龙井茶，虎跑水》《茶山情歌》《古丈茶歌》《爷爷泡的茶》等茶歌，更是传唱大江南北。

（三）茶事音乐舞蹈

1. 茶乐

茶乐是指以茶为题材而创作并由器乐演奏的有一定曲式结构的乐曲。从严格意义上说，中国古代还没有纯粹的茶乐。早期的茶乐往往是从茶事歌舞改编而来，只是到了当代，在茶文化复兴的背景下才产生了专门的茶事音乐，《闲情听茶》就是当代茶乐的代表。

《闲情听茶》系列以中国人最熟悉的"茶"为主题，通过七张韵味不同的唱片，表达出人们对茶的款款爱恋。从中既可以听到许多悠婉动人的乡音乡韵，让人顿生怀乡之情，也能细品笛子、二胡、琵琶、古琴、笙、阮、箫等民族乐器分别与电子合成器融为一体的那种虽旧犹新的感人魅力。

2. 茶舞

"歌之不足，舞之蹈之"，表现茶事的舞蹈就是茶舞。茶舞往往与茶歌配合而载歌载舞，也可独立表演。唐代杜牧《题茶山》诗中就有"舞袖岚侵涧，歌声谷答回"的记述，表现了当时采茶姑娘在茶山载歌载舞的情景。

以茶事为内容的舞蹈，可能发轫甚早，但在史籍中，有关茶事舞蹈的具体记载很少，目前所能见到的文献记载都是清代的。现在能知道的，是流行于我国南方各省的"茶灯"

或"采茶灯"，是在采茶歌的基础上发展起来的由采茶歌、舞、灯组成的一种民间灯彩。

茶灯和马灯、霸王鞭等，是过去汉族比较常见的一种民间舞蹈形式。茶灯，是福建、广东、广西、江西和安徽等地"采茶灯"的简称。它在江西，还有"茶篮灯""跳茶灯"和"灯歌"的叫法；在湖南、湖北，则称为"采茶"和"茶歌"；在广西又称为"壮采茶"和"唱采舞"，在广东则称为"采茶歌"。这一舞蹈不仅各地名称不一，跳法也有不同。但一般是由童男童女两人以上甚至十多人经过装扮，饰以艳服而边歌边舞。舞者腰系绸带，男的持一钱尺（鞭）作为扁担、锄头等，女的左手提茶篮，右手拿扇，主要表现茶园的劳动生活。

除汉族和壮族的"茶灯"民间舞蹈外，我国有些民族盛行的盘舞、打歌，往往也以敬茶和饮茶的茶事为内容，这从一定的角度来看，也可以说是一种茶事舞蹈。如彝族打歌时，客人坐下后，主办打歌的村子或家庭，老老少少，恭恭敬敬，在大锣和唢呐的伴奏下，手端茶盘或酒盘，边舞边走，把茶、酒一一献给每位客人，然后再边舞边退。云南洱源白族打歌，也和彝族上述情况极其相像，人们手中端着茶或酒，在领歌者（歌目）的带领下，唱着白语调，屈着膝，绕着火塘转圈圈，边转边抖动和扭动上身，以歌纵舞，以舞狂歌。

四、茶事书画

（一）茶事绘画

中国的茶事绘画最早始于何时，尚难以定论。现在所能见到的最早的茶画始于唐代。据统计，清代以前见于著录的茶画在 120 幅以上，但由于绘画作于纸上或绢上，时间一久易于朽坏而毁，传存至今的不过 40 余幅。这些茶画作品，可以让我们直观地了解古代茶事活动的具体情况，特别是古代茶具的形制和饮茶方式，对于研究中国古代的饮茶发展历史有较大的价值。

1. 唐宋茶画

（1）《萧翼赚兰亭图》，唐阎立本作

阎立本，唐代早期画家，擅长画人物肖像和人物故事画。

《萧翼赚兰亭图》描绘的是唐太宗遣萧翼骗取《兰亭序》的史事。唐太宗酷爱王羲之的字，唯得不到《兰亭序帖》而遗憾。听说辩才和尚藏有《兰亭序帖》，便召见辩才，可是辩才推说不知下落。唐太宗苦思冥想，不知如何才能得到。房玄龄奏

阎立本《萧翼赚兰亭图》

荐监察御史萧翼，说此人有才有谋，由他出面定能取得《兰亭序帖》。萧翼装扮成普通商人，带上王羲之杂帖几幅，接近辩才，取得辩才信任。在谈论王羲之书法的过程中，辩才终于拿出了《兰亭序帖》。一天，趁辩才离寺，萧翼到辩才室内取得《兰亭序帖》。

《萧翼赚兰亭图》画面中有五位人物，中间坐着一位和尚即辩才，对面为萧翼，左下有二人煮茶。画面左下有一老仆人蹲在风炉旁，炉上置一锅，锅中水已煮沸，茶末刚刚放入，老仆人手持茶夹欲搅动茶汤，另一旁有一童子弯腰，手持茶托盘，小心翼翼地等待酌茶。矮几上放置着其他茶碗、茶罐等用具。这幅画不仅记载了古代僧人以茶待客的史实，而且再现了唐代烹茶、饮茶所用的茶器、茶具以及烹茶方法。

（2）《文会图》，宋徽宗赵佶作

宋徽宗赵佶，喜欢收藏书画，擅长书法、人物花鸟画。

《文会图》描绘了文人会集的盛大场面。在庭院中的大树下，巨型贝雕黑漆桌案上有丰盛的果品、各种杯盏等。八文士围桌而坐，两文士离席起身与旁边人交谈，左边大树下有两文士站着交谈，人物神态各异，潇洒自如，或交谈，或举杯，或凝坐。二侍者端捧杯盘，往来其间。另有数侍者在炭火桌边忙于温酒、备茶，场面气氛热烈，人物神态逼真。

（3）《撵茶图》，南宋刘松年作

刘松年，与李唐、马远、夏圭合称"南宋四大家"，擅长人物画。

《撵茶图》为工笔白描，描绘了宋代从磨茶到烹点的具体过程、用具和点茶场面。画中左前方一仆役坐在矮几上，正在转动茶磨磨茶。旁边的桌上有筛茶的茶罗、贮茶的茶盒、茶盏、盏托、茶筅等。另一人伫立桌边，正提着汤瓶在大茶瓯中点茶，然后到分桌上小托盏中饮用。他左手桌旁有一风炉正在煮水，右手边是贮水瓮，上覆荷叶。

赵佶《文会图》

一切显得十分安静、整洁有序。画面右侧有三人，一僧伏案执笔作书，与另一人相对而坐，似在观赏，还有一人坐其旁，双手展卷，而眼神却在欣赏僧人作书。画面充分展示了贵族官宦之家品茶的生动场面，是宋代点茶的真实写照。

    2. 明代茶画

    （1）《品茶图》等，明文徵明作

    文徵明，明代著名诗人、书画家，与祝允明、唐寅、徐祯卿三人合称"吴中四才子"，画史上又将他与沈周、唐寅、仇英合称"吴门四家"，擅长山水、人物、花鸟画。

    《品茶图》中茅屋正室，内置矮桌，桌上只有一壶二杯，主客对坐，相谈甚欢。侧室有泥炉砂壶，童子专心候火煮水。画上自题七绝："碧山深处绝尘埃，面面轩窗对水开。谷雨乍过茶事好，鼎汤初沸有朋来。"末识："嘉靖辛卯，山中茶事方盛，陆子傅过访，遂汲泉煮而品之，真一段佳话也。"可知该画作于嘉靖辛卯（1531 年），屋中品茶叙谈者当是文徵明、陆子傅二人。

    （2）《事茗图》，明唐寅作

刘松年《撵茶图》（局部）

唐寅，字伯虎、子畏，号六如居士，明代著名书画家，为"吴门画派"代表人物之一，诗、书、画俱佳，擅长山水、人物、仕女、花鸟画。

唐寅《事茗图》

《事茗图》画面上青山环抱，林木苍翠，溪流潺潺；参天古树下，有茅屋数间。近处是山崖巨石，远处是云雾弥漫的高山，隐约可见飞流瀑布。正中是一片平地，有数椽茅屋，前立凌云双松，后种成荫竹树。茅屋之中一人正聚精会神伏案读书，书案一头摆着壶盏等茶具，墙边是满架诗书。边屋之中一童子正在扇火煮水。屋外右方，小溪上横卧板桥，一老者缓步策杖来访，身后一书童抱琴相随。画卷上人物神态生动，环境优雅，表现出幽人雅士品茗雅集的清幽之境，是当时文人学士山居闲适生活的真实写照。画卷后有唐寅用行书自题五言诗一首："日长何所事？茗碗自赍持，料得南窗下，清风满鬓丝。"

（3）《煮茶图》，明丁云鹏作

丁云鹏，字南羽，号圣华居士，明代画家，擅长人物、佛像、山水画。

丁云鹏《煮茶图》

《煮茶图》以卢仝煮茶故事为题材，但所表现的已非唐代煎茶而是明代的泡茶。图中描绘了卢仝坐榻上，双手置膝，榻边置一竹炉，炉上汤壶正在煮水。榻前几上有茶罐、茶壶、托盏和假山盆景等，旁有一长须男仆正蹲地取水。榻旁有一赤脚老婢，双手端果盘正走过来。画面人物神态生动，背景中满树白玉兰花盛开，湖石和红花绿草美丽雅致。

丁云鹏尚有《玉川煮茶图》，内容与《煮茶图》大致一样，但场景有所变化。如在芭蕉和湖石后面增添几竿修竹，芭蕉树上绽放数朵红花，树后开放几丛红花，使整个画面增添绚丽色彩，充满勃勃生机。画中卢仝坐蕉林修篁下，手执羽扇，目视茶炉，正聚精会神候汤。身后蕉叶铺石，上置汤壶、茶壶、茶罐、茶盏等。右边一长须男仆持壶而行，似是汲泉去。左边一赤脚老婢，双手捧果盘而来。

（4）《停琴啜茗图》，明陈洪绶作

陈洪绶，字章侯，号老莲，明末画家。

《停琴啜茗图》描绘了两位高人逸士相对而坐，手捧茶盏。蕉叶铺地，司茶者趺坐其上。左边茶炉炉火正红，上置汤壶，近旁置一茶壶。司琴者以石为凳，置琴于石板上。硕大的花瓶中荷叶青青，白莲盛开。琴弦收罢，茗乳新沏，良朋知己，香茶问进，边饮茶边论琴。如此幽雅的环境，把人物的隐逸情调和文人淡雅的品茶意境渲染得既充分又得体。画面清新简洁，线条勾勒笔笔精到，设色高古，高士形象夸张奇特。

3. 现代茶画

（1）《煮茗图》等，吴昌硕作

吴昌硕，现代著名书画家。

《煮茗图》画高脚泥炉一只，略呈夸张之态，上置陶壶一把，炉火腾腾，旁有破蒲扇一柄，当为助焰之用。另有寒梅一枝，枝上梅花数簇，有孤高之气。此画极写茶、梅之清韵。

吴昌硕好品茶、赏梅，常将茶梅合题。其《品茗图》，一丛疏梅自右上向左下斜出，右下用淡墨勾出茶壶、茶杯，与梅花相映成趣。左上题字"梅梢春雪活火煎，山中人兮仙中仙"。

（2）《煮茶图》等，齐白石作

齐白石，现代著名书画家。

《煮茶图》画泥炉上一只瓦壶，一把破蒲扇，扇下一把火钳，几块木炭。此画表现的是日常生活中的煮茶，同时也体现了主人清贫俭朴的操守。

齐白石尚有《寒夜客来茶当酒》，以宋人杜耒的诗意作画。胆瓶一只，插墨梅一枝，喻"才有梅花便不同"。油灯一盏，喻"寒夜"，提梁茶壶一把以点题，喻"客来茶当酒"；《茶具图》，一壶两杯，取神遗貌，极为简约；《茶具梅花图》，九十二岁时作且赠予毛泽东。画面简洁，红梅形象简练而丰富，有怒放的花朵，有圆润的蓓蕾，生机盎然。茶壶浓墨渲染，茶杯细笔勾勒。

吴昌硕《煮茗图》

（二）茶事书法

1. 宋代茶事书法

（1）《奉同公择尚书咏茶碾煎啜三首》，宋黄庭坚书

该帖为行书，中宫严密。所书内容是其自作诗三首，建中靖国元年（1101 年）八月十三日书，第一首写碾茶，"要及新香碾一杯，不应传宝到云来。碎身粉骨方余味，莫厌声喧万壑雷"；第二首写煎茶，"风炉小鼎不须催，鱼眼常随蟹眼来。深注寒泉收第二，亦防枵腹爆乾雷"；第三首写饮茶，"乳粥琼糜泛满杯，色香未触映根来。睡魔有耳不及掩，直拂绳床过疾雷"。

（2）《苕溪诗帖》，宋米芾书

《苕溪诗帖》，纸本，行书，纵 30.3 厘米，横 189.5 厘米。全卷 35 行，共 394字，宋哲宗元祐三年（1088 年）八月八日作，米芾时年 38 岁。开首有"将之苕溪戏作呈诸友，襄阳漫仕黻"，知所书为自撰诗，共六首。其中第二首为："半岁依修竹，三时看好花。懒倾惠泉酒，点尽壑源茶。主席多同好，群峰伴不哗。朝来还蠹

黄庭坚《奉同公择尚书咏茶碾煎啜三首》

简，便起故巢嗟。"又有跋语："余居半岁，诸公载酒不辍。而余以疾，每约置膳清话而已。"米芾受到朋友们的热情招待，载酒不辍，而米芾以疾辞酒，以茶代酒，清谈款话。

此帖用笔中锋直下，浓纤兼出，落笔迅疾，纵横恣肆。尤其运锋，正、侧、藏、露变化丰富，点画波折过渡连贯，提按起伏自然超逸，毫无雕琢之痕。其结体舒畅，中宫微敛，保持了重心的平衡。同时长画纵横，舒展自如，富抑扬起伏变化。通篇字体微向左倾，多敧侧之势，于险劲中求平夷。全卷书风真率自然，痛快淋漓，变化有致，逸趣盎然，反映了米芾中年书法的典型面貌，是中国书法史上的一件名作。

2. 明清及现当代茶事书法

（1）《煎茶七类》，明徐渭书

徐渭的这幅行书带有较明显的米芾笔意，笔画挺劲而腴润，布局潇洒而不失严谨，与他的另外一些作品相对照，此书多存雅致之气。

（2）《幼孚斋中试泾县茶》，清汪士慎书

汪士慎的隶书以汉碑为宗，作品境界恬静，用笔沉着而墨色有枯润变化。《幼孚斋中试泾县茶》条幅，可谓是其隶书中的一件精品。值得一提的是，条幅上所押白文"左盲生"一印，说明此书作于他左眼失明以后。这首七言长诗，通篇气韵生动，笔致

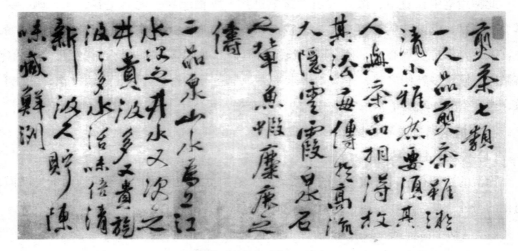

米芾《苕溪诗帖》

徐渭《煎茶七类》（局部）

动静相宜，方圆合度，结构精到，茂密而不失空灵，整饬而暗相呼应。该诗是汪士慎在管希宁（号幼孚）的斋室中品试泾县茶时所作。诗曰："不知泾邑山之涯，春风苣此香灵芽。两茎细叶雀舌卷，蒸焙工夫应不浅。宣州诸茶此绝伦，芳馨那逊龙山春。一瓯瑟瑟散轻蕊，品题谁比玉川子。共向幽窗吸白云，令人六腑皆芳芬。长空霭霭西林晚，疏雨湿烟客忘返。"

汪士慎《幼孚斋中试泾县茶》

（3）《玉川子嗜茶》，清金农书

金农的书法，善用秃笔重墨，有蕴含金石方正朴拙的气派，风神独运，气韵生动，人称之为"漆书"。中堂《玉川子嗜茶》，是典型的金农"漆书"风格：

玉川子嗜茶，见其所赋茶歌，刘松年画此，所谓破屋数间，一婢赤脚举扇向火。竹炉之汤未熟，长须之奴复负大瓢出汲。玉川子方倚案而坐，侧耳松风，以俟七碗之入口，可谓妙于画者矣。茶未易烹也，予尝见《茶经》《水品》，又尝受其法于高人，始知人之烹茶率皆漫浪，而真知其味者不多见也。呜呼，安得如玉川子者与之谈斯事哉！稽留山民金农。

金农的爱茶之心在作品中流露无遗，大约是看到刘松年所画的《卢仝煮茶图》有感而发。他不仅研读过《茶经》和《水品》，而且还向烹茶专家学习过此道。冬心先生的一声长叹"呜呼"，深感要找到一位像卢仝那样精通此道的人来切磋茶艺，何其难也。

（4）《溢江江口是奴家》，清郑燮书

郑燮书法，初学黄山谷，并合以隶书，自创一格，后又不时将篆隶行楷熔为一炉，

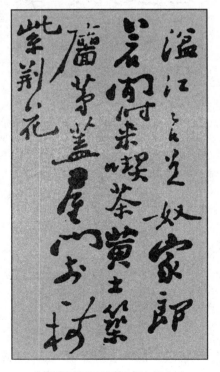

郑燮《溢江江口是奴家》

自称"六分半书"，后人又以"乱石铺街"来形容他书法作品的章法特征。其书作中有关茶的内容甚多，如《溢江江口是奴家》，行书条幅："溢江江口是奴家，郎若闲时来吃茶。黄土筑墙茅盖屋，门前一树紫荆花。"

（5）《角茶轩》，现代吴昌硕书

《角茶轩》，篆书横披，1905 年书，是典型的吴氏风格，其笔法、气势源自石鼓文。落款很长，以行草书之，其中对"角茶"的典故、"茶"字的字形作了记述："礼堂孝谦藏金石甚富，用宋赵德父夫妇角茶趣事以名山居。……茶字不见许书，唐人于頔茶山诗刻石，茶字五见皆作茶。……"

吴昌硕篆书横披

（6）《吃茶去》等，赵朴初书

赵朴初书法俊朗神秀，有东坡体势，静穆从容，自然脱俗。线条质感当比肩历代名家，晚年作品气息散淡。尝为许多重要茶事活动题诗，多半写成书幅，诗书兼美，堪称双绝。

他有一首《吃茶去》诗，化用唐代诗人卢仝的"七碗茶"诗意，引用唐代高僧从谂禅师"吃茶去"的禅林法语，诗写得空灵洒脱，饱含禅机，为世人所传诵，是体现"茶禅一味"的佳作。"七碗受至味，一壶得真趣。空持百千偈，不如吃茶去。"1991年，赵朴初为"中日茶文化交流 800 周年纪念"题一诗幅："阅尽几多兴废，七碗风流未坠。悠悠八百年来，同证茶禅一味。"

（7）《今古形殊义不差》等，启功书

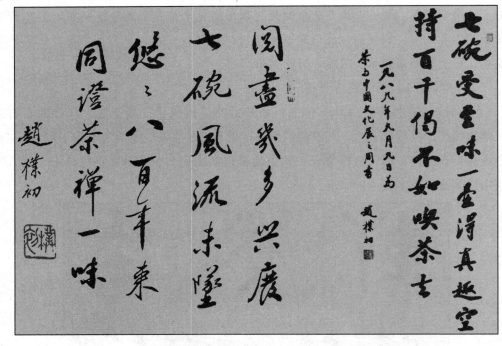

赵朴初题诗《阅尽》《吃茶去》

　　启功书法成就主要在于行楷，那种纯雅平和的艺术表现就像他的品性为人一样，亲切平和之中透着一种自我的高雅与夭矫不群。启功书法富于传统气息，但更具有翩翩自得的个人风范——文雅而娴熟、清冷而端丽，不羁而极儒雅。

　　1989 年 9 月，北京举办"茶与中国文化展示周"，他题诗曰："今古形殊义不差，古称荼苦近称茶。赵州法语吃茶去，三字千金百世夸。"

　　1991 年 5 月，启功书赠张大为一幅立轴绝句："七碗神功说玉川，生风枉讬地行仙。赵州一语吃茶去，截断群流三字禅。"

第四章　跟着《茶经》学养生

第一节　茶疗史话

茶的发现和利用，也已延续了四五千年之久。

在这期间，茶既是一种人们日常生活须臾不离的饮料，

成为举国之饮，又是一种延年益寿、防病治病的药物。

根据植物学家推算，茶树的起源至少已有六七千万年的历史了。茶的发现和利用，也已延续了四五千年之久。在这期间，茶既是一种人们日常生活须臾不离的饮料，成为举国之饮，又是一种延年益寿、防病治病的药物，而应用于临床实践。近代医学对茶的药效进行了多方面的分析研究和临床试验，对茶的医疗保健功效也给予了充分的肯定。由于茶含有众多的营养和保健成分，所以古往今来，茶在饮食、医疗上被广泛使用。如今，随着社会的发展，科学的进步，研究的深化，茶的综合利用和深加工的日益广泛，使得茶不仅是传统意义上的饮料，可以制作成各种食品、菜肴，而且还能应用于药物、保健、化妆、油脂、轻工等各个方面。如今，茶应用的广泛性、多样性，以及因某些特有成分而导致的专一性用途，愈来愈受到人们的关注。

（一）茶疗的形成与特点

茶，自从被人类发现和利用以来，它的应用和发展，无不与茶的营养、保健，乃至药用功效有着密切的联系。所以，自古至今，茶与茶疗，一直是祖国医药学的重要组成部分，是中华民族药学宝库中的一朵奇葩，它在促进人民身体健康的保健事业中，起了积极的作用。今天，随着祖国茶学研究和医学事业的发展，茶在医药学上的地位

与作用，更加引人注目，并开始走向世界。

1. 茶疗的形成

所谓茶疗，通常是指用茶为单方，或配伍其他中药组成复方，用来内服或外用，以养生保健、防病疗疾的一种方法。当提到茶疗时，人们很自然会想到远古时代神农用茶解毒的传说，它表明中国人最早是把茶叶当作药用的。不过，茶的药用，自《神农本草经》问世，才得到了确认。在这部我国现存的最早药学专著中，对茶的功用做了明确的记载："茶饮之使人益思，少卧，轻身。""茶味苦，明目。"说明茶原本就是一种药，所以，在我国历代的医药著作中，大多有对茶的记载。如东汉医学大师张仲景在《伤寒杂病论》中说："茶治便浓血。"三国"神医"华佗在《食论》中说："苦茶久食，益意思。"梁朝名医陶弘景在《杂录》中则说："苦茶轻身换骨。"

唐时，有关茶的强身保健和延年益寿作用的知识广为流传，促使饮茶之风大兴。唐显庆四年，世界上第一部药典性著作《新修本草》成书，书中提出："茶味甘苦，微寒无毒"，有"去痰、热渴，令人少睡"之功用。又说："主下气，消宿食，作饮加茱萸、葱、姜良。"这是我国早期有关含茶的药茶的记载。唐代著名药理学家陈藏器更是开门见山，在他的《本草拾遗》中称："诸药为各病之药，茶为万病之药。"指出茶是一种能治疗多种疾病的良药。

2. 茶疗的发展

自唐开始，茶疗有了新的发展，如唐代郭稽中的《妇人方》中记述："产后便秘，以葱白捣汁，调蚋茶末为丸，服之自通。"表明唐时茶疗的方法已打破早期的单一煮饮法，而开始出现成药丸剂。

宋代，茶疗的方法更为多样，出现了药茶研末外敷、和醋饮服、研末调服等多种形式，从单方迅速向复方发展，使茶疗的应用更为广泛。这在宋代官方编纂出版的《太平圣惠方》《圣济总录》中都有大量的记载。如由王怀隐主编的《太平圣惠方》中就有茶疗方十多则，其中包括用茶配伍荆芥、薄荷、山栀、豆豉等，用来"治伤寒头痛壮热"的葱豉茶；用茶配伍生姜、石膏、麻黄、薄荷等，用来"治伤寒鼻塞头痛烦躁"的薄荷茶；用茶配伍硫磺、诃子皮等，用来"治伤寒头痛烦躁"的石膏茶；等等。在《圣济总录》中所载的茶疗方也不少，如用茶配伍炮干姜，用来"治霍乱后烦躁卧不安"的姜茶；用茶配伍海金沙，用生姜、甘草汤调服，用来"治小便不通，脐下满闷"的海金沙茶等。总之，宋时由于茶疗方法的不断改进，促使茶疗的应用范围逐渐扩大，疗效也更加明显，从而使茶疗得到进一步的发展。

有效的茶疗方剂，不仅为广大群众所接受，用作防病治病的良药，而且在宫廷王室也颇受青睐。对此，人们不仅可从宋代官方编纂出版茶疗方一事中得到印证，而且还可以从元代宫廷饮膳太医忽思慧著的《饮膳正要》中找到佐证，其中有关含茶的药茶配方很多，如用"玉磨末茶三匙头，面、酥油同搅成膏，沸汤点之"而成的膏茶；用"铁锅烧赤，以马思哥油、牛奶子茶芽同炒成"的炒茶；用"金子末茶两匙头，入酥油同搅，沸汤点之"而成的酥茶，等等。此外，还记载有玉磨茶、枸杞茶、金字茶、范殿帅茶、紫笋雀舌茶、清茶、建汤、香茶等十多则茶疗方剂的应用方法。书中还明确指出："凡诸茶，味甘苦，微寒无毒，去痰热，止渴，利小便，消食下气，清神少睡。"元代王好古的《汤液本草》亦载有茶能"清头目，兼治中风昏愦，多睡不醒"。元代纱图穆苏撰的《瑞竹堂经验方》中，还详细地记载了两则治痰喘病的茶疗方，至今仍在民间流传应用。

明代，茶疗方的运用更为广泛。在明代吴瑞的《日用本草》中就有许多关于茶疗的记载，其中谈道：茶"炒煎饮，治热毒赤白痢，同芎藭、葱白煎饮，止头痛"。明代朱橚撰的《普济方》中专列"药茶"一节，收载茶疗方8则，并详细地介绍了适应证与饮用方法。明代韩予以的《韩氏医通》中，还记载有抗衰老的"八仙茶"方。明代著名药学家李时珍在《本草纲目》中，在论述茶性的同时，也附录了茶疗方十余则。此外，明代李中立撰的《本草原始》、汪颖撰的《食物本草》、鲍山撰的《野菜博录》、缪希雍撰的《本草经疏》、赵南星撰的《上医本草》、李士材撰的《本草图解》、张时彻撰的《摄生众妙方》、俞朝言撰的《医方集论》、钱椿年撰的《茶谱》、许次纾撰的《茶疏》、程用宾撰的《茶录》，等等，都有关于茶性、茶疗的记载。

清代，茶疗更为盛行，所以，有茶疗方记载的著作就更多了。在清代的茶疗方中，最著名的首推沈金鳌在《沈氏尊生书》里记载的"天中茶"，这是沈氏根据名医叶天士茶疗方改订而成的，迄今一直为临床所应用。此外，刘长源撰的《茶史》、张路撰的《本经逢原》、陆延灿撰的《续茶经》、汪昂撰的《本草备要》、王孟英撰的《随息居饮食谱》、黄宫绣撰的《本草求真》、费伯雄撰的《食鉴本草》、赵学敏撰的《本草纲目拾遗》、沈李龙撰的《食物本草会纂》、韦进德撰的《医药指南》、钱守和撰的《慈惠小编》，等等，书中都有关于民间茶疗方的记述。不仅如此，清代宫廷中也十分重视茶疗。如用于降脂、化浊、补肝益肾的清宫仙药茶，就是由乌龙茶、六安茶、中药泽泻

跟着《茶经》学养生

等组成的。再如在《慈禧光绪医方选议》中，仅清热茶疗方就有清热理气茶、清热化湿茶、清热养阴茶、清热止咳茶等。可见，在清代，上至皇室士大夫阶层，下至平民百姓，茶疗已成为养生保健、防病治病的重要手段。

至于近代，特别是现代，茶疗的应用几乎随处可见。在陈存仁主编的《中国药学大辞典》、谢利恒主编的《中国医学大辞典》、南京药学院编的《药材学》、江苏新医学院编的《中药大辞典》等书中，都搜录了在群众中广为流行的大量茶疗方。在临床实践中，除茶叶单方外，还应用许多由茶与其他中草药配伍制成的复方成品茶，如天中茶、午时茶、减肥茶、甘露茶等。著名老中医耿鉴庭撰的《瀚海颐生十二茶》中的茶疗方，就是运用茶疗防治疾病的经验总结，如今在群众中广为应用。近年来，许多茶学界和医学界著名专家，还对茶疗进行了深入的发掘和研究，如在《家用中成药》《食物疗法精萃》《养生寿老集》《中国药膳学》《中国药茶》等众多著作中，都有不少茶疗方搜录其中，它们都具有取材容易，制法简单，应用方便，价廉有效等特点，因而备受人们的欢迎。而且，不少茶药已打入国际市场，特别是有一批保健茶药在日本、韩国、东南亚以及欧美等国盛行，为世界人民的卫生保健事业做出了贡献。

3. 茶疗的特点

茶疗，不仅适用于内科、外科、儿科、妇科等多种疾病，应用范围很广，而且能防病健身，以及抗衰老，养生延年。这也是茶疗之所以能延续数千年而不衰的原因所在。

茶不论作为单方，还是与其他草药配伍组成复方，用来防治疾病，特别是对于病情不过重，病程长，一时难以痊愈的慢性病患者来说，不但乐于接受，而且只要坚持长期服用，慢慢调理，必将收到良好的效果。就是对一些急性病患者来说，茶疗也不失为一种良好的辅助疗法。如宋代《太平圣惠方》中的葱豉茶就是治疗"伤寒头痛壮热"病症的茶方；近代用午时茶治疗感冒等，这些都是公认的有效茶疗方。另外，《韩氏医通》中提到的抗人体衰老的八仙茶，以及近代根据茶能降血脂、降胆固醇，防治糖尿病、高血压的特性，研制而成的各种抗衰老保健茶，使茶的应用范围进一步得到扩大。

茶疗之所以能在祖国的卫生保健事业中得到如此广泛的应用，是与茶疗的特点分不开的。概括起来说，茶疗有如下特点：

（1）使用广泛，剂型多样

茶疗方，既有单方又有复方，还有经加工制成的成品药茶。而茶疗方的剂型又很多，除了应用较多的汤剂外，还有将茶或茶方中诸味药研成细末应用的散剂，如川芎茶调散、菊花茶调散等；将茶或茶方中诸味药研成细末拌匀，再用蜜或面糊、浓茶汤黏合成粒、块状的丸剂；将茶或茶方中诸味药研成粗末，用滤纸或纱布分装成小袋，再用沸水冲泡饮用的袋泡剂，等等。加之茶中含有的药效成分种类很多，而茶与其他中草药配伍的结果，又使茶的药效得到加强，因而应用更加广泛。

（2）配伍精简，取材容易

就多数茶疗方而言，通常只选用茶作为单方，即使是复方，除了少数由于特殊原因配伍比较繁杂外，一般除茶外，大多只精选二三味经中医长期临床实验证实确属有效的中草药配伍。因此，茶疗方的配伍，可以说是以精当、简洁为原则的。而茶在我国南方都有生长，各地随处都可买到；与茶配伍的一些中草药，大多也是常见的，即使不能就地采得，也可以在当地随处买到。

（3）应用方便，易于接受

随着时代的进步，生活节奏的加快，传统医学中那种整天守着药罐煎煮药剂的方法已不大再被人接受。经配制而成的药茶，或者成品茶剂，不但易于携带，而且饮服方便，只要用沸水冲泡即成。同时，在工余饭后既可用它当茶解渴，又能起到防治疾病的作用。对慢性病人来说，便于长期服用；对小儿、老年患者，因易于接受而减少了服药困难；对少数长期煎服中药汤剂而感到烦恼的病人，则可减少服药的精神和精力上的负担，因而，茶疗受到广大群众的青睐和欢迎。

（4）药力专一，费用节省

茶疗方的选药和配伍组合，多以药力专一为前提。如午时茶以祛风解表发散的中草药与茶组合，主治畏寒感冒发热；葱豉茶以茶叶、葱白、淡豆豉、荆芥组合，主治伤寒头痛壮热；三宝茶以普洱茶、菊花、罗汉果组合，主治肥胖高血压症。此外，如用硫磺茶治泻痢，海金砂茶治小便不通，薄玉茶治糖尿病，杜仲茶治腰痛，三花减肥茶治肥胖，以及饮用美容茶美容，益寿茶抗衰老，醒酒茶治饮酒过量，等等。其结果，使得茶疗在防治疾病和保健延年方面均保持一定的优势。再加上茶疗方以单味，或二至三味的居多，用药量少，不少药材均属廉价的草药，因此，医疗费用低，便于推广。

不过，需要说明的是，茶疗虽然应用甚广，但它不是万能的。特别是对一些急性病患者来说，目前茶疗还大多是一种辅助治疗手段，因此，仅仅依靠茶疗是不够的。另外，茶疗也得讲究得法。如服汤剂时冲泡或煎煮时间要有所控制，时间太短，药效成分浸提不完全，影响药性；时间太长，会使药效成分挥发或发生质变，同样也会影响药效。一般说来，冲泡时间以 10～15 分钟为宜；煎煮时间以 5 分钟左右为好。其次，饮用时，通常以热饮或温服为好。最好做到现制现服，切忌煎汤后隔天再服。最后，配制茶方剂时，应选择质量好的茶，凡霉变或污染变质的茶绝不能用。用量多少，应遵医嘱；倘若配来的散剂、丸剂或袋泡剂一时难以用完，那么，必须晾干后放在瓷瓦罐内密封，置于通风干燥处贮存。

（二）古人论茶功

数以百计的古籍记述，饮茶有利健康，归纳起来，有：少睡、安神、明目、醒脑、止渴、清热、消暑、解毒、消食、醒酒、减肥、消肿、利尿、通便、止痢、祛痰、解表、坚齿、治心痛、治疮、疗饥、益气延年等二十多种功效。

据《续名僧传》载，释法瑶是南朝僧，精通茶道，由于洁身修性，以茶养生，用膳时总要饮些茶，活到七十九岁时，齐武帝还传旨，让他作为长兴地方官"致礼上京"。又据《宋录》载，南朝宋时，宋孝武帝的两个儿子，经常去安徽寿县八公山东山寺拜访高僧昙济，饮了昙济亲自调制的茶，赞不绝口，誉为"甘露"，这是寺院以茶敬客的最早记载。东晋名僧怀信，用二十六字真言，论述了饮茶的好处："跣定清谈，袒露谐谑，居不愁寒暑，食不择甘旨，使唤童仆，要水要茶。"唐代封演的《封氏闻见记》也写道："（唐）开元中，泰山灵岩寺有降魔禅师大兴禅教，学禅务于不寐，又不夕食，皆许其饮茶……"终使僧人饮茶成风。而众多高僧对茶的推崇，使茶成了养生正心之物。据宋代钱易的《南部新书》载，唐大中三年，东都（开封）进一僧，是年一百二十余岁，宣帝问他："服何药而至此？"进一答："臣少也贱，素不知药。性本好茶，至处唯茶是求。或出，亦日进百余碗。如常日，亦不下四五十碗。"宣帝闻听此言，才知长寿秘诀，"赐茶五十斤，令居保寿寺"。民间也将饮茶与健康联在一起，认为茶者，"草木之中人也"，它顺应自然，将天地人合而为一，被称作"仙药"，比作"灵丹"，能使身体和心理健康，有利于养生，认为茶者，寿也！

茶的发现和利用，是从神农用茶解"百毒"开始的。

西汉《神农本草》中称："茶味苦，饮之使人益思、少卧、轻身、明目。"

宋代苏东坡有诗云："何须魏帝一丸药，且尽卢仝七碗茶。"

明代钱椿年《茶谱》，归纳饮茶的功效后，指出："人固不可一日无茶。"提出了茶是生活必需品的观点。

道学家更是将茶作为帝苑仙浆，直至用茶炼丹，祈求"长生不老"。

佛教认为茶有"三德"：一是醒脑，坐禅通夜不眠；二是助神，满腹时能助消化，轻腹时逾能补充营养；三是清心，"不发"，不乱性。进而用茶悟性，认为茶性与佛理是相通的，这就是人们通常所说的"茶禅一味"。

现代科学研究也证明，茶对身体的保健功效是多方面的，主要功效有：生津止渴、消热解暑、利尿解毒、益思提神、坚齿防龋、增强免疫力、预防衰老、杀菌抗病毒、降脂减肥、降血压、预防心血管病、消臭、助消化、降血糖、明目、清肝、防治坏血病、抗辐射损伤、抗过敏、抗溃疡、益智、调节身心、治疗便秘、抗癌抗突变等。

（三）茶功与寿星

现代科学研究表明，饮茶不仅可以提神益思，增加营养，而且可以延缓衰老，健身益寿。四川省彭山区，地处茶树原产地区块，历史上是我国最早的茶叶市场，据查，这里的人民，无论男女老少都有喝茶的习惯，甚至宁可少吃一餐饭，也不愿少喝一杯茶，所以这里已成为"中国长寿之乡"。苏联老人阿利耶夫活到 110 多岁，他从不吸烟、喝酒，长寿的秘诀就是每天饮茶和散步。埃及农民札那帝·米夏尔活到 130 多岁，他从不吸烟，但每天要饮茶 6 杯。被誉为韩国茶坛泰斗的崔圭用，一生事茶，年到九旬时，仍为茶事奔波不息。茶叶是一种理想的天然保健饮料，饮茶有利健康，已成全人类的共识。即使在科学不发达的古代，物质生活水平比较低下，人的平均寿命较短，但是一些酷爱常年饮茶的人，却大多寿命很长。如唐代的从谂禅师，活到 120 岁；宋代的大诗人陆游活到 85 岁；明代的礼部尚书陆树声活到 96 岁；清代的乾隆皇帝活到 88 岁。现代的一些高龄老人中，也大都嗜好饮茶。据载，四川省万源市大巴山深处的青花乡，自古以来盛产茶叶，居民惯于喝茶，有"巴山茶乡"之称。全乡一万多人中，至今未发现一例癌症患者。那里有 100 多名年龄在 80 岁以上的老人。我国茶界元老，被誉为"当代茶圣"的吴觉农，一生研究茶、崇尚茶、饮用茶，92 岁高龄时才寿终正寝。还有茶界著名泰斗级人物，庄晚芳活到 89 岁、陈椽活到 91 岁、王泽农活到 95 岁。特别值得一提的是茶界泰斗张天福，至今已年逾百岁，仍身心健康，为茶叶事业奔波在第一线。他们一生事茶，都不吸烟、不嗜酒，但好茶。所以说，饮茶有助延年益寿，长寿得益于经常饮茶。为此，人们把茶看作是一种长寿的象征。所谓"茶寿"，其意也在于此。

下面，让我们看一看一些历代的茶人寿星，是如何看待饮茶，以及通过饮茶得以长寿的。

1. 法瑶实践饭后饮茶

法瑶，南朝宋僧人，本姓杨，河东人，是一个很讲究饮茶的人，特别是在饭后，一定要饮些茶。据唐代陆羽《茶经》引《释道该说续名僧传》载：法瑶后来转居江南，遇见吴兴郡武康人沈台真（即沈演之）（397—449年），请他到武康（今浙江德清）小山寺为僧。《淮南子》说此时的法瑶："日至悲泉，爰息其马"，其意是说他年事已高，人已老了。到了南朝齐代永明年间，齐武帝传旨吴兴地方官请法瑶上京，其时他已经七十九岁了，但身体仍然十分健朗。认为这与法瑶平日好茶是有相当大关系的。

2. 陶弘景饮茶"轻身换骨"

陶弘景（456—536年），字通明，享年九十又一，南朝秣陵（今江苏南京）人。他精医学，通历算地理，著作颇丰，曾在江苏句容句曲山（即茅山）华阳洞隐居，自号华阳隐士。南朝梁武帝曾数次请他出山为官，遭他婉谢。陶氏本是一个道士，主张儒、释、道三教合流。晚年又受"佛教五大戒"，自号华阳真逸、华阳真人。

陶氏一生酷爱饮茶，特别是茅山茶。并将饮茶健身实践记录在《杂录》（即《名医别录》）中。因原著已佚，内容可见唐代陆羽《茶经》，认为"苦茶轻身换骨，昔丹丘子、黄山君服之"。按照现代的话说，饮茶可以降脂去腻，瘦身换骨。从前，即使像丹丘子、黄山君这样的仙人，也离不开茶。他笃信饮茶有利健身，能延年益寿。他自己的亲身实践，也就是最好的说明。

3. 皎然饮茶的真知灼见

皎然（704—785年），唐代诗僧，俗姓谢，字清昼，享年82，湖州长城（今浙江长兴）人，为南朝谢灵运十世孙。久居吴兴杼山妙喜寺，与茶圣陆羽至交。而他们俩又都是与茶墨结缘之人。由于共同的爱好，使他们之间相处几十年。其间，品茶论道，用茶结谊，陆羽在妙喜寺旁建亭，于癸丑岁、癸卯朔、癸亥日落成，湖州刺史颜真卿命名为"三癸亭"，皎然赋诗《奉和颜使君真卿与陆处士羽登妙喜寺三癸亭》，表示祝贺！后人称之为"三绝"。

皎然是诗僧，又是茶僧，平生爱茶，他崇茶、尚茶、写茶，在其《饮茶歌诮崔石使君》诗中，赞誉剡溪（今浙江嵊州一带）茶有清郁隽永的茶香，甘露琼浆般的滋味。并生动地描绘了对饮茶的真知灼见："一饮涤昏寐，情思爽朗满天地；再饮清我神，忽如飞雨洒轻尘；三饮便得道，何须苦口破烦恼。"最后，皎然还提出了"孰知茶道全尔真，唯有丹丘得如此"。在茶文化发展史上，第一个提出了"茶道"一词。

4. 从谂悟道修身"吃茶去"

从谂（778—897 年），唐代高僧，本姓郝，青州临淄（今山东淄博东北）人，一说曹州（今山东曹县西北）人。自幼出家，世称"赵州禅师"，卒谥"真际禅师"。他在世 120 年，深信茶能悟道修身，可以说是一生与茶结伴。

他崇茶、尚茶、爱茶，不但自己饮茶，而且提倡饮茶，可以说是嗜茶成癖，连在说话时，每次说话前，都要加上一句"吃茶去"。据《群芳谱·茶谱》引《指月录》道："有僧到赵州，从谂禅师问：'新近曾到此间吗？'曰：'曾到。'师曰：'吃茶去。'又问僧，僧曰：'不曾到。'师曰：'吃茶去。'后院主问曰：'为甚么曾到也云吃茶去，不曾到也云吃茶去？'师召院主，主应诺，师曰：'吃茶去。'"

众所周知，茶是一种养性修身的和平饮料，而僧人坐禅修行，讲究专注一境，静坐养性，为此，很需要一种既符合佛教戒律，又能消除坐禅带来的疲劳和弥补"过午不食"导致营养不足的食物。茶的提神益思、生津止渴等药理功能，以及本身含有的丰富营养物质，自然成了僧人的理想饮料。所以，僧人即使长年吃素，但大多高寿。唐陆羽在《茶经》中说："茶最宜精行俭德之人。"说的就是这个意思。从谂禅师尽管一生为僧，素食，但依然长寿，这是和他终生与茶为伴分不开的。

5. 进一僧"惟茶是求"

进一僧为东都（开封）名僧，生卒年月不详。当唐懿宗在他 120 岁高龄召见他时，他还精神爽朗，耳聪目明，最终活到 120 多岁。他一生从不服药，只是"惟茶是求"。

据宋代钱易的《南部新书》记载："唐大中三年，东都进一僧，年一百二十岁。宣皇问，服何药而致此？僧对曰：'臣少也贱，素不知药。性本好茶，至处惟茶是求。或出，亦曰进百余碗。如常日，亦不下四五十碗。'"宣皇闻听此言，知其长寿秘诀，遂"赐茶五十斤，令居保寿寺"，以示嘉赏。道原的《景德传灯录》亦曾载："有人问如何是和尚家风？师曰：'饭后三碗茶'。"佛教认为饮茶能够彻悟、长生，因此有"茶禅一味"之说。所以，在古代佛教典籍中，对饮茶多有推崇。佛教不但提倡饮茶，而且对种茶、制茶亦多有研究。可以说，佛教对推动我国茶业的发展，以及茶在国内外传播是做出了重要贡献的。进一僧从亲身领略到的饮茶的好处中，深知茶能治病疗疾，延年益寿，因此推崇饮茶，终成寿星。

6. 陆游"汲泉闲品故园茶"

南宋著名诗人陆游（1125—1210 年），越州山阴（今浙江绍兴）人。一生酷爱饮茶，还当过三年福建和江西两路茶盐公事常平，这使他对茶有了更多的了解。由于陆游爱茶、管茶，又与陆羽同姓陆，所以，他曾多次以茶圣陆羽自诩："桑苎（指陆羽）家风君勿笑，他年犹得做茶神（亦指陆羽）"；"我是江南桑苎家，汲泉闲品故园茶"。

由于陆游一生出任许多地方官吏，又专门做过茶官，因此，使他有机会遍尝众多名茶："饭囊酒瓮纷纷是，谁尝蒙山紫笋香"；"春残犹看小城花，雪里来尝北苑茶"；"建溪官茶天下绝，香味欲全试小雪"。蒙山、北苑、建溪都是出产名茶、贡茶的地方。

陆游一生很不得志，生活十分清贫，因此，他常以饮茶自慰，这可在他的许多诗中看到："眼明身健何妨老，饭后茶甘不觉贫"；"眼明身健残年足，饭软茶甘万事忘"。尽管陆游所处的时代政局动荡，他的仕途又屡受挫折，可他却以淡泊自慰，只求"饭软茶甘"足矣。因此，他依然享年 85 岁。可见清茶淡饭的生活和淡泊名利的修养，是与健康长寿紧密相关的。

7. 陆树声说茶比"凌烟"更好

明代茶人陆树声（1509—1605 年），华亭（今上海松江）人。年少时在家耕读，走上仕途后虽官至礼部尚书，但却颇多坎坷，后退官隐居田园。

陆氏一生嗜茶饮茶，特别是退隐后，常以饮茶自娱，并根据亲身实践与体会，写成《茶寮记》一文留给后人。此文通称"煎茶七类"，即：一是"人品"，二是"品泉"，三是"烹点"，四是"尝茶"，五是"茶候"，六是"茶侣"，七是"茶勋"。陆树声认为，茶是清高之物，只有人品与茶品相得的人，才能真正获得茶道的真趣。在"茶勋"一节中，他更认为在"除烦雪滞，涤醒破睡，谭渴书倦"时，茶的功能比"凌烟"更强。

陆树声虽一生几多挫折，但他的人品如同茶品一样，不肯"屈就"，唯以饮茶自娱，终于享年九十有七。

8. 张岱自嘲"茶淫橘虐"

生活在明末清初的史学家张岱（1597—1679 年），号陶庵，浙江山阴（今浙江绍兴）人。他癖好饮茶，在《自为墓志铭》中自称为"茶淫橘虐，书蠹诗魔"。在张氏的许多文章中，都留下了对茶赞美的墨迹。在张岱的心目中，茶的重要性超过了柴米油盐。如张岱的《斗茶檄》中说："八功德水，无过甘滑香洁清凉；七家常事，不管柴米油盐酱醋。一日何可少此，子猷竹庶可齐名；七碗吃不得了，卢仝茶不算知味。一壶挥尘，用畅清淡；半榻焚香，共期自醉。"视品茶为最大乐趣。

张岱爱茶，因而对品茶鉴水、制作名茶等也颇有造诣。经张岱采用安徽休宁松萝茶制作工艺改进生产的故乡越州日铸茶，取名兰雪，因品质特佳，一时名声大振，可惜至今已经失传。

张岱在世八十余年，不但精于历史，长于散文，而且著作齐身，堪称"一代奇才"。这与他终生饮茶，而茶能益思、延寿不无关系。

9. 乾隆不可一日无茶

爱新觉罗·弘历（1711—1799 年）既是大清的乾隆皇帝，也是一位品茗的行家。他曾六下杭州，观看茶农采茶制茶，品饮西湖龙井，并五次为龙井茶提笔赋诗。他的《观采茶作歌》《观采茶作歌之二》《坐龙井上烹茶偶成》《荷露烹茶》和《再游龙井作》等诗，充分反映了乾隆的爱茶之情，至今读来，仍脍炙人口。在西子湖畔的狮峰山麓，传说乾隆采过茶的十八棵茶树，被围为"御茶园"，至今依然存在。

乾隆一生爱茶，他不但广尝名茶，而且对宜茶用水也很有研究。为了品评天下名泉水质，他命人精制了一只小银斗，用银斗量出各种泉水的比重，然后排出泉水的优次，钦定北京的玉泉为"天下第一泉"，镇江的金山寺泉为"天下第二泉"，无锡的惠山泉为"天下第三泉"等共二十等泉水。

乾隆在研究名茶、名水的同时，还对茶具的选择有很高的要求。他十分欣赏江苏宜兴的紫砂茶具，认为紫砂茶具特别适合泡茶，而这种茶具本身又是具有文化意蕴的工艺品，所以，乾隆称它为"世上茶具称为首"。

在历代皇帝中，乾隆是年龄最高的一位。传说当他 85 岁让位于嘉庆时，一位老臣不无惋惜地说："国不可一日无君！"乾隆听后哈哈大笑，抚摸着银须，幽默地说："君不可一日无茶啊！"可见茶在乾隆心目中的地位之高。乾隆享年 88 岁，除了注重养生之道外，与他一生嗜茶，修身养性，也有很大的关系。

10. 袁枚"尝尽天下之茶"

清代诗人袁枚（1716—1798年），浙江钱塘（今杭州）人，享年80有余，一生酷爱饮茶，杭州的西湖龙井、江苏宜兴的阳羡茶、湖南的君山银针、安徽的六安瓜片、福建的武夷岩茶、湖南的安化松针等，他都品尝过。他认为："尝尽天下之茶，以武夷山顶所生，冲开白色者为第一。"

袁枚早先最推崇的是家乡的龙井茶："杭州山茶处处皆精，不过以龙井为最。"并说："余向不喜武夷茶，嫌其浓苦如饮药。"然而，后来他却对武夷茶情有独钟："丙午秋，余游武夷，到曼亭峰天游寺诸处，僧道争以茶献，杯小如胡桃，壶小如香橼，每斟无一两，上口不忍遽咽，先嗅其香，再试其味，徐徐咀嚼而体贴之，果然清芬扑鼻，舌有余甘；一杯之后，再试一二杯，令人释躁平矜怡情悦性。"从此以后，袁氏开始独钟武夷岩茶。他认为"龙井虽清而味薄矣，阳羡虽佳而韵逊矣，颇有玉与水晶品格不同之故。故武夷享天下盛名，真乃不忝，且可以瀹至三次而其味犹未尽。"

确实，武夷茶风味独特，馥香扑鼻，既能益思悦志，又能消脂降压，这对一个文化人来说，是一举两得之事。袁枚才高八斗，又健康长寿，茶在其中起到了不小的作用。

11. 阮元以"茶隐"自居

清代著名学者阮元（1764—1849年），江苏仪征人。作为朴学大师，他的著作甚丰。在阮元的生活中，既少不了书，也离不开茶，"煮茶说群经，郑志互问答"，是他一生的写照。

阮元不善酒，曾说过："余不能饮，最多一杯而已。"因此，凡所到之处，他常常是携茶自娱。他曾经这样写道："道光癸未（1823年）正月廿日，余六十岁生辰。时督两广，兼摄巡抚印。抚署东园，竹树茂密，虚无人迹，避客竹中，煮茶竟日，即昔在广西一日隐诗意也。画竹林茶隐图小照，自题一律。"以后，阮氏又以"茶隐"一词名堂，将自己的爱茶、崇茶之情昭示于世。这种情感，在阮氏的《试院煎茶用苏公诗韵》一诗中也得到表现："我闻玉川（指卢仝）七碗两腋清风生，又闻昌黎石鼎蚓窍苍蝇鸣。未若风檐索句万人渴，湖水煮茶千石轻。封院铜鱼一十二，间学古人品茶意。古人之茶碾饼煎，今茶点沸但煮泉。坡公（指苏轼）蒙顶一团自夸蜀，不闻龙井一旗绿如玉。得茶解渴胜解饥，我与诗士同扬眉。开帝放试大快意，况有笔床茶灶常相随。今年门生主试半天下，岂似坡公懊恼熙宁新法时。"

阮元一生不善酒，独喜茶，享年80有余，这不能不说与饮茶益寿有关。

12. 林语堂深信饮茶能"延年益寿"

文化名人林语堂（1895—1976年），不但熟悉茶的历史，而且喜欢品茶论茶。在他的《茶与交友》一文中，认为饮茶已经成为社交生活中不可缺少的一环。林氏还根据饮茶实践，总结了有关茶的贮藏、水品选择、茶的冲泡、茶品次第等十条经验。特别是他的"三泡"之说，更是形象生动，惟妙惟肖。他认为茶"第一泡譬如一个十二三岁的幼女，第二泡为年龄恰当的十六岁女郎，而第三泡则已是少妇了。"因此，他主张"茶在第二泡时为最妙"。

林语堂熟知茶性，深知茶的作用，故极力推崇饮茶，他在《生活的艺术》一文中写道："饮茶为整个国民的生活增色不少。它在这里的作用，超过了任何同类型的人类发明。"他还认为饮茶"会使每个人的情绪都为之一振，精神也会好起来。我毫不怀疑它具有使中国人延年益寿的作用，因为它有助于消化，使人心平气和"。为此，在林氏的一生中，不但尚茶、崇茶，而且写茶、论茶。他一生与茶结缘，茶对他的回报是使他寿龄八十有二。

13. 吴觉农的长寿秘诀是"每天适量喝茶"

著名茶叶专家吴觉农（1897—1989年），浙江上虞人，一生以茶为业，与茶为友，被尊为"当代茶圣"，享年九十二岁。

吴老1919年毕业于浙江甲种农业专科学校，后在日本农林水产省茶叶试验场研究茶叶。1922年回国，一直从事茶叶生产、教学和科研工作，曾先后去印度、斯里兰卡、印度尼西亚、日本、英国、法国，以及苏联等国考察种茶和茶叶贸易。他于1936年建议成立了中国茶叶公司。1940年创立我国第一个高等院校的茶叶专业。1941年又在福建崇安设立我国第一所茶叶研究机构。1947年创办了之江机械制茶厂，后又任中国茶业公司总经理。直到他90岁高龄时，还撰写了他最后的一部著作《茶经述评》。在半个多世纪里，吴觉农为振兴华茶做出了重要的贡献，在茶叶界享有崇高的威望。

吴觉农是一个"爱茶成癖"的人，他把振兴我国茶叶事业作为他人生的"最大乐处"。他自称"茶人"，取名"觉农"，具有终身为茶叶事业奋斗的含义。在他92岁高龄寿终前几天，还在北京参观"茶与中国文化展示周"，并亲切地和观众交谈，当有人问他长寿的秘诀是什么，他含笑回答说："每天适量喝茶。"

14. 张大千吃点佐茶

国画大师张大千（1899—1983年），四川内江人，享年八十有五，他习惯于吃早点和点心时佐茶，而且要佐以好茶，自称"无茶不欢"。

张大千一生嗜茶，而且要喝好茶。在大陆时，崇尚喝西湖龙井、庐山云雾；在台湾时，钟情啜铁观音、冻顶乌龙；去日本时，喜喝玉露茶。喝茶时，还讲究茶与具的搭配。啜乌龙茶时，选用扁平的紫砂壶冲茶，再用陶土制的小茶碗品茶；喝绿茶时，选用白色瓷杯冲茶品饮，认为用这些茶具冲泡而成的茶，不会变性走味。

用茶佐食，古已有之，它对帮助消化、去脂、除腻、降压，很有裨益。特别是老年人进食时，若能适当佐以好茶，实是有百利而无一害的事，应该予以提倡，这对降脂、减肥、降血压以及延年益寿，大有好处。后人说张大千的高寿，与他主张的"吃点佐茶"是有关系的。

15. 唐云说："凡是好茶，我都会喝"

著名画家唐云（1910—1993 年），浙江杭州人，年轻时就开始饮茶，不论红茶、绿茶、乌龙茶，他都喜欢喝。西湖龙井、黄山毛峰、台湾乌龙、武夷岩茶、祁门红茶、普洱沱茶，他都喝过。自称："凡是好茶，我都会喝。"

唐云爱茶，他不但对沏茶、品茶很在行，而且对茶具很有研究，还喜欢收藏茶具古董，特别是对内涵十分丰富的紫砂壶，更有独见。

唐云在构思作画时，总喜欢沏上一杯好茶，用茶助兴，提神醒脑，然后才铺毫挥洒。为了表达自己对茶的酷爱，唐云曾以《武夷茶》为题作画，还为《蔡忠惠公茶录》书写题跋。

唐云手不离笔，口不离茶，思路敏捷，身板硬朗，八十四岁终老，对画、对茶始终一往情深。

16. 庄晚芳论茶德"廉美和敬"

庄晚芳（1908—1996 年），享年八十又九，福建惠安人，曾先后任上海复旦大学茶叶专业教授和浙江农业大学茶学系教授，是浙江省茶叶学会和中国茶叶学会创始人之一。系著名茶学家和茶学教育家，茶树栽培学科的主要奠基人。

庄晚芳自 1934 年南京中央大学农学院毕业后，一直从事茶的科研、教育和生产工作，为振兴中国茶及茶文化事业付出了毕生精力，著作颇丰。平生视茶为第二生命，平日在生活中也离不开茶，他以茶著作，以茶为友。根据研究和实践所得，提出中国茶德的核心是：廉、美、和、敬，即：廉俭育德，美真康乐，和诚处世，敬爱为人。他一生事茶，不但自己爱茶，而且教人学茶，认为饮茶有利于提高国民身心健康。

第二节　饮茶与保健养生

一、饮茶与健康

茶中含有丰富的营养素，有着多方面的保健功效。茶作为人们日常生活中最健康的饮品之一，有着咖啡因、茶多酚等其他饮料所不具备的优点。同时，饮茶也有着多样的禁忌或不宜，不当的饮茶方法和习惯对人体的健康也会有所损害，科学合理的饮茶对人的健康和心情却能起到很大的帮助。总之，因为茶对于人体健康的重要性，在少数民族地区蒙古族、藏族、维吾尔族，那里便有宁可三日无饭不可一日无茶的说法。

（一）茶的健康元素

1. 咖啡因

咖啡因（Theine）是生物碱的一种，在医药上可被用作心脏和呼吸兴奋剂，也是重要的解热镇痛剂。咖啡因对人体的作用有：使神经中枢系统兴奋，帮助人们振奋精神，增进思维，抵抗疲劳，提高工作效率；对中枢和末梢血管系统的刺激具有兴奋和强心的作用，能解除支气管痉挛，促进血液循环，是治疗哮喘、止咳化痰和心肌梗塞的辅助药物；咖啡因还可直接刺激呼吸中枢的兴奋度；具有利尿、调节体温的作用，还能用于抵抗酒精烟碱的毒害作用。

咖啡因主要存在于茶叶、咖啡、可可等植物中，在植物界中分布稀少，像茶一样集中在叶部的植物种类更少，因此咖啡因的有无，可以作为判断真假茶叶的标准之一。通常每 150 毫升的茶汤中含有咖啡因约 40 毫克。咖啡因处于弱碱性，通常在 80℃ 的水中即能快速溶解。

2. 茶多酚类物质

茶多酚类物质（Tea Polyphenol）是茶叶中儿茶素类、黄酮类、酚酸类和花色素类化合物的总称。茶多酚使茶叶能够保存较长的时间而不变质，这是其他大多数的树木、花草和果菜所达不到的。富含多酚类物质是茶叶与其他植物相区别的主要特征，绿茶中茶多酚含量占干茶总量的 15%~35%，红茶因发酵使茶多酚部分氧化，含量为 10%~20%。

茶多酚对人体的作用主要有：降低血糖、血脂；活血化瘀，抑制动脉硬化；抗氧化、延缓衰老；抑菌消炎，抗病毒；抑制癌细胞增生；去除口臭等。此外，由于茶多酚能够保护大脑，防止辐射对面部皮肤和眼睛的伤害，因此富含茶多酚的茶饮品被誉为"电子时代的饮料"。

3. 维生素类

维生素（Vitamin）是人体维持正常代谢所必需的 6 大营养素（糖类、脂肪、蛋白质、盐类、维生素和水）之一，在茶叶中的含量也十分丰富，尤其是 B 族维生素、维生素 C、维生素 E、维生素 K 的含量。B 族维生素可以增进食欲；维生素 C 可以杀菌解毒，增加机体的抵抗力；维生素 E 可以抗氧化，具有一定抗衰老的功效；维生素 K 可以增加肠道蠕动和分泌功能。因生理、职业、体质、健康等各方面的情况不同，人体对各种维生素的需要量也各异。通过饮茶摄取人体必需的维生素，是一种简易便捷的健康方式。

4. 矿物质

矿物质（Mineral）又称无机盐，它是人体内无机物的总称，和维生素一样，矿物质是人体必需的重要元素。钾、钙、镁、锰、硒等 11 种矿物质在茶中含量丰富。矿物质主要是和酶结合，促进代谢。如果人体内矿物质不足就会出现许多不良症状：比如钙、磷、锰、铜缺乏，可能引起骨质疏松；镁缺乏，可能引起肌肉疼痛；缺铁会出现贫血；缺钠、碘、磷会引起疲劳；等等。特别是茶中的硒具有很强的防癌抗癌作用。因为茶叶中矿物质含量的丰富，多饮茶可以促进新陈代谢，保持身体健康。

5. 氨基酸

氨基酸（Amino Acids）是一种分子中有羧基和氨基的有机物，它是人体的基本构成单位，与生物的生命活动密切相关，不仅是人生命的物质基础，也是进行代谢的基础。

在茶中含有氨基酸约 28 种，例如蛋氨酸、茶氨酸、苏氨酸、亮氨酸等。这些氨基酸对于人体机能的运行发挥着重大作用，例如亮氨酸有促进细胞再生并加速伤口愈合的功效；苏氨酸、赖氨酸、组氨酸等对于人体正常生长发育并促进钙和铁的吸收至关重要；蛋氨酸可以促进脂肪代谢，防止动脉硬化；茶氨酸有扩张血管，松弛气管的功效。茶中含有的氨基酸为人体生命正常活动提供了必需的要素。

6. 蛋白质

蛋白质（Protein）是由荷兰科学家格里特（Gerrit）于1838年发现的，它对人类的生命至关重要。蛋白质的基本组成物质便是氨基酸。人的生长、发育、运动、生殖等一切活动都离不开蛋白质，可以说没有蛋白质就没有生命。人体内蛋白质的种类繁多，而且功能也各异，约占人体重量的16.3%。

茶叶中蛋白质的含量占茶中干物的20%～30%，其中的水溶性蛋白质是形成茶汤滋味的主要成分之一。

7. 糖类

糖类是自然界中普遍存在的多羟基醛、多羟基酮以及能水解而生成多羟基醛或多羟基酮的有机化合物。糖类是人体所需能量的主要来源。茶叶中的糖类有糖、淀粉、果胶、多缩葡糖和己糖等。由于茶叶中的糖类多是不溶于水的，所以茶的热量并不高，属于低热量饮料。茶叶中的糖类对于人体生理活性的保持和增强具有显著的功效。

8. 芳香物质

芳香物质是具有挥发性物质的总称，茶叶中的香气便是由这些芳香物质形成的。但是在茶叶成分的总量中，芳香物质并不多，只占到0.01%～0.03%。虽然茶叶中芳香物质的含量不多，但种类却非常丰富。茶叶中的芳香物质主要由醇、酚、醛、酮、酸、酯、内酯类、含氮化合物、含硫化合物、碳氢化合物、氧化物等构成。因为不同品类的茶叶中成分含量的差异，所以茶叶会有不同的芬芳。而芳香物质不仅能使人神清气爽，还能增强人体的生理机能。

9. 其他成分

茶叶中除了含有上述与人身体健康密切相关的物质之外，还含有有机酸、色素、类脂类、酶类以及无机化合物等成分。其中有机酸、酶类可以增进机体代谢；类脂类物质对进入细胞的物质起着调节渗透的作用。

正因为茶叶中含有这么多种的营养物质，因此适量地科学饮茶对于人的身体具有良好的保健效果。

（二）茶的保健功效

1. 安神醒脑

茶叶中含有咖啡因，而咖啡因可以刺激大脑感觉中枢，从而使其更加敏锐和兴奋，起到安神醒脑、解除疲劳的作用。在感觉到心身怠倦的时候，泡上一杯清茶，闻着缕缕的清香，品饮着茶汤的舒爽，精神自然会慢慢饱满起来，已有的困倦和劳累也会得到很好的缓解，从而思维清晰，反应敏捷起来。这便是茶带来的安神醒脑的良好功效。

2. 防龋固齿

茶具有防龋固齿的功效和它本身含有的健康元素有关。首先是氟元素，茶中含有较多量的氟元素，而适量的氟元素是抑制龋齿发生的重要元素。因此，一些牙膏中也以添加氟元素的方式起到更好的防蛀效果。

其次是茶多酚类化合物，它们可以抑制牙齿细菌的生成和繁殖，进而预防龋齿的发生。最后就是茶叶中皂苷的表面活性作用，它增强了氟元素和茶多酚类化合物的杀菌效果。

3. 清心明目

品茶的时候需要的是有一颗清静淡泊的心，即使稍有烦闷的心思，如果泡上一杯茶，细细地品茶之余，也会收到清火清心的良好效果。这一方面是因为茶叶的轻柔以及与水的交融给人心理上的抚平；另一方面茶叶中含有的多种健康元素也悄然进入人体内，发挥了其特别的效果。

茶不但能清心，同时也能明目。因为人的眼睛对维生素 C 的需求比例较高，而通过饮茶的方法可以很有效地摄入维生素 C，因此经常饮茶可以很好地预防白内障、夜盲症等眼病的发生，进而起到明目的作用。

4. 消渴解暑

茶作为一种健康的饮品，首先便是它具有消渴的优点。当茶水滑过干渴的咽喉，焦渴的感觉会慢慢变淡并消失，浸润的滋味充满身心。尤其是炎热的夏季，干燥的空气和酷烈的阳光很容易让人觉得干渴甚至是中暑，茶便是绝佳的解渴和消暑饮品。在树荫摇曳的庭院中摆上清茶数盏，品饮欢娱的同时也获得了消渴解暑的效果。

5. 清新口气

人们在用餐之后往往会有一些残余物遗留或者黏附在牙齿的表层或者牙缝中，时间积聚之后经过口腔细菌的发酵作用，从而出现异味或者口臭。饮茶可以起到很好的清新口气的效果。这主要是因为茶中茶多酚类化合物对存在于口腔中的菌类有很好的抑制和杀灭效果，同时茶皂素的表面活性作用也可以起到清除口臭、清洗口腔的作用。

6. 解毒醒酒

饮酒对于肝脏的伤害大家并不陌生，而饮茶可以帮助解毒醒酒也是众所周知。这主要是因为茶中含有的大量的维生素 C 和咖啡因的作用。维生素 C 可以促进肝脏中对酒精的水解酶作用，使得肝脏的解毒作用增强；其次咖啡因的提神作用可以使昏沉的酒醉头脑变得相对清醒，同时缓解头痛并促进身体代谢。因此，酒醉后适量饮茶，具有很好的解毒醒酒效果。

7. 排毒美颜

经常饮茶可以有效清除体内重金属所造成的毒害作用。研究证明，在人们日常生活中，一些重金属如铜、铅、汞、镉、铬等通过饮食、空气等方式进入到人体之中，从而对人体造成很大的损害。茶叶中的茶多酚类化合物可以对重金属起到很好的吸附作用，能够促使重金属在身体中沉淀并被排出。

此外，饮茶可以美容也是历来为人们所公认。一方面是因为通过饮茶有效地排出了身体中的毒素，使得人精神焕发，年轻朝气，展现了自然健康之美；另一方面茶中富含的美容营养素较高，对皮肤具有很好的滋润和美容效果，因此经常饮茶也是美容的一个有效而便捷的好方法。

8. 消食去滞

酒足饭饱之后往往出现口渴和食物淤积的感觉，而这时候饮茶是最好的选择，可以起到消食去滞的效果。因为茶叶中咖啡因和黄烷醇类化合物的存在，使得消化道的蠕动能力增强，促进了食物的消化。同时饮茶也预防了消化器官炎症的发生，这是因为茶多酚类化合物会在消化器官的伤口处形成一层薄膜，起到保护作用。

9. 利尿通便

饮茶利尿当然是摄入了一定水分的原因，但因为茶中含有咖啡因、可可碱以及芳香油的综合作用的结果，从而促进了尿液从肾脏中加速过滤出来。由于乳酸等致疲劳物质伴随尿液排出，体力也会得到恢复，疲劳得到缓解。

同时，饮茶对于缓解便秘的症状也有很好的效果。这是因为茶叶中茶多酚类物质促进了消化道的蠕动，使得淤积在消化道的废物能够有效地流动，从而起到对习惯性和神经性便秘的缓解与治疗作用。

10. 增强免疫力

个人的免疫力固然跟自己本身的体质有关，但是通过适当科学的方法也可以增强自己的免疫力。饮茶就是一种便捷而又健康有效的方式，因为茶中含有的健康元素可以有效地抵抗细菌、病毒和真菌。茶叶中含有较高的维生素 C，可以有效提高免疫力。同时，也有研究认为茶里含有的氨基酸也能增强身体的抵抗力。总之，饮茶对于身体免疫力的增强有着明显的效果。

11. 防辐射抗癌变

茶被认为是一种有希望的辐射解毒剂。20 世纪 50 年代，日本广岛、长崎遭受原子弹的轰炸，爆炸后的幸存者很多都是有长期饮茶习惯的人。经研究发现，茶叶中的多酚类化合物和脂多糖对放射性同位素有很好的吸附作用，尤其是对有害的放射性元素——锶具有明显的吸收并阻止扩散的作用。

12. 抗衰老延年益寿

人体衰老的机制主要是因为脂质的氧化作用，而维生素 C 和维生素 E 等具有良好的抗氧化作用。茶叶中不仅含有较高量的维生素 C 和维生素 E，而且含有儿茶素类化合物。儿茶素类化合物具有较强的抗氧活性，可以起到很好的抗衰老、延年益寿的效果。

13. 消炎杀菌

在中国古代，茶叶常常用来消毒伤口。这是因为茶叶中含有的儿茶素类化合物和黄烷醇类能够起到很好的消炎杀菌效果。首先，黄烷醇类相当于激素药物，能够促进肾上腺体的活动，具有直接的消炎作用。其次，茶叶中的儿茶素类化合物对于多种病原细菌具有明显的抑制作用。茶叶中多酚类化合物，还可以明显抑制植物病毒。而众多的茶叶品种中，尤其以绿茶的杀菌性最高。

（三）健康饮茶知多少

1. 选对饮茶的时间

既然饮茶有着这么多时间上的要求和禁忌，那什么时候饮茶才是最佳的时间呢？

最佳的饮茶时间是在进食 30 分钟或 1 个小时之后，这个时候食物已经得到了一定的消化，身体出现些许疲劳，适量的饮茶不仅能够促进消化的继续进行，同时也能够起到很好的提神和抗疲劳的效果。

2. 了解茶的功效

要做到科学合理的饮茶，不仅要把握好饮茶的时间，还要对不同种类和地域的茶叶的功效有一定的了解，这样才会有针对性地饮用，实现茶叶保健养生效能的最大化。

如知道了维生素 C 在茶叶中的含量较多，同时了解维生素 C 对于胆固醇有降低作用，能够起到减肥节食的效果，同时也要了解不同种类的茶叶在人体健康上的不同效用，例如黑茶、乌龙茶对于减肥的效果极佳，而绿茶对于血液循环、视力和免疫力的提高有着更强的功效。所以，了解了茶叶的功效是进行科学合理饮茶的重要基础。

3. 掌握泡茶的技巧

做到科学合理的饮茶还要掌握一定的泡茶技巧，如果方法不当，也会弄巧成拙，影响茶叶品性的发挥和品饮的实用性。

首先便是要懂得品鉴泡茶的用水，是不是甘洁鲜活。

其次是泡茶器皿。器皿在清洁实用的基础上还要注意美观和质地，做到与茶性相融通，使茶叶的色香能够很好地发挥出来。

最后要注意泡茶用量、水温以及冲泡时间。茶量、水温和冲泡的时间因茶而定，当然，每一种茶叶还有许多独特的冲泡技巧。对于泡茶技巧掌握得越丰富和熟练，那么饮茶便越容易做到科学合理，达到实用性与艺术性的良好结合。

（四）饮茶的禁忌

1. 饮茶不宜过浓

很多人因为工作或生活带来了精神压力，往往喜欢冲泡、品饮浓茶来解乏提神。然而，饮茶如果太浓，对身体是有伤害的，因为咖啡因刺激神经的作用，经常喝浓茶不仅会使人对浓茶产生依赖感，更重要的是，咖啡因和茶碱的刺激作用还会使人产生头痛、失眠等一系列不适的症状。饮浓茶非但不能缓解精神压力和减轻疲劳，只会适得其反。

另外，酒醉后也不宜冲饮浓茶，因为浓茶在缓解酒精刺激的同时，也给肝脏带来了更重的负担，一样会伤害身体。

2. 不宜空腹饮茶

茶具有温凉的特性，如果空腹饮茶，会对脾胃产生刺激，进而容易造成脾胃不和。同时，空腹饮茶还会使得胃液被冲淡，影响食欲和食物消化。如果长期空腹饮茶会导致营养不良和食欲减退，严重的还会出现与消化相关的胃肠慢性病。因此空腹饮茶对身体健康也是有危害的。

3. 不宜以茶送药

人们一般有这样的观念，即茶可以解药，说的便是在生病吃药的时候不要用茶水来冲服。这是因为茶叶中的茶多酚可以分解为鞣酸，而这些物质和药物结合之后会产生沉淀，进而阻碍药物被吸收。所以，服药前后半小时不要饮茶。

4. 不宜饭后饮茶

有的人习惯在饱饭之后马上饮茶来促进食物消化，其实这也是不科学的。这是因为如果在饭饱之后马上饮茶不仅会增加胃的消化负担，而且茶叶的茶多酚还会与蛋白质、铁质发生凝固作用，影响人体对蛋白质和铁的吸收。可见，饭后立即饮茶非但不能促进消化，还会对消化吸收造成影响，因此，饭后不宜马上饮茶。

5. 不宜饮冷茶

本来茶性温凉，冷茶对身体更会起到滞寒作用。冷茶不仅不适合饱饭后饮用，还会造成食物难以消化，影响脾胃器官的正常运转。尤其是身体虚寒的人忌饮冷茶，否则会造成身体虚弱，容易导致感冒、气管炎等症状。如果身患支气管炎再饮用冷茶，会产生炎痰集聚、身体恢复缓慢等不良作用。

6. 睡前不宜饮茶

睡前人们腹中的食物较少，如果再饮茶不但会影响腹中食物的消化，同时会刺激神经，容易出现失眠症状，影响正常的休息。另外，由于茶性较凉，睡前饮茶还会导致脾胃不和，长此以往，甚至会出现炎症或慢性消化疾病。

7. 不宜饮隔夜茶

人们大多知道隔夜茶是不适宜饮用的，一方面因为隔夜茶因为长时间的浸泡，其营养元素基本上都已经溶解丧失，已经没有什么营养价值；另一方面茶叶中含有的蛋白质、糖类，也是细菌、霉菌繁殖的养料，搁置时间长，会出现变质，产生异味。饮用变质的隔夜茶会对消化器官造成伤害，容易出现腹泻，因此隔夜茶也是不宜饮用的。

8. 不宜饮茶的人群

饮茶对多数人都是健康方便的绝佳饮品，但并不是说它是包治百病的灵丹妙草。因为体质、生理、疾患等方面的影响，饮茶也有着不适宜的人群和需要注意的多个方面。例如：神经衰弱或患失眠症的人，贫血者，缺钙或骨折的人，患有胃溃疡的人，痛风病人，肝、肾病患者，泌尿系统结石的人，孕妇等都不宜过量饮茶。

二、茶疗养生

中国是世界上最早发现和利用茶叶的国家，灿烂的茶文化发源于中国，中国医药文化也和茶文化一样是发源于中国，作为这两大支文化的结合，则是茶疗。茶疗是根植于中医药文化与茶文化基础之上的一种养生方式，真正意义上的茶疗是以中药原植物叶片，并结合中药与茶叶炮制方法，制作成茶叶形态，它同时具备中药的治疗养生效果与茶叶的形、色、香、道。茶叶虽小，却含有多种营养与药物成分，这些十分复杂的成分，使茶叶具有极其庞大的治疗与养生功效，从而成为人类最方便的养生佳品。

（一）汉方解茶——茶叶有药性

在 6000 万~7000 万年以前，中国南方的土地上便已经出现野生的茶树。而茶叶被中国先民所利用，大概已有四五千年的历史。

据古文献记载，中国医药之祖神农氏曾经遍尝百草，"一日而遇七十毒"，从而掌握了中草药的四味五性与归经，创立了医药之学。神农氏每次中毒后，所使用的解毒药，就是茶叶。

中国先民对茶叶的早期认识，除解毒之外，还发现其有醒酒提神的功效。《广雅》中对"槚"（茶树的古称）字的解释是：在荆州与巴州交界处，人们将茶叶与米汤搅拌后，制成茶饼。饮用时，先将茶饼置于火上烤至红黑色，然后捣碎放入瓷器中，加葱、姜、橘子皮等配料，以沸水冲泡后，即可饮用。此茶可以醒酒，令人不眠。

由于《广雅》大部分资料取自于《尔雅》，而《尔雅》又为周公所著，所以对茶文化的兴起，有"发乎于神农，闻于鲁周公"的说法。

茶的药物作用，其实并非只有解毒、醒酒与提神三个方面，随着古人对茶的不断研究，最终发现茶具有极其广泛的药用与保健价值，并且对于茶叶的性味、归经与功效，也有了更精细的解释。

1. 茶的性味

中药以性味来定义不同的属性。性，指的是四性，也称四气；味，指的是五味。四气五味，其实只是一个通俗又顺口的说法，严格按照五行分类，其实是五气五味。

五气，指的是温、热、平、凉、寒，这是药物最基本的属性。一般治疗原则是，以寒凉药治温热病，以温热药治寒凉病。了解了药物的五气，用药的大方向上便不会出错。平，指的是介于温凉之间的药，这种药物既不偏热，也不偏凉，作用比较和缓。此外还有微寒、微温、大热、大寒之类的药，皆不出五气范围。

五味，指的是酸、苦、甘、辛、咸。此外，还有淡味，归为甘类；涩味，归为酸类。一般酸味药物，有收敛、固涩等作用（涩味与酸相似）；苦味药物，有泻火、滋阴等作用；甘味药物，有补益、和中、缓急等作用（淡味药物，有渗湿、利尿等作用）；辛味药物，有发散、行气、行血等作用；咸味，有泻下通便、软坚散结、补肾益精等作用。

唐代《新修本草》与明代《本草纲目》中，对茶叶性味的认定是：味苦甘，微寒，无毒。具有这种药性的茶饮，正是补泻皆宜，清热解毒的良药。

2. 茶的归经

药物归经，是通过脏腑经络学说对药物性能的精确分类。按照脏腑经络学说，生命的核心是五脏六腑，人体的皮肤、肌肉、骨骼、血脉等皆是脏腑的外延。经络，则是连接五脏六腑与人体各部的能量通道。人的各种疾病，其根源在于脏腑病变与经络不畅，而药物归经正是对症下药的保障。

比如，病在心，吃入心经的草药，便可以直达病灶；病在肺，吃入肺经的药，便可以直达病灶。由此可以看出，对药物进行归经分类，有助于辨证论治，对症下药。

古代医书对茶的归经分类是：入肺、心、脾、肝、肾五经。也就是说，茶可以直达五脏六腑，对五脏六腑皆有补益与解毒作用。因此可以说，茶的治疗功效是非常广泛的。所以唐代大医陈藏器在《本草拾遗》中总结说："茶为万病之药。"

（二）茶疗方法

茶疗最常用的方法，便是将单味茶、茶加药或代茶用开水冲泡后，进行饮用。采用这种方式，基本上完全可以满足人们的养生祛病目的。

不过，茶疗方法却不仅仅局限于这种内服法，通过外用，同样具有极高的养生祛病作用。比如，用茶水洗脸，茶粉末外敷面部，可以去斑除皱，达到良好的美容养颜效果；用茶水洗脚，则可以治疗脚气。此外，茶水还可以冲洗伤口，治疗烧伤、烫伤，治疗腋下淹烂，治疗冻伤与皲裂，治疗带状疱疹等皮肤病。用茶水洗澡，可能清除体臭，呵护皮肤。用茶水洗发，可以有效去污，并使头发柔软而富有光泽。用茶水漱口，则可以去腻固齿。

除了茶叶之外，茶籽与茶树根也有良好的利用价值。茶籽中含有丰富的油脂与淀粉，可以榨出茶籽油供人们食用，也可以当作酿酒的原料。茶籽入药，具有催吐作用，有助于患者将浓痰吐出来，因此在治疗气喘、咳嗽等症中广为应用。茶树根在古代便是上好的药材，将其煎汤服用，用于治疗口角糜烂。现代临床上，则以茶树根治疗心脏病，疗效显著。

由此可见，茶树全身都是宝，其养生祛病的功效，也是内服、外用各有所长。

三、药茶三大类

唐代医家陈藏器在《本草拾遗》中说：诸药为各病之药，茶为万病之病。现代医学的研究结果证实，茶叶富含与人体健康密切相关的 500 多种生化成分，对人体具有很多保健养生的作用，并对各种疾病有一定的药力功效。为了使茶疗养生祛病效果发挥到极致，中国古人又将中药添加到茶饮中，甚至是将纯中药制剂代茶饮用。于是，茶疗养生祛病的原料——药茶，便形成了三大类：单味茶、茶加药、代茶。

（一）单味茶

单味茶，就是仅以茶叶作为养生祛病的药材，不添加其他药材配伍组成单方。

这其实是最古老的茶疗手段，因为茶叶最早的应用，便是只以单味茶入药，来进行解毒。只是由于茶这种药材性质较为平和，适宜长期饮用，于是后来才普及成为一种日常饮料。单味茶按照中医理论，属于"七情合和"中的"单行"，只用一味茶叶成为药方，因此也称为"茶叶单行""茶疗单方"。单味茶完全保持了茶叶特有的色香味，喝起来口味醇香，止渴生津，并且养生祛病功效卓越，因此成为人们最喜爱的茶饮养生方式。

茶叶品种极多，单从加工方式来划分，便有绿茶、红茶、黄茶、黑茶、白茶、乌龙茶六大类，此外还有再加工茶类的花茶。从整体上来讲，各种茶叶的养生祛病功效都是相近的，都具备前面已讲述过的几十种养生与治病功效。可是如果按照中医理论细分，则不同茶叶的功效又略有不同。

绿茶，属于不发酵茶，由于茶性偏凉，所以适宜热症患者饮用，并且也是夏天防暑降温的最佳饮料。由于绿茶富含维生素 C 与茶多酚，因此也是抗癌、抗辐射的最佳饮品。此外，肠炎、痢疾患者，以及常食油腻食物的人群，也适宜多饮绿茶。花茶、黄茶与绿茶的功效基本相同。

乌龙茶，属于半发酵茶，茶性平和，一年四季皆宜饮用，尤其对减肥、美体具有良好作用。对于高血压、高血脂、动脉硬化、冠心病等，乌龙茶都具有较好的药用价值。微发酵的白茶，其功效接近乌龙茶。

红茶，属于全发酵茶，其茶性温和，所以适宜寒证患者饮用，并且也是天气寒冷季节的最佳饮品。对于消化道疾病、胃溃疡、慢性胃炎等患者，最好以红茶作为茶疗手段。发酵的黑茶，与红茶功效接近。

（二）茶加药

茶加药，就是将茶叶与其他中药一起冲泡成饮品，既可生津止渴，又能扩大疗效，从而更好地达到养生祛病的目的。

茶加药属于中医草药配伍组成的"复方"，也称为"茶疗复方"。中药配伍讲究"同类相需，异类相使"，即添加功能相同的药物，以增强其药力与功效；添加功能不同的药物，以扩大其治疗范围并减弱毒素与副作用。

中国古代许多医学典籍中，均记载了茶疗复方，如《太平圣惠方》《普济方》《和剂局方》等医学典籍，均对茶疗复方有所记载。古方中，以川芎茶调散最负盛名，首载于《和剂局方》，在宋代已经广为应用。该方由9味药组成：川芎、细辛、白芷、羌活、甘草、荆芥、防风、薄荷、茶（系茶汤送服其他8药制成的细粉）。功能散风邪、止头痛。主治外感风邪、偏正头痛、眩晕欲吐、鼻塞清涕等。本方加菊花、僵蚕，名为菊花调散，功效与川芎调散相同。

如今，茶疗复方在茶疗养生的地位仅次于单味茶，是许多人养生祛病的重要手段。由于其简便、实用、治疗范围广，因此，喜爱茶疗复方的人群也在逐渐增多。

（三）代茶

代茶，即以药代茶，也可称为"非茶之茶"。这是把一些中药像茶叶一样冲泡后饮用，里面并不放任何茶叶，只是代茶饮用，从而达到养生或治病的目的。

代茶疗法，在唐朝名医王焘所著的《外台秘要》中便已有记载。到了宋代，代茶疗法应用得更加广泛，医学典籍中的记载也开始越来越多。比如《太平圣惠方》中便记载有许多代茶疗法。此外，宋朝也将茶馆中贩卖的其他饮料称为代茶。比如宋代文献《梦染录》中记载，当时茶馆中将乌梅、砂仁等煎汤代茶。这种饮料，其实就是酸梅汤的鼻祖。

如今，代茶疗法在茶疗养生的地位略次于茶疗复方，饮用人群也相对较少，并且一般不适宜长期饮用，往往是病愈则止。不过，由于代茶疗法针对性较强，因此疗效更加显著。

一般常用作代茶的中药有：菊花、密蒙花、金银花、金钱草、胖大海、薄荷、佩兰、藿香、茅根、芦根、党参、太子参、西洋参、人参、枸杞子、陈皮、蒲公英、细辛、玫瑰花、桔梗、石斛、山萸、红花、益母草、大黄、黄连、垂盆草、淫羊藿、刺五加、侧柏、杜仲、罗布麻、竹叶、薏米、荷叶、莲子心、大青叶、陈皮、青木香、丹参、车前草、红枣、老姜等。

当然，可以用作代茶的中药远不止这些，可以说任何能够以煮或冲泡形式饮用的中药，都可以作为代茶。可是，对于纯中药类代茶，尽量不要长期饮用，应当病愈则止，饮用期间要忌口。

四、辨证茶疗

中医临证，最重要的思维方法是辨证施治。证有寒、热，药用温、凉。茶叶其性应该是微寒，但经过发酵制成的红茶就和绿茶等不同，而略偏于温，所以在选择茶叶方面也应当辨证用茶。茶疗不同于正常的茶饮，应该因人而异、因体质而异、因病而异，而不是不加分析、生搬硬套的灵丹妙药。科学、合理、辨证地采用茶疗方，才真正有益人之外、益身之术。

（一）与年龄的关系

多数人不喜欢让青少年饮茶，特别是不喜欢给儿童饮茶，认为茶有刺激性，饮用了会伤害儿童的脾胃；有的还认为会引发儿童贫血，以致影响儿童身体健康。其实这种顾虑是多余的，只要饮茶合理，同样有利于健康。例如儿童比较贪食，饮些清淡之茶能消食去腻，促进肠胃消化；小孩儿"火"旺，经常大便干结，而茶"苦而寒"，有"上清头目，中消食滞，下利两便"之功效；再如，儿童正处于生长发育阶段，茶中诸多的营养物质，可补充儿童生长发育的需要；还有茶中的氟，儿童适当喝茶，或者用茶漱口，有保护牙齿和防治龋齿的作用。

老年人恰恰相反，多喜欢饮茶，往往成了每天生活的一部分，并从中得到乐趣，有益于身体健康。不过老年人身体较弱，新陈代谢缓慢，还患有一些疾病；即使无病，生理上也出现一些变化，不宜多饮茶，特别是不宜饮浓茶，否则茶中的咖啡因所造成的刺激，会加重心脏的负担。

（二）与疾病的关系

仅从营养角度而言，绿茶要比红茶好，但绿茶因茶多酚含量高，特别是喝较浓的绿茶，对胃部会有一定的刺激作用，有的人喝了绿茶会感到胃部不适，这时，则可改饮红茶，如滇红、英红、祁红等。

有的糖尿病人不敢饮茶，主要是顾虑茶中含有较多的碳水化合物。其实，茶中的碳水化合物绝大部分是不溶于水的多糖类，溶于水的糖分仅占 4%~5%，属于低热量饮料，尤其是茶叶中的茶多酚等可促进人体新陈代谢，适量饮茶对糖尿病人来说，不仅无害，而且有治疗作用。

（三）与季节的关系

一年四季，气候变化不一，不但寒暑有别，而且干湿各异，在这种情况下，人的生理需求是各不相同的。因此，在一年四季当中，从人的生理需求出发，结合茶的品性特点，最好能做到按照季节饮茶。

绿茶由于含有较多的多酚类物质，苦涩味比红茶重，红茶由于含茶多酚类物质相对较少，糖分却比绿茶高，因此滋味甘甜，乌龙茶属于半发酵茶，具有红茶和绿茶的双重特性；花茶既有茶的味道，又有花的清香，能沁人肺腑，调节人的生理功能。如果能因季节的变化而选择饮用不同的茶，对人体是非常有益的。具体来说，春季饮些清香四溢的花茶或黄茶，一则可以驱寒祛邪，二则有助于除去胸中浊气，促进人体阳气的回升；夏季天气炎热，饮上一杯绿茶和白茶，可给人清凉之感，收到防暑降温之效；秋天，天高气爽，饮上一杯乌龙茶，既可清除夏季积累的灼热，又能恢复津液和神气；冬天，天气严寒，饮上一杯性温味甘的红茶、黑茶可生热暖胃。

（四）与生理的关系

饮茶与人体生理的关系，在女性身上表现得尤为突出，特别是妇女的"三期"：孕期、哺乳期和经期，更是如此。由于生理上出现一些变化，一般说来，宜饮清淡之茶，不宜多饮，尤其不能饮浓茶。

妇女孕期饮浓茶，由于咖啡因的作用，会加重孕妇的心脏和肾的负担，使心跳加快，排尿增多，而孕妇在吸收咖啡因的同时，胎儿也随之被动吸收，引起胎动增多。

妇女哺乳期饮浓茶，会有两种副作用：一是浓茶中多酚类含量较高，母亲吸收后，会收敛和抑制乳腺分泌，使奶水减少；二是浓茶的咖啡因含量较高，通过母亲乳汁进入婴儿体内，对婴儿起到兴奋作用，以致出现婴儿烦躁哭闹。

妇女经期饮浓茶，由于咖啡因对神经和心血管的刺激，会使经期的基础代谢增高，甚至引起痛经、流经过多和经期延长。

（五）与用药的关系

对于用茶汤送药，一般说是不适宜的。此外，中医认为在服人参、党参、威灵仙、使君子等药物时，不能同时饮茶；西药也有这个现象，在服用铁剂、麻黄碱等药物时，也不应同时饮茶，轻则降低药效，重则产生其他不良副作用（如呕吐、呃逆等），因此在服药时，尽量选择用白开水送服。

五、茶色不一样，保健功能大不同

（一）绿茶养生防止辐射

绿茶，指的是加工制作过程中没有发酵工序，只是将嫩叶采摘后经过高温杀青，然后经过揉捻、干燥等工序制成的干茶。其茶汤青翠碧绿，色味绝佳，因此备受世人青睐。

绿茶保存有较多的天然营养成分，"儿茶素"是绿茶成分中的精髓部分。绿茶收敛性强，对防衰老、防癌、抗癌、杀菌、消炎，甚至降脂减肥等均有特殊效果，为其他茶类所不及。饮绿茶不但是精神上的享受，更能保健防病，有益身心，夏天饮用，更可消暑解热。

1. 绿茶品性

（1）不发酵茶

绿茶是完全不发酵茶，与发酵茶相比，叶绿素、维生素、茶多酚、咖啡因等天然物质保留较多。科学研究发现，不发酵茶不仅可以抗过敏，还具有防止细胞老化、抑制细胞生长的功能。绿茶中含有的茶甘宁成分还能提高血管弹性，长期饮用有良好的保健作用。

（2）炒青绿茶

采用炒制方法来干燥。炒制过程中手法变换及机械外力的影响，使得成品茶叶呈现出不同形状，分为长炒青、圆炒青、扁炒青等，西湖龙井属于扁炒青。炒青茶香气最浓。

（3）烘青绿茶

用烘笼烘干进行干燥，烘干后的毛茶经精加工后大部分用作熏制花茶的茶坯，利用茶叶的吸附性，加入鲜花，待鲜花吐出香味，合理搅拌和窨制，制成花茶，部分名优绿茶也采用此法，如黄山毛峰、六安瓜片等。烘青绿茶香气一般不如炒青绿茶浓。

（4）晒青绿茶

直接通过太阳光的照射来进行干燥，是绿茶里比较独特的一个品种。由于没有受到非自然因素的破坏，最大程度上保留了茶叶内的天然物质，使成茶滋味浓厚，并且有一种馥郁的青草味。不过晒青绿茶往往不直接饮用，而是用来制作紧压茶，比如砖茶、沱茶。晒青绿茶可分为滇青、川青、陕青，其中以云南大叶种的滇青品质最好，可作为沱茶和普洱茶的原茶。

（5）蒸青绿茶

利用高温蒸气将茶树鲜叶杀青。由于蒸气破坏了鲜叶中酶的活性，形成了干茶色泽深绿、茶汤浅绿和茶底青绿的"三绿"特性，虽茶汤清澈悦目，但茶香较闷，带青气，涩味也较重，不够鲜爽。蒸青绿茶自唐朝传入日本，启发了日本茶道文化兴起，流传至今，现在的日式茶道所用的茶仍是蒸青绿茶。

2. 绿茶冲泡

（1）选茶具

绿茶冲泡后最大特点就是茶叶条索舒展，在水中的形态富于变幻，欣赏茶叶的动态美也是茶文化的一个方面。所以，透明度佳的玻璃杯是冲泡绿茶的首选，尤其是西湖龙井、碧螺春等细嫩的名贵绿茶。白瓷茶杯也是不错的选择，好的白瓷光洁如玉，能将碧绿的绿茶茶汤衬得青翠明亮。

（2）水温控制

冲泡绿茶的最佳水温为85℃左右。根据冲泡方法及茶叶品种、时节、鲜嫩程度的不同适当调整水温。清明前后一周左右采制的绿茶较为幼嫩，应用80℃水冲泡；冲泡两次之后水温可适当提高。低档绿茶可用95℃水。

（3）冲泡三法

上投法：一次性向茶杯中注热水，待水温适度时投入茶叶，多适用于细嫩炒青绿茶，如龙井、碧螺春、信阳毛尖及细嫩烘青绿茶，如黄山毛峰等。越嫩的茶叶，水温要求越低，有的茶叶可在水温降至70℃时再投放。但此种方法不便于日常品饮操作。

中投法：在投放茶叶后，先注入三分之一的热水，稍加摇动使茶叶吸足水分舒展开来，再注入至七分满热水。此法适合松散形条老茶，如黄山毛峰。对较为细嫩的茶叶，可以彻底降低水温至80℃，避免茶的苦涩，茶叶的上下浮动姿态也最为持久。

下投法：先投放茶叶，然后一次性向茶杯内注足热水，此法适用于紧压形索的茶和细嫩度较差的一般绿茶。

冲泡时间：先用水烫杯，用水高冲，再浸泡约一分半钟，即可品茶。冲泡好的绿茶应在3~6分钟内饮用完毕。以前三次冲泡为最佳，第三泡之后滋味已经开始变淡。

3. 茶中名品

（1）西湖龙井

龙井茶以新为贵，越是早春采摘的茶、越是存放时间短的新茶，其品质最出众。

新茶干品颜色碧绿，形状整齐，色泽匀净；陈茶干品颜色发黄，色泽晦暗，形状不匀整而有碎末。冲泡后，新茶汤色明净，茶叶舒展如枝头初绽，味道醇厚而清香；陈茶汤色暗淡，茶叶展开显得枯瘦残缺，味道淡寡，甚至有异味。

常饮龙井茶，有降脂、减肥、明目、利尿、抗癌以及延缓衰老等保健功效。值得一提的是，龙井茶中所含的氨基酸、儿茶素、叶绿素和维生素 C 等成分均比其他茶叶多，不仅可以生津止渴、提神益思，还可以除烦去腻、消炎解毒。

（2）洞庭碧螺春

产于江苏省吴县（现苏州市吴中区）太湖的洞庭山碧螺峰，为中国十大名茶之一。该茶又名"吓杀人香"，以嫩绿隐翠、清香优雅和绝妙韵味著称。关于其得名，曾有史料记载："此（洞庭碧螺春）乃康熙帝取其色泽碧绿，卷曲似螺，春时采制，又得自洞庭碧螺峰等特点，钦赐其美名。"

碧螺春品质优异，以"四绝"闻名世界，即形美、色艳、香浓、味醇。此茶干品条索紧细厚实，犹如螺旋形卷曲，银白隐翠，茸毛披覆。冲泡后，汤色清澈碧绿，叶底嫩绿明亮，滋味鲜醇甘厚，素有"一嫩三鲜"之称。

碧螺春是各类茶叶中营养价值最高的，富含多酚类化合物、咖啡因、维生素 B_1、维生素 B_2、维生素 C、维生素 E、维生素 K 及氨基酸和矿物质，对人体健康有很大裨益。另外，碧螺春茶叶中氟含量较高，对预防智齿和老年性骨质疏松症有明显效果。

（3）信阳毛尖

信阳毛尖素来以"细、圆、光、直、多白毫、香高、味浓、汤色绿"的独特风格而闻名中外。

信阳毛尖新茶外形细、圆、光、直、匀整，白毫明显，色泽翠绿有光泽。冲泡后，汤色明亮清澈，叶底鲜绿清亮，香高持久，滋味浓醇，回甘生津。陈茶色泽较暗，白毫损耗较多，香气低闷，冲泡后汤色较淡，叶底欠鲜绿甚至发乌，香气低闷欠爽。

信阳毛尖茶具有生津解渴、清心明目、提神醒脑、去腻消食、降血压、美容瘦身等多种功效，特别是其中含有的咖啡因和儿茶素能促使血管壁松弛，并能增加血管有效直径，使血管壁保持一定弹性。所以常饮毛尖茶不仅能有效降低血压，还有助于缓解各种压力。

（4）黄山毛峰

又被称为"黄山云雾茶"，属烘青绿茶类，是中国十大名茶之一。该茶主要产于安徽黄山风景区和相邻的汤口、芳村、岗村、杨村，长潭一带。由于茶叶白毫披身，牙尖锋芒，且采自黄山高峰，所以名为黄山毛峰。

品质上好的黄山毛峰新茶条索细扁，茶芽肥壮，白毫显露，香气清鲜高远。冲泡后，汤色清澈明亮，叶底嫩黄肥壮，匀亮成朵，滋味鲜浓、醇厚，回味甘甜；陈茶条索萎缩，色泽深黑，光润度略减。冲泡后，茶汤香气收敛，圆和清淡。

黄山毛峰茶具有一般绿茶的所有功效，如提神醒脑、降血压、强化心脏功能、减肥、抗菌、抑菌等。特别值得一提的是，黄山毛峰含氟量较高，而氟化物对牙齿有保护作用，所以黄山毛峰茶具有较强的健齿作用。

（5）六安瓜片

简称片茶，以其形似瓜子而得名，是中国著名绿茶品种之一，也是绿茶中唯一去梗去芽的特种茶。六安瓜片色泽翠绿，身披白毫，香气清高，味甘鲜醇，深受人们喜爱。

六安瓜片优质茶外形单片平展、顺直、匀整，叶边背卷、平展，不带芽梗，形似瓜子，色泽宝绿，也披白霜，明亮油润。冲泡后，汤色清澈，叶底黄绿匀高，滋味鲜醇。

六安瓜片既是消暑解渴的上佳茶品，又是清心明目、提神解困的良药，不仅可以生津，更是消食、解毒、美容、缓解疲劳的保健佳品。特别是六安瓜片中所含的抗氧化剂有助于延缓衰老，所以常饮瓜片茶能有效抗衰老。

（二）红茶养生：暖身养胃

红茶，是以茶树的芽叶为原料，经过萎凋、揉捻（切）、发酵、干燥等典型工艺过程精制而成的全发酵茶。红茶具有红叶、红汤的外观特征，色泽明亮鲜艳，味道香甜甘醇。

红茶中含有丰富的蛋白质，保健性极高，其性干温，可养人体阳气，生热暖腹，温胃驱寒，消食开胃，增强人体的抗寒能力，最适宜脾胃虚弱、体质偏寒者饮用。

1. 红茶品性

（1）小种红茶

为福建省特产，有正山小种红茶和外山小种红茶之分。正山小种红茶产于风光秀丽的福建武夷山区。而武夷山附近所产的红茶均为仿照正山品质的小种红茶，质地较为逊色，统称为外山小种红茶。

（2）工夫红茶

又名条红茶，经过萎凋、揉捻、发酵和干燥的流程制成，是中国特产的红茶品种。因其工艺高超，制作精细，品饮讲究而得名。

工夫红茶又依据茶树品种分为大叶工夫茶和小叶工夫茶两种。大叶工夫茶是以乔木或半乔木茶树鲜叶制成，小叶工夫茶是以灌木型小叶种茶叶鲜叶为原料制成。

（3）红碎茶

在工夫红茶的基础上，以揉切代替揉捻，或揉捻后再揉切而制成，是国际市场上销量最大的茶类。依据总的品质特征，红碎茶可分为叶茶、碎茶、片茶、末茶四个细类。

2. 红茶冲泡

（1）选茶具

品饮红茶最合适的茶具是白色瓷杯或瓷壶，尤以骨瓷最佳。一般来说，工夫红茶、小种红茶、袋泡红茶、速溶红茶等大多采用杯饮法，即置茶于白瓷杯中，用沸水冲泡后饮。而红碎茶和片末红茶则多采用壶饮法，即把茶叶放入壶中，冲泡后为使茶渣和茶汤分离，从壶中慢慢倒出茶汤，分置各小茶杯中，便于饮用。

（2）水温控制

红茶最适合用沸腾的水冲泡，高温可以将红茶中的茶多酚、咖啡因充分萃取出来。对于高档红茶，最适宜温度在85℃，稍差一些的用95℃~100℃的水冲泡即可。注水时，要将水壶抬至一定的高度，让水柱一倾而下，这样可以利用水流的冲击力将茶叶充分浸润，以利于色、香、味的充分发挥。

（3）冲泡时间

先用热水将茶具充分温热，然后再向茶壶或茶杯中倾倒热水，闷泡片刻。

红茶种类不同，其闷泡时间也有少许不同，原则上细嫩茶叶时间短，约2分钟；中叶茶约2分半钟；大叶茶约3分钟，这样茶叶才会变成沉稳状态。若是袋装红茶，所需时间更短，闷泡40~90秒便可以用。

3. 茶中名品

（1）正山小种

产于福建省武夷山市，由于熏制的缘故，有非常浓烈的香味。该茶为世界红茶的鼻祖，迄今已有400余年的历史，是世界上最早出现的红茶，早在17世纪初就远销欧洲，并大受欢迎，成为欧洲人心中中国茶的象征。

正山小种红茶外形条索饱满，色泽乌润。冲泡后，汤色鲜艳绚丽，香气绵长，滋味醇厚，具有天然的桂圆味及特有的松烟香。

正山小种具有利尿解毒、消炎杀菌、提神醒脑、消除疲劳、生津止渴、解暑降温、预防龋齿、健胃整肠助消化、延缓衰老、降血糖、降血压、降血脂、抗癌、抗辐射等功效，并且还是极佳的运动饮料，可以让运动员更具持久力。

（2）祁门工夫红茶

被誉为"王子茶"，又简称"祁红"，产于安徽省西南部黄山支脉的祁门县一带。

祁门工夫红茶冲泡后散发独特的"祁门香"，馥郁持久，纯正高远，一直香飘海外。日本茶商称祁门工夫红茶这独特的香味为"醉人的玫瑰香"。

优质祁门工夫红茶外形紧细秀丽，色泽乌润，冲泡后其汤色红艳透明，叶底鲜红明亮，香气清新芬芳，馥郁持久，似蜜糖香，隐伏果香，又蕴藏有兰花香，滋味醇厚，回味隽永。

祁门工夫茶具有提神解乏、生津清热、消炎杀菌、解毒养胃、预防龋齿、延缓衰老、降血糖、降血压、降血脂、抗癌、抗辐射等功效。

（3）滇红工夫茶

又称滇红条茶，属大叶种类型的工夫茶。该茶主要产于云南澜沧江沿岸的临沧、保山、思茅、西双版纳、德宏、红河等6个地州的20多个县，是中国工夫茶中的后起之秀。滇红工夫茶现出口60多个国家和地区，深受国际市场的欢迎。

滇红工夫茶因采制时期不同，其品质也具有季节性变化，一般春茶比夏茶要好些，而夏茶又略胜于秋茶。

优质滇红工夫茶条索紧结，芽叶肥壮，洁净齐整，金毫多显，色泽乌润。冲泡后，滋味醇厚，回味清爽。

滇红工夫茶的养生功效，与其他红茶大体相同，同样具有提神解乏、生津清热、消炎杀菌、解毒养胃、预防龋齿、延缓衰老、降血糖、降血压、降血脂等功效，尤其在抗癌、抗辐射、瘦身等方面效果更佳。

（三）乌龙茶养生：减脂瘦身

乌龙茶，亦称青茶、半发酵茶，是经过杀青、萎凋、摇青、半发酵、烘焙等工序后制出的品质优异的茶类。其品质介于绿茶和红茶之间，既保持有绿茶的清芬香，又有红茶的浓鲜味。茶叶在水中呈"绿叶红边"，品尝后齿颊留香，回味甘鲜。

乌龙茶含有较多的茶多酚，能有效减少皮下脂肪，且能降低胆固醇，消除胃肠油腻，在日本被称为"美容茶""健美茶"，对于减肥美容者是很好的选择。

1. 乌龙茶品性

（1）闽北乌龙茶

主要是岩茶，产于福建武夷山一带，主要有武夷岩茶和闽北水仙两种，其中又以武夷岩茶最为著名。武夷岩茶外形匀整，壮结卷曲，色泽青翠润亮，冲泡后汤色较深，叶底显朱红，中央呈浅绿色，滋味浓醇，鲜滑回甘，具有特殊的"岩韵"。闽北水仙茶的品质也别具一格，有"茶质美而味厚，奇香为诸茶冠"的美誉。

（2）闽南乌龙茶

吸取了闽北乌龙茶的长处，制作严谨，技艺精巧，对茶树鲜叶采摘的成色、采摘时间、天气、制法，都有极为精确的要求，在国内外茶叶市场上享有盛誉。

安溪铁观音和黄金桂是其中最为杰出的代表，尤其是铁观音冲泡后汤色金黄，清澈明亮，耐冲泡，具有独特的"观音韵"，有诗云"未尝甘露味，先闻圣妙香"，是对安溪铁观音最形象的赞美。

（3）广东乌龙茶

主产于广东潮汕地区，加工方法源于福建武夷山，因此其风格流派与武夷岩茶有些相似。凤凰单枞和凤凰水仙是广东乌龙茶的杰出代表。它们具有天然的花香，冲泡后汤色黄艳带绿，滋味鲜爽浓郁甘醇，耐冲泡，连冲十余次，香气仍然溢于杯外，甘味久存，真味不减。

（4）台湾乌龙茶

产于台湾岛，依据其发酵程度不同，可分为轻发酵乌龙茶、中发酵乌龙茶和重发酵乌龙茶。

轻发酵乌龙茶色泽青翠，冲泡后汤色黄绿，花香显著，叶底青绿；中发酵乌龙茶色泽青褐，汤色金黄，有花香和甜香，叶底黄绿，如冻顶乌龙；重发酵乌龙茶色泽乌褐，嫩芽有白毫，汤色橙红，有蜜糖香和果味香。

2. 乌龙茶冲泡

（1）选茶具

福建工夫茶历史悠久，配有一套精巧玲珑的茶具，美其名曰"烹茶四宝"，即潮汕风炉、玉书碨、孟臣罐、若琛瓯。潮汕风炉是一只缩小了的粗陶炭炉，为广东潮汕所制，生火专用；玉书碨是一个缩小的瓦陶壶，约能容水 20 毫升，架在风炉上，烧水专用；孟臣罐是一把比普通茶壶还小的紫砂壶，专门做泡工夫茶用；若琛瓯是个只有半个乒乓球大小的白色瓷杯，容水量仅 4 毫升，通常一套 3~5 只不等，专供饮工夫茶之用。

茶具的摆设以孟臣罐为中心，排放在一个椭圆或圆形的茶盘中。壶、杯、盘可按个人之喜好自行搭配，缺一不可，往往被看作一套艺术品，具有独特的艺术价值美感，为细腻考究的工夫茶艺锦上添花。

（2）水温控制

在所有茶叶中，乌龙茶要求的冲泡水温是最高的，由于它包含某些特殊的芳香物质，需要在高温的条件下才能完全发挥出来，要求水沸之后立即冲泡，水温为 100℃。水温高，茶汁浸出率高，茶中的有效成分才能被充分浸泡出来，茶味浓，茶香易发，滋味也醇，更能品饮出乌龙茶特有的韵味。如果水温偏低，茶就会显得淡而无味。煮茶的水不可烧得时间太长，沸腾时间太长的水也不利于茶味。

（3）冲泡方法

冲泡乌龙茶的第一步为淋壶增温，即泡茶之前先用沸水将茶壶、茶杯、茶盘一一冲烫，这样既保持茶具清洁，又利于提高茶具本身的温度。

这之后第二次冲入沸水，水量以溢出壶盖沿为宜。冲茶的时候，装有热水的水壶需在距茶壶较高的位置沿边缘不断地缓缓冲入茶壶，使壶中茶叶上下打滚，形成圈子，俗称"高冲"，之后盖上茶盖。

在整个泡饮过程中需经常用沸水淋洗壶身，以保持壶内水温，这时茶盘中的水涨到壶的中部，又称"内外夹攻"。静候片刻，乌龙茶的精美真味就被浸泡出来了。

3. 茶中名品

（1）安溪铁观音

又称闽南乌龙，系乌龙茶中之珍品，兼有红绿茶的特点。近年来，安溪铁观音以其香气清新悠长，饮后满口芳香，且生津甘醇等特点逐渐被世人喜爱，并享誉世界。

优质铁观音茶条索卷曲，紧实呈颗粒状，色泽鲜润，叶表带白霜。冲泡后，茶汤色泽金黄，浓烟清澈，叶底肥厚，具有丝绸般的光泽，滋味醇厚甘鲜，入口甘甜略带蜜香，香气浓郁持久。

铁观音具有抗衰老、抗癌症、抗动脉硬化、防治糖尿病、减肥健美、防治龋齿、杀菌止痢、清热降火、提神益思、醒酒解烟毒等功效，是保健范围比较全面的一种养生茶品，受众也较广。

（2）安溪"黄金桂"

原产于安溪县罗岩，又名安溪黄旦，是乌龙茶中风格有别于铁观音的又一极品。该茶香气高强持久，芬芳迷人，素以"一闻香气而知黄旦"而著称，享有"未尝天仙味，先闻透天香"的美誉。

"黄金桂"具有"一早二奇"的独特品质，"一早"，即萌芽、采制、上市早；"二奇"，即外形"黄、匀、细"，内质"香、奇、鲜"。其成品茶条索紧细，色泽润亮金黄，冲泡后，汤色金黄明亮，叶底中央黄绿，边缘朱红，滋味醇细甘鲜，略带桂花香味。

黄金桂中含有丰富的茶多酚，可以有效提高脂肪分解酶的功效，降低血液中胆固醇的含量，进而起到抗氧化、降血压、防衰老及防癌的作用。

（3）冻顶乌龙茶

俗称冻顶茶，原产于台湾南投鹿谷乡的冻顶山，采自青心乌龙品种的茶树上，属中发酵轻烘焙火型茶。该茶在台湾极负盛名，广受欢迎，被品茗人士推崇为台湾的"茶中之圣"。

优质冻顶乌龙茶外形卷曲呈条索状，条索紧结整齐，色泽墨绿油润，并带有类似青蛙皮斑的灰白点，有天然的清香气。冲泡后，茶香浓烈，香气中有隐隐的桂花香且略带焦糖的甜香，茶汤呈金黄色且澄清明澈，叶底嫩柔透明，滋味甘醇浓厚，口齿生津。

冻顶乌龙茶具有抗衰老、抗动脉硬化、防治糖尿病、杀菌止痢等功效，尤其在预防蛀牙、美容瘦身及改善皮肤过敏等方面，效果显著。

（4）武夷大红袍

产自福建武夷山。武夷岩茶是中国十大名茶之一，系乌龙茶鼻祖，更是乌龙茶中之珍品，大红袍则是武夷岩茶之王，以其稀贵而备受瞩目。大红袍茶树为灌木型，为千年古树，九龙窠陡峭绝壁上仅存4株，产量稀少，被视为稀世之珍。

优质武夷大红袍茶条索紧结，色泽绿褐鲜润，冲泡后，汤色橙黄明亮，叶片红绿相间，香气高而持久，有浓郁桂花香，滋味浓醇，回味甘甜。大红袍很耐冲泡，经过9次冲泡后，仍不失原茶真味和浓浓桂花香。

武夷大红袍除了具有一般乌龙茶提神益思、消除疲劳、生津利尿、解热防暑、杀菌消炎、消食去腻、减肥健美等保健功效外，还突出表现在降血脂、抗衰老、防癌等特殊功效上。科学研究证实，大红袍中含有活性氧，能消除人体内危害美容与健康的因子。此外，经常饮用大红袍茶还能改善皮肤过敏症状。

（四）黄茶养生：杀菌防癌

黄茶，是绿茶加工中因干燥不足或不及时，使茶叶变黄，从而衍生出的新品类，其最显著的特征是"叶黄汤黄"。其口味甘醇鲜爽，回甘良好，是大众非常喜爱的茶饮之一。其中以君山银针、霍山黄芽为代表的黄茶，在国际市场上已成为久负盛名的珍品。

黄茶性凉微寒，特别适合胃热者饮用。在炎热的夏季，黄茶也是防暑降温的最佳饮料。由于黄茶中含有较多的天然营养成分，因此其防癌、杀菌、减肥、抗衰老等保健功效，也非常显著。

1. 黄茶品性

（1）轻微发酵茶

黄茶属于轻微发酵茶，其杀青、揉捻、干燥等工序均与绿茶制法近似，有别于绿茶加工的是，多了一道闷黄的工序。闷黄是形成黄茶特点的关键，方法是将杀青后的茶叶用纸包好，或者堆积在一起用湿布盖好，通过几十分钟或几小时的湿热作用，产生一些有色物质，使茶叶变黄。如果变色程度过重，则形成了黑茶。黄茶按照不同品质，可分为黄芽茶、黄小茶与黄大茶三类。闷黄导致的轻微发酵，使黄茶的茶性更加柔和，因此不但具备其他茶叶的各种养生功效，并且对脾胃的保健作用更加显著。

（2）黄芽茶

采摘最细嫩的单芽或一芽一叶加工而成，代表着黄茶的最高品质。其汤色杏黄明亮，香气浓郁甘甜，滋味醇和回甘。最著名的品种有产于湖南岳阳洞庭湖的君山银针，产于四川雅安的蒙顶黄芽和产于安徽霍山的霍山黄芽。

（3）黄小茶

采摘细嫩的一芽一叶加工而成，条索较为细小，国内产量不大。主要品种有产于湖南岳阳的北港毛尖，产于湖南宁乡的沩山毛尖，产于湖北远安的远安鹿苑与产于浙江温州、平阳的平阳黄汤。

（4）黄大茶

采摘较大的茶叶加工而成，要求一芽四五叶，长度在 10~13 厘米。在立夏前后采摘的，属于春茶；芒种后采摘的为夏茶。黄大茶没有秋茶。黄大茶由于叶大梗长，所以味浓耐泡，并且具有独特的焦糖香味。黄大茶在黄茶中产量最高，主要产于安徽霍山、湖北英山与广东等地。其中以安徽霍山的黄大茶与广东的"大叶青"最为著名。

2. 黄茶冲泡

（1）选茶具

黄茶冲泡后，最大特点是"叶黄汤黄"，观赏其明亮清澈的杏黄色茶汤，会令人有心旷神怡之感。因此，冲泡黄茶的茶具，最好选用琉璃杯或白瓷盖碗。尤其是冲泡君山银针时，更应当以玻璃杯作为首选，可以欣赏到茶芽似群笋破土，缓升缓降，堆绿叠翠，形成"三起三落"的美妙奇观。

（2）水温控制

冲泡黄茶的最佳水温为 85℃，并且要根据冲泡方法与茶叶的鲜嫩程度进行适当调整。对于黄芽茶类，最好以 70℃ 左右的开水进行冲泡，第二泡、第三泡茶，则可以将水温调至 85℃，甚至更高。

（3）冲泡方法

按照茶具容量 1/50 的分量，置入茶叶，然后以先快后慢的手法将 70℃ 左右的开水注入。保持容器一半的水量，闷泡 30 秒至 1 分钟，待茶叶完全浸透，再将水冲至七八分满。加盖闷 5 分钟左右，即可饮用。茶水不可一次喝尽，每次续水冲泡时，茶具中应留有 1/3 的茶水。

对于劣质黄茶，可以使用 85℃ 以上的开水冲泡。对于嫩芽较多的优质茶，尽量要保持水温不超过 85℃。

3. 茶中名品

（1）君山银针

产于湖南洞庭湖中的君山小岛，因外面白亮毕显，包裹坚实，形如银针而得名。君山银针是黄茶中最杰出的代表，色香味形俱佳，为茶中珍品。

君山银针只能在清明前后的十来天内采摘，并且有"九不采"的规矩：雨天不采、露水芽不采、冻伤芽不采、紫色芽不采、开口芽不采、空心芽不采、瘦弱芽不采、虫伤芽不采、过长过短芽不采。因此，君山银针完全采用最优质的春茶芽制成。其制作工艺，也是精巧细致，极其讲究。经杀青、摊凉、初烘、初包、复烘、摊凉、复包、足火等工序，要历时 70 多个小时。并且加工过程中，对茶叶的外形不做任何修饰，力求保持原本形状，追求色香味方面的更加完美。

成品君山银针，芽头壮硕，坚实挺直，芽身金黄，外裹银毫。冲泡后，汤色杏黄明亮，叶底嫩黄，香气扑鼻，清醇甘爽。最有趣的是，冲泡时茶叶皆在水中保持垂直状态，时起时落，历经三起三落后，才会沉于杯底。林立于杯底的茶叶，每一茶芽上皆有一个小气泡，雅称"玉舌含珠"，甚是有趣。

君山银针属于轻微发酵茶，在发酵过程中会产生大量的消化酶，因此对脾胃具有良好的保健作用，非常适合消化不良、食欲不振、肥胖懒动的人群饮用。此外，由于君山银针中富含茶多酚、氨基酸、可溶性糖、维生素等营养物质，对防治食道癌也具有明显功效。

（2）霍山黄芽

霍山黄芽产于安徽省霍山县的高山上，因以一芽一叶或一芽两叶的春茶芽制成而得名。唐朝李肇《国史补》把霍山黄芽列为14品目贡品名茶之一。自唐至清，霍山黄芽历代都被列为贡茶。虽然其没有挤入1959年评出的"十大名茶"之列，但仍然与君山银针同样属于黄茶中最杰出的代表。

历史悠久的霍山黄芽未入中国十大名茶之列，主要原因是其制茶工艺曾一度失传。1971年，霍山县才开始挖掘、研究古老的制茶工艺，到了1973年才开始正式投入生产。

成品霍山黄芽外形条直微展，匀齐成朵，形似雀舌，嫩绿披毫，冲泡后汤色黄绿明亮，清香扑鼻，滋味鲜醇浓厚回甘，叶底嫩黄明亮，实为茶中珍品。2006年4月，国家质检总局批准对霍山黄芽实施地理标志产品保护。

霍山黄芽富含氨基酸、茶多酚、咖啡因等成分，具有降脂减肥、护齿明目、改善肠胃、增强免疫力、抗御辐射、抗衰益寿、益思提神、生津止渴、消热解暑等功效。

（五）白茶养生：护眼明目

白茶是中国茶叶中的特殊珍品，历史悠久，北宋时期便有种植。茶毫颜色如银似雪，香气清鲜，滋味清淡回甘，令人回味无穷。

白茶最显著的特点是富含氨基酸，特别是高含量的茶氨酸，不但能提高成品茶的香气和鲜爽度，还能提高人体机能的免疫力，有利身体健康。尤其是陈年的白毫，具有防癌、抗癌、防暑、解毒、治牙痛的功效。

1. 白茶品性

白茶因茶树品种、原料鲜叶采摘的标准不同，分为芽茶和叶茶。

白芽茶具有外形芽毫完整，满身披毫，香气清鲜，汤色黄绿明澈，滋味清淡回甘等品质特点，属轻微发酵茶，是中国茶类中的特殊珍品。

白芽茶的典型代表当属白毫银针，其产地主要集中在福建福鼎、政和两地。用一芽一叶肥壮芽头制成，成茶遍披白毫，挺直如针，色白如银，滋味甜爽，汤色浅杏黄。

白叶茶的代表有白牡丹、新工艺白茶、贡眉、寿眉等，成品茶带有特殊的花蕾香气。

白牡丹，因其干茶呈绿叶夹银毫状，冲泡后绿叶夹着嫩芽，宛如牡丹初绽而得名。

优质贡眉眉芽显毫多，色泽绿，汤色橙黄或深黄，香气馥郁，滋味干爽，叶底灰绿明亮。

2. 白茶冲泡

冲泡白茶时，一般150毫升的水需要5克的茶叶。水温要求在95℃以上，第一泡时间约5分钟，过滤之后将茶汤倒入茶杯即可饮用。第二泡时间约3分钟，一般一杯白茶可以冲泡四五次。

以上是冲泡白茶的一般方法，白茶的品类不同，冲泡方法也有一定的差别。

冲泡白毫银针时，水温不宜过高，90℃左右即可。冲泡时，热水要沿杯（或壶）壁入冲，而不要直冲茶芽，以免损伤茶芽品相，影响汤色的美感。此外，白毫银针十分耐泡，可冲泡10次左右。

冲泡白牡丹时，水温最好控制在90~100℃。水温过低的话，茶味难出；水温过高，会伤及茶芽。

冲泡贡眉或寿眉时，水温要高一些，而且冲泡时间要略长一些。这样更能享受到其最美的部分。

冲泡白茶的用具，可以是茶杯、茶盅、茶壶。当然，若能采用"工夫茶"的茶具和冲泡方法，效果会更佳。

3. 茶中名品

（1）白毫银针

是白茶中的精品，由于其中氨基酸的含量比普通茶叶高一倍，而茶多酚又比普通茶叶低一半，并且只能每年春季采摘一次，因此产量稀少而价格昂贵。

优质白毫银针，芽头肥壮，芽长近寸，全身披满茸毛，色白如银，外形圆紧纤细如针。冲泡后，茶汤浅杏黄色，清澈透亮，香气清鲜，闻来沁人心脾，品来毫香显露，醇厚回甘。

白毫银针具有抗癌、抗辐射、抗氧化、降血压、降血脂、降血糖的功效，还可以用于降暑、解毒、预防脑血管疾病。此外，作为白茶中的珍品，白毫银针还具有养胃消食、美容养颜、利尿的作用，适合大众人群饮用，尤其风热感冒和麻疹患者可以多饮。

（2）白牡丹

主要产区为福建的政和、建阳、松溪、福鼎等县。该茶形似花朵，绿叶夹白色毫芽，冲泡之后碧绿的叶子衬托着嫩嫩的芽叶，形状优美宛若蓓蕾初开，故称其为"白牡丹"。

优质白牡丹叶张肥嫩，毫心肥壮，叶缘微卷，叶背遍布白毫。冲泡后，茶汤清澈，汤色橙黄或杏黄，滋味甘醇清新，叶底浅灰，叶脉微红。

白牡丹中含有丰富的多酚类化合物，具有抑菌、止血、明目、解毒、通血管、抗辐射的功效，还可用于降血压。白牡丹茶性清凉，夏季饮用可退热降火，为祛暑佳品。

（六）黑茶养生：抗衰养颜

黑茶流行于云南、四川、广西等地，同时也深受藏族、蒙古族和维吾尔族同胞们的喜爱，几乎成为他们日常生活中的必需品。

黑茶在发酵过程中产生的一种普诺尔成分，可以有效防止脂肪堆积，抑制腹部脂肪增加，所以近年来黑茶在社会上流行甚广。

1. 黑茶品质

（1）湖北老青茶

主要产地在湖北南部的浦沂、咸宁、通山、崇阳、通城等县，在湖南省临湘市也有老青茶的种植和生产。老青茶在品质上分为三个等级：一级茶以白梗为主，基部稍带些红梗，即嫩茎基部呈红色；二级茶鲜叶的茎梗以红梗为主，顶部稍带些白梗和青梗，成茶叶形成条，叶色乌绿微黄；三级茶为当年生红梗新梢，不带麻梗，成茶叶面卷皱，叶色乌绿带花。

（2）湖南黑茶

原产于湖南安化，现在已扩大到周边益阳、汉寿等地区。黑茶在品质上可分为四个级别：一级以一芽三四叶为主，茶条索紧卷、圆直，叶质较嫩，色泽黑润；二级以一芽四五叶为主，条索尚紧，色泽黑褐尚润；三级以一芽五六叶为主，条索欠紧，呈泥鳅条，色泽纯净呈竹叶青带紫油色或柳青色；四级以对夹驻梢为主，叶张宽大粗老，条索松扁皱褶，色黄褐。

（3）四川边茶

分"南路边茶"和"西路边茶"两类。南路边茶的原料是采摘当季或当年成熟的新梢枝叶，杀青之后，经过多次"渥堆"晒干而成。成品茶品质优良，经熬耐泡，是压制"康砖"和"金尖"的原料，最适合以清茶、奶茶、酥油等方式饮用，深受藏族人民的喜爱。

将当年或1~2年生茶树枝叶采割杀青后直接晒干即成西路边茶。西路边茶的鲜叶原料比南路边茶更粗更老。西路边茶色泽枯黄，是压制方包茶的原料。

（4）滇桂黑茶

顾名思义，是生长在云南和广西的黑茶统称，属特种黑茶，品质独特，香味以陈为贵，在港、澳、东南亚和日本等地有广泛的市场。云南黑茶是用滇晒青毛茶经潮水渥堆发酵后干燥而成。这种茶条索肥壮，汤色明亮，香味醇浓，带有特殊的陈香。广西黑茶最著名的是六堡茶，其制作工艺流程为杀青、揉捻、渥堆、复揉、干燥，制成毛茶后再加工时仍需潮水渥堆，蒸压装篓，堆放陈化，最后使六堡茶的汤味具有红、浓、醇、陈的特点。

（5）紧压茶

将黑毛茶、老青茶、做庄茶及其他适制毛茶经过高温、高湿与挤压，通过蒸、压的方式加工成饼形、砖形、团形等状态的茶叶，称之为"紧压茶"。其历史悠久，品种繁多，原料、加工方法也不尽相同。多数品种配用的原料比较粗老，风味独特，且具有减肥、美容等效果。

（6）黑茶冲泡

黑茶可直接冲泡饮用，也可压制成紧压茶后冲泡。

直接冲泡黑茶，宜选用紫砂茶具，置放相对于茶壶五分之一的茶量，先用100℃的水从10厘米的高处缓缓倒入茶壶中，20秒后将茶水倒出，该过程称为洗茶。随后，用100℃的水再次注入茶壶中，浸泡30秒后即可。由于黑茶比较老，所以一定要用100℃的沸水冲泡，否则不能将黑茶的茶味完全泡出。黑茶耐冲泡，可冲泡十次左右。

冲泡紧压茶，关键是用黑茶刀、铁锹、铁锤等工具取茶，注意不要伤及手指。

2. 茶中名品

（1）云南普洱茶

是在云南大叶茶的基础上培育出的一个新兴茶种，原运销集散地在普洱市，故此而得名，距今已有1700多年的历史。近年来，普洱茶深受国内外茶人的肯定和喜爱，海外侨胞和港澳同胞更是将其当作养生佳品，对其格外青睐。

优质云南普洱茶外形壮实，色泽褐红光润，条索整齐、紧结，芽头多毫。表面有霉花、霉点的均为劣质的普洱茶。优质普洱茶冲泡后汤色浓艳明亮，如红酒醇浓剔透，发出沁人心脾的陈香，且悠长高远。劣质普洱茶带有霉味或阴沉香气，饮后舌根两侧感觉不适。

长期饮用普洱茶，可使人体内的胆固醇、血尿酸等有所降低和改善。这是因为普洱茶是唯一的后发酵茶，其茶碱、茶多酚物质在长期的发酵过程中被分化掉，因而其成品茶品性温和，对人体无刺激，并具有杀死癌细胞、抗突变、防癌功能及减肥和降血脂等诸多保健作用，而且还能促进新陈代谢，加速体内毒素的消解和转化。

（2）茯茶

茯茶因当时所采用的原料来自湖南，又名"湖茶"，又因在伏天生产，也叫"伏茶"，因香气和功效类似"土茯苓"而得名。

茯茶作为黑茶中的贵子，与众不同的就在于其中具有"金花"成分。所谓"金花"，就是在原料加工中通过发花这么一道特殊程序，专门在黑茶的砖块中培养一种叫作"冠突散囊菌"的冠突曲霉物质，俗称为金花。

金花干嗅便具有一种黄花淡淡的清香味道，将带有金花这种特殊菌类的茯茶泡饮时，那种花香变融入茶汤之中，化作茶的滋味而更加醇厚微涩、清纯不粗、口感强劲。当然，金花还可以有效地促进调节新陈代谢，起到保健和病理预防作用。因其药效有如土茯苓，加上茯茶的口感特别，并以"茯"字命名，因此有人误以为茯茶中有茯苓的成分，但实则是金花的菌花香和其独特的药理作用。

（3）六堡茶

六堡茶是中国广西的特产名茶，因产于苍梧县六堡乡而得名，是黑茶的一种。采摘一芽二三叶，经摊青、低温杀青、揉捻、沤堆、干燥制成。有特殊的槟榔香气，现主要销往广东、广西、港澳及东南亚地区。

优质的六堡茶色泽黑褐光润，冲泡后，汤色红浓明亮，滋味醇和爽口，略感甜滑，香气醇陈，有槟榔香味，叶底红褐，简而言之具有"红、浓、醇、陈"的特点。

六堡茶除了具有其他茶类共有的保健功效外，还具有消暑祛湿、明目清心、促进消化的作用。现代科学证明，六堡茶中含有人体必需的多种氨基酸、微量元素和维生素，特别是其中含有丰富的脂肪分解素，所以具有更强的分解油腻、降低人体类脂肪化合物、胆固醇、三酸甘油酸的功效，长期饮用可健胃养神，减肥健身。

六、饮茶答疑

1. 饮哪种茶比较好？

对这个问题，不能一概而论。由于各地的风土人情、气候环境，以及每个人的爱好不同，很难说饮哪种茶最好。但从茶的营养与药效成分而言，一般说来，绿茶要优于其他茶类。如以人体不可缺少的各种维生素为例，每百克绿茶中维生素 C 含量高达 200~500 毫克，一天喝上 2~3 杯高级绿茶，基本上就可以满足人体对维生素 C 的需求。而其他茶类，如红茶、乌龙茶等，由于加工过程中维生素 C 的破坏比绿茶多，所以含量大多不到 300 毫克。绿茶中的维生素 B_1 和维生素 B_2，一般要比红茶高 1~2 倍，比乌龙茶高 0.5~1 倍。又如茶叶中的各种矿质元素，绿茶中的磷、钾含量一般要比红茶和乌龙茶高，特别是锌的含量更高。此外，维生素 P 活性酚类衍生物，如各种儿茶素、黄酮类及其苷类化合物等，具有多种药效功能，绿茶中的含量也普遍要比其他茶类高。所以，绿茶的防衰老，防治血管硬化、抗癌、抗突变，降低胆固醇和血脂等功能，要比其他茶类为好。

2. 饮茶为何能除口臭？

引起口臭的原因很多，如人体缺少维生素 C，口腔细菌引起食物残渣的腐败，胃部和口腔疾患，都可导致口臭。科学测定表明：茶叶中含有大量的维生素 C，在细嫩绿茶中的含量更高。如果一天饮 3 杯细嫩优质绿茶，基本上可以满足人体对维生素 C 的需求；同时，茶有杀菌消炎的作用，因此饮茶对消除口腔内的细菌腐食，以及食物余臭，效果相当明显，对消除口腔和牙龈炎症，也有一定帮助。

另外，茶叶中含有的高分子棕榈酸和萜烯类化合物，对异味有很强的吸附能力。因此，有口臭的人经常饮茶，或在清晨用浓茶漱口，有明显消除口臭的作用。

3. 哪种茶抗癌、抗突变效果好？

近年来，茶叶的抗癌作用，引起了人们的极大关注与兴趣。国内外的医学与茶叶工作者的研究表明，茶叶的抗癌机理，主要在于茶叶中的有些物质能阻断致癌物质亚硝基化合物的形成，从而使产生癌症的突变原受到抑制。最近的研究进一步表明，茶叶中具有抗癌功效的有效成分主要为茶多酚，特别是它的主体物质儿茶素，具有抗氧化作用，能阻断某些致癌物质的形成，起到杀死癌细胞和抑制癌细胞生长的作用。此外，在茶叶中还含有较多的维生素 C 和维生素 E，以及微量元素锌、硒等，这些成分也都有助于提高抗癌的功效。因此，茶叶的抗癌作用，可以看作是以茶多酚为主的多种成分协同作用的结果；而各种茶叶，包括绿茶、红茶、白茶、黄茶、乌龙茶、黑茶、花茶等，虽然都有阻断亚硝基化合物和抗癌、抗突变的作用，但抗癌效果是不一样的。

中国预防医学科学研究院研究了17种茶叶后证实，防癌效果以绿茶为最优，其次是乌龙茶，以下依次为紧压茶、红茶和花茶。绿茶中以西湖龙井为最佳，武夷乌龙茶与西湖龙井不相上下。因此，茶叶可以说是一种防治癌症的辅助药物，经常喝茶，可以起到抗癌、抗突变的作用。

对患癌症进行化疗的病人来说，茶叶又是一种抗辐射的药物，它对减轻因射线辐射而产生的白细胞减少症，以及停止辐射后白细胞的尽快恢复，也有较好的疗效。

4. 吃人参能喝茶吗？

服中药要忌口，否则会降低疗效，这是许多人都知道的。吃人参可否饮茶，首先必须弄清人参和茶的药性。据测定，人参对人体的滋补作用，主要是人参中含有人参皂甙，而这种物质在茶中也有。因为茶的主要成分茶多酚，其组成中就有较多的皂甙。况且茶中的其他主要成分，如生物碱、氨基酸、蛋白质、维生素等，一般不会与皂甙类物质发生反应。但茶性味苦，属凉性；人参味甘，属温性，两者是相克的，所以从两者的药性而言，吃人参以不饮茶为好。不过，有时为了治疗某种疾病，也有利用茶和人参配伍共饮的。如治疗脱肛，可每周用吉林人参炖服两次，每次9克，加瘦猪肉少许，并用红茶水在中午服用。在这里，吃人参服红茶，与单纯的吃人参，作用是不一样的。在韩国，甚至有吃红参后再饮碗萝卜汤的习惯，其目的是不使人"上火"。其理与吃人参饮茶有相似之处。

5. 吃茶好还是饮茶好？

茶在饮食方面的利用，一是冲泡成饮料，供人们饮用；二是调制成食品，供人们食用。但饮茶和吃茶相比，对茶中营养和保健成分的利用，显然是不一样的。

饮茶，为人们所熟知，而吃茶，对不少人来说较为陌生。化学分析表明：饮茶只利用了茶叶经冲泡后能溶解于水的一些成分，而茶叶中还有许多水不溶性或水难溶性的营养、保健成分，如维生素A、维生素E、维生素D、维生素K等脂溶性维生素；钙、镁、铁、硫、铜、碘等矿质元素；还有叶绿素、纤维素、蛋白质、胡萝卜素等有机物质，这些物质，仅靠饮茶是无法加以利用的。现代茶叶化学分析和医学科学实践证明：在一杯普通绿茶中，大致含有500微克的胡萝卜素，比一般食品高得多。胡萝卜素是维生素A原，被人体吸收后，可以转化成维生素A，它是人体生长发育不可缺少的物质，而且与赖氨酸结合生成黄醛，还可以增强眼睛视网膜的识别能力，起到明目的作用；又如难溶于水的维生素E，一杯普通绿茶中，大约含有2000微克。而维生素 E 具有促进发育、防止衰老、抗癌等多种作用。此外，茶叶中纤维素有辅助促进消化的作用，叶绿素有利于造血和去除口臭等。至于众多的难溶于水的矿物质，大多对人体也是有益的。上述物质，只有通过吃茶，方能为人身吸收利用。此外，即使能溶于水的茶叶营养和保健成分，最多也只能利用至 97% 左右，仍然还有小部分留在茶渣中。因此，吃茶与喝茶相比，更有益于身体健康，吃茶不仅利用了茶叶的水溶性物质，而且将其不溶于水的营养保健成分也一起加以利用。

吃茶的方式很多，用茶掺食，做成茶食品，如茶菜肴、茶糕点、茶膳等。但供吃的茶必须是无污染的，最好是有机茶，否则会把有害物质也一同吃下去了。

6. 喝隔夜茶会致癌吗?

"喝隔夜茶会致癌"，这仅是推断与猜想。喝隔夜茶是否会致癌，须搞清两个问题：一是对隔夜茶的定义。如果早晨泡的茶等到晚上喝；另外，晚上泡的茶早晨喝，两者相比，前者时间比后者更长，气温更高，却可以喝；后者却饮不得，怎能自圆其说。二是认为喝隔夜茶会致癌，是因为茶中有二级胺。其实，二级胺本身不会致癌，只有在有亚硝胺存在，并在一定条件下，才有可能形成致癌物质亚硝酸胺。而茶汤中要形成二级胺，须在高温和微生物参与下，方有可能将氧化物转化成二级胺。但即使形成二级胺，含量也是很低的，通常不到 1ppm。而二级胺的含量，面包为 1.89 ppm，鱿鱼为 237.40 ppm，青（熟）为 30.60 ppm，咖啡为 89.10 ppm。此外，在火腿、香肠、罐头食品中的含量都达到几十 ppm，表明二级胺分布广泛，很难完全杜绝。

更何况茶中含有极其丰富的维生素 C 和茶多酚，是很好的亚硝酸胺的抑制剂，所以经常饮茶，还有抗癌、抗突变的作用。但从卫生角度而言，特别在夏天，泡了茶长时间不饮，是不合卫生要求的。

7. 有哪些疾病患者要控制饮茶?

（1）冠心病患者需酌情用茶

冠心病患者能否饮茶，须视患者的病情而定。冠心病有心动过速和心动过缓之分。茶叶中的生物碱，尤其是咖啡因和茶碱，都有兴奋作用，能增强心肌的机能。因此，对心动过速的冠心病患者来说，宜少饮茶，饮淡茶，甚至不饮茶，以免因多喝茶或喝浓茶促使心动过速。有早搏或心房纤颤的冠心病人，也不宜多喝茶、喝浓茶，否则会促使发病或加重病情。但对心动过缓，或窦房传导阻滞的冠心病人来说，其心率通常在每分钟

60 次以内，适当多喝些茶，甚至喝一些偏浓的茶，不但无害，而且还可以提高心率，有配合药物治疗的作用。所以，冠心病患者能否饮茶，要"因病而异"，不可一概而论。

（2）神经衰弱患者要节制饮茶

对神经衰弱患者来说：一要晚上尽量不饮浓茶；二要做到在临睡前不饮茶。这是因为患神经衰弱的人，其主要病症是晚上失眠，而茶叶中含量较高的咖啡因的最明显作用，是兴奋中枢神经，使精神处于兴奋状态。晚上或临睡前喝茶，这种兴奋作用表现得更为强烈，所以，喝浓茶和临睡前喝茶，对神经衰弱患者来说，无疑是"雪上加霜"。但神经衰弱患者由于晚上睡不着觉，往往白天精神不振。因此，早晨和上午适当喝点茶，吃些含茶食品，既可以补充营养之不足，又可以帮助振奋精神；下午要控制饮茶，或适当喝些淡茶；晚上则应停止喝茶，以免引起或加重失眠。总之，神经衰弱患者饮茶，要采用调节和控制相结合的方式进行。

（3）脾胃虚寒的人不宜饮浓茶

茶是一种清凉饮料，尤其是绿茶，其性偏寒，对脾胃虚寒者不利。同时，饮茶过多、过浓，茶中的茶多酚会对胃部产生强烈刺激，影响胃液的分泌和对食物的吸收，从而产生食欲不振，或出现胃酸、胃痛等不适。所以，脾胃虚寒者，或患有胃病和十二指肠溃疡的人，要适当控制饮茶，尤其不宜饮浓茶和饭前饮茶。对这类病人，一般应提倡饭后饮淡茶。在茶类选择上，应以饮性温的红茶为好。

（4）贫血患者要慎饮茶

贫血患者能否饮茶，不能一概而论。如果是缺铁性贫血，最好不饮茶，因为茶中的茶多酚会与食物中的铁发生化合反应，不利人体对铁的吸收，会加重病情。其次，缺铁性贫血患者服用的药物，多数为含铁补剂，这样，饮茶服药，会影响药物的疗效。对其他贫血患者来说，因多数气血两虚，身体虚弱，而饮茶有"消脂""令人瘦"的作用，因此，也以少饮茶为宜。

8. 饮茶有哪些忌讳？

饮茶要讲究方法，实行科学饮茶。如果饮茶不得法，不但对人体无益，反而有碍身体健康。所以，在提倡饮茶的同时，结合国人的饮食习惯，还应做到以下避忌。

（1）忌饮烫茶

烫茶会对人的咽喉、食道、胃产生强烈刺激，进而引起病变。一般认为茶以热饮或温饮为宜，即茶汤的温度不超过 60℃，以 25~50℃ 为佳。

（2）忌饮冷茶

冷茶同样会对人体口腔、咽喉、胃部带来不适，特别是饮 10℃ 以下的冷茶，对人体有滞寒、聚痰等不利作用。所以，也要忌饮冷茶。

（3）忌饭前大量饮茶

饭前大量饮茶，一则冲淡唾液，二则影响胃液分泌，会使人食欲不振，影响对食物的消化和吸收。

（4）忌饭后立即饮茶

饭后饮茶，有助消化，还能除口臭，但饱食，或食油腻适量者不宜饭后立即饮茶。因茶中含有较多的茶多酚，会与食物中的铁、蛋白质等产生凝固作用，从而影响人体对这些营养物质的吸收。

（5）忌饮多次冲泡过的茶

一杯大宗茶，通常经过 3 次冲泡，可溶于水的物质 90% 以上已经浸出，以后继续冲泡，已无什么可溶于水的物质了。相反，会将一些微量有害物质浸泡出来，不利于人体健康。

（6）忌饮冲泡时间过久的茶

因茶中含有丰富的营养物质，冲泡后搁置时间过久，会使营养物质变性变质，直至成为有害物质，还会滋生细菌。因此，茶以现泡现饮为上。

（7）忌饮空腹茶

饮"空心茶"，会影响肺腑，刺激脾胃，进而食欲不振，消化不良。长此以往，有碍身体健康。

（8）忌饮浓茶

由于浓茶中的茶多酚、咖啡因的含量高，刺激性过于强烈，会使人体的新陈代谢功能失调，甚至引起"茶醉"，产生头痛、恶心、失眠、烦躁等不良症状。

9. 饮茶能醒酒解烟吗？

饮酒过量，会使人感到头晕目眩，浑身乏力，神志模糊，或心跳加快，大脑兴奋，激动不已。所以，有人说，"饮酒，礼始，乱终"；为此，在饮酒过量时，饮上 1~2 杯适浓的茶汤，就会消除人体的这种不适。这是因为茶汤中含有一类酸性的茶多酚类物质，而酒中含有较多的醇类物质，酸与醇化合，可与酒的作用相互抵消。饮茶能够醒酒的原因就在于此。

同时，茶汤中的咖啡因有较强的利尿作用，可使酒中的一些组成物质通过小便排出体外。所以，如果在饮酒之际适当饮茶，醒酒的作用会更好些。但不宜饮浓茶，否则会使心脏加重负担，心跳快上加快。

七、常见的成品药茶

茶与其他中药材相比，具有药效成分广，药理作用强的特点。因此，在我国历史悠久而又行之有效的众多中药方剂中，有数以百计的方剂都包含有茶叶这味药。特别是20世纪80年代以来，由于茶疗特有剂型的不断涌现，饮茶方法的日益改善，以及茶对医疗保健的独有作用，使得药茶的品种日趋增加，临床运用日益普遍，在这种情况下，也强化了成品药茶的开发。这是因为相比之下，成品药茶具有针对性强、用药量少、携带方便、有效成分不易损失等优点。为此，深受患者的欢迎。这里，仅将已在临床中应用的含茶成品药茶，辑录如下。

（一）古今知名的成品药茶

综观我国古今知名且应用普遍的含茶成品药茶，古代的要数宋代的川芎茶调散及其相应方剂；近代的要数午时茶及其方剂。这两大系统，可谓是古今含茶成品药茶的代表方剂。现将有关茶叶方剂介绍如下：

（1）川芎茶调散

配方：川芎、荆芥（去梗）各四两，白芷、羌活、甘草（爁）各二两，细辛（去芦）一两，防风（去芦）一两半，薄荷（不见火）八两。

功效：清头目，疏风止痛。

主治：外感风邪头痛。

服法：晒干后，研成细末，每次二钱，用茶水调服。

出处：《和剂局方》。

该方用量按一两等于30克，一钱等于3克计，下同。

（2）茶调散

配方：片芩二两（酒拌炒三次，不能焦）、小川芎一两、细芽茶三钱、白芷五钱、薄荷三钱、荆芥穗四钱。

功效：疏风、清热、止痛。

主治：风热，头目昏痛。

服法：晒干后，共研成细末，每次二三钱，用清茶水调服。

出处：《赤水玄珠》。

（3）苍耳子散

配方：辛夷半两、苍耳子（炒）二钱半、香白芷一两、薄荷叶半钱。

功效：祛风通窍。

主治：鼻渊，前额疼痛。

服法：晒干后，共研成细末，每次二钱，用葱、茶水调服。

出处：《重订严氏济生方》。

（4）菊花茶调散

配方：川芎茶调散再加菊花适量、僵蚕适量。

功效：疏风、清热。

主治：风热。

服法：晒干后，共研成细末，每次二钱，用茶水调服。

出处：《医方集解》。

（5）川芎茶

配方：川芎 3 克、茶叶 6 克。

功效：祛风止痛。

主治：诸风上攻，头目昏重，偏正头痛等。

服法：晒干后，共研成细末，用茶水泡饮。

出处：《简便单方》。

（6）午时茶

配方：茅术（苍术）、柴胡、陈皮、连翘、枳实、山楂、防风、前胡、川芎、羌活、藿香、神曲、甘草、白芷各 300 克，厚朴、桔梗、麦芽、苏叶各 450 克，红茶 10 千克，生姜 2.5 千克，面粉 3.25 千克。

功效：发散风寒，和胃消食。

主治：风寒感冒，寒湿内滞，食积不消等。

服法：生姜切丝压制取汁备用。其余诸药晒干后，共研成细末，用姜汁、面粉打浆混合成块，每块干重约 15 克。每次一块，用沸水冲饮。

出处：《中国医学大辞典》。

（7）天中茶

配方：杏仁（去皮）、制半夏、制川朴、炒莱菔子、陈皮各 90 克，槟榔、香薷、荆芥、炒车前子、羌活、干姜、炒枳实、薄荷、炒青皮、柴胡、大腹皮、炒白芥子、土藿香、独活、炒黑苏子、前胡、炒白芍、防风、猪苓、藁本、木通、桔梗、泽泻、紫苏、炒白术、炒茅术各 60 克，炒六神曲、炒山楂、炒麦芽、茯苓各 120 克，炒草果仁、秦艽、川芎、白芷、甘草各 30 克，红茶 3000 克。

功效：疏散风寒、和胃通气。

主治：四时感冒，寒热，胸闷，头痛，咳嗽，呕恶，便泻等。

服法：大腹皮水煎，滤渣取汁备用。其余药晒干后，共研成细末，用大腹皮汁拌入药粉，烘干后，用纸袋分装，每袋 9 克。每次 1 袋，日服 2 次，用沸水冲服。

出处：《上海市中药成药制剂规范》。

（8）四时感冒茶

配方：野牡丹、鬼针草、仙鹤草、香薷、野花生、陈皮、截叶铁扫帚、南五味子藤、牡荆叶、薄荷、防己、青蒿、玉叶金花、铁苋菜、茶叶、高粱酒、马鞭草。

功效：散寒解表，清暑消热。

主治：感冒，中暑。

服法：晒干后，共研成细末，分装成每袋 15 克，每次 1 袋，日服 1~2 次，用沸水冲服。

出处：《实用中成药手册》。

（9）四时甘和茶

配方：稻芽、陈皮、山楂、藿香、厚朴、紫苏、柴胡、乌药、防风、荆芥穗，茶叶。

功效：疏风解热、祛寒消积。

主治：感冒，中暑，食滞。

服法：晒干后，共研成细末。分装成每袋 8~10 克。每次 1 袋，日服 1~2 次，用沸水冲服。

出处：《实用中成药手册》。

（10）甘和茶

配方：紫苏、苍术、厚朴、薄荷、青蒿、前胡、铁苋菜、桔梗、羌活、甘草、泽泻、陈皮、枳壳、桑叶、半夏、藿香、柴胡、香薷、佩兰、白芷、黄芩、山楂、仙鹤草、茶叶。

功效：疏风解寒，祛暑清热。

主治：风寒感冒，头痛，中暑，腹泻。

服法：晒干后，共研成细末，分装成每袋6克。每次1袋，日服2次，用沸水冲服。

出处：《实用中成药手册》。

（11）双虎万应茶

配方：木香、茯苓、藿香、大腹皮、半夏、苍术、陈皮、泽泻、枳壳、羌活、紫苏、厚朴、香附、香薷、白扁豆、槟榔、木瓜、白术、薄荷、白芷、茶叶。

功效：祛暑解表，健脾消食。

主治：暑热泄泻，四时感冒，食滞。

服法：晒干后，共研成细末。分装成每袋6克。每次1袋，日服1~2次，用沸水冲服。

出处：《实用中成药手册》。

（12）清源茶饼

配方：槟榔、车前子、乌梅、甘草、茯苓、知母、大腹皮、荆芥、泽泻、黄芩、香薷、小茴香、栀子、薄荷、厚朴、姜半夏、山楂、延胡索、稻芽、葛根、川芎、补骨酯、紫苏、诃子、乌药、刀豆花、柴胡、藿香、砂仁、白术、木香、麦芽、大黄、五灵脂、白扁豆、苍术、桔梗、郁金、枳壳、陈皮、香附、枳实、酒曲、茶叶。

功效：解表，和胃，消食。

主治：恶寒发热，中暑，积食。

服法：晒干后，共研成细末，和面粉黏合，压制成块，每块7.5克。每次1块，日服1~2次，用沸水冲服。

出处：《实用中成药手册》。

（13）方应甘和茶

配方：紫苏、苍术、藿香、厚朴、白术、陈皮、茯苓、泽泻、甘草、木瓜、苦杏仁、砂仁、半夏、白扁豆、茶叶。

功效：解表，和中，燥湿，降浊。

主治：感冒，腹痛，泄泻。

服法：上述原料晒干后，共研成细末，分装成小袋，每袋重9克。每日服1袋，用沸水冲服。

出处：《实用中成药手册》。

（二）临床应用的其他成品药茶

近年来，中国传统药茶的临床应用，促进了成品药茶的进一步开发。医药界将越来越多的中药配方，按照传统中医理论，结合现代药理分析，制成了许多成品药茶。除了上述提及的古今含茶的著名成品药茶外，还有许多含茶的成品药茶，已在相当范围内得到了临床应用，并逐渐为患者所接受。

（1）苦丁茶

配方：枸骨叶500克、茶叶500克。

功效：祛风、滋阴，清热、止痛。

主治：头痛，齿痛，结膜炎，中耳炎。

服法：晒干后，共研成细末，加入适量面粉黏合，再制成块状，每块重4克。每次1块，日服2~3次，用沸水冲服。

出处：《农村中草药制剂技术》。

（2）存安曲

配方：山楂、麻黄、茶叶、苍术、葛根各250克，川芎、羌活、川朴各100克，苍耳子、陈皮各150克，荆芥750克，紫苏1000克，白芷、防风各500克。

功效：疏风解表，理气消食。

主治：咳嗽痰稀，伤风感冒，腹胀不适。

服法：晒干后，共研成细末，和面粉压制成块状，每块重30克。每次0.5~1块，日服2次，用沸水冲服。

出处：《全国中药成药处方集》。

（3）健胃茶—Ⅰ

配方：徐长卿4克、麦冬或北沙参3克、化橘红3克、白芍3克、生甘草2克、玫瑰茶、茶叶各2克。

功效：理气，和胃，止痛。

主治：虚寒型胃脘痛。

服法：茶剂，每包 18 克，每次 1 包，日服 3 次，用沸水冲服。

出处：《新中医》，1981（9）。

（4）健胃茶—Ⅱ

配方：徐长卿 4 克、麦冬或北沙参 3 克、青橘叶 3 克、白芍 3 克、生甘草 2 克、玫瑰茶、茶叶各 2 克。

功效：健脾和胃，理气止痛。

主治：虚寒型胃脘痛。

服法：茶剂，每包 18 克，每次 1 包，日服 3 次，用沸水冲服。

出处：《新中医》，1981（9）。

（5）健胃茶—Ⅲ

配方：徐长卿 3 克、麦冬或北沙参 3 克、黄芪 5 克、当归 3 克、乌梅肉 2 克、生甘草 2 克、红茶 2 克。

功效：活血，止痛，健脾，益气。

主治：虚寒型胃脘痛。

服法：茶剂，每包 18 克。每次 1 包，日服 3 次，用沸水冲服。

出处：《新中医》，1981（9）。

（6）健胃茶—Ⅳ

配方：徐长卿 3 克、麦冬或北沙参 3 克、黄芪 5 克、丹参 3 克、乌梅肉 2 克、生甘草 2 克、绿茶 2 克。

功效：化淤，止痛，益气。

主治：虚寒兼淤型胃脘痛。

服法：茶剂，每包 18 克，每次 1 包，日服 3 次，用沸水冲服。

（7）艳友茶

配方：白芍、三七、甜叶菊、茶叶。

功效：清热解毒，活血化淤。

主治：高血压，动脉硬化，肥胖症。

服法：茶剂，每包 2 克，每次 1 包，日服 2 次，用沸水冲服。

出处：《全国中成药产品集》。

（8）桑寄生茶晶

配方：桑寄生、茶叶。

功效：养血，降血压，利水去湿。

主治：高血压。

服法：冲剂，每包20克。每次0.5~1包，日服2~3次，用沸水冲服。

出处：《全国中成药产品集》。

（9）心脑健

配方：绿茶提取物。

功效：抗凝血，防止血小板黏附，降低血浆纤维蛋白原。

主治：心血管病伴高纤维蛋白原症，动脉粥样硬化。

服法：袋泡剂，每包250毫克。每次1包，日服3次，用沸水冲服。

出处：《全国中成药产品集》。

（10）百药煎茶

配方：五倍子、红茶、酒糟。

功效：止渴，化痰。

主治：咳嗽多痰，烦热口渴。

服法：茶剂，每包10克，日服2次，用沸水冲服。

出处：《全国中成药产品集》。

（11）莲花峰茶丸

配方：藿香、丁香、豆蔻、陈皮、桔梗、半夏、甘草、白扁豆、车前子、蓬莱草、鬼针草、爵床、肉桂草、麦芽、谷芽、茶叶。

功效：健脾，开胃，消食。

主治：急性胃脘胀痛，腹泻，消化不良。

服法：晒干后，共研成细末，加入适量面粉制成丸，每丸重3克。每次2~3丸，用水煎服。

出处：《实用中成药手册》。

八、茶保健饮食制品

天然、营养、保健，是茶的基本特点。因此，人们称茶为"当代健康饮料"。茶除了饮用之外，还可以作为食物。据考证，"茶食"一词，首见于《大金国志·婚姻》：

"婿纳币，皆先期拜门，亲属偕行，以酒馔往……次进蜜糕，人各一盘，曰茶食。"它指的糕点和糖果之类。而当今在茶学界，茶食多指用茶掺入食物，再经加工而成的糕点、糖果、点心、菜肴之类的食品系列。不过，目前在饮食服务行业，茶食的内涵较为广泛，除了茶菜和茶膳用茶为原料外，茶食、茶点中更多的是不掺茶的。一杯清茶，可以涤去肠胃的污浊，又可醒脑提神；而几件食品，既满足了口腹之欲，也使饮茶平添几分情趣。从而使清淡与浓香，湿润与干燥有机结合。饮茶与茶食、茶点、茶菜只要搭配合理，是可以互相促进，相得益彰的。

不过，本文所谈及的茶食、茶点、茶菜，都是指与茶相关的饮食制品。

1. 茶食

茶食制品，与一般饮茶相比，更有益于人体健康，它不仅利用了茶的水溶性有益物质，而且将其不溶于水的营养保健成分也一起加以利用。同时，由于茶与食品有机地交融，从而使食品通过茶的渗透，达到改良食品滋味，去油腻、去腥膻、去异味的效果；而不同茶类的不同色彩，还能改善和丰富食品的色、香、味。

茶与茶食的搭配，要根据茶的品性和茶食的特点来确定。茶食的特点，总的说来是甜酸香咸，味感鲜明，形小量少，颇耐咀嚼。茶食包括：

炒货，如花生、瓜子、蚕豆、核桃、松子、杏仁、开心果、腰果等，其中有的是用茶粉或浓茶汁浸泡后，再经炒制而成。

蜜饯，以鲜果直接用茶、糖浸煮后再经干燥的果脯，或将鲜果、晒干的果坯做原料，经茶、糖浸煮后加工成半干的茶蜜饯。目前，常见的茶蜜饯有：山楂糕、果丹皮、苹果脯、桃脯、糖冬瓜、糖橘饼、芒果干、陈皮梅、话梅、脆青梅、金橘饼、九制陈皮、糖杨梅、加应子、大福果、葡萄干等。

糖食，又称甜食。在东邻日本，饮抹茶时，先要尝些甜食，一来可以调节口味，二来可以减除抹茶对胃可能造成的刺激。茶糖食主要有：芝麻糖、挂霜腰果、多味花生、可可桃仁、糖粘杏仁、白糖松子、桂花糖、核桃等。

其他，有以茶为原料的红茶、绿茶、乌龙茶等各种茶奶糖和茶胶姆糖等。它们具有色泽鲜艳、甜而不黏、油而不腻、茶味浓醇的特点。

2. 茶点心

茶点的最大特点是品种多，制作技巧复杂，口味多样，形体小，量少质好，重在慢慢咀嚼，细细品味，使饮茶尝茶点获得很多的物质和精神享受。

目前常见的茶点有茶团、迷你茶包子、三丝茶叶面、鸡茶盖饭、茶粥等。既可增进食欲、助消化、补充营养，有的还有降血脂、血压，保健强身的作用。

3. 保健茶饮料

在我国明代开始冲泡散茶清饮以前，特别是在唐代以前，多在煮茶的同时加入葱、姜、橘、盐、胡椒等作料。这种饮茶的方法，直到现在，在我国大部分少数民族地区和内地的部分地区仍然保留着。在不同的民族或地区，这种茶因加入不同的调料而形成不同的风格和不同的功效，有的可增加营养，防病健身；有的能补充维生素，提高免疫力；有的可治疗感冒等各种疾病。如：

（1）驱寒、治感冒的纳西族"龙虎斗"

"龙虎斗"的调制方法是，先将一小把晒青绿茶放入小陶罐，再用铁钳夹住陶罐在火塘上烘烤，并不断转动陶罐，使之受热均匀。待茶叶焦黄，茶香四溢时，冲入热开水。尔后像煎中药一样，在火塘上煮沸5~8分钟，使茶汤稠浓。同时，另置茶盅一只，内放半盅白酒，再冲入刚熬好的茶叶（注意，不能将酒倒入茶汁）。这时，茶盅中发出刺耳的声音，待声音消失后，就可将"龙虎斗"茶一饮而尽了。有的还在其中加上一些辣子，使"龙虎斗"更富于刺激性。当地人认为用"龙虎斗"治疗感冒，比用其他药更有效。喝上一杯"龙虎斗"，浑身冒汗，睡一觉后，就会感到头不再昏，全身有力，感冒就好了。从中医学的角度看，茶有清凉解毒之功，酒有活血御寒之效，趁热喝一杯"龙虎斗"，对高湿闷热的山区人们来说，肯定是有利无害的。

纳西族人民还常饮一些其他茶，如盐茶可防暑，油茶可提高热量，糖茶可增加营养，都是可以强体健身的含茶饮料。

（2）防病健身的土家族擂茶

居住川、黔、鄂、湘四省交界的武陵山区一带的土家族，有喝擂茶的习惯。据说，三国时，张飞率兵来到武陵山区，因当地瘟疫流行，结果"茶到病除"，使众多将士转危为安。从此，当地形成了喝擂茶的风习。

擂茶又称三生汤。制作时，选取茶树生（鲜）叶以及生姜、生米为原料，视不同口味，按一定比例混合后放入擂钵中。擂钵用山楂木做成，中间有一弧形槽，槽中放一个两侧有柄的碾轮，双手推动碾轮，可将三种原料研成糊状。然后将糊状原料倒入锅中，加水煮沸5~10分钟即成。擂茶中的茶可清心明目，提神祛邪；生姜能去湿发汗，利脾解表；生米则可健胃止火，补阴润肺，三者相调，更有利于药性的发挥，长期饮用，自然可以防病健身。

（3）助消化、驱病魔的回族罐罐茶

居住在青海、宁夏、甘肃一带的回族兄弟，饮茶方式多种多样，牧区大多煮饮奶茶，最为与众不同的，要算部分地区喝的罐罐茶了。

罐罐茶选用一般的炒青绿茶，经加水熬煮而成。煮茶时，先在小陶罐中放半罐清水，然后把陶罐放在炉上烧至水沸，放上茶叶5～10克，边煮边搅拌，使茶汁充分浸出；再向罐内加水至八分满，至茶水再沸腾3～5分钟后，罐罐茶就熬好了。

由于罐罐茶的茶叶用量大，熬煮时间长，茶汁充分浸出，因此茶汤甚浓，难免有苦涩味。好在喝罐罐茶的茶杯不大，容量不多。他们认为，喝罐罐茶有四大好处："提精神，助消化，驱病魔，利生长。"真是不是良药胜似良药。

（4）解渴生津的布朗族酸茶

居住在云南西双版纳州一些地方的布朗族兄弟，大多生活在1500米以上的高山地区，主要从事农业，尤擅种茶，并习惯于常年吃酸茶。

采制酸茶一般在高温高湿的5～6月间进行。先自茶树上采下幼嫩的鲜叶，放入锅内加适量的清水煮熟；再将煮熟的茶叶捞出放于阴暗处令其发霉；10～15天后，将发霉的茶叶装入竹筒内压紧，埋入土中；经一个月后，挖出竹筒，取出已经发酸的茶叶，即可食用。

食用酸茶，直接放入口中咀嚼，细细体会其独特风味，并可收到解渴生津、帮助消化之功效。每当夏季，布朗族家家户户几乎都要做上许多酸茶，除了自己食用外，还作为馈赠亲友的礼物。

（5）益气提神的维吾尔族香茶

居住在新疆南部的维吾尔族，喜欢喝用茯砖茶和丁香、肉桂、胡椒等香料制作的香茶。制作时，用钢质或搪瓷长颈茶壶将水烧开，随即加入一把打碎的茯砖茶，待煮沸5～10分钟后，加入香料细末，再煮沸3分钟即成。饮用时，为了防止茶渣、香料混入茶汤，茶壶嘴上往往套有一个网状的过滤器。喝香茶分早、中、晚三次，与进餐同时进行，人们一边吃馕（一种用面粉烘烤制成的饼），一边喝茶。香茶代替了吃饭时的汤。同时由于茶中的丁香能散寒，胡椒能开胃，肉桂能益气，茶叶本身则可提神，饮用香茶不但健胃驱寒，还可温中止痛，被当地老乡视为保健营养补品。

4. 保健茶膳

保健茶膳集营养、保健于一体，而备受青睐，其种类很多，现将适合家庭制作的，介绍几款于下。

（1）保健益寿茶膳

绿茶蜂蜜饮：用绿茶1克、蜂蜜25克，混合后用100毫升水冲泡5分钟即成。

红茶甜乳饮：用红茶1克、甜炼乳1汤匙、食盐适量，混合后加沸水200毫升，冲泡5分钟后即成。

红茶黄豆饮：用红茶3克、黄豆30~40克、食盐少量，将黄豆加清水500毫升煮熟。趁沸加入红茶、食盐即成。

红茶饴糖饮：用红茶1克、饴糖20克，将红茶加沸水200毫升冲泡5分钟待用；另将饴糖加100毫升开水搅溶。而后，将茶汤与饴糖液拌和即成。

核桃茶：核桃仁5~15克、白糖25克、绿茶1克，先将核桃仁研成粉，与绿茶、白糖一起，用沸水冲泡5分钟拌匀即成。每日1剂，分2次服用。

（2）抗辐射茶膳

绿茶大蒜饮：绿茶1.5克、大蒜25克、红糖25克，将大蒜头去皮捣碎，加绿茶、红糖后，再加上沸水500毫升，浸泡5分钟后即可。

绿茶圆肉饮：绿茶1.5克、圆肉25克，在锅内加水放入圆肉煮烂，然后加入绿茶，冲上沸水400毫升即可。

绿茶苡仁饮：绿茶3克、苡仁50~100克，将苡仁加水1000毫升，用文火煮熟，趁沸加上绿茶，浸泡5分钟后，温服其汁。

红茶猕猴桃饮：猕猴桃50~100克、红枣25克，加水1000毫升煎至500毫升，再加红茶3克，浸泡3分钟后分三次服食。

（3）健脾胃助消化茶膳

绿茶鸡蛋饮：绿茶1克、鸡蛋2个、蜂蜜25克，加水煎至蛋熟，早餐后服食，最适产后气血两虚者服用。

绿茶莲子饮：绿茶1克、莲子30克，将莲子加上清水500毫升，煮沸30分钟，趁沸加入绿茶，浸泡5分钟后即成。

红茶糯米饮：红茶2克、糯米100克，将糯米加入清水800毫升烧煮，待米熟后，趁沸加上红茶，浸泡5分钟后即可。

醋茶饮：绿茶3克、食醋15毫升，在绿茶和醋中，冲入沸水300毫升，浸泡5分钟后即成。

饴糖茶：饴糖 15~25 克、红茶 1 克，先将茶叶用沸水 300 毫升冲泡后去渣取汁。饴糖用沸水拌匀使其溶解后，倒入茶汤中即成。每日 1 剂，分 2~3 次服饮。

（4）预防心血管和血液病茶膳

绿茶柿饼饮：绿茶 1 克、柿饼 100 克，将柿饼加清水 500 毫升，煮沸 5 分钟后，趁沸加入绿茶，浸泡 5 分钟后即成。

红茶花生衣饮：红茶 2 克、花生衣 10 克、红枣 25 克，将红枣剖开，连同花生衣加清水 400 毫升，煮沸 15 分钟后，趁沸加入红茶，浸泡 5 分钟后即成。

（5）止咳祛痰茶膳

绿茶枇杷饮：绿茶 1 克、枇杷 100 克、冰糖 25 克，将枇杷洗净，加清水 500 毫升，煮沸 30 分钟后，趁沸加入冰糖和绿茶，浸泡 5 分钟后即成。

绿茶甜瓜饮：绿茶 1 克，甜瓜 250 克、冰糖 25 克，将甜瓜洗净切片，加冰糖和清水 300 毫升，煮沸 5 分钟后，趁热加入绿茶，浸泡 5 分钟后即成。

（6）润肤美容茶膳

芝麻茶：黑芝麻 6 克、茶叶 3 克，先将黑芝麻炒至香熟，与茶叶一起用沸水 500 毫升冲泡 10 分钟即成。每日 1~2 剂，喝汤吃芝麻和茶叶。此方养血润肺、滋补肝肾。主要适用于肝肾亏虚，皮肤粗糙，毛发黄枯或早白，耳鸣。

芝麻润肤茶：芝麻 50 克、茶叶 75 克，将芝麻焙黄，每次取 2 克，加茶叶 3 克，用药罐煮开，连渣一起食用，25 天为一疗程。主治皮肤粗糙，毛发干枯。适用于皮肤粗糙，毛发干枯者。

（7）清热解毒茶膳

绿茶绿豆饮：绿茶 3 克、绿豆 30 克（熟），共用纱布包住，加水 500 毫升煎汤，再加砂糖适量调饮，代茶饮服。

姜茶饮：绿茶 3 克、干姜丝 3 克，将绿茶、干姜丝用沸水 200 毫升冲泡，浸泡 5 分钟即成。

绿茶蜂蜜饮：绿茶 3 克、蜂蜜适量，将二者混合拌匀后，用沸水 200 毫升浸泡 5 分钟后即成。

绿茶薄荷饮：绿茶 1 克、薄荷 10 克、甘草 3 克，将三者拌匀，用沸水 1000 毫升浸泡 5 分钟后即成。

此外，还有茶鸽子。食用时，将鸽子肉洗净与茶叶同煮食用，有治头痛的作用。

九、茶保健生活用品

饮茶有利健康。同样，还可以利用茶的保健功能，制成各种人们生活需要，而又有利于身体健康的生活用品。目前已有较多的茶生活用品在市场面世，如利用茶有杀菌、吸附异味的功能，制成的茶枕，用茶汁处理的衬衣、衬裤、鞋垫、袜子、毛巾、手帕，甚至棉被等。在保健品方面，利用茶有抗氧化、增强心血管软化，以及提高免疫力的功能，制成品有心脑健胶囊（片）、茶多酚片、茶爽口香糖等。在化妆品方面，利用茶的营养和保健功能，制成品有含茶的各种护肤露、沐浴露、沐浴剂、香水、润发剂、除臭剂等。此外，在日常生活用品方面，还有茶酒、茶肥皂、茶油，以及各种含茶的牙膏、防蛀的纸张等。

第三节　调理养生药草茶材

一、药草治病的原理

药草是在中医药理论指导下所运用的天然植物。

我们的祖先在长期的生存和对自然界的探索过程中，经过漫长的岁月逐渐认识了药材，并形成一套极为完善而又独特的中医药学理论体系。《类经》记载："药以治病，因毒为能。所谓毒者，以气味之偏也。盖气之正者，谷食之属是也，所以养人之正气。气味之偏者，药饵之属是也，所以去人之邪气。其为故也，正以人为病，病在阴阳偏胜耳，欲救其偏，则气味之偏者能之，正者不及也……是凡可辟邪安正者，均可称为毒药，故曰毒药改邪也。"意思是说每一种药物都具有一种偏性（毒），而治病要依靠药物的偏性（毒），才能纠正疾病所表现的阴阳偏盛或偏衰的病理现象，恢复或重建脏腑功能的协调，从而达到祛除病邪，清除病因之目的。

随着社会的进步，科学技术的发展，人类对药草治病原理的探讨已由宏观到微观。人们对众多的天然药草进行理化分析，并将所含各种化学物质概括为有效成分（如生物碱类、挥发油类、苷类等），辅助成分（如酶类）和无效成分（如淀粉、杂质等）

三大类。其中有效成分能杀灭或抑制细菌的生长繁殖，促进人体新陈代谢功能，调节人体机能。辅助成分虽然没有明显的疗效，但可促进人体对药物的吸收和药物之间成分的转化。诸药合用，相辅相成，共同发挥防病治病的作用。如麻黄含麻黄碱、伪麻黄碱和挥发油等成分，麻黄碱和伪麻黄碱具有松弛支气管平滑肌或缓解支气管平滑肌痉挛之功效，故能止咳平喘挥发油对流感病毒有抑制作用，并能刺激汗腺分泌，故可解表发汗。

综上所述，药草所以能治病，主要是利用其中所含的各种化学成分，这同古人所认识的药物偏性（毒）是一致的。随着时间的推移，科学技术的提高，人类对药草治病原理的探讨将更准确，更深入，也更全面。

二、茶饮药草材料

（一）茎、叶类

佩兰

味辛，性平

归脾、胃、肺经

来源　菊科多年生草本植物佩兰（兰草）的地上部分。夏、秋季分两次采割，除去杂质，切段鲜用或晒干生用。

别名　大泽兰、小泽兰、香草、兰草。

用量　5~6克。

惯常配伍　常与藿香一同泡饮。

功效

芳香化湿，醒脾开胃，发表解暑。用于湿浊中阻、脘痞呕恶、口中甜腻、口臭、多涎、暑湿表证、头胀胸闷。

饮法

冲入沸水，泡20~30分钟后饮用。

茶养

适合脾虚湿盛之人和暑湿感冒之人脘痞呕恶、口中甜腻、口臭、多涎、头胀胸闷、

佩兰

大便溏薄，肢体酸困以及身热不甚，恶风少汗者饮用。

　　茶忌　风寒感冒，表现为怕冷、流鼻涕者，不宜泡饮。另外，本品辛散力强，有伤阴耗气之弊，阴虚、气虚者不宜使用。

　　现代研究　具有抗病毒作用，能抑制流感病毒。有人用佩兰的水蒸气蒸馏液治疗夏季感冒得到较好效果。

　　特别推荐　佩兰属于芳香性开胃进食的调料食品，尤其是在南方暑湿偏重的季节，以及平素湿热偏盛，肥胖多痰，口觉甘甜或口臭，舌苔厚腻的体质，食之最为有益。

人参叶

味苦、甘，性寒

归肺、胃经

来源　五加科植物人参的干燥叶。秋季采收，晾干或烘干。

别名　人参苗、参叶。

用量　3~5克。

惯常配伍　常与麦冬、西瓜皮、芦根、桑叶一同泡饮。

功效

补气，益肺，祛暑，生津。用于气虚咳嗽，暑热烦躁，津伤口渴，头目不清，四肢倦乏。

饮法

用沸水冲泡 2~3 分钟后饮用。

茶养

适合气虚、倦乏之人，暑热引起的烦躁、津伤口渴者以及冠心病等心脏病病人所致的心悸气短、乏力口渴者饮用。

茶忌　不宜与藜芦、五灵脂、皂荚同用。人参叶亦不宜与茶叶同泡，以免影响效果。凡身体强壮、气盛身热、面色潮红、大小便不通等实热症状以及大热、大汗、大渴、脉洪大等均忌用人参叶；高血压患者、肺经实热证如感冒发热、咳嗽咳痰、吐血、鼻衄或急性上呼吸道感染引起的咽喉炎、扁桃体炎患者均不宜用人参叶；失眠、烦躁不安属实证者，服用人参叶后睡眠会更差；湿热壅滞所致的浮肿，肾功能不全引起的尿少及脾胃虚寒者慎服人参叶。另外，服用人参叶茶饮的过程中如出现血压持续性升高、胸闷不畅、烦躁失眠、眩晕头痛、出血等症状时，应马上停服人参叶，并以莱菔子煮水服解之。

现代研究　人参叶能加强大脑皮层的兴台过程，加快神经冲动的传导，缩短神经反射的潜伏期，增强条件反射，提高分析能力。有效改善睡眠和情绪及提高脑力、体力等人体机能，有显著的抗疲劳、利尿及抗辐射作用。能增加机体对各种有害刺激的防御能力。对心肌营养不良、冠状动脉硬化、神经衰弱等均有一定的防治作用。

人参叶

茶品　药市所售人参叶品种较混乱，如有用五加科竹节参或大叶三七之叶混用，李代桃僵，相沿成习。实践证明，竹节参叶远比人参叶效差，选用时要谨慎。

特别推荐　研究表明，人参叶中有效成分和人参类似，有些成分含量甚至高于根，其中人参皂苷含量高达 12%，比人参根高 1 倍左右。

苦丁茶

味苦、甘，性大寒

归肝、肺、胃经

来源　冬青科植物苦丁茶的叶子。全年可多次采摘芽叶，但以春季采摘，叶肥、完整、干燥、色绿、无杂质者为佳。

别名　大叶茶、苦丁茶、茶丁、富丁茶、皋卢茶。

用量　3~10克。

惯常配伍　常与决明子、桑叶、菊花、桂花一同泡饮。小叶苦丁结合金莲花冲泡，视觉味觉俱佳。

功效

散风热，清头目，除烦渴。用于头痛、齿痛、目赤、热病烦渴、痢疾。

苦丁茶

饮法

用沸水冲泡2~3分钟后饮用。

茶养

适合高血压病人，高血脂、单纯性肥胖、动脉硬化者及便秘之人大便干结、小便短赤者饮用。

茶忌　素有慢性胃肠炎患者、虚寒体质者、经期女性、新产妇慎用。

现代研究　具有增加冠状动脉血流量，加强心肌收缩力的作用。以及消暑解毒、消炎杀菌、化痰止咳、健胃消积、提神醒脑、减肥抗癌和抗辐射、降血压、降血脂、降胆固醇等功效。

茶品　苦丁茶分大叶苦丁和小叶苦丁。大叶苦丁一般产于海南，味特苦，越喝越苦，颗大，呈黑色。另一种小叶苦丁全名为"野生小叶苦丁"，原为野生，后经人工培植而成。

特别推荐　苦丁茶是我国一种传统的纯天然保健饮料佳品。其成品茶有清香、味苦而后甘凉，素有"保健茶""美容茶""减肥茶""降压茶""益寿茶"等美称。

番泻叶

味甘、苦，性寒

归大肠经

来源　豆科植物狭叶番泻或尖叶番泻的干燥小叶。通常于9月采收，晒干，生用。

别名　泻叶。

用量　3~6克。

惯常配伍　单饮

功效

泻热行滞，通便利水。用于热结积滞，便秘腹痛，水肿胀满。

饮法

冲入80℃以上的水100毫升，加盖浸泡10分钟为宜。

茶养

适合便秘病人热结胃肠、口干口臭、喜冷怕热、大便干结难解、舌红苔黄者饮用。

茶忌　妇女哺乳期、月经期及孕妇忌用。年老体弱、脾胃虚寒、久病体弱者禁用或慎用。有胃溃疡或有消化道出血病史者不能用番泻叶。番泻叶治标不治本，只适合于急性便秘，不适合于慢性、习惯性便秘，且不能长期大量服用，应在有效剂量3~6克内短期服用。

现代研究　具有泻下作用：其泻下作用及刺激性较含蒽醌类之其他泻药更强，故泻下时可伴有腹痛；抗菌抑菌作用：对葡萄球菌、白喉杆菌、伤寒杆菌、副伤寒杆菌及大肠杆菌等多种细菌有抑制作用；止血作用：有助于缩短凝血时间、血液复钙时间、凝血活酶时间与血块收缩时间；肌肉松弛作用：能在运动神经末梢和骨骼肌接头处阻断乙酰胆碱，从而使肌肉松弛。

罗布麻叶

味甘、苦、性微寒

归肝经

来源　夹竹桃科植物罗布麻的叶。夏季采收，除去杂质，干燥。

别名　野麻、红花草、茶菜花、泽漆麻、红麻、茶叶花、野茶。

用量　6~12克。

惯常配伍　常与菊花、车前子、钩藤、红枣等一同泡饮。罗布麻叶加入少量的糖和橘皮，可大大改善气味和口感。

功效

平肝安神，清热利水。用于肝阳眩晕，心悸失眠，浮肿尿少；高血压，神经衰弱，肾炎浮肿。

饮法

用沸水冲泡2~3分钟后饮用。

茶养

适合高血压和神经衰弱病人眩晕、耳鸣、头目胀痛、失眠多梦、颜面潮红、急躁易怒、肢麻震颤者及头痛病人头昏胀痛、心烦易怒、夜寐不宁者饮用。

罗布麻叶

茶忌　不适宜当作普通的茶叶经常性、长期性地泡水饮用，需按照中医药的配伍来合理使用，长期使用对人体的伤害主要表现在对肝脏和肾脏的损害。

现代研究　具有降低体内脂褐素沉积，抑制过氧化脂质和提高超氧化物歧化酶活性的作用，有延缓衰老、延长寿命的作用。罗布麻叶有较好的降压作用，并能明显改善头痛、眩晕等症状。实验证实罗布麻叶有增强心肌收缩力，增强免疫功能，调节血脂，抗辐射和抑制血小板聚集等作用。

桑叶

味苦、甘，性寒

归肺、肝经

来源　桑科植物桑树的叶。除霜后采收，除去杂质，晒干。

别名　冬桑叶、霜桑叶。

用量　5~10克。

惯常配伍　常与菊花、桔梗、决明子等一同泡饮。

跟着《茶经》学养生

功效

疏风清热、清肺润燥、清肝明目。用于外感风热感冒，咳嗽，耳鸣，眩晕。

桑叶

饮法

冲入沸水，泡5分钟后饮用。

茶养

适用于燥咳病人及感冒之人发热、头痛、咳嗽、咽痛者，肝经实热或外感风热导致的耳鸣、眩晕、目赤肿痛、见风流泪者饮用。

茶忌　外感风寒咳嗽者，不宜使用。

现代研究　具有较强的抗菌抗炎作用，可用于治疗上呼吸道感染、百日咳等症。桑叶有降血糖作用，其所含的蜕皮甾酮对多种方法诱导的血糖升高均有降糖作用，可促进葡萄糖转化为糖原，但不改变正常动物的血糖。另外，桑叶有解痉、降血压、降血脂、利尿的作用，对平滑肌也有一定影响。

茶品临床上习惯认为经霜者质佳，称"霜桑叶"或"冬桑叶"，饮片名称桑叶、蜜炙桑叶。

桑寄生

味苦、甘，性平

归肝、肾经

来源　桑寄生科植物寄生的干燥带叶茎枝。冬季至次春采割，除去粗茎，切段，干燥，或蒸后干燥。

别名　寄生、桑上寄生。

用量　10~15克。

惯常配伍　常与牛膝、杜仲、当归、独活等一同泡饮。

功效

补肝肾，强筋骨，祛风湿，安胎。用于风湿痹痛，腰膝酸软，筋骨无力，崩漏下血，胎动不安等症。

桑寄生

饮法

冲入沸水，泡10分钟后饮用。

茶养

适用高血压病人及风湿性关节炎、类风湿性关节炎之人肢体关节、肌肉疼痛酸楚、屈伸不利者，胎动不安、胎漏下血的孕妇属肝肾虚亏、冲任不固者饮用。冠心病、心绞痛及心律失常者亦可饮用。

茶忌　大多数人服用无不适反应，使用安全。偶有少部分人使用后有轻度的头晕、胃口差、腹胀、腹泻、口干等反应，应停止饮用。

现代研究　具有降压、镇静、利尿作用。能舒张冠状血管，增加冠脉流量。对布氏杆菌、伤寒杆菌、葡萄球菌、脊髓灰质炎病毒等均有抑制作用。

茶品　药用桑寄生的主要来源为桑寄生科植物桑寄生、四川寄生、红花寄生、毛叶钝果寄生的枝叶。

荷叶

味苦、涩，性平

归心、肝、脾经

来源　睡莲科植物莲的干燥叶。夏、秋两季采收，晒至七八成干时，除去叶柄，折成半圆形或折扇形，干燥。

别名　莲叶、鲜荷叶、干荷叶、荷叶炭。

用量　干品 3~9 克；鲜品 15~30 克。

惯常配伍　常与鲜藿香、鲜佩兰、西瓜皮、山楂、白术等一同泡饮。

功效

清热解暑，升发清阳，凉血止血。用于暑热烦渴，暑湿泄泻，脾虚泄泻，血热吐衄，便血崩漏及多种出血症和产后血晕。

饮法

冲入沸水，泡 5~6 分钟后饮用。

荷叶

茶养

适合中暑之人、暑热泄泻病人和单纯性肥胖者饮用。

茶忌　畏桐油、茯苓、白银。体瘦气血虚弱者慎服。

现代研究　具有解热、抑菌、解痉、降血脂、降胆固醇的作用，对治疗高脂血症、动脉粥样硬化、冠心病、肥胖症、脂肪肝等有一定效果。

特别推荐　要利用荷叶茶的减肥效果，需要一些小窍门，首先必须是浓茶，也就是第一泡的茶，第二泡的茶已毫无效果。用来减肥最好是空腹时饮用，在饭前喝下。

枇杷叶

味苦，性微寒

归肺、胃经

来源　蔷薇科植物枇杷的干燥叶。全年均可采收，晒至七八成干时，扎成小把，再晒干。

别名　卢橘、巴叶。

用量　6~9克。

惯常配伍　常与竹叶、芦根、竹茹、陈皮一同泡饮。

功效

清肺止咳，清胃止呕。用于肺热咳嗽，气逆喘急，胃热呕逆。

饮法

冲入沸水，泡2~3分钟后饮用。

枇杷叶

茶养

适合咳嗽病人咳嗽频剧，气粗或咳声嘶哑，喉燥咽痛，咯痰不爽，痰黏稠或黄，咳时汗出，口渴，头痛者及慢性气管炎病人饮用。

茶忌　胃寒呕吐及外感风寒咳嗽者，忌用枇杷叶。

现代研究　本品有镇咳、平喘作用，祛痰作用较差；煎剂在体外对金黄色葡萄球菌有抑制作用，对白色葡萄球菌、肺炎双球菌及痢疾杆菌亦有抑制作用。乙醚冷浸提取物及所含熊果酸有抗炎作用。

茶品　本品分鲜叶、干叶和枇杷丝三种，又有摘叶与落叶之别，以摘叶者为优。干叶以叶大，色绿或红棕色，不破碎，无黄叶者为佳。

石斛

味甘、淡，性微寒

归胃、肾经

来源　兰科植物石斛的茎。全年均可采取，以秋季采收为佳。烘干或晒干，切段，生用。鲜者可栽于沙石内，以备随时取用。

别名　林兰、杜兰、石斛兰、石兰、吊兰花、金钗石斛。

用量　6~15克。

惯常配伍　常与生地黄、麦冬、枸杞子一同泡饮。

石斛

功效

养胃生津、滋阴清热。

饮法

冲入沸水　泡5分钟后饮用。

茶养

适合口干、口渴病人及肾虚病人夜间烦热、腰酸腿软、眼睛视物不明者饮用。

茶忌　石斛助湿，痰湿者不宜饮用。

现代研究　具有免疫调节、抗氧化、解热、抗肿瘤、抗白内障、抗血小板聚集等作用。临床用于咽炎、眼科白内障、癌症等。

茶品　石斛是我国古文献中最早记载的兰科植物之一。千年以来它一直和灵芝、人参、冬虫夏草等一样被列为上品中药。药用石斛比较常见的是金钗石斛、铁皮石斛。

紫苏叶

味辛，性温

归肺、脾经

来源　唇形科植物紫苏的带枝嫩叶。9月上旬花序将长出时，割下全株，倒挂通风处荫干备用。

别名　紫苏、苏叶、赤苏、红苏、黑苏、红紫苏、皱紫苏、白苏、香苏。

用量　3~10克。

惯常配伍　常与藿香、砂仁、生姜、橘子皮等一同泡饮。

功效

散寒解表，宣肺化痰，行气和中，安胎。用于风寒感冒，咳嗽呕恶，妊娠呕吐，胎动不安，鱼蟹中毒。

饮法

冲入沸水　泡2分钟后饮用。

茶养

适合感冒病人外感风寒所致的发热恶寒、头痛鼻塞者及呕吐病人脾胃气滞、恶心者饮用。对于鱼蟹引起的吐泻、腹痛亦可饮用。

茶忌　本品性质偏温，风热感冒不宜单独使用。

现代研究　对金黄色葡萄球菌有抑制作用。并有镇痛解热作用。紫苏叶外用有止

紫苏叶

血作用。

茶品　紫苏除叶可以入药外，其茎和果实均可入药，称为紫苏梗和紫苏子。紫苏梗为紫苏的干燥茎，体轻，质硬，以茎粗壮、紫棕色者为佳，辛，温，归肺、脾经，理气宽中，止痛安胎。紫苏子为紫苏的干燥成熟果实，以粒大饱满，色黑者为佳，辛，温，归肺经，降气消痰，平喘，润肠。

特别推荐　紫苏的嫩茎叶和苏子粉为民间风味食品；苏子油可食，又是清漆、油墨、润滑油等的原料；油粕和茎叶是极好的饲料和有机肥。

白芷

味辛，性温

归肺、胃经

来源　伞形科植物兴安白芷、川白芷、抗白芷或云南牛防风的干燥根。夏、秋间叶黄时采挖，除去须根及泥沙，晒干或低温干燥。切片，生用。

别名　芷、香白芷、芳香、苻蓠、泽芬、白茝。

用量　3~10克。

惯常配伍　常与防风、羌活、川芎、银花、蒲公英一同泡饮。

功效

祛风散寒，通窍止痛，消肿排脓，燥湿止带。用于头痛，眉棱骨痛，齿痛，鼻渊，寒湿腹痛，肠风痔漏，赤白带下，痈疽疮疡，皮肤燥痒，疥癣。

饮法

将白芷研为细末，冲入沸水泡10分钟后饮用。

茶养

适合感冒病人恶寒重，发热轻，无汗，时流清涕，口不渴或渴喜热饮者；头痛病人眉棱骨痛，恶风畏寒及鼻炎病人饮用。

茶忌　阴虚内热者慎用本品。

现代研究　具有解热、抗炎、镇痛的作用，对于头痛、胃痛、鼻炎等均有良效。还具有抗菌作用，水煎剂对大肠杆菌、痢疾杆菌、伤寒杆菌、副伤寒杆菌、霍乱杆菌、结核菌等有抑制作用。白芷素对冠状血管有扩张作用。

茶品　由于产地的不同，白芷可分为川白芷、杭白芷和滇白芷。川白芷为植物兴

白芷

安白芷或川白芷的干燥根，主产于四川，气微香，味苦辛，以独支、皮细，外表土黄色、坚硬、光滑、香气浓者为佳。杭白芷为植物杭白芷的干燥根，主产于浙江，气芳香，味苦辛，以根条粗大、皮细、粉性足、香气浓者为佳，条小或过大、体轻松、粉性小、香气淡者质次。滇白芷为植物云南牛防风的干燥根，主产于云南，气芳香，味辣而苦。

特别推荐　白芷味香色白，为古老的美容中药之一，市场上以其为原料的化妆品和美容品层出不穷，而天然的白芷，其美容效果更为显著：白芷水煎剂可改善微循环，促进皮肤的新陈代谢，延缓皮肤衰老。

山药

味甘，性平

归肺、脾、肾经

来源　薯蓣科植物山药的根茎。霜降后采挖，刮去粗皮，晒干或者烘干。润透，切厚片，生用或炒用。

别名　怀山药、淮山药、土薯、山薯、山芋、玉延。

用量　15～30克。

惯常配伍　常与红枣、薏苡仁一同水煮代茶饮。

功效

益气养阴，补脾肺肾，固精止遗。用于脾胃虚弱、倦怠无力、食欲不振、久泄久痢、肺气虚燥、痰喘咳嗽、肾气亏耗、腰膝酸软、下肢痿弱、消渴尿频、遗精早泄、带下白浊、皮肤赤肿、肥胖。

饮法

置于锅中，武火煮开后，文火煮15分钟后代茶饮。

茶养

适宜糖尿病患者、腹胀者、病后虚弱者、慢性肾炎患者、长期腹泻者饮用。

山药

茶忌　山药有收涩的作用，故大便燥结者不宜食用；另外有实邪者忌食山药。

现代研究　山药包含多种有效成分，其中胆碱与卵磷脂有助于提高人的记忆力。含有的淀粉酶、多酚氧化酶等物质，有利于脾胃消化吸收功能。具有降低血糖，免疫调节及抗肿瘤的功能。尿囊素具有抗刺激物，麻醉镇痛，促进上皮生长、消炎、抑菌作用。除此之外，山药还能增加血液白细胞及加强白细胞的吞噬作用，能使加速机体衰老的相关酶显著降低。同时供给人体大量的黏液蛋白质，对人体有特殊的保健作用，能预防心血管系统的脂肪沉积，动脉粥样硬化过早发生，减少皮下脂肪沉积，避免出现肥胖。

特别推荐　山药切片后需立即浸泡在盐水中，以防止氧化发黑；新鲜山药切开时会有黏液，极易滑刀伤手，可以先用清水加少许醋洗，这样可减少黏液。另外，山药皮容易导致皮肤过敏，所以削完山药的手最好不要乱碰，马上多洗几遍手，要不然就会抓哪儿哪儿痒。

茵陈

味苦，性微寒

归脾、胃、肝、胆经

来源　菊科植物滨蒿或茵陈蒿的干燥地上部分。春季幼苗高 6~10 厘米时采收或秋季花蕾长成时采割，除去杂质及老茎，晒干。春季采收的习称"绵茵陈"，秋季采割的称"茵陈蒿"。

别名　绵茵陈、白蒿、绒蒿、茵陈蒿、松毛艾、猴子毛。

用量　6~15 克。

惯常配伍　与栀子、茯苓、金钱草、红枣泡用。

茵陈

功效

清利湿热，利胆退黄。用于湿热所致的黄疸、尿少、湿疮瘙痒、传染性黄疸型肝炎。

饮法

置于锅中，大火煮沸后代茶饮。

茶养

适合黄疸病人身目俱黄，黄色鲜明，发热口渴，腹部胀闷，口干而苦，恶心呕吐者饮用。

茶忌　血虚萎黄者慎用。

现代研究　具有显著的利胆作用，在增加胆汁分泌的同时也增加胆汁中固体物、胆酸和胆红素的排泄量。并有解热、保肝、抗肿瘤、抗菌、降压等作用。

茶品　绵茵陈，多卷曲成团状，灰白色或灰绿色，全体密被白色茸毛，绵软如绒，小裂片卵形或稍呈倒披针形、条形，先端尖锐，气清香，味微苦。茵陈蒿，茎呈圆柱形，多分枝，瘦果长圆形，黄棕色，气芳香，味微苦。

特别推荐　在春天，多食用茵陈亦能起到很好的防病、保健作用。将茵陈洗净切碎，加入葱、姜、蒜，拌上面粉，蒸熟食之，其味清素鲜美；将茵陈放在沸水中煮 2~3 分钟后，捞出晾凉，拌上蒜泥，加入香油、精盐等调料，则为春季佐餐的佳品；也可在煮粥时把茵陈直接放入锅中同煮，味道也鲜美。

薄荷

味辛，性凉

归肺、肝经

来源　唇形科植物薄荷的全草或叶。每年于小暑至大暑间、寒露至霜降间收割 2次，割取全草，晒干。

别名　薄苛、苏薄荷、水薄荷、鱼香草、人丹草、蕃荷菜。

用量　3~10 克。

惯常配伍　常与银花、连翘、菊花、荆芥、柴胡、白芍一同泡饮。

功效

疏散风热、清利头目、疏肝解郁。用于风热感冒、病初起、头痛、目赤、喉痹、口疮、风疹、麻疹、胸胁胀闷。

饮法

冲入沸水泡 2~3 分钟后，放入适量白糖，自然冷却饮用。

茶养

适合感冒病人头痛、发热、咽喉肿痛、微恶寒者，头痛病人头痛而胀、甚则头胀如裂、发热或恶风、面红耳赤、口渴喜饮者，夏令感受暑湿秽浊之气、中暑者饮用。

茶忌　本品芳香辛散，发汗作用较强，耗气，故表虚多汗者不宜使用。阴虚血燥，肝阳偏亢者也忌服。

薄荷

现代研究 薄荷通过兴奋中枢神经系统，使皮肤毛细血管扩张，促进汗腺分泌，起到发汗解热的作用。并能抗菌、抗病毒，如抑制金黄色葡萄球菌、链球菌、大肠杆菌、单纯疱疹病毒等。

茶品 薄荷目前的主产地是美国，最好的薄荷产自英国。中国现有 12 种，野生的有辣椒荷、欧薄荷、留兰香圆叶薄荷及唇萼薄荷等。

甜叶菊

味甘，性寒

归肺、胃经

来源 菊科植物甜叶菊的叶。春、夏、秋季均可采收，除去茎枝，摘取叶片，鲜用或晒干。

别名 甜茶、糖草。

用量 3~5 克。

惯常配伍 常与玫瑰花、菊花、茉莉花、柠檬片、三七花、金盏花一同泡饮。

功效

生津止渴。用于消渴、糖尿病、高血压。

饮法

冲入沸水泡 3~5 分钟后饮用。

茶养

适合糖尿病、高血压病人饮用。

茶忌　避免大量使用，一天可用的分量需控制在 5 克以下，有认为服用过量会导致不孕。孕妇、例假者忌用。

现代研究　甜叶菊对高血压、糖尿病、动脉硬化、冠心病患者有较好的防治效果，能解除精神疲劳，促进新陈代谢，有益于人体健康。

特别推荐　甜叶菊是理想的甜味剂，具有热量低的特点，它的含热量只有蔗糖的1/300，吃了不会使人发胖，对肥胖症患者和糖尿病人尤为适宜。长期用甜叶菊煮水喝，还有降低血压、促进新陈代谢和强壮身体的功效。

（二）花类

茉莉花

味甘、辛，性温

归肝、脾、胃经

来源　木樨科茉莉花属茉莉的花序。将尚未完全开放的茉莉花采集后经脱水处理制成干茉莉花。还可用含苞欲放的茉莉鲜花加入绿茶中窨制成茉莉花香茶。

别名　小南强、木梨花、奈花、抹厉、狎客、鬘华等。

用量　取约 10~20 朵泡饮。

惯常配伍　常与玫瑰花、菊花、各种绿茶搭配饮用。

功效

和中理气，开郁辟秽。常用可以清肝明目、生津止渴、祛痰治痢、通便利水、祛风解表。

饮法

可取适量，冲入沸水，闷泡约 5 分钟后，即可饮用。在茶中加入冰糖或蜂蜜味道更佳。

茶养

适合头晕头痛、下痢腹痛、外感发热、腹泻、慢性痢疾白多赤少者饮用；适合中暑、高血压、龋齿者饮用；同时还可用于美容驻颜。

现代研究　茉莉花的香气馥郁芬芳，滋味鲜爽甘美，可以促进平滑肌的舒展与收缩，引起肠胃的蠕动，有利于消化。所含的香精油、芳樟醇等物质，具有抑制人体皮肤色素的形成及活化表皮细胞的作用，是十分理想的美容佳品。

茉莉花

茶品　茉莉花可以晒干直接当茶用，还常用来窨制芳香花茶。在我国，根据香型的匹配与消费者的嗜好，实际生产的茉莉花茶大多数是茉莉绿茶。这样的花茶既保留了茶叶的保健功能，又具有鲜花的药理特性，保健功能比单纯的茶叶要更广泛，效用更好。用茉莉花窨制的花茶更有"在中国的花茶里，可闻春天的气味"的美誉。

特别推荐　选购茉莉花茶时，首先要观其外观，看它所用的原料嫩度好不好，嫩芽多，芽毫显露是相对较优质的茶，嫩度较差，条形松、大，常带茎梗的就是劣质的茶。茉莉花另有"抹丽"的雅称，寓意为压倒众花。又因其清婉柔淑，在印度非常受人喜爱，被人们称为"林上月光""夜之美妇人"。茉莉花与兰花、桂花并称三大香祖，被誉为人间第一香。其清香四溢，能够提取茉莉油，是制造香精的原料，茉莉油的身价很高，相当于黄金的价格。茉莉花、叶、根均可入药，蒸取汁液，可代替蔷薇露。

菊花

味甘、苦、性微寒

归肺、肝经

来源　菊科植物菊的干燥头状花序。9~11月花盛开时分批采收，荫干或焙干，或熏、蒸后晒干。

别名　菊华、秋菊、九华、黄花、帝女花、笑靥金、节花。因其花开于晚秋和具有浓香，故有"晚艳""冷香"之雅称。

用量　取约5~6朵泡饮。

惯常配伍　常与金银花、枸杞子、决明子等配伍饮用。

功效

散风清热、平肝明目。用于风热感冒，头痛眩晕，目赤肿痛，眼目昏花等症。

饮法

冲入沸水泡2~3分钟后饮用，也可在茶杯中放入几颗冰糖，这样喝起来味更甘。

茶养

适合高血压病人和肝火偏旺之人头痛作胀、头昏眩晕、目赤肿痛、眼底出血者，冠心病、动脉硬化症者，以及炎热夏季烦热口干渴者饮用。

茶忌　有胃寒胃痛、慢性腹泻便溏者勿食。

现代研究　菊花有抗衰老和调节心血管的功能，防治心血管疾病等重要作用，是延年益寿的药食两用之品。菊花所含的多种微量元素中，硒的含量最多。硒是已知的抗衰老物质之一。菊花中的铬也很丰富，铬可以促进胆固醇的分解和排泄，这对防治心血管疾病有着重要意义。

茶品　菊花一药，主要分白菊、黄菊、野菊。黄、白两菊，都有疏散风热、平肝明目、清热解毒的功效。白菊花味甘、清热力稍弱，长于平肝明目；黄菊花味苦，泄热力较强，常用于疏散风热。

特别推荐　产于安徽徽州的亳菊、滁州的滁菊、歙县的徽菊，产于四川中江的川菊，产于浙江德清的德菊，产于河南的怀菊，产于河北的祁菊都有很高的药效，久负盛名。

桂花

味辛，性温

归肺、胃经

菊花

　　来源　木樨科植物木樨的花。中秋节前后两周内，分批采收盛开的桂花，后用糖或盐将其浸渍保存。

　　别名　木樨、岩桂、金桂、丹桂等。因其花开时浓香飘远，故有"九里香"之称。又因其花期近在中秋，还有"月桂""仙友""仙客""金秋骄子"等雅号。

　　用量　取桂花数朵冲泡。

　　惯常配伍　常与玫瑰花、菊花等配伍饮用。

　　功效

　　温肺散寒，暖胃止痛。用于牙痛，咳喘痰多，经闭腹痛。

　　饮法

　　将桂花用盐水反复清洗、沥干后置于杯中，冲入沸水，加入冰糖，盖上杯盖，闷约 3 分钟，香味溢出即可饮用。

　　茶养

　　适合阳虚的高血压病患者，寒痰壅滞的咳嗽气喘、胸满胁痛、痰饮喘咳者，虚寒型胃痛、瘀滞疼痛、疝气者饮用。

　　茶忌　因其香味强烈，故不宜多服。

　　现代研究　桂花中可提取芳香油或香精，作为化妆品工业和食品工业的原料。其中所含有的挥发油对肠胃刺激有缓和作用。

　　茶品　桂花分有四季桂、银桂、金桂、丹桂四个品种。四季桂的花期较长，以春季和秋季为盛花期，后三者较短，花期在秋季。这四个品种都适宜用来窨制花茶。但从香气的高雅馥郁与食用价值来讲，银桂最好，数量也最多。

特别推荐　在中秋节前后采收的桂花，常用糖渍后加工制作成美味的蜜饯糖果或糕点食用，也常用酒浸制成香醇的桂花酒。桂花除了可以直接泡饮代茶以外，还是窨制花茶的上佳原料。广西桂林的桂花烘青、福建安溪的桂花乌龙、重庆北碚的桂花红茶，均以桂花的馥郁芬芳衬托茶的醇厚滋味而别具一格，成为茶中之珍品，深受国内外消费者的青睐。

金银花

味甘，性寒

归肺、心、胃经

来源　忍冬科植物忍冬的花蕾。在初夏采摘花蕾，摊在席上晾晒或荫干，也可以生用或制成露剂使用。

别名　金银花因其一蒂上开有黄、白两朵花，如金银相配，又似鸳鸯成对，故有鸳鸯草、鸳鸯藤、双花、二宝花等别名。它是我国的古老药物，因而人们称誉其为"药铺小神仙"。

用量　约取 10~20 克泡饮。

惯带配伍　常与菊花、连翘配伍饮用。

功效

清热解毒，疏散风热。可用于外感风热、温病初起、痈肿疔疮、热毒血痢等证。

饮法

直接冲入沸水泡后饮用，或加适量水煮沸约 10 分钟，温后代茶饮。

茶养

适用于中暑、夏季防暑疖痱子者，咽喉炎、扁桃体炎等各种炎性感染者，痈肿疔疮者，热毒血痢便脓血者饮用。

茶忌　其性寒凉，故素有脾胃虚寒、气虚疮疡脓清者以及女性经期不宜饮用。

现代研究　金银花具有广谱抗菌作用，对金黄色葡萄球菌、痢疾杆菌等多种致病菌均有较强的抑制作用，对钩端螺旋体、流感病毒以及致病霉菌等多种病原微生物亦有抑制作用。此外，金银花还具有明显的抗炎及解热作用，金银花水及酒浸液对试验性肿瘤细胞具有明显的杀伤作用。从金银花中提取的绿原酸有明显的止血凝血作用。

金银花

茶品　金银花品种较多，常见的有白金银花、红金银花和黄脉金银花等，都可用来晒干制茶。而其中以白金银花的香气最佳。它初开时为纯白色，次日即变为黄色，香气也随之逐渐散失，如果要用金银花来制茶最好是用当天开花的花蕾。

特别推荐　金银花的原产地是在我国河南的封丘地区，其中密县产的称密银花，此地产的金银花质量较优。其他地区也有生产的，如山东产的称为济银花。每年的5~6月是金银花的花期，比较适宜采摘。

金莲花

味苦，性寒

归肺、肝经

来源　毛茛科植物金莲花和短瓣金莲花干燥花朵。在夏季6~8月，花开放时将之采收，晾干。

别名　旱金莲、金梅草、金芙蓉、金疙瘩。金莲花还有"塞外龙井"的美称，民间更有"宁品三朵花，不饮二两茶"的说法。

用量　取约2~3朵泡饮。

惯常配伍　常与金银花、菊花、枸杞子、甘草、玉竹等配伍饮用。

功效

清热解毒，滋阴降火，抗菌消炎。用于风热感冒，目赤肿痛，肝火上炎，痈肿疮毒等症。

饮法

70~80℃温水冲泡3~6克，4~6分钟后即可饮用，可反复冲泡4次。因其味道偏苦，可以放入适量的白糖或冰糖调味。

茶养

适合风热感冒、上呼吸道感染，急、慢性化脓性扁桃体炎，急性中耳炎，急性肠炎，泌尿系统感染等各种炎症者饮用；也适用于肝火上炎，目赤肿痛者饮用。

茶忌　本品药性偏寒不适合长期饮用。胃寒者、虚寒腹泻便溏者、孕妇、月经期内女性勿饮。

现代研究　金莲花是一种抑菌谱较广的中草药，对很多致病菌都有抑制作用，如肺炎双球菌、痢疾杆菌、金色葡萄球菌、大肠杆菌等；金莲花中的荭草苷和牡荆苷对呼吸道合胞病毒、A型流感病毒和副流感3型病毒有较强的抗病毒活性作用：

茶品　传统上的金莲花都是以花入药，但研究发现其茎、叶中的抗菌、抗病毒活性成分与花相似，故也可入药，有清热、凉血、清肺、降压、防癌、消炎的功效。

特别推荐　饮用时，将金莲花放入杯中冲泡，金莲花在杯中摇曳绽放，茶水清澈明亮，汤色浅黄，有淡淡的香味。

玫瑰花

味甘、微苦，性温

归肝、脾经

来源　蔷薇科灌木植物玫瑰的干燥花蕾。春末夏初花即将开放的时候，分批采收，用时低温干燥备用。

别名　徘徊花、刺玫花、笔头花、赤蔷薇花等。

用量　取4~5朵泡饮。

惯常配伍　常与月季、佛手、当归和赤芍、白芍等配伍饮用。

功效

理气解郁，活血止痛。用于肝胃气痛、新久风痹、吐血咯血、月经不调，经前乳房胀痛、痢疾、跌打损伤等症。

饮法

将玫瑰花放入茶盅内，冲入沸水，泡片刻即可饮用。

茶养

适合肝郁犯胃之胸胁脘腹胀痛，呕恶食少者以及肝气郁滞所致的月经不调、经前乳房胀痛，赤白带下者，肺病咳嗽痰血、咯血者饮用。

玫瑰花

茶忌　玫瑰花性温，故阴虚有火、内热炽盛者慎用。

现代研究　玫瑰中富含多种天然维生素、108种天然矿物质，及人体必需的18种氨基酸和多种清毒养颜成分。其中所含有的玫瑰花精油能促进胆汁分泌，有效清除人体内的自由基，清除色素斑点，使人焕发出青春的活力，并对妇女的卵巢和子宫有很好的保护作用。

茶品　玫瑰花的花瓣为紫红或白色，单瓣或重瓣。常见变种有：紫玫瑰、红玫瑰、白玫瑰、重瓣紫玫瑰、重瓣白玫瑰。如今，玫瑰花的种类已多达一百多种，但各个玫瑰品种之间在功效上的差别并不大，均可用来干燥做茶。

特别推荐　山东平阴、北京妙峰山涧沟、河南商水县周口镇及浙江吴兴等地都是玫瑰的有名产地。因其与月季同属蔷薇科，性味、归经、功效均相似，故二者可一并服用，效果会更好。玫瑰花既可药用又可食用，常用其窨茶、制酒和配制各种甜食，也常作为食品、化妆品的主要添加剂。

槐花

味苦，性微寒

归肝、大肠经

来源　豆科落叶乔木植物槐的花朵或花蕾。盛夏花季来临时，采摘将开放的花朵，将其晒干。可生用，也可炒炭用。

别名　怀花、白槐、槐蕊、豆槐等。开放的花朵习称"槐花"，花蕾习称"槐米"。

用量　取干槐花 10 克泡饮。

惯常配伍　常与枸杞子、菊花、黄芩、夏枯草等配伍饮用。

功效

凉血止血，清肝火。用于血热出血，肝火上炎之头痛目赤等症。

饮法

将槐花放入杯中，冲入沸水，盖杯盖闷约 10 分钟后即可饮用。可加入适量冰糖或蜂蜜调味。代茶频饮，一般可冲泡 3~5 次。

茶养

适合多种出血症患者饮用，如吐血、衄血、便血、痔血等，尤善清泄大肠之火热，如消化道出血之痔血、便血最为擅长，适合高血压属肝火偏旺者饮用，可清肝明目降压；适合肝火头痛、目赤肿痛、喉痹、失音者饮用；对动脉硬化合并高血压，肝火上炎，有脑血管破裂倾向者尤为适宜。

茶忌　脾胃虚寒及阴虚发热无实火者慎服。孕妇不宜食用。另外，还要注意城市中所种植的槐树花朵不要吃，因为为防病虫害，其上都喷洒了药剂。

现代研究　槐花中含有较多的芸香苷，维生素 A 和维生素 C 的含量也较高。它们有明显的软化血管作用，能够减少毛细血管的渗透性及脆性，缩短出血时间，增强毛细血管的抵抗力，对高血压病患者可起到防止脑血管破裂的功效。此外，槐花中的成分还有扩张冠状血管、改善心肌循环、降低血压、抗炎、消水肿、抗溃疡、抗菌等作用。

茶品　槐花有白色和淡黄色。可食用或药用，也可用来做优良的蜜源。

特别推荐　槐花不但可以入药，还是制作美食的上好原料，加入食物中不仅香味好，而且还具有较高的营养价值。槐花蜜具有清淡幽香的槐花香味，甘甜鲜洁，芳香适口，是常见且颇受大众欢迎的一种蜂蜜，可用来配合其他花草茶冲泡饮用。

月季花

味甘、淡、微苦，性平

归肝经

来源　蔷薇科灌木植物月季的花朵。全年均可采收，花微开的时候采摘，鲜花即可当茶用，也可荫干或低温干燥后入药用。

别名　月月红、四季春、长春花、瘦客、斗雪红、四季花、胜春、胜花、胜红。

用量　取月季3~5朵与茶包一同泡饮。

惯常配伍　常与玫瑰花、当归、香附配伍使用。

月季花

功效

活血调经，疏肝解郁，消肿。用于月经不调、痛经、胸胁胀痛、跌打损伤、血瘀肿痛等症。

饮法

将月季花剥瓣，放入盐水中反复清洗、沥干后，将其与茶包一同放入杯中，冲入沸水，盖杯盖闷约2分钟后即可饮用，连饮数日为一疗程。也可煎服，用煎好的水代茶饮。

茶养

适合肝气郁结而致的月经不调、痛经、经闭等症；情志不悦、郁郁寡欢、胸腹胀痛、肺虚咳嗽咯血者饮用也有良效。还可用于跌打损伤、瘀血肿痛及痈疽肿毒等症。

茶忌　脾胃虚弱者慎用。又因其活血功效明显，故孕妇应当慎用。

现代研究　月季花具有较强的抗真菌作用，在3%浓度时即对17种真菌有抗菌作用，已分离出其抗真菌的有效成分是没食子酸。月季花还有镇痛作用。另外，月季花的香味可使人心跳加快，精神兴奋，对于治疗忧郁症很有帮助。

茶品　月季花的根、叶、花均可供药用，有活血、解毒、消肿的功效；有香气的品种还可以用来提取香精或者食用。

特别推荐　月季花入药最好选用微开的花朵，通过荫干或低温干燥的方式将其处理后备用。若要用鲜月季直接泡茶饮用，则可于夏秋季采摘半开放的花朵，以紫红色、半开放的花蕾、不散瓣、气味清香者为佳。

木槿花

味苦、甘，性寒

归肺、脾、肝经

来源　为锦葵科植物木槿的花。夏、秋季于晴天早晨采摘初开的花朵，晒干。也可鲜用。

别名　里梅花、朝开暮落花、篱障花、喇叭花、白槿花、白玉花、猪油花、桐树花、大碗花、扁状花、苦松花、水槿花、槿铃花、旱莲花。在朝鲜还称其为"无穷花"。

用量　取约3~4朵泡饮。

惯常配伍　可与生姜等搭配饮用。

功效

清热凉血，利湿消肿。用于痢疾，腹泻，痔疮出血，白带过多，肺热咳嗽，吐血，肺痈等症；外用可治疗疮疖痈肿，烫伤等。

饮法

将木槿花放入杯中，冲入沸水，闷约10分钟后即可。也可酌加红糖或冰糖、蜂蜜等调匀后一同饮用。

茶养

适合急性和慢性痢疾、肠炎或大便下血者饮用；适合妇女白带过多，支气管炎患者，湿热所致的小便不利、疮肿者饮用。

茶忌 脾胃虚寒所致腹泻便溏者勿用。

现代研究 据现代药理研究，木槿花对致病性大肠杆菌及痢疾杆菌均无明显的抑菌作用，但古今医家及民间百姓都有用木槿花来治疗痢疾、肠炎的成功经验。其根及茎的乙醇浸液在试管内对革兰氏阳性菌、痢疾杆菌及伤寒杆菌有抑制作用。另有研究发现，木槿花具有避孕作用，用木槿花水煎液可抑制和调节妇女排卵功能，达到避孕的效果。

茶品 木槿花有白色、红色、米色、淡紫色等，入药多用白色，鲜用以色白、朵大者为佳。在治疗痢疾上，红色长于肠风血痢，白者则长于白带白痢。木槿的根皮、茎皮及叶也可入药用。根皮或茎皮可用于治疗痔疮肿痛、皮肤疥癣等；槿叶可治疗口腔炎、喉炎等。

特别推荐 木槿花常用于饮食之中，用它调入稀面粉和葱花，入油锅煎成的"面花"，松脆可口；将它与豆腐一起煮成的木槿豆腐汤，味道更是鲜美；还可用其煮粥、蒸饭等。

金盏花

味苦、辛、咸，性微温

归肺、肝、胃经

来源 菊科植物旋覆花的头状花序。夏、秋季花即将开放时采摘，除去杂质，荫干或晒干。

别名 旋覆花、金钱花、金福花、金佛花、小黄花子、野油花、夏菊、鼓子花、滴滴金等。

用量 取约5朵左右泡饮或煎服。

惯常配伍 常与半夏、生姜配伍饮用。

功效

降气化痰，降逆止呕，软坚行水。用于咳喘痰多及痰饮蓄结，胸膈痞满，噫气呕吐等症。

饮法

金盏花

用纱布将花朵包住后放入杯中，冲入沸水泡5~10分钟后即可饮用，可加入冰糖或些许蜂蜜调味。也可煎煮后代茶饮用。

茶养

适合胸中痰结之咳喘胀满、老痰如胶、心下痞硬者饮用，可降气化痰而平喘咳，化痰消痞利水而除痞满；适合痰浊中阻，胃气上逆而噫气呕吐，胃脘痞硬，胸胁痛者饮用。

茶忌　体质虚弱不宜大量久服；阴虚劳嗽，津伤燥咳者忌用。

现代研究　金盏花煎剂有一定的抑菌作用。临床可用于感冒、呕吐、急性支气管及支气管肺炎等病的治疗。金盏花是名副其实的女性之花，古埃及人称为"同春草"，可帮助调整体质及调节生理机能，促进新陈代谢，尤其以修护肌肤问题及净化体内的功能最为显著。经期时饮用，会很好地改善不适的感觉。

茶品　金盏花在中草药里即为旋覆花，其地上部分为金沸草，性味功效与旋覆花相似，性善疏散，主要用于外感咳嗽、痰多之症。另有一种金盏花为菊科植物金盏、菊的花朵，此金盏花性平味淡，入大肠经，功在凉血止血，福建民间习惯将其与冰糖一同煎服，来治疗肠风便血和痔漏出血等病症。

特别推荐　金盏花的花期为7~10月，选用时以朵大、金黄色、有白绒毛、无枝梗者为佳。在炮制上除干燥外，还可蜜炙。在用金盏花泡茶或煎服前，最好用纱布将之包裹后再行冲泡、煎煮，以滤去绒毛，避免刺激咽喉作痒而引起呛咳呕吐。

辛夷花

味辛，性温

归肺、胃经

来源　木兰科植物望春花或武当玉兰的花蕾。冬末初春，2～3月时采摘辛夷未开放的花蕾，除去枝梗，放置于通风干燥处，荫干后即可。

别名　木笔花、春花、白玉兰、辛矧、侯桃、房木、姜朴花、辛夷桃等。

用量　取约2～3朵泡饮。

惯常配伍　单泡，不适宜搭配其他花茶。

功效

散风寒，通鼻窍。用于鼻塞，鼻渊，流涕，风寒感冒之头痛等症。

饮法

为避免辛夷花外面密生的茸毛刺对咽喉及食道产生刺激，先将其捣碎，用纱布包裹后，再放入杯中，倒入沸水冲泡，约5分钟左右即可。也可根据个人的口味加入冰糖或绿茶一同饮用。

茶养

适合风寒所致的头痛、鼻塞、流浊涕、嗅觉丧失患者饮用；也适合鼻渊头痛者饮用。

茶忌　孕妇忌用。阴虚火旺者慎用。不宜久服。

现代研究　辛夷花所含挥发油具有镇静、镇痛、收缩鼻黏膜血管的作用；其挥发性成分有降压和兴奋子宫平滑肌，收缩子宫的作用；其煎剂对多种致病菌有抑制作用；浸剂或煎剂均有浸润局部麻醉的作用。临床常用于治疗各种鼻炎、鼻敏感、感冒头痛等。

茶品　辛夷花入药用的主要有望春花、玉兰、武当玉兰三个品种。同属植物的一些花蕾在不同地区也被当作辛夷入药，如河南地区常以望春花的花蕾作辛夷，西藏地区以滇藏玉兰的花蕾作辛夷，另外还有辛夷（木兰、紫玉兰），应春花（二月花）、荷花玉兰（广玉兰）等也入药用。它们均为以散风寒、通鼻窍、降血压为主要功效。辛夷的树皮和根亦可供药用。

特别推荐　辛夷花主产于河南、安徽及四川等地。河南省的潢川县盛产辛夷，其

辛夷花

产量、分布面积居全国之最，被称作"辛夷之乡"。辛夷的用途广泛，为国内外的紧缺中药材。它不仅可用于制药、茶饮，其挥发油还是香烟、化妆品、精油的重要制作原料。

百合花

味甘、微苦，性凉

归肺、肝经

来源　百合科植物百合的花。在 4~5 月花朵盛开时采摘，晒干或荫干。人工栽培常年可见花开。

别名　中逢花、夜合花、卷丹、山丹、喇叭筒等。

用量　取约 2~3 克泡饮。

惯常配伍　常与玫瑰花、款冬花、金银花等配伍饮用。

功效

润肺，清火，安神。用于咳嗽痰少或黏，眩晕，夜寐不安，天疱湿疮等症。

饮法

将百合花与冰糖一起放入杯中，冲入沸水泡约 10 分钟后即可饮用。

茶养

百合花

适合肺热咳嗽痰黄稠，肺燥干咳无痰或少痰者以及肝火头晕、夜不能寐、多梦者饮用。

茶忌　外感风寒咳嗽及体虚失眠者慎饮。

现代研究　百合花具有良好的止咳作用，并可以增加肺脏内血液的灌流量，改善肺部功能，且具有一定的镇静作用，可用于治疗失眠，精神恍惚等。

茶品　百合花的颜色有白色、红色、黄色等。白花者入药，红花者名山丹，黄花者名夜合，后两者不入药，一般只作为盆景赏玩。百合的地下球形鳞叶也是常见的药用或食用材料。鳞叶的鳞片呈白色，重重叠叠，紧紧相抱，似百片合成，百合因此而得名。

特别推荐　百合花的食用历史已颇为悠久，常被用来做菜、煎汤、蒸食或煮粥等，味道清甜可口。用百合花所泡制的茶饮更是炎炎夏日的首选清凉饮品。

番红花

味甘，性平

归心、肝经

来源　为鸢尾科植物番红花的干燥柱头。10~11 月中下旬，晴天的早晨采集花朵，于室内摘取其柱头，晒干或低温烘干。

别名　藏红花、西红花、红蓝花等。因其珍稀，又被誉为"植物黄金"。

用量　取 1~3 克泡饮。

惯常配伍　常与当归、益母草等配伍饮用。

功效

活血祛瘀，散郁开结，凉血解毒。用于痛经，经闭，月经不调，产后恶露不尽，腹中包块疼痛，湿毒发斑，忧思郁结，胸膈痞闷，惊悸发狂，妇女经闭，跌扑肿痛，麻疹等症。

饮法

将干品放入杯中，冲入沸水闷泡，待凉后滤去残渣，加入适量蜂蜜调匀后即可饮用。

茶养

适合热郁血瘀，斑疹大热，疹色不红及湿热病热入血分发斑者，以及忧郁不思饮食者饮用；适合月经不调，产后瘀血腹痛者饮用；也适合各种痞结者。

茶忌　孕妇、月经过多、出血性患者禁服。不宜量多久用。

现代研究　现代研究表明，番红花具有兴奋子宫的作用；可降低血压，并维持较长时间；其制剂具有明显的防癌抗癌能力；其中所含有的番红花酸钠盐及番红花酸酯具有利胆作用，番红花酸可降低胆固醇和增加脂肪代谢。在临床上用于治疗和预防肝炎、肝硬化、肾病、冠心病、心绞痛、心脑血管疾病、肿瘤等疾病的治疗，还可用于调节内分泌，提高免疫力等。

茶品　番红花原产于西班牙等国，后经印度传入西藏，继而又引入了内地。因与菊科植物红花相似故被误称为"藏红花"。它与红花的药用价值也很相似，但比红花的药效要好得多。制作时多为干红花，若再加工，使油润光亮，则为湿红花。因干红花品质较佳，故多用。若选用湿红花，则以滋润、有光泽、色红、黄丝少者为佳。

特别推荐　番红花不仅被广泛地药用，而且也是食用的上佳原料。煮米饭或糯米粥时，也可放入几根番红花，使其色泽嫩黄，粥味清香，诱人食欲。另外，番红花还可用来制作糕点、泡酒等。其淡雅的芳香，亮丽的颜色，加入食品中，不但可提高人们的食欲，使色、香、味俱增，长期食用还能改善肠胃消化不良的现象。

莲须

味甘、涩，性平

归心、肾经

来源　睡莲科植物莲的干燥雄蕊。夏季花开时选晴天采取雄蕊，盖纸晒干或荫干。

别名　莲蕊须、金樱草、莲花须、莲花蕊、佛座须等。

用量　取莲须 3~5 克，莲子心约 5 克一同泡饮。

惯常配伍　常与白及、侧柏叶、莲子心等搭配饮用。

功效

固肾涩精，清心，止血。用于遗精，带下，尿频，遗尿，吐血，崩漏等症。

饮法

将莲须和莲子心一同放入杯中，冲入沸水泡 10 分钟左右，加入冰糖调味，搅溶即可。每日 1 剂，不拘时，代茶饮。

茶养

适合男子遗精梦泄、精滑不禁，女子白带频多、崩漏下血者饮用；适合上消口渴，饮水不休，糖尿病患者以及心肺虚热烦躁者饮用。

茶忌　因其性涩，故小便不利者勿用。现代研究研究表明莲须具有抗菌作用。100% 煎剂用平板打洞法，对金黄色葡萄球菌、变形杆菌等均有抑制作用。

茶品　莲须涩精而止遗泄，功同莲子，而其性涩固精力强，故其效更胜于莲子。莲花的花朵、叶、根（莲藕）均可入药，也常被用来食用。

特别推荐　莲须以浙江、江苏所产的品质为佳，俗称"杜莲须"。在选用时应以干燥、完整、色淡黄、质软者为佳。

丁香花

味辛，性温

归胃、脾、肾经

来源　桃金娘科常绿乔木植物丁香的干燥花蕾。在 9 月至次年 3 月间，当花蕾由青转为鲜红色时采收，采下后除去花梗，晒干。

别名　丁香由"花为细小丁，香而瓣柔"得名。又名丁香、洋丁香、公丁、公丁香、丁子香等。

用量　取丁香花3~5朵，绣线菊1~2朵，洋甘菊1~2朵一同泡饮。

惯常配伍　常与绣线菊、洋甘菊、人参、香蜂草等搭配饮用。

功效

温中降逆，补肾助阳，散寒止痛。用于胃寒呕吐、呃逆，脘腹冷痛，肾虚阳痿、宫冷，疝气，癣症，牙痛等症。

饮法

将花朵一同放入杯中，冲入沸水泡5分钟左右后，再放入适量冰糖或蜂蜜，调匀即可饮用。这种混合的茶饮具有野草的清香，沁人心脾。

丁香

茶养

适合脾胃虚寒所致的呃逆、呕吐、反胃、泻痢以及心腹冷痛、口臭、牙痛者饮用；适合肾阳虚衰所致的阳痿、腰膝酸痛者饮用。

茶忌　热病及阴虚内热者忌服。不宜多用，久用。

现代研究　丁香花的挥发油中所含的成分对多种致病性真菌均有抵制作用，且具有麻醉止痛的效果。其煎剂对葡萄球菌、链球菌及大肠杆菌、痢疾杆菌、肺炎杆菌、伤寒杆菌等具有抑制作用；内服能促进胃液分泌，增强消化力，有健胃作用；在体外，丁香对流感病毒PR-8株有抑制作用。临床可用于腹泻、（麻痹性）肠梗阻、皮肤溃疡及伤口发炎、体癣及足癣、冠心病、心绞痛、早泄等疾病的治疗。

茶品　丁香是产于坦桑尼亚的丁香属桃金娘科的常绿乔木，在我国称为"洋丁香"。而原产于我国的观赏植物丁香则是木樨科落叶灌木，花朵虽然也有芳香，但是与洋丁香不是同一种植物。丁香的选择应以花蕾干燥、个大、饱满、色棕紫而新鲜、香气浓烈、油性足者为佳。

特别推荐　丁香的经济价值很高，是名贵香料和药材。它含有的丁香油不仅是食品、香烟等的调配料，也是高级化妆品的主要原料，同时还是牙科药物中不可缺少的防腐镇痛剂。

红花

味辛，性湿

归心、肝经

来源　为菊科一年生草本植物红花的干燥花。5~6 月花色由黄变红时采收管状花，荫干或晒干、烘干。

别名　刺红花、草红花、南红花等。

用量　取 5~10 克泡饮。

惯常配伍　常与玫瑰花、三七花等配伍饮用。

功效

活血通经，祛瘀止痛。用于经闭、难产、死胎、产后恶露不行及瘀血作痛、痈肿、跌打损伤等症。

饮法

将红花单独，或者与要搭配饮用的花茶一同放入杯中，冲入沸水，闷 2~3 分钟后即可饮用。也可以酌加冰糖、蜂蜜等调味。

茶养

适合血滞或血寒性经闭，痛经，产后瘀滞腹痛，包括无月经、月经过多者饮用；适合癥瘕积聚，痈肿，心腹瘀痛，冠心病所致胸痛及跌打损伤、血脉闭塞所致的紫肿疼痛者饮用；适合斑疹色暗，多形性红斑，热郁血瘀者饮用。

茶忌　孕妇忌用。不宜大量、久服。

现代研究　现代研究认为红花有抗凝血、兴奋子宫、促进肝细胞再生、镇痛、镇静、抗惊厥、抗炎、抗溃疡及扩张血管、降血压、降血脂、改善机体微循环的功能。临床多用于妇科疾病、心脑血管疾病的治疗；也可用于肝病、神经性皮炎、神经痛、肌肉损伤、关节痛以及近视、突发性耳聋等的治疗。

茶品　红花为活血化瘀的常用药。鸢尾科植物番红花常与之混淆。番红花功效与红花相似，均可活血化瘀通经，但力量较红花更强，又兼凉血解毒之功。

特别推荐　选用时以花片长、色鲜红、质柔软者为佳。红花为行血、和血之药。目前广泛应用于药膳、保健食品中，可选用炒、煮、炖、蒸、烧等烹制方法，还可用

红花

于浸酒。因其功效与番红花相近，且价格较之低廉许多，故常用来代替番红花。亦为女士美容保健之饮用佳品。

三七花

味甘、性凉

归肝经

来源　五加科植物人参三七的干燥花序。每年 6~8 月间花盛开时采摘花序，熏蒸晒干。

别名　田七花、金不换、人参三七花等。

用量　取 4~5 朵泡饮。

惯常配伍　常与槐花、菊花、青果等配伍饮用。

功效

清热，平肝，降压。用于津伤口渴，咽痛音哑，头晕头痛，失眠，高血压，高血脂等症。

饮法

冲入沸水泡 10 分钟左右后，即可饮用。可加入蜂蜜或冰糖调味。

茶养

适合急性咽喉炎，牙周炎，咽颊炎，高血压，高血脂及肝阳上亢所致的头晕目眩、头痛耳鸣、烦躁易怒、失眠者以及血热湿毒引起的暗疮、痘疮、口角起泡者饮用。

茶忌　外感风寒及肠胃虚寒者忌用。

现代研究　三七花是三七全株中含三七皂苷最高的部位，含量高达12%以上。其中的Rb族皂苷等成分对中枢神经有抑制作用，具有一定的催眠、安定、镇痛的效果；对血管有扩张作用，可用于降压；具有一定的抗炎作用，可明显抑制炎性肉芽组织增生，即临床上表现的炎性肿痛。临床常用于预防心血管病的发生，治疗高血压、偏头痛、失眠等症。

三七

茶品　三七花是名贵中药材三七的花序。三七与人参同属五加科，其成分与人参相似，具有较高含量的人参皂苷，是滋补的良药。另有菊科的三七草，名菊叶三七，景天科景天三七，名景天三七，两者与三七的功效相类似，兼有解毒消炎的功效，药用力逊于三七。三七不止花可入药，其根（即中药常用的三七）、叶、果也均可入药用。在选用时，应以色墨绿、气味浓、花蕾未开散、大朵、短杆的三年花质量为最优，但是它的价格也最昂贵。

特别推荐　三七是我国传统的珍贵药材，作为药食同源的植物，已有600多年的历史了。《本草纲目拾遗》有云："人参补气第一，三七补血第一，为中药之最珍贵者。"三七在我国广西、云南、四川、湖北等地均有生产。云南的三七主产于滇东南的文山州，因其悠久的种植历史，优良的品质，其总产量及出口量一直位居全国之首，故云南文山的三七被认为是道地药材。

桃花

味苦，性平

归心、肝经

来源　蔷薇科植物桃的花朵。春季3月间（或清明前后）桃花将开放时采收，荫干或晒干。

别名　白桃花、白蝶花、毛桃花、碧桃等。

用量　取5~8朵泡饮。

桃花

惯常配伍　常与甜菊花、荷叶、勿忘我、陈皮丝等配伍饮用。

功效

利水，活血化瘀。用于水肿，脚气，痰饮，利水通便，砂石淋，便秘，闭经，癫狂，疮疹等症。

饮法

先将桃花用清水洗净，再入盐水中反复浸泡清洗均匀，后沥干，放入杯中，倒入沸水冲泡即可。可适当添加蜂蜜，以调节淡淡的苦味。

茶养

适合大便干结不畅，腹水，脚气病，各种水肿者以及妇女经闭，或月经过少，面部有黄褐斑、雀斑、黑斑者饮用。

茶忌 不可长期饮用。孕妇及月经量过多的女子忌饮，体虚者也不可多用。

现代研究 桃花所含的山柰酚等物质能够扩张血管，疏通脉络，润泽肌肤，改善血液循环，促进皮肤营养和氧供给，使促进人体衰老的脂褐质素加快排泄，防止黑色素在皮肤内慢性沉积，改善肌肤的状态。同时，它所富含的植物蛋白和呈游离状态的氨基酸，容易被皮肤吸收，对防治皮肤干燥、粗糙及皱纹等有很好的效果，可以增强皮肤的抗病能力。

特别推荐 我国的十大桃花观赏胜地分别为成都龙泉桃花、湖南桃源县桃花、湖南江县桃花、上海南汇区四万亩桃花、上海南郊的龙华桃花、西子湖畔的桃花、无锡阳山桃花、兰州安宁桃花、北京西山桃花以及江西庐山桃花。

玉米须

味甘，性干

归脾、胃、肺经

来源 禾本科玉蜀黍属植物玉米的花柱及柱头。玉米上浆时即可采收，也可于秋后收获玉米时采收。晒干或烘干，也可鲜用。

别名 玉蜀黍须、玉米黍蕊、苞谷须、玉麦须、棒子毛、龙须等。

用量 取约50克（鲜品100克）煎服。或取少量泡饮。

惯常配伍 可与冬瓜皮、赤小豆、茵陈、栀子等配伍饮用。

功效

利尿消肿，清肝利胆。

饮法 将玉米须洗净后切成几段，放入小纱布袋中，扎口，放入锅中，加清水约500毫升，用小火煎至剩余一半水量时即可。每日1剂，代茶频饮。也可将少量玉米须洗净后直接放入杯中，冲入沸水，闷泡10分钟左右即可。

茶养

适合高血压、糖尿病患者及各种水肿浮肿，急、慢性肾炎，肾病综合征者饮用；适合急、慢性尿道炎，膀胱炎，尿路结石，肝炎，湿热黄疸，急、慢性胆囊炎，胆结石者饮用。

茶忌 其性平，无忌。

现代研究　玉米须具有较强的利尿作用，可增加氯化物的排出量，还可抑制蛋白质排泄，有消肿，消蛋白尿，改善肾功能的功效；可促进胆汁排泄，降低胆汁黏稠性，减少胆红素含量，有较好的利胆效果；可增加血中凝血酶原和加速血液凝固，有止血及抗溶血的功效；对末梢血管具有扩张作用，因此有较好的降压作用。

洋甘菊

味辛、性平

归脾、胃、肺经

来源　罗马洋甘菊为黄春菊属菊科植物，德国洋甘菊为母菊属菊科植物。在4～6月洋甘菊花开的时候，用剪刀自叶柄剪下整枝花朵后，把花瓣铺在棉布上干燥后，花茶就制成了。

别名　母菊、欧药菊、黄春菊、黄金菊、西洋甘菊、贵族甘菊。因其具有强烈的苹果香，所以在希腊语中又有"大地的苹果"之意。另外，它还有"高贵的花朵""月亮之花""植物花园中的医生"等美称。

用量　取3～5克，与适量蜂蜜或冰糖一同泡饮。

惯常配伍　常与玫瑰花、薄荷、紫罗兰、金盏花、迷迭香、桂花等搭配。

功效

祛风解表，镇定安神。用于感冒，风湿疼痛，失眠等症。

饮法

将干燥的洋甘菊放到茶壶中，以沸水冲泡，闷3～5分钟后，变为金黄色，再酌加蜂蜜或冰糖一同饮用，味道甜美可口。也可加入冰块制成冰饮，口感别具风味。

茶养

适合发烧、高血压患者以及睡眠欠佳者睡前饮用；能缓解风湿疼痛、肌肉疼痛、神经性疼痛、头痛、牙痛、经痛及胃部不适。

茶忌　不宜过量食用。因其有通经的效果，故怀孕妇女禁饮。

现代研究　洋甘菊是抗发炎及抗过敏的良药，能刺激白血球的制造，进而抵御细菌，可改善持续性感染，增强免疫系统，适用于治疗体内和体外发炎症状，如脓疮、结肠炎、胃黏膜炎和腹泻、肌肉疼痛、关节发炎等。具有稳定神经系统的作用，有极佳的抚慰及镇静效果，可以抗忧郁，平静兴奋的心绪，调整情绪，用于改善睡眠不佳

洋甘菊茶

及神经衰弱等问题，效果显著。对抗贫血也颇见效。

茶品　洋甘菊分为三个品种——罗马洋甘菊、德国洋甘菊和摩洛哥洋甘菊。罗马洋甘菊现在最大的产地在英国，它的效能非常温和；德国洋甘菊，外形像雏菊，苹果气味，具有舒缓、镇静等效果：摩洛哥洋甘菊不是菊科植物，香味和罗马洋甘菊非常接近，同样具有抗炎症的效果。

特别推荐　洋甘菊原产于地中海沿岸、西亚、北非等地，现今主要产于英国、法国、东欧、埃及、北美等地。在英国，洋甘菊是人们最爱喝的茶饮料之一。金黄色的花在浓烈甜香中伴着独特的苦味，酌量添加一些蜂蜜、冰糖亦或鲜奶，不论温饮还是冰饮都芳香可口。

人参花

味苦、甘，性寒

归肺、胃经

来源　为五加科植物人参的花序。春季5月左右，在花盛开时及时采摘人参含苞待放的蓓蕾，烘干或日晒。

别名　神草花。因其稀有珍贵，又有"绿色黄金"之称。

用量　取约 5 克泡饮。

惯常配伍　可与牡丹、玫瑰、白芙蓉、杜鹃花、金盏菊、绞股蓝、柠檬草、薰衣草、枸杞子等搭配饮用。

功效

补气安神，补肾健胃，清热生津。用于心烦气躁，虚火燥热，胸闷气短，倦怠，咽喉疼痛，头昏目眩，失眠健忘，耳鸣，暗疮等。

饮法

将人参花及冰糖或红糖一同置入杯中，冲入沸水闷约 5 分钟，过滤后即可饮用。若以蜂蜜取代冰糖，则待过滤后再添加，搅匀即可。

茶养

适合急性咽喉炎，胃肠功能紊乱者，疲劳综合征，更年期综合征者饮用；适合免疫力低下、风湿、类风湿、高血压、冠心病、动脉粥样硬化、中风后遗症者饮用；适合糖尿病、干燥综合征者饮用。

人参花茶

茶忌　因其性凉，故阴虚火旺者慎用。

现代研究　人参花蕾中含有大量皂苷，人参皂苷 Rbl 对中枢神经系统有抑制作用，能起到镇静安神作用，Rgl 皂苷能使中枢神经亢进，起到兴奋中枢神经系统的作用。皂苷可预防动脉硬化、冠心病等疾病，可用于防治癌症；具有明显的抗氧化和抗疲劳作用，起到延缓衰老作用；另外还呈现显著的利尿作用。花蕾中含有的锗元素被医学界誉为"神奇元素"，具有极好的活性。能够帮助消除体内的自由基，改善机体内环境，维持人体正常新陈代谢，避免细胞老化，令人精力充沛。

茶品　人参花的重量只有参体的1%左右，而皂苷含量却是参体的5倍以上，滋补作用远超过人参根，属人参之精华，是世间的珍贵药材。四至五年生的人参，如果不遇冰雹、早霜、早冻、暴风雨等情况，一株人参一年只会培育出一朵小花，一般60斤人参一年才只能收获一两人参花，且取之不易，可见其之珍稀。

特别推荐　人参被誉为"百草之王"，它每年都要在零下三十几摄氏度冰天雪地的深山老林中冬眠长达七个月之久，在五月才开始苏醒。此时它的养分会集中从根、茎、叶缓缓输送至花蕾。而每年适宜采摘人参花的日子也只有10天左右，故而更显其稀有。人参是长白山区特产的道地药材，被誉为"东北三宝"之一。而当地所产的人参花更因其珍贵，被誉为"绿色黄金"。

款冬花

味辛、微苦、性温

归肺经

来源　菊科植物款冬的花蕾。

别名　款冬、款花、看灯花、艾冬花、九九花。

用量　10~15克。

惯常配伍　常与黄芪、沙参、麦冬、百合等一同泡饮。

功效

润肺下气，止咳化痰。用于久咳不愈，喘咳痰多，劳嗽咳血。

饮法

冲入沸水泡2~3分钟后饮用，也可在杯中放入适量冰糖，这样喝起来味更甘。

茶养

适合咳嗽病人饮用。

茶忌　肺火盛者慎服。

现代研究　煎剂及乙醇提取物有镇咳作用，乙酸乙醇提取物有祛痰作用，醚提取物小量有支气管扩张作用，能抑制胃肠平滑肌，有解痉作用；提取物及款冬花素有抗

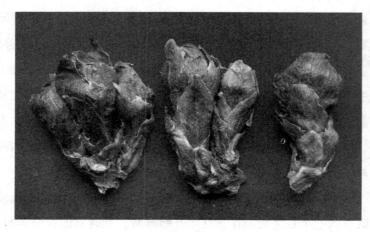

款冬花

血小板活化因子激活作用。

　　茶品　黄艳艳的款冬花虽然好看，但入药却不采摘这盛开的花，而是在入冬前后，破土挖出花蕾，放在通风的地方，等半干之际，筛去泥土，除去花梗，再晾至全干，就成为药用的款冬花了。

　　特别推荐　以产于甘肃灵台地区及陕西榆林地区者品质最优。以花蕾朵大饱满、干燥、色泽鲜艳紫红、无花梗及泥土者为佳。

厚朴花

　　味苦、辛、性温

　　归脾、胃经

　　来源　木兰科植物厚朴的干燥花蕾。春季花未开放时采摘，蒸 10 分钟后，再将其烘干或晒干。亦有不蒸而直接将花焙干或烘干者。

　　别名　朴花、温朴花、川朴花、调羹花等。

　　用量　取 2~3 朵泡饮。

　　惯常配伍　常与枳壳、合欢花配伍饮用。

　　功效开郁化湿，行气宽中。用于感冒咳嗽，胸腹胀痛，食欲不振等症。

　　饮法

　　将厚朴花放入杯中，冲入沸水泡 3~5 分钟后即可，代茶频饮。也可煎水代茶饮。

　　茶养

适合湿阻气滞之脘腹胀满、疼痛，胃肠型感冒，嗳气呃逆、食欲不振、纳谷不香、胃饱不食者饮用。

茶忌　厚朴花性偏温燥，久服易伤阴，阴虚津亏者勿用。另，厚朴花主要含挥发油，煎水代茶时稍沸即可，不可煎煮过久。

特别推荐　每年的春末夏初五月份左右，当厚朴花含苞待放时将花蕾采收晒干后，拣净杂质，去梗，筛去泥屑备用。全国的很多地方都有野生或栽培，以产于四川、湖北、浙江等地的为道地药材，选用以含苞未开、身干、完整、柄短、包棕红、香气浓者为佳。

厚朴花

（三）根茎类

西洋参

味苦、微甘、性寒

归心、肺、肾经

来源　五加科植物西洋参的根。秋季采挖生长 3~6 年的根，切片生用。

别名　洋参、西参、花旗参、西洋人参、广东人参。

用量　3~6 克。

惯常配伍　常与鲜生地、麦冬泡用。

功效补气养阴，清火生津。用于咳嗽、气短或咳喘无力、内热、喘咳痰血、热病烦渴、肠燥便秘等症。

饮法

冲入沸水泡 5 分钟后饮用。

茶养

西洋参

适合内热者、热病烦渴之人、肠燥便秘病人及咳嗽病人饮用，尤其适宜肺气阴两虚的咳嗽、气短或咳喘无力等症。

茶忌 中焦脾胃虚寒或夹有寒湿，见有腹部冷痛，泄泻的人不宜服用。忌铁器，不应同茶叶、山楂、萝卜以及中药藜芦配伍食用。

现代研究 西洋参有镇静安神、耐缺氧、抗氧化、抗心律失常、抗心肌缺血、抗疲劳，抗应激，抑制血小板聚集和降低血液凝固性等作用。还有抗肿瘤和抗病毒作用。西洋参总皂苷有抗突变作用。对糖尿病患者除能改善自觉症状外，还有轻微的降血糖作用。

茶品 国产西洋参和进口西洋参根据其加工方法分为"原皮西洋参"和"粉光西洋参"两种。将生长期4年以上，于秋季采挖的西洋参洗净，进行晒干或烘干，外皮为土黄色，并有细密色黑的横纹者，称"原皮西洋参"；将采挖的西洋参去除分枝、须根，晒干后，再喷水湿润，撞去外皮，用硫磺熏制后，晒干，其色白而起粉者，称"粉光西洋参"。两种西洋参相比，以原皮西洋参的质量要好一些。

特别推荐 人参与西洋参均有补气的作用，可以用于气虚证。人参性温，以大补元气为主，补气力强，长于治疗气虚较重的病症；西洋参性寒，气阴双补，更擅长治疗气阴两虚兼有热象的病症。夏季宜用西洋参，冬令宜用人参。

麦冬

味甘、微苦，性微寒

归肺、心、胃经

来源　百合科植物麦冬的干燥块根。夏季采挖，洗净，反复曝晒、堆置，至七八成干，除去须根，干燥。

别名　麦门冬、沿阶草、寸冬。

用量　6~12克。

惯常配伍　常与天门冬、生地黄、竹叶心、胖大海、菊花泡用。

功效

润肺养阴，益胃生津，清心除烦。用于干咳无痰、咯血、口干舌燥、烦躁不安、夜不能寐等症。

饮法

用沸水冲泡5分钟后饮用。

茶养

适合咽炎病人、咽喉肿痛之人、干咳无痰者及失眠病人烦躁不安、夜不能寐者饮用。

茶忌　凡脾胃虚寒泄泻，胃有痰饮湿浊及外感风寒咳嗽者均忌服。

麦冬

现代研究　具有增强心肌收缩力、抗心律失常、改善心肌缺血、减慢心率的作用。临床使用麦冬制剂治疗冠心病心绞痛有一定的疗效。麦冬有增强免疫功能作用，还有强心、耐缺氧、调节血糖、抗菌等作用。

跟着《茶经》学养生

大黄

味苦，性寒

归脾、胃、大肠、肝、心包经

来源　蓼科植物掌叶大黄、唐古特大黄或药用大黄的干燥根及根茎。秋末茎叶枯萎或次春发芽前采挖，除去细根，刮去外皮，切瓣或段，绳穿成串，干燥或直接干燥。

别名　黄良、火参、肤如、将军、锦纹大黄、川军。

用量　3~15克。

惯常配伍　常与茵陈、栀子、厚朴、枳实、黄芩、丹皮、桃仁、赤芍、红花同泡。

功效

泻热通肠，凉血解毒，逐瘀通经。用于实热便秘，积滞腹痛，泻痢不爽，湿热黄疸，血热吐衄，目赤，咽肿，肠痈腹痛，痈肿疔疮，瘀血经闭，跌打损伤，上消化道出血。

饮法

冲入沸水泡15分钟后饮用或水煮代茶饮。

茶养

适合便秘病人及妇女产后瘀滞腹痛、瘀血凝滞、月经不通者饮用。

茶忌　本品苦寒，易伤胃气，脾胃虚弱者慎用；妇女怀孕、月经期、哺乳期应忌用。不宜长期饮用。

现代研究　具有泻下、利胆、保肝促进胆汁和胰液分泌、抑制胰酶活性、抗胃及十二指肠溃疡、止血、降低总胆固醇、甘油三酯、低密度脂蛋白、极低密度脂蛋白、过氧化脂质、抗病原微生物、抗炎、解热、免疫调节作用。

茶品　大黄以外表黄棕色、锦纹及星点明显、体重、质坚实、有油性、气清香、味苦而不涩、嚼之发黏者为佳。根据地域差异分为北大黄和南大黄，北大黄为掌叶大黄及唐古特大黄的干燥根茎，主产于青海同仁、同德等地，气特殊，味苦而微涩；南大黄，为药用大黄的干燥根茎，主产于四川阿坝藏族自治州、甘孜藏族自治州、凉山彝族自治州及雅安、南川等地，气味较弱。

特别推荐　大黄因炮制的不同，分为生大黄、酒大黄、熟大黄、大黄炭等。因炮制不同其用法也各异，酒大黄善清上焦血、分热毒，用于目赤咽肿，齿龈肿痛；

大黄

熟大黄泻下力缓，泻火解毒，用于火毒疮疡；大黄炭凉血、化瘀、止血，用于血热有瘀出血者。

虎杖

味微苦、性微寒

归肝、胆、肺经

来源蓼科植物虎杖的干燥根茎和根。春、秋二季采挖，除去须根，洗净，趁鲜切短段或厚片，晒干。

别名　花斑竹、酸筒杆、酸水梗、川筋龙、斑庄、斑杖根、大叶蛇总管、黄地榆。

用量　9~15克。

惯常配伍　常与木香、枳壳、黄芩一同泡饮。

功效

利湿退黄，祛风通络，化瘀定痛，化痰止咳，解毒通便。用于湿热黄疸，关节痹痛，经闭，癥瘕，咳嗽痰多，水火烫伤，跌扑损伤，痈肿疮毒。

饮法

将虎杖研为细末，冲入沸水泡15分钟后饮用或水煮代茶饮用。

茶养

适合黄疸病人及风湿性关节炎、类风湿性关节炎病人饮用。

虎杖

茶忌 虎杖所含鞣质可与维生素 B_1 永久结合，故长期大量服用虎杖时，应酌情补充维生素 B_1。孕妇慎用。

现代研究 具有降压、减慢心率、增加心肌营养血流量、保肝、减少致动脉粥样硬化指数、抗菌、抗病毒、镇咳、平喘、抗肿瘤、降血糖、降血脂、止血、解热镇痛等作用。

茶品 虎杖和鸡血藤，均为活血祛瘀药，但二者作用有别。鸡血藤味甘、性温，兼有补血功效，活血祛瘀兼血虚症最为相宜；虎杖苦寒，能凉血祛瘀，宜用于血热而有瘀滞及热病神昏者。

特别推荐 虎杖不仅可以入药，还可用于观赏，也可用于做食品，嫩茎做蔬菜，根做冷饮料，置凉水中镇凉，名"冷饮子"，清凉解暑，可代茶饮用。它的液汁可染米粉，别有风味。食用以其味酸故也称"酸水杆"。

百部

味甘、苦、性平

归肺经

来源 百部科植物蔓生百部、直立百部或对叶百部等的块根。春季新芽出土前及秋季苗将枯萎时挖取，洗净泥土，除去须根，置沸水中浸烫后，取出晒干。

别名 嗽药、百条根、野天门冬、百奶、九丛根、九虫根、一窝虎、九十九条根、山百根、牛虱鬼。

用量 5~15 克。

百部

惯常配伍　常与麻黄、杏仁、桔梗、枇杷叶同煮代茶饮用。

功效

润肺，止咳，杀虫。用于新久咳嗽，肺痨咳嗽，百日咳。

饮法

水煮代茶饮。

茶养

适合新久咳嗽病人，急、慢性支气管炎，百日咳，小儿风寒咳喘及肺结核病人饮用。

茶忌　热嗽，水亏火炎者禁用。

现代研究　百部对多种致病菌如肺炎球菌、乙型溶血型链球菌、脑膜炎球菌、金黄色葡萄球菌、白色葡萄球菌与痢疾杆菌、伤寒杆菌、副伤寒杆菌、大肠杆菌、变形杆菌、白喉杆菌、肺炎杆菌、鼠疫杆菌、炭疽杆菌、枯草杆菌，以及霍乱弧菌、人型结核杆菌等都有不同程度的抑菌作用。

茶品　根据植物形态不同，可分为蔓生百部、直立百部、对叶百部。蔓生百部和直立百部的块根略呈纺锤形，气微，味先甜而后苦，以粗壮、肥润、坚实、色白者为佳，主产于安徽、浙江、江苏、山东等地；对叶百部的根较粗大，以肥壮、色黄白者为佳，主产湖北、广西、云南、四川、广东、安徽、湖南部分地区及贵州、福建、台

蔓生百部

湾等地。

人参

味甘、微苦、性平

归脾、肺、心经

来源　五加科植物人参的干燥根。多于秋季采挖，洗净经晒干或烘干。

别名　山参、园参、黄参、土精、地精、金井玉阑、棒锤。

用量　1~2克。

惯常配伍　常与麦冬、五味子等一同泡饮。

功效

大补元气，补脾益肺，生津，安神。用于体虚欲脱，肢冷脉微，脾虚食少，肺虚喘咳，津伤口渴，内热消渴，久病虚赢，惊悸失眠，阳痿宫冷；心力衰竭，心源性休克。

饮法

将人参切为薄片，放入杯中，每次1~2克，冲入沸水，而后盖上杯盖泡5分钟左右，作茶饮用，直至药味消失，而后将人参渣嚼食。

茶养

适合气短之人、肾虚阳痿病人、大病之后需大补元气病人及脾虚病人倦怠乏力、食少便溏者饮用。

茶忌　不宜与藜芦、五灵脂配伍食用。也不可与茶叶、山楂、萝卜、黑豆同食。

人参

实症、热症忌服（如由于突然气壅而得的喘症；由于燥热引起的咽喉干燥症；一时冲动引发的吐血鼻衄等症）。

现代研究　人参的应用范围较广，主要用于神经衰弱，消耗性慢性疾病，以及一般体弱或病后虚弱者。具有抗心律失常，抗衰老的作用，对中枢神经系统有兴奋作用，能改善思维功能，提高分析能力和工作能力，但较大剂量时有镇静作用；人参能增强机体抵抗力及调节功能，还有类似强心苷的作用，加强心肌收缩力等。近年来的研究还发现人参的有效成分具有抗肿瘤作用。

茶品　按人参的品质情况及产地和生长环境不同，把人参分为野人参、园参和高丽参3个品种。野生人参主要产于我国吉林的长白山等地区，多数用生晒的方法，把人参洗刷洁净后，先用硫磺熏，再在阳光下曝晒，反复四五次，最后以炭火缓缓烘干。其滋补效果很好。园参指人工种植的人参，多在我国吉林一带栽种，因此又叫"吉林参"。它的采挖时间在9月间，一般挖掘的园参都有5~7年，因为过早挖取的话，人参浆水不足、品质不佳。高丽参和国产的人参为同一品种，只是因为产于朝鲜和韩国，故而得名。采挖时通常要选择6年以上、浆水足、身长的参条。高丽参也按制法不同分为红参和白参两种，性温和，温补。

黄芪

味甘、性微温

归脾、肺经

来源 豆科植物蒙古黄芪或膜荚黄芪的干燥根。春秋二季采挖，除去须根及根头，晒干，切片，生用或蜜炙用。

别名 黄耆、箭芪、绵芪、口芪、黑皮芪、白皮芪、红芪、独芪。

用量 9~30克。

惯常配伍 常与党参、白术、升麻、小麦、人参一同泡饮。

功效

补气升阳，固表止汗，利尿消肿，托毒生肌。用于气虚乏力，食少便溏，中气下

黄芪

陷，久泻脱肛，便血崩漏，表虚自汗，气虚水肿，痈疽难溃，久溃不敛，血虚萎黄，内热消渴等症。

饮法

将黄芪研为细末，冲入沸水泡15分钟后饮用或水煮代茶饮用。

茶养

适合自汗病人表虚，脾肺气虚所致的食少便溏、气短乏力之症，或中气下陷导致的久泻脱肛、脏器下垂者及气虚不能运化水湿引起的颜面浮肿，小便不利者饮用。

茶忌 凡患有急性炎症和急性传染病发热者勿食；气滞腹胀胃胀者勿食：内热炽盛，阴虚火旺之人忌饮。

现代研究 黄芪含有黄酮类多糖体及多种氨基酸，可促进细胞内部合成抗体、增

强免疫力，并可有效改善气虚症状、提高白血球细胞对病毒产生干扰素的功能，避免感冒病毒的入侵。还具有强心、调节血压、调节血糖、抗疲劳、抗辐射、耐缺氧、抗衰老、保肝、抗菌、抗肿瘤、镇静等作用。

川芎

味苦、辛、性温

归脾、胃经

来源　伞形科植物川芎的根茎。5月采挖，除去泥沙，晒后烘干，再去须根。用时切片生用或酒炙。

别名　芎穷、山鞠穷、芎䓖、香果、马衔、雀脑芎、京芎、贯芎、抚芎。

用量　3~10克。

惯常配伍　常与赤芍、红花、白芷、防风、羌活泡用。

功效

行气开郁，祛风燥湿，活血止痛。用于月经不调，经闭痛经，癥瘕腹痛，胸胁刺痛，跌扑肿痛，头痛，风湿痹痛等症。

饮法

将川芎研为细末，冲入沸水泡10分钟后饮用或水煮代茶饮用。

茶养

适合月经不调病人及痛经、闭经之血瘀所致者，头痛病人头痛时作、痛连项背、恶风畏寒者及风湿性关节炎、类风湿性关节炎病人饮用。

茶忌　本品辛温升散，凡阴虚火旺、月经过多、出血等症不宜使用。不宜与藜芦、黄连同用。

现代研究　川芎中所含有的川芎嗪、阿魏酸具有活血化瘀的功效，可扩张冠状动脉，增进冠脉流量，缓解心绞痛，并具有抗血栓形成的作用；川芎中所含的川芎内酯有平滑肌解痉和抑制肠肌、子宫收缩等作用；川芎制剂还具有抗放射线的作用。药理学研究证实，川芎制剂有一定的抗菌作用，尤其是对伤寒杆菌、副伤寒杆菌、霍乱弧菌、绿脓杆菌及致病性皮肤真菌等均有抑制作用。

生地黄

味甘、苦、性寒

归心、肝、肾经

来源　玄参科植物地黄的新鲜或干燥的块根。秋季采挖，鲜用或干燥切片生用。

别名　生地、酒壶花、怀庆地黄。

用量　5~10 克。

惯常配伍　常与玄参、麦冬、沙参一同泡饮。

生地黄

功效

果清热凉血，养阴生津。

饮法

将生地黄研为细末，冲入沸水泡 15 分钟后饮用或水煮代茶饮用。

茶养

适合热入营血所致的身热口干、斑疹、吐血、鼻衄、尿血、崩漏者及热病伤阴引起的烦躁、口干舌燥、消渴症烦渴多饮者饮用。

茶忌　本品性质寒凉、黏滞，脾胃湿滞，胸闷食少，腹满便溏者忌用。

现代研究　具有一定的强心、利尿、升高血压、降低血糖、抗炎、抗过敏、镇静、调节免疫功能等作用。地黄煎剂还有保护肝脏，防止肝糖原减少的作用。

茶品　地黄有生地黄和熟地黄之分，二者均有养阴生津之功，治疗阴虚津亏症。生地黄性味甘寒，清热生津力强，而滋阴作用较弱，适用于阴虚发热者。熟地黄性味甘温，入肝肾，滋阴作用强，无清热作用，专用于阴虚证。熟地黄比较滋腻，而生地黄则少此弊病。

葛根

味甘、辛、性凉

归脾、胃经

来源　豆科植物葛的块根。秋、冬季采挖，趁鲜切成厚片或小块，干燥。

别名　干葛、甘葛、粉葛、葛条、葛藤。

用量　10~30 克。

惯常配伍　常与桂枝、白芍、升麻、麦冬、党参一同泡饮。

功效

解表退热，生津，透疹，升阳止泻。用于外感发热头痛、高血压颈项强痛、口渴、消渴、麻疹不透、热痢、泄泻。

饮法

将葛根研成粗粉泡入沸水后饮用或水煮代茶饮。

茶养

适合感冒病人、麻疹初期病人、消渴口渴多饮者以及腹泻病人脾虚者饮用。

葛根

茶忌　本品性凉，胃寒、表虚寒多者忌饮。

现代研究　葛根具有解热、强心、降压、降血糖作用，能扩张冠脉血管和脑血管，增加冠脉血流量和脑血流量；葛根总黄酮能降低心肌耗氧量，增加氧供应；葛根能直接扩张血管，使外周阻力下降，有明显的降压作用，能较好地缓解高血压病人的临床症状。

特别推荐　葛花为葛开放的花蕾。味甘，性平。入脾、胃经。具有解酒的功效，适用于饮酒过度所致的头痛、头昏，胸膈饱胀，恶心，呕吐等症。用量 3~10 克，代茶饮。

何首乌

味苦、甘、涩，性微温

归肝、肾经

来源 蓼科植物何首乌的干燥块根。秋、冬二季叶枯萎时采挖，削去两端，洗净，个大的切成块，干燥。

别名 地精、首乌、赤首乌、首乌藤。

用量 10~15 克。

惯常配伍 常与当归、枸杞子、菟丝子、人参、青蒿、黑芝麻、火麻仁、当归等同煮代茶饮。

功效

补益精血，截疟解毒，润肠通便。用于头晕眼花、疲乏无力、心慌气短、腰膝酸软、头发早白、肠燥便秘。

饮法

水煮代茶饮。

茶养

适合精血亏损所致的头晕眼花、疲乏无力、心慌气短、腰膝酸软、头发早白者及老年体弱、久病、产后血虚所致的肠燥便秘者饮用。

茶忌 大便溏泻或痰湿较重者忌服。

现代研究 何首乌具有广泛的心血管活性，免疫调节，保肝作用等；何首乌能促进细胞分裂与增殖，明显抑制脑和肝组织内单胺氧化酶-β 的活性，消除自由基对机体的损伤，延缓衰老和疾病的发生，具有显著的抗衰老作用。此外，何首乌还具有增强免疫功能、调节血脂、抗动脉粥样硬化，调节血糖、保肝、促进血细胞新生等作用。

茶品 何首乌有生、制之别。补益精血宜用制首乌，润肠通便宜用生首乌。生首乌中含结合蒽醌衍生物，有缓泻作用，制首乌结合型含量降低，游离型增加，作用大减。

桔梗

味苦、辛，性平

归肺经

来源 桔梗科植物桔梗的根。秋季采挖，除去须根，刮去外皮，放清水中浸2~3小时，切片，晒干生用或炒用。

别名 符蒮、白药、利如、梗草、卢茹、房图、荠苨、苦梗、苦桔梗、大药、苦菜根。

桔梗

用量 3~10克。

惯常配伍 常与杏仁、陈皮、薄荷、牛蒡子泡用。

功效

宣肺祛痰，利咽，排脓。用于咳嗽痰多，胸闷不畅，咽喉肿痛，失音等症。

饮法

用沸水冲泡5分钟后饮用。

茶养

适合咳嗽病人咳嗽痰多、胸闷不畅者及咽喉肿痛之人饮用。

茶忌 本品性升散，凡气机上逆，呕吐、呛咳、眩晕、阴虚火旺咯血等不宜用。用量过火易致恶心呕吐。

现代研究 具有祛痰镇咳、抗菌、抗炎、抗消化性溃疡、利尿、抗肿瘤等作用。

芦根

味甘，性寒

归肺、胃经

来源　禾本科植物芦苇的新鲜或干燥根茎。春秋两季采挖其地下茎，洗净，除去须根，切去残节，切成3~4厘米小段，晒干。

别名　芦茅根、苇根、芦柴根、芦菇根、顺江龙、苇子根、芦芽根。

用量　15~30克。

惯常配伍　常与天花粉、麦冬、生姜、竹茹一同泡饮。

芦根

功效

清热生津，止呕，利尿。用于烦热口渴、舌燥少津、恶心、呕吐、呃逆、热淋涩痛、小便短赤等症。

饮法

冲入沸水泡10分钟后饮用。

茶养

适合热病伤津所致的烦热口渴、舌燥少津者及胃热引起的饮食不下、恶心、呕吐、呃逆者饮用。

茶忌　脾胃虚寒者慎用。

现代研究　具有解热、镇静、镇痛、降血压、降血糖、抗氧化、抗菌等作用。

茶品　鲜芦根清热、生津、利尿作用大于干芦根。鲜品可捣汁服。

白茅根

味甘、性寒

归肺、胃、膀胱经

来源　禾本科植物白茅的干燥根茎。春、秋二季采挖，洗净，晒干，除去须根及膜质叶鞘，捆成小把。

别名　茅根、茹根、地筋、白花茅根、地节根、茅草根、甜草根、丝毛草根。

用量　15~30 克。

惯常配伍　常与小蓟、藕节一同泡饮。

白茅根

功效

凉血止血，清热利尿。用于血热吐血，衄血，尿血，热病烦渴，黄疸，水肿，热淋涩痛；急性肾炎水肿。

饮法

用沸水冲泡 5 分钟后饮用或煎水代茶饮。

茶养

适合急性肾炎、急性肾盂肾炎、膀胱炎，尿道炎等泌尿系统感染者及高血压、急性传染性肝炎、小儿麻疹、高热病人饮用。

茶忌　脾胃虚寒及慢性虚寒性腹泻者勿饮，糖尿病人不可多饮。

现代研究　具有止血、抗菌、抗病、利尿的作用。可用于肾脏病、肝炎，泌尿系统感染。

特别推荐　白茅根的叶（茅草叶）、初生花序（白茅针）、花穗（白茅花）亦供药用。茅草叶具有通经络的功效；白茅针具有凉血止血，除热止渴的功效；白茅花具有活血止血，消瘀止痛，止血疗伤的功效。

牛膝

味苦、酸，性平

归肝、肾经

来源　苋科植物牛膝的干燥根。冬季茎叶枯萎时采挖，除去须根及泥沙，捆成小把，晒至干皱后，将顶端切齐，晒干。

牛膝

别名　百倍、牛茎、脚斯蹬、铁牛膝、杜牛膝、怀牛膝、怀夕、真夕、怀膝、土牛膝、淮牛膝、红牛膝、牛磕膝，野牛充膝、接骨丹。

用量　6~10克。

惯常配伍　常与当归、红花、川芎、桑寄生、木瓜、泽泻、瞿麦、通草一同泡饮。

功效

活血化瘀，补肝肾，强筋骨，利水通淋。用于月经不调、闭经、痛经、产后腹痛、跌打损伤、瘀肿疼痛、腰膝酸痛、头晕目眩、水肿、小便不利、尿痛、尿血等症。

饮法

将牛膝研为细末，冲入沸水泡 15 分钟后饮用或水煮代茶饮用。

茶养

适合月经不调病人、肾虚之人及肾炎病人饮用。

茶忌　孕妇、月经多者、遗精、便泄者慎用本品。

现代研究　具有兴奋子宫、杀精、抗生育、抗炎、利尿、加强心脏收缩、降低血液黏稠度、降血脂、降血糖等作用。并能提高机体的免疫力。

茶品　牛膝有川牛膝和怀牛膝之分。活血化瘀用川牛膝，补肝肾、强筋骨用怀牛膝。主产河北，全国各地都有栽培，其中以河南产的怀牛膝品质最佳。

党参

味甘，性平

归脾、肺经

来源　桔梗科植物党参、素花党参或川党参的干燥根。秋季采挖，反复揉搓、晾晒至干。

别名　潞党参、汶党参、晶党参、台参。

用量　6~15 克。

惯常配伍　常与红枣同煮代茶饮。

功效

补中益气，健脾益肺。用于脾肺虚弱，气短心悸，食少便溏，虚喘咳嗽，内热消渴。

饮法

水煮代茶饮。

茶养

适合各种气短之人及气虚不足，倦怠乏力，气急喘促，脾虚食少，面目浮肿，久泻脱肛者饮用。

茶忌　实症、热症禁服；正虚邪实症，不宜单独应用。

现代研究　具有调整胃肠运动功能、抗溃疡、增强机体免疫功能、增强造血功能、抗应激、强心、抗体克、调节血压、抗心肌缺血和抑制血小板聚集、益智、镇静、催眠、抗惊厥等作用。

茶品　党参，因其故乡在上党而得名。党参的种类达数十种，以晋东南与忻州地区出产的党参最受欢迎。晋东南党参产区主要分布在平顺、陵川、屯留、长子、壶关、潞城、黎城等县。其中，潞城的"潞党参"、陵川的"五花芯"、壶关的"紫团参"最为名贵，在国内享有盛誉。

甘草

味甘，性平

归心、肺、脾、胃经

来源　豆科植物甘草、胀果甘草或光果甘草的干燥根及根茎。春、秋二季采挖，除去须根，晒干。

甘草

别名　甜草、国老、甜草根、红甘草、粉甘草、粉草。

用量　3~9克。

惯常配伍　常与人参、白术、茯苓、生姜、杏仁、金银花一同泡饮。

功效

补脾益气，清热解毒，润肺止咳，缓急止痛，调和诸药。用于脾胃虚弱，倦怠乏力，心悸气短，咳嗽气喘，脘腹、四肢挛急疼痛，痈肿疮毒，缓解药物毒性、烈性。

饮法

冲入沸水泡15分钟后饮用。

茶养

适合大便溏泻病人、亚健康状态之人、咳嗽病人、咽喉肿痛者饮用。

茶忌　不宜与大戟、芫花、甘遂、海藻同用。不宜与鲢鱼同食。大剂量长期服用甘草会引起浮肿。

现代研究　具有抑制胃酸分泌，促进溃疡愈合与解痉的作用。用于治胃及十二指肠溃疡可获较好疗效。另具有保肝、解毒、调节免疫、抗癌、抗炎、抗过敏等作用。甘草还能促进咽喉及支气管的腺体分泌，使痰易于咳出。

茶品　甘草有生用与炙用之别，炙甘草偏重于补虚，生甘草则偏重于解毒。

天麻

味甘，性平

归肝经

来源　兰科植物天麻的干燥块茎。春季4~5月间采挖为"春麻"，立冬前9~10月间采挖的为"冬麻"，质量较好。挖起后趁鲜洗去泥土，用清水或白矾水略泡，刮去外皮，水煮或蒸透心，切片，摊开晾干。

天麻

别名　明天麻、神草、独摇芝、定风草、合离草、离母、白龙皮、赤箭、木浦。

用量　3~9克。

惯常配伍　常与钩藤、菊花、丹参、橘皮、川芎、白芷同水煮代茶饮。

功效　平肝熄风止痉。用于头痛眩晕，肢体麻木，小儿惊风，癫痫抽搐，破伤风，小儿高热惊厥，高血压、头晕失眠。

饮法

水煮代茶饮。

茶养

适合头痛、眩晕病人、中风后遗症病人及热盛动风症、惊痫抽搐者饮用。

茶忌　凡病人见津液衰少，血虚、阴虚等，均慎用天麻。使用单味天麻或天麻制剂时，如出现头晕、胸闷气促、恶心呕吐、心跳及呼吸加快、皮肤瘙痒等时，应立即停用，症状严重者应及时到医院诊治。

现代研究　天麻具有镇静、抗惊厥、抗眩晕、降压、保护脑神经细胞等作用。抑制血小板聚集、抗血栓和改善微循环是其活血通络的药理学基础之一。抗炎、镇痛作用则与天麻及其一些复方通络止痛功效有关。天麻还可用于保护心脏以及改善记忆、延缓衰老、增强免疫功能等。

黄芩

味苦，性寒

归肺、胆、脾、大肠、小肠经

来源　唇形科植物黄芩的干燥根。春、秋二季采挖，除去须根及泥沙，晒干去粗皮，晒干。

别名　山茶根、黄芩茶、土金茶根子、条芩、独尾芩、鼠尾芩、黄芩条。

用量　3~9克。

黄芩

惯常配伍　常与桑白皮、知母、葛根、紫苏梗一同泡饮。

功效

清热燥湿，泻火解毒，止血，安胎。用于湿温、暑温胸闷呕恶，湿热痞满，泻痢，黄疸，肺热咳嗽，高热烦渴，血热吐衄，痈肿疮毒，胎动不安。

饮法

加入沸水冲泡 15 分钟后饮用或水煮代茶饮。

茶养

适合湿热泻痢、黄疸病人、肺热咳嗽、热盛迫血外溢以及热毒疮疡者饮用。

茶忌　本品苦寒伤胃，脾胃虚寒者不宜饮用。

砚代研究　黄芩具有抗氧化、清除自由基、抗炎、抗肿瘤、阻止钙离子通道、抑制醛糖还原酶、抗病毒、抗过敏等作用，并对免疫、心脑血管、消化、神经等系统均有保护作用。

（四）皮类

陈皮

味辛、苦，性温

归脾、肺经

来源　芸香科植物橘及其栽培变种的干燥成熟果皮。采摘成熟果实，剥取果皮，晒干或低温干燥。

陈皮

别名　橘皮、红橘、大红袍、川橘。

用量 3~10克。

惯常配伍 常与大青叶、山楂、甜菊、党参、红枣一同泡饮。

功效

理气健脾，燥湿化痰。用于脘腹胀满、恶心呕吐、咳嗽痰多、饮食减少、倦怠乏力、大便泄泻等症。

饮法

冲入沸水泡3分钟后饮用。

茶养

适合咳嗽病人、呕吐之人、腹痛泄泻病人饮用。

茶忌 本品温燥，助热伤阴，热证或阴虚内热者慎用。

现代研究 具有抗菌、消炎、化痰、止咳、镇痛、扩张冠状动脉、抗氧化、降血脂等作用。对胃肠道有温和的刺激作用，能促进消化液的分泌和排除肠内积气。

特别推荐 橘子一身是宝。橘络为橘子果皮内层的筋络，味甘、苦，性平，入肝、肺经，具有宣通经络、行气化痰的功效，用于痰阻经络所致的咳嗽、痰多、胸胁疼痛等症。橘核为橘子的种子，味苦性平，入肝经，具有行气止痛的功效，用于乳房疼痛、睾丸疼痛、疝气等。橘叶为橘树的叶子，味辛、苦，性平，入肝经，具有疏肝、行气、散结的功效，用于肝气郁滞所致的乳房结块、胀痛，两胁胀痛等。

青皮

味苦、辛，性温

归肝、胆、胃经

来源 芸香科植物橘及其栽培变种的干燥幼果或未成熟果实的果皮。5~6月收集自落的幼果，晒干，习称"个青皮"或"青皮子"；7~8月采收未成熟的果实，在果皮上纵剖成四瓣至基部，除尽瓤瓣，晒干，习称"四花青皮"。

别名 四花青皮、个青皮、青皮子。

用量 3~10克。

惯常配伍 常与香附、木香、山楂、麦芽、谷芽泡用。

功效

疏肝理气，消食化积。用于胁肋胀痛、乳房胀痛、疝气疼痛、胃脘胀满，食欲不振、腹痛等症。

青皮

饮法

冲入沸水泡 3 分钟后饮用。

茶养

适合两胁、乳房胀痛病人及食积病人饮用。

茶忌　本品性烈伤气，气虚者慎用。

现代研究　具有利胆、祛痰平喘、升高血压、抗休克等作用，亦对胃肠平滑肌有一定的作用。

茶品　陈皮与青皮均可理气，用于气滞所致的不思饮食、脘腹胀痛等症。但陈皮性质比较缓和，尤适用于脾胃气滞，并能燥湿化痰。青皮性质峻烈，药力较强，偏于疏肝理气，用于肝郁气滞症。

厚朴

味苦、辛，性温

归脾、胃、肺、大肠经

来源　本品为芸香科植物化州柚或柚的未成熟或近成熟的干燥外层果皮。前者习称"毛橘红"，后者习称"光七爪""光五爪"。夏季果实未成熟时采收，置沸水中略烫后，将果皮割成5或7瓣，除去果瓤及部分果皮，压制成形，干燥。

别名　厚皮、重皮、赤朴、烈朴、川朴、紫油厚朴。

用量　3~10克。

惯常配伍　常与苍术、陈皮、莱菔子、枳实、杏仁同煮代茶饮。

厚朴

功效

行气燥湿，消食积，平喘。用于皖腹胀满，咳喘，痰多，腹痛，呕逆，大便秘结等症。

饮法

水煮代茶饮。

茶养

适合腹胀腹痛病人中焦气滞者及咳嗽、哮喘、痰多者饮用。

茶忌　本品行气作用较强，虚胀者不宜单独使用。孕妇慎用。

现代研究　厚朴具有抗菌作用，对肺炎球菌、白喉杆菌、溶血性链球菌等均有抑制作用。对抗肝炎病毒，有保肝作用。

冬瓜皮

味甘，性凉

归脾、小肠经

来源 葫芦科植物冬瓜的干燥外层果皮。食用冬瓜时，洗净，削取外层果皮，晒干。

别名 白瓜皮、白东瓜皮。

用量 9~30 克。

冬瓜皮

惯常配伍 常配合茯苓皮、泽泻、猪苓等药同用。

功效

利尿消肿。用于水肿张满，小便不利，暑热口渴，小便短赤。

饮法

水煮代茶饮。

茶养

适合水肿、腹泻病人饮用。

茶忌 因营养不良而致虚肿者慎用。

现代研究 冬瓜皮具有催乳作用，对于糖尿病症状的改善也有一定作用。

西瓜皮

味甘，性凉

归脾、胃经

来源　葫芦科植物西瓜的外层果皮。7~8月收集西瓜皮，削去内层柔软部分，晒干；也有将外面青皮剥去仅取其中间部分者。

别名　西瓜翠、西瓜翠衣、西瓜青。

用量　15~50克。

惯常配伍　常与钩藤、决明子、冬瓜皮同煮代茶饮。

功效

清暑解热，止渴，利小便。用于暑热烦渴，小便短少，水肿，口舌生疮。

饮法

水煮代茶饮。

茶养

适合水肿病人及中暑之人饮用。

茶忌　中寒湿盛者忌饮。

现代研究　能增进大鼠肝中的尿素形成，有利尿功效。

（五）种子类

决明子

味甘、苦，性微寒

归肝、大肠经

来源　豆科植物决明或小决明的干燥成熟种子。秋季果实成熟后采收，将全株割下或摘下果荚，晒干，打出种子，扬净荚壳及杂质，再晒干。

别名　草决明、羊明、羊角、马蹄决明、还瞳子、狗屎豆、假绿豆。

用量　10~15克。

惯常配伍　常与夏枯草、菊花、栀子、火麻仁、瓜蒌仁一同泡饮。

功效

清肝明目，润肠通便。用于头痛眩晕，目赤肿痛，目暗不明，热结便秘或肠燥津少便秘等症。

饮法

冲入沸水泡 3~5 分钟后饮用。

茶养

适合高血压病人、便秘病人及白内障、青光眼、结膜炎病人饮用。

茶忌　脾虚便溏者不宜应用。

现代研究　具有降压、调血脂、抗菌、保肝、调节免疫、润肠通便、促进胃液分泌和宫缩催产等作用。

胖大海

味甘，性寒

归肺经

来源　梧桐科植物胖大海的干燥成熟种子。4~6 月果实成熟开裂时采取成熟种子，晒干。

别名　胡大海、大发、通大海、大海子。

用量　3~5 个。

胖大海

惯常配伍　常与菊花、麦冬一同泡饮。

功效清热润肺，利咽解毒，润肠通便。用于肺热声哑，干咳无痰，咽喉干痛，热结便闭，头痛目赤。

饮法

冲入沸水泡3~5分钟后饮用。

茶养

适合便秘病人热结胃肠、口干口臭、喜冷怕热者以及急性扁桃体炎、咽炎病人声哑、干咳无痰、咽喉干痛、头痛目赤者饮用。

茶忌　本品有缓泻通便作用，不宜长期饮用。胖大海只适于风热邪毒侵犯咽喉所致的嘶哑。因声带小结、声带闭合不全或烟酒过度引起的嘶哑，用胖大海无效。如出现过敏反应，如全身皮肤发痒、口唇水肿等应立即停用。

现代研究　具有抗病毒、抗炎、镇痛、解痉、利尿、降压和缓泻作用。

菟丝子

味甘，性平

归肝、肾经

来源　旋花科植物菟丝子的干燥成熟种子。秋季果实成熟时采收植株，晒干，打下种子，除去杂质。

别名　菟丝实、吐丝子、无娘藤米米、黄藤子、龙须子、萝丝子。

菟丝子

用量　10~15 克。

惯常配伍　与山药、枸杞子、党参、白术同用。

功效

补肾益精，养肝明目，固胎止泄。用于阳痿遗精、尿有余沥、遗尿尿频、腰膝酸软、目昏耳鸣、肾虚胎漏、胎动不安、脾肾虚泻；外治白癜风。

饮法

洗净后捣碎，加入红糖适量，沸水冲泡饮用。

茶养

适合阳痿遗精、遗尿尿频、白带过多、溏泻及肝肾不足所致的头晕眼花、视物不清者饮用。

茶忌　本品性平，但偏于补阳、凡阴虚火旺或实热证者忌用。

现代研究　菟丝子水煎液具有延缓衰老、雌激素样作用。并有促进造血功能，增强机体免疫，强心，降血压以及兴奋子宫等作用。此外，尚有降低胆固醇、软化血管、改善动脉硬化等作用。

莲子心

味甘，性寒

归心、肺、肾经

来源　睡莲科植物莲成熟种子的绿色胚芽。秋季采收莲子时，从莲子中剥取，晒干。

别名　莲心。

用量　5~10 克。

惯常配伍　常与菊花、玫瑰花、薄荷、生甘草一同泡饮。

功效

清心，去热，止血，涩精。治心烦，口渴，吐血，遗精，目赤肿痛。

饮法

以沸水冲泡 5~10 分钟后饮用。

茶养

适合高血压病人、遗精病人热象明显者、口渴之人及心悸、失眠者饮用。

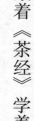

莲子心

茶忌　脾虚便溏者慎用。

现代研究　莲子心具有降压作用，从莲子心提取的莲心碱结晶，有短暂降压之效，改变为季铵盐，则出现强而持久的降压作用。另外使外周血管扩张，与神经因素也有关。

冬葵子

味甘，性寒

归大小肠、膀胱经

来源　锦葵科植物冬葵的种子。春季种子成熟时采收。

别名　葵子、葵菜子、葵菜、露葵、冬葵菜、滑菜、卫足、马蹄菜等。

用量　10~15 克。

惯常配伍　常与菟丝子、木香、桃仁、黄芪一同煮代茶饮。

功效

行水滑肠，通乳，清热排脓。用于二便不通，淋病，水肿、妇女乳汁不行，乳房肿痛。

饮法

水煮代茶饮。

茶养

适合产后因热乳汁不通及便秘病人津液亏损者饮用。

茶忌　脾虚肠滑者忌服，孕妇慎服。

冬葵子

现代研究　本品有明显利尿，增加乳汁分泌的作用，亦有排脓生肌解毒之功，临床常用于清热解暑，排脓生肌，润肤泽面。

（六）全草类

迷迭香

味辛，性温

归胃经

来源　唇形科植物迷迭香的全草。名贵天然香料，春夏开淡蓝色小花，9～11月花盛开时分批采收，荫干或焙干，或熏、蒸后晒干。

别名　海洋之露、香草贵族、迷蝶香、油安草、海上灯塔、艾菊、万年香。

用量　一般一杯茶的用量为4.5～9克。

功效

发汗，健胃，安神，止痛。用于各种头痛，防止早期脱发。

饮法

加入热开水，再放入迷迭香，能保有迷迭香的颜色，也比较耐泡。冲泡3～5分钟，调入蜂蜜或白糖便可饮用。

茶养

适合头昏晕眩及紧张性头痛者饮用，对于慢性疲劳综合征和亚健康状态都具有很

迷迭香茶

好的调理作用。

茶忌　素有胃寒胃痛、慢性腹泻便溏者勿食。它有高度刺激性，不适合孕妇高血压及癫痫症患者饮用。

现代研究　迷迭香含有单萜、倍半萜、二萜、三萜、黄酮、脂肪酸、多支链烷烃、鞣质及氨基酸等化学成分，从它们的结构分析，均具有抗氧化活性。它是新一代纯天然抗氧化剂，彻底避免了合成抗氧化剂的毒副作用和高温分解的弱点，具有刺激神经系统运作，改善记忆衰退现象的功效，兼具有美容功效，可减少皱纹产生，去除斑纹。此外，还能促进头皮血液循环，有祛痰、抗感染、杀菌之功效，可增强活力、提神。抵御电脑辐射，降低胆固醇，抑制肥胖，可养护心肝机能，减轻风湿酸痛，缓和胃部症状及消化道问题。

茶品　多为蓝色，还有淡紫色、粉红色等，多姿多彩，但是功效基本相同。它独特的芳香具有激活大脑的本领。

特别推荐　迷迭香的原产地是地中海地区。它的用途非常广泛，还可用于烹饪、烘焙两点、提炼精油或冲泡成茶，作为做菜、腌肉、烤肉的香料。迷迭香精油也具有很高的药效，取少许在太阳穴处揉搓，能缓解强烈的头痛。

蒲公英

味甘、甘、性寒

归肝、胃经

来源　菊科植物蒲公英的带根全草。春、夏开花前或刚开花时连根挖取，除净泥土、晒干。

别名　黄花地丁、蒲公草、蒲公英、黄花草。

用量　10~15克。

惯常配伍　常与野菊花、金银花、白茅根、金钱草一同泡饮。

功效

清热解毒、清肝明目、利湿通淋，用于痈肿疮疡、结核、皮肤溃疡、热淋、目赤肿痛等症。

饮法

冲入沸水泡3~5分钟后饮用。

茶养

适合于结膜炎病人、尿路感染病人及乳腺炎、扁桃体炎、支气管炎病人热象较重者饮用。

蒲公英

茶忌　本品寒凉，脾虚便溏者忌服。用量不宜过大，过大会导致腹泻。

现代研究　具有抗菌、解毒、抗炎作用。蒲公英对金黄色葡萄球菌、溶血性链球菌、肺炎双球菌、脑膜炎球菌等有一定的抑制作用。

特别推荐　蒲公英作为野生蔬菜在民间食用已有上千年历史，其味清新爽口，独具风味。具体吃法有生食，焯水后凉拌，也可切细片后与米煮食或油炒食用，还可制成不含咖啡因的蒲公英咖啡。其花则可酿制成蒲公英酒。春天花未开或初开时采食，可以预防春季的流行性疾病。

益母草

味苦、辛，性微寒

归肝、心包经

来源　唇形科植物益母草的全草。夏季生长茂盛而花未全开时，割取地上部分，晒干。

别名　茺蔚、坤草、益母、贞蔚、野天麻，益母艾、红花、艾、月母草。

用量　6~15 克，鲜品 12~30 克。

惯常配伍　常与当归、牛膝、香附、丹参、金银花等配伍饮用。

活效

活血调经，利尿消肿。用于月经不调，痛经，经闭，恶露不尽，水肿尿少。

饮法

以沸水适量冲泡，盖闷 15 分钟，频饮代茶。

茶养

适用于月经不调，胎漏难产，胞衣不下，产后血晕，瘀血腹痛，崩中漏下，尿血，泻血，痈肿疮疡等，以及急性肾小球肾炎，症见眼睑浮肿，继则四肢及全身皆肿，来势迅速，神疲乏力，纳谷不香，腰酸痛者。

益母草

茶忌　阴虚血少、月经过多、寒滑泻利者禁服。孕妇忌服。忌铁器。

现代研究　益母草浸膏及煎剂对子宫有强而持久的兴奋作用，不但能增强其收缩力，同时能提高其紧张度和收缩率。益母草含有多种微量元素；硒具有增强免疫细胞活力、缓和动脉粥样硬化的发生以及提高肌体防御疾病功能之作用；锰能抗氧化、防衰老、抗疲劳及抑制癌细胞的增生。常用益母草能益颜美容，抗衰防老。

特别推荐　用益母草美容在我国历史悠久。相传，武则天就因终年使用益母草制成的美容品，令她 50 岁时肤色仍像一个 15 岁少女一样鲜嫩，80 岁时仍容颜不老。

绞股蓝

味甘、苦，性寒

归肺、肝经

来源　为葫芦科植物绞股蓝的全草、秋季采收，晒干。

别名　七叶胆、五叶参、小苦药、公罗锅底、小叶五爪龙、遍地生根、神仙草、甘茶蔓。因含有与人参完全相同的营养成分人参皂苷，故有"第二人参"及"南方人参"的美誉。在日本，被誉为"福音草"。

用量　取约 15 克左右泡饮，或取 30~50 克煎水代茶饮。

惯常配伍　常与红枣、决明予等配伍饮用。

功效

止咳祛痰，健脾益气，清热解毒。用于脾虚乏力、纳食不佳、口渴咽干、燥热咳嗽等症。

绞股蓝茶

饮法

将 15 克左右的绞股蓝放入杯中，冲入沸水泡约 5 分钟后即可饮用。或取 30~50 克绞股蓝，加入 1000 毫升水，一同煎煮 15 分钟后，取汁代茶饮。

茶养

适合支气管炎，痰浊壅肺所致的咳嗽、气喘、胸闷者饮用；对脾虚气滞所致的胃脘疼痛、嗳气吞酸者适用；也适合高血压病、高血脂症、冠心病、动脉硬化、中风、糖尿病、肥胖症和癌症患者饮用。

茶忌 素有脾胃虚寒，腹泻便溏者勿用。

现代研究 绞股蓝是一种强化剂和免疫调节剂，其所含有多种人参皂苷含量是人参的 3 倍，还有人体必需的氨基酸与微量元素。同时，它具有抗衰老、抗痛、抑制溃疡、缓解紧张、抗疲劳及镇静、镇痛、降血脂、抗动脉粥样硬化、抑制肥胖、补肾虚等功能，可提高机体的免疫力。

茶品 绞股蓝有三叶、五叶、七叶和九叶四大类，因为绞股蓝对人体有广泛特殊作用的是绞股蓝皂苷，所以根据其绞股蓝皂苷含量的多少，把三叶、五叶类划为劣质品种，其性寒、味苦，七叶类以及九叶类所含绞股蓝皂苷较多，其功能要比三叶和五叶的强得多，为绞股蓝的良种，其性凉、味甜。绞股蓝对人体有广泛的药理和保健功能，至今仍未发现有能与之相比的植物。

特别推荐 野生九叶绞股蓝，是绞股蓝之王，其性凉、味甜，自然生长于海拔一千米以上山丛中的稀林间，山坎上，乱石堆中和路边等，长年累采日月之精华，受云雾雨露之恩泽，是稀有珍贵植物，所含的绞股蓝皂苷达 8% ~ 12%。绞股蓝生长的年数越久其皂苷含量就越高。其优良品种如果是在低海拔的平地种植，药效就会大大降低。

金钱草

味甘、咸，性微寒

归肝、胆、肾、膀胱经

来源 报春花科植物过路黄的全草。5 月采收，除去杂质，切段晒干。

别名 仙人对座草、大叶金钱草。

用量 10~15 克，鲜者 50~100 克。

惯常配伍 常与茵陈、黄芩、木香、海金沙、鸡内金配饮。

功效

清热利湿，通淋，消肿。用于肝胆及泌尿系结石，热淋，肾炎水肿，湿热黄疸，疮毒痈肿，毒蛇咬伤，跌打损伤。

饮法

将金钱草洗净，放入砂锅中，加水煎煮 1 小时，取汁代茶饮。

茶养

适用于黄疸，水肿，膀胱结石，肝胆结石，疟疾，肺痈，咳嗽，吐血，淋浊，带下，风湿痹痛，小儿疳积，惊痫，痈肿，疮癣，湿疹等患者。

茶忌　用量过大会出现头晕、心悸，个别人会发生过敏，出现皮疹、瘙痒。服用江西金钱草偶见白细胞减少，停药后自行恢复。

现代研究　金钱草煎剂有显著的利尿作用，并能促进胆汁从胆管排出，还有排石作用。对金黄色葡萄球菌有抑制作用。

茶品　产在四川者为最好。

薰衣草

味苦、辛、性温

归脾、胃、肺、大肠经

来源　唇形科植物薰衣草的全草。每年6月采收，荫干。

别名　爱情草、香浴草、黄衣草、香蝴蝶、香草女王。

用量　3~9克。

惯常配伍　常与洋甘菊、玫瑰花、菩提叶、薄荷等配饮。

功效

清热解毒，散风止痒。用于头痛，头晕，口舌生疮，咽喉红肿，水火烫伤，风疹，疥癣等。

薰衣草

饮法

取薰衣草1小匙、放入壶中，冲入热开水加盖闷泡5~10分钟，将茶叶滤出，酌加蜂蜜或糖调匀即可饮用。

茶养

薰衣草可以治疗失眠及香港脚，抗感染，强化消化系统及泌尿系统。治疗粉刺、湿疹、烫伤、灼伤，加速伤口愈合，促进皮肤细胞再生。薰衣草对疼痛有特殊的疗效，对风寒引起的疼痛、中风、水肿、阵痛、麻痹及痉挛等现象，有良好的效果。

茶忌　低血压患者需适量使用，以免反应迟钝想睡觉。它也是通经药，妇女怀孕初期应避免使用。

现代研究　薰衣草能够安抚情绪，净化心灵，减轻愤怒及精疲力尽的感觉，平衡中枢神经；还可以改善失眠，降低高血压，镇静心脏，有助于改善呼吸系统、妇科及消化系统问题。它能促进细胞再生，平衡油脂分泌，有益于改善烫伤、晒伤、湿疹、干癣、脓疮的皮肤，改善疤痕，抑制细菌生长，帮助头发生长。

茶品　薰衣草主要有以下三种，原生薰衣草，又称英国薰衣草，品质最佳，多半被用来制造高级的香水及香料，这种薰衣草叶子较细、花穗较短；长穗薰衣草，又称薄荷薰衣草，叶子较宽，花茎及花穗都较长；混种薰衣草，是以上两种的混种，现在在法国普罗旺斯被大量栽培。

特别推荐　欧洲人还习惯将薰衣草花袋放入衣柜，不仅可以防虫，还能使衣物略带香味。

（七）果实类

枸杞子

味甘，性平

归肝、肾经

来源　茄科植物枸杞或宁夏枸杞的成熟果实。夏、秋果实成熟时采摘，除去果柄，置阴凉处晾至果皮起皱纹后，再曝晒至外皮干硬、果肉柔软即得。

别名　甜菜子、枸杞果、地骨子、红耳坠、血枸子、枸杞豆、血杞子。枸杞子尤其擅长明目，因此又俗称"明眼子"。

成分　本品含有18种氨基酸，其中8种氨基酸是人体必需氨基酸。矿物质除含有钙、磷、铁等外，还含有一定数量的有机锗，维生素含量也较丰富。

用量　健康的成年人每天吃 20 克左右的枸杞子比较合适；如果想起到治疗的效果，每天最好吃 30 克左右。

惯常配伍　常与贡菊、金银花、红枣、胖大海、莲子心、西洋参、陈皮、冰糖配饮。

功效

滋补肝肾，益精明目。用于肾亏遗精，腰膝酸软，肝肾亏虚，头晕目眩，眼昏花等。

饮法

枸杞子 5~10 克，冰糖适量，以沸水冲泡，当茶饮用。此为一天用量，可反复冲泡。

茶养

适合慢性肝炎、中心性视网膜炎、视神经萎缩、糖尿病、肺结核以及老年人器官衰退的老化疾病饮用。若是体质虚弱、常感冒、抵抗力差的人最好每天食用。

茶忌　胸闷脘腹胀满或高血压且性情太过急躁的人，或平日大量摄取肉类导致而泛红光的人忌食。

现代研究　枸杞子有降低血糖的作用，有利于糖尿病人的治疗和康复；有抑制脂肪在肝细胞内沉积和促进肝细胞新生的作用，保护肝脏；有降低血中胆固醇的作用，能防止动脉粥样硬化的形成。此外，枸杞子内所含有的各种维生素、必需氨基酸及亚麻油酸全面性地运作，更可以促进体内的新陈代谢，增强人体免疫力，促进造血功能，预防贫血，防止老化。

茶品　原产于宁夏。现全国各地均有生产。常用的药用品种有西枸杞、津枸杞、甘肃产的甘州子和新疆产的古城子。其功效主治相似，以宁夏中宁、中卫出产的为地道药材。

特别推荐　枸杞子的药用价值很丰富，依靠它养生健体贵在平时的坚持。每天坚持食用一些枸杞子，大有裨益。专家们总结出了几种枸杞子的吃法：第一种方法是零食：枸杞子可以像葡萄干一样随手沾米食用，但不能吃太多，否则容易上火。第二种方法是泡成药酒：用枸杞子泡酒喝能增强细胞免疫力，促进造血功能，还能抗衰老、保肝及降血糖，对视力减退、头昏眼花均能起到一定疗效。第三种方法是自制菊花枸杞茶：取菊花 3~5 朵，枸杞子一小撮放入沸水泡 10 分钟即可饮用。它可以明目、养

枸杞子

肝、抗衰老、防皱纹、降血糖血压，适合工作繁重的电脑族。

桑葚

味甘、酸，性寒

归心、肝、肾经

来源　桑科植物桑树的成熟果穗。4～6月当桑葚呈红紫色时采收，晒干或略蒸后晒干，或加密熬膏用。

别名　桑蔗、桑枣、桑果、乌椹、葚、桑实、文武实、黑椹、桑葚子、桑粒。

用量　9～15克。

惯常配伍　常与酸枣仁、何首乌、龙眼、蜂蜜、枸杞子等同用。

功效

补血滋阴，生津润燥。用于眩晕耳鸣，心悸失眠，须发早白，津伤口渴，内热消渴，血虚便秘。

饮法

取鲜桑葚9～15克，水煎服。

茶养

适用于糖尿病、风湿、便秘、神经衰弱患者。

茶忌　脾虚便溏及糖尿病人应忌食。未成熟的桑葚不能吃。熬桑葚膏时忌用铁器。

桑葚

因桑葚中含有溶血性过敏物质及透明质酸，过量食用后容易发生溶血性肠炎。少年儿童不宜多吃桑葚，因为桑葚内含有较多的胰蛋白酶抑制物——鞣酸，会影响人体对铁、钙、锌等物质的吸收。

现代研究 桑葚有改善皮肤（包括头皮）血液供应、营养肌肤、使皮肤白嫩及乌发等作用，并能延缓衰老。常食桑葚可以明目，缓解眼睛疲劳干涩的症状。桑葚具有免疫促进作用，对脾脏有增重作用，对溶血性反应有增强作用，可防止人体动脉硬化、骨骼关节硬化，促进新陈代谢；可以促进血红细胞的生长，防止白细胞减少，并对治疗糖尿病、贫血、高血压、高血脂、冠心病、神经衰弱等病症具有辅助疗效。

茶品 桑葚有黑、白两种，鲜食以紫黑色为补益上品。我国广东、广西、浙江、河南等地均有分布。

特别推荐 因桑葚特殊的生长环境使桑果具有天然生长，无任何污染的特点，所以桑葚又被称为"民间圣果"。常吃桑葚能显著提高人体免疫力，具有延缓衰老，美容养颜的功效。又因其单位热量较低，是一种很好的减肥食品。

夏枯草

味辛、苦，性寒

归肝、胆经

来源 唇形科植物夏枯草的干燥果穗。夏季果穗呈棕红色时采收，除去杂质，晒干。

夏枯草

别名　棒柱头草、灯笼头草、棒锤草、大头花、蜂窝草。

用量　9~15克。

惯常配伍　单饮。

功效

清火，明目，散结，消肿。用于目赤肿痛，目珠夜痛，头痛眩晕，瘰疬，瘿瘤，乳痈肿痛。

饮法

夏枯草一茶匙，用滚烫开水冲泡，闷约10分钟后即可。可酌加红糖或蜂蜜调饮。

茶养

适用于甲状腺肿大，淋巴结结核，乳腺增生，高血压患者。

茶忌　脾胃虚弱者慎服。

现代研究　夏枯草水煎剂有广谱抗菌活性，其对痢疾杆菌、伤寒杆菌、霍乱弧菌、大肠杆菌、绿脓杆菌和葡萄球菌、链球菌有一定的抑制作用。研究还表明，夏枯草具有降血压、降血脂和抗癌等功效。

栀子

味苦，性寒

归心、肺、三焦经

来源　茜草科植物栀子的果实。9~11月果实成熟显红黄色时采收。

栀子

别名　木丹、鲜支、卮子、支子、越桃、山栀子、枝子、黄栀子。

用量　6~9克。

惯常配伍　常与连翘、知母、黄芩、木通、车前子等配饮。

功效

泻火除烦，清热利尿，凉血解毒，消肿止痛。用于热病心烦，黄疸尿赤，血淋涩痛，血热吐衄，目赤肿痛，火毒疮疡，扭伤。

饮法

水煎服。

茶养

适合于黄疸型传染性肝炎，蚕豆病，尿血等患者饮用。

茶忌　因苦寒伤胃，久用耗伤津液，脾虚便溏者不宜用。

现代研究　栀子有利胆作用，能促进胆汁分泌，并能降低血中胆红素，可促进血液中胆红素迅速排泄；对溶血性链球菌和皮肤真菌有抑制作用；有解热、镇痛、镇静、降血压及止血作用。

金樱子

味酸、甘、涩，性平

归肾、膀胱、大肠经

来源　蔷薇科植物金樱子的果实。10～11月间，果实红熟时采摘，晒干，除去毛刺。别名　金罂子、山石榴、糖莺子、棠球、糖罐、蜂糖罐、槟榔果、灯笼果。

金樱子

用量　6～12克。

惯常配伍　常与芡实、人参、五味子、蛤蚧、阿胶、三七等配伍。

功效

固精缩尿，涩肠止泻。治滑精，遗尿，小便频数，脾虚泻痢，肺虚喘咳，自汗盗汗，崩漏带下。

饮法

取金樱子，去净毛、核，捣碎，放入茶杯中，以沸水适量冲泡，盖闷15分钟，代茶频饮。每日1剂。

茶养

适合肺肾两虚导致的遗精白浊，尿频遗尿，咳喘自汗，泻痢脱肛，崩漏带下，子宫脱垂患者。

茶忌　有实火、邪热者禁服。

现代研究金樱子既能促进胃液分泌，帮助消化，又能使肠黏膜收缩，分泌减少而止泻；金樱子煎液对金黄色葡萄球菌、大肠杆菌、绿脓杆菌、痢疾杆菌及流感病毒均有较强的抑制作用；还具有降低血清胆固醇的作用。

茶品　生于海拔100～1600米的向阳山野、田边、溪畔灌丛中。分布于华东、华南、西南及河南、陕西、台湾、湖北、湖南等地。没有明显的种类差别。

（八）菌藻类

冬虫夏草

味甘，性平

归肺、肾经

来源　麦角菌科真菌冬虫夏草寄生在蝙蝠蛾科昆虫幼虫上的子座及幼虫尸体的复合体。它的生长十分奇特。虫草真菌感染蝙蝠蛾幼虫，使其得病、僵化、死亡，于次年春夏自幼虫头部生出草茎，因而是虫菌复合体。

别名　虫草、冬虫草、夏草冬虫。

用量　3~9克。

惯常配伍　因其稀缺昂贵，故常单用。

功效

补肺益肾，止血，化痰。用于久咳虚喘，劳嗽咯血，阳痿遗精，腰膝酸痛。

饮法

煎汤代茶饮，或入丸、散，也可泡酒、煲汤、煮粥服用。无论何种方法均应连渣服用。冬虫夏草全年均可服用、冬季服用效果更佳。

茶养

适用于肺肾两虚、精气不足、咳嗽气短、自汗盗汗、腰膝酸软、阳痿遗精、劳嗽痰血等患者。由于它性平力缓，能平补阴阳，所以也是年老体弱、病后体衰、产后体虚者的调补药食佳品。

茶忌　高热，狂躁，声高气粗、脉搏有力等"实证"，或感冒鼻塞、流清涕、畏寒发热等有"表邪"者不宜用。

现代研究　冬虫夏草中含有虫草素，是其发挥抗肿瘤作用的主要成分，能提高人体能量工厂——线粒体的能量，提高机体耐寒能力，减轻疲劳。虫草可提高心脏耐缺氧能力，降低心脏对氧的消耗，抗心律失常。还可减轻有毒物质对肝脏的损伤，对抗肝纤维化的发生。此外，冬虫夏草还有减轻慢性病的肾脏病变，改善肾功能，减轻毒性物质对肾脏的损害。能增强骨髓生成血小板、红细胞和白细胞的能力。

茶品　冬虫夏草生长在海拔3800~5000米的高山草甸带上，主要分布于青海、西

冬虫夏草

藏等地。青海省的虫草产量居全国之首。玉树、果洛、黄南、海南、海北等州均有出产，其中玉树地区的虫草以色泽褐黄、肉质肥厚、菌座短而粗壮，质量极好而出名。

　　特别推荐　每年五月中下旬，当冰山上的冬雪开始融化，气候转暖的时候，蝙蝠蛾的幼虫破土而出，开始活动，在山上的腐殖质中爬行，待头向上爬至虫体直立时，寄生在虫头顶的菌孢开始生长，菌孢开始长时虫体即死，菌孢把虫体作为养料，生长迅速，虫体一般为四至五厘米，菌孢一天之内即可长至虫体的长度，这时的虫草称为"头草"，质量最好；第二天菌孢长至虫体的两倍左右，称为"二草"，质量次之；三天以上的菌孢疯长，采之无用。

灵芝

味甘，性平

归心、肺、肝、肾经

来源　多孔菌科真菌赤芝或紫芝的干燥子实体。是寄生于栎及其他阔叶树根部的蕈类，全年采收。

别名　灵芝草、菌灵芝、木灵芝。

用量　6~12克。

惯常配伍　因其产量少，价格较贵故常单用。

功效

补气安神，止咳平喘。用于眩晕不眠，心悸气短，虚劳咳喘。

饮法

加水煎煮 40~60 分钟，连渣服用。

茶养

灵芝对人体具有双向调节作用，所治病种，涉及心脑血管、消化、神经、内分泌、呼吸、运动等各个系统，尤其对肿瘤、肝脏病变、失眠以及衰老的防治作用十分显著。适用于虚劳、咳嗽、气喘、失眠、消化不良，恶性肿瘤等患者服用。用于老年性、顽固性、退化性疾患的治疗。

现代研究　灵芝可有效地扩张冠状动脉，增加冠脉血流量，改善心肌微循环，增强心肌氧和能量的供给，对心肌缺血具有保护作用，可广泛用于冠心病、心绞痛等的治疗和预防。对高血脂病患者，灵芝可明显降低血胆固醇、脂蛋白和甘油三酯，并能预防动脉粥样硬化斑块的形成。对于粥样硬化斑块已经形成者，则有降低动脉壁胆固醇含量、软化血管、防止进一步损伤的作用。灵芝中的水溶性多糖，可减轻非胰岛素依赖型糖尿病的发病程度。灵芝可阻断过敏反应介质的释放，防止过敏反应的发生，有助于治疗较困难的变态反应性或自身免疫性疾病。

茶品　灵芝产于华东、西南及吉林、河北、山西、江西、广东、广西等地，有人工栽培。紫芝产于浙江、江西、湖南、四川、福建、广西、广东等地，也有人工栽培。

特别推荐　灵芝自古以来就被认为是吉祥、富贵、美好、长寿的象征，有"仙草""瑞草"之称，中华传统医学长期以来一直视为滋补强壮、扶正固本的珍贵中草药。民间传说灵芝有起死回生、长生不老之功效。

茯苓

味甘、淡，性平

归心、肺、脾、肾经

来源　多孔菌科植物茯苓的干燥菌核。寄生于松科植物赤松或马尾松等树根上，深入地下 20~30 厘米。

别名　茯灵、云苓、茯苓块、赤茯苓、白茯苓。

用量　9~15 克。

茯苓

惯常配伍　常与何首乌、泽泻、白术、党参配合饮用。

功效

利水渗湿，健脾宁心。用于水肿尿少，痰饮眩悸，脾虚食少，便溏泄泻，心神不安，惊悸失眠。

饮法

加水煎汤取汁，服用。

茶养

适合于脾虚、泄泻、咳嗽、糖尿病、心悸怔忡、失眠多梦等患者的饮用。此外，常服茯苓还能养颜抗衰老。

茶忌　虚寒精滑或气虚下陷者忌服。

现代研究　茯苓具有抗炎、抗氧化、调节免疫、抗肿瘤、镇静、利尿、止吐等作用。

茶品　中国西南、西北、中南、华东等地都有野生或栽培。云南所产"云苓"质佳，安徽所产"安苓"体大。现湖北、广西福建出产较多。日本、朝鲜、泰国等也有种植。各地产出者功效相近。

特别推荐　茯苓嚼之粘牙，以粘牙力强者为佳。其不同部位功效也各不同，可谓全身是宝，黑色外皮部为"茯苓皮"，皮层下的赤色部分是"赤茯苓"，菌核内部的白色部分为"白茯苓"，带有松根的白色部分，就是"茯神"。茯神的作用偏于宁心安神，茯苓皮的主要作用是利水消肿。

三、药草养生茶的饮用建议

（一）药草养生茶的剂型

药草养生茶按制作方法可分为冲泡剂、煎煮剂、散形茶、袋泡茶、块形茶。

冲泡剂是指将药草茶配方中的成分直接放入杯中，用沸水冲泡，加盖闷10分钟即可直接饮用。

煎煮剂是指将药草茶配方中的成分先用冷水浸泡15分钟，再放入砂锅中煎煮15~30分钟，去渣取汁，倒入杯中，趁热代茶饮用。

散形茶是指将茶叶和药物，或将药物粉碎成粗末，混合均匀后分成若干份，每次取份放入杯中，冲泡或入锅中加水煎煮后取汁取用。

袋泡茶是指将药草茶成分粉碎成粗末，或将药草茶成分中一部分提取浓煎汁，另一部分粉碎成细末，混合后烘干成颗粒状，按每次剂量分装入特制的滤纸袋，冲泡时连滤纸袋放入杯中，用沸水冲泡后即可饮用。

块形茶是指将茶叶和药物粉碎成粗末，混合均匀后以药量10%~20%的神曲或面粉为糊作黏合剂，加入茶粉中，搅拌成颗粒，再压制成小方块，低温干燥，使含水量降至3%以下即成。

（二）药草养生茶的制作方法

药草养生茶的制作方法主要有泡、煎、调三种，万变不离其宗。

（1）泡依据茶方所需要的茶材，如花草类，将其切断、捣碎、研磨成末，再依所需分量放入热开水中，盖上杯盖，闷约20~30分钟即可。饮用完后可再注入热开水冲泡，一般而言，可反复冲泡约3次。

（2）煎一般以复方的茶方为多。因茶材多，茶杯放不下，加上又采用泡服方式，就会使一部分茶材成分无法完全释出，降低茶材功效，所以将其研磨成粗末，入砂锅以水煎汁；其中加2~3次水，煮好过滤后即可代茶饮用，或者依茶方特性，采取分次服饮的方式饮用（若用此法，则要将煮好的茶汤放入保温瓶中）。

（3）调少数茶方为粉末状，因此可加入少许开水调成糊状服用。

（三）饮用药草养生茶的注意事项

（1）忌用霉变的茶叶和药材。茶叶喜燥怕潮湿，受潮后易发热变霉，动物试验表明，动物饮用霉变茶叶水后可使肝、肾等脏器发生变性和坏死，并且具有致癌的危险性。因此，自己在家中配制药草茶时，应选择质优的茶叶及其他代茶药材，切忌使用霉变或有其他不洁的茶叶和药材。

（2）茶叶和药材忌保管不善。茶叶若与其他有异味的东西放在一起，如香皂、樟脑球等，容易串味。串味的茶叶最好不要用来泡茶。新买来的茶叶筒罐，筒内金属表面常有一层油脂，必须擦净晾干，再以少量废茶擦过，除去异味后才能装茶叶。对于药草茶而言，首先应重视药草茶原材料的保管，贮存时放置于低温干燥处，忌晒与受潮。

（3）选用药草茶方应根据病情与体质需要。药草茶方中多以中药为主，而中医治病的关键在于辨证论治，诸如阴虚火旺或者肝肾阴虚者不宜饮用温燥太过的药草茶；孕妇忌服行气活血的药草茶；痰湿壅盛或食积气滞的人不宜饮用滋腻碍脾的药草茶等，只有因证施药才能确保治病养生的顺利进行。同时还要兼顾气候、环境等因素，做到因人、因时、因地制宜。病情轻的慢性病患者饮用药草茶宜频服；急性病或者病情较重者，如细菌性痢疾，则宜急速治疗，可按剂量一次服下，一日可服2~3剂。

（4）服用药茶也要注意忌口。服药时不能同时食用某些食物，否则就会降低药物的疗效，中医称之为"忌口"。饮用药草茶同样也要注意忌口。一般说来，饮用解表的药草茶忌食生冷、酸食；饮用调理脾胃的药草茶忌食生冷、油腻、腥臭、腐败、不易消化的食品；饮用止咳平喘的药草茶忌食鱼虾等；饮用补益的人参茶时，要忌食白萝卜。

（5）冲泡或煎煮药草茶的时间不宜过久。冲泡药草茶时一般以沸水冲泡10~20分钟为宜；煎煮药草茶时以煎沸10~15分钟为宜。有些药物的煎煮时间要长些，如有毒的乌头、附子、商陆等，必须久煎才能达到减毒或去毒的目的。特殊的药茶方要遵医嘱使用。

（6）饮用药草茶时，不宜搭配西药服用。药草茶中的药性会影响西药疗效而产生副作用，或增强某些药物毒性，严重者甚至可能危及生命。

（7）饮用时间要注意。饮用药草茶要依据药材的处方、性质和病情而定，如补益药草茶就要在饭前饮用，使其充分吸收；而对肠胃有刺激的药草茶，就要在饭后饮用。此外，有泻下作用的药草茶，应在早晨空腹状态下喝，使其充分吸收；若是宁神药草茶，则应在睡前饮用。

（8）禁喝隔夜药草茶。饮用药草茶以温热为主，一般不隔夜饮用。千万不要煎好茶汤，隔数日服，以防药草茶变质。

第四节　药食同源茶饮材料

一、"药食同源"的茶饮养生观

前面说过，药食同源即一种食物身兼"药物"，"食物"两职，这使中药具有浓厚的生活气息，也使中药强化了它的实用性和经验性。"药食同源"体现在养生茶饮材料上，同样是以中医理论为指导，以我国传统食疗养生方法为基础，以茶饮的形式来矫正脏腑机能之偏，使其恢复正常，增强机体的免疫功能和抵抗力。养生茶饮方有悠久历史和文化的积淀，经过一定的改良同样适合在现代生活中应用。它通过选配有各种良好功效的药食两用的药草，或泡或煎，取药物之性，饮茶之味，两相配伍，相辅相成起到茶借药力，药助茶功的协同作用，用之可收到饮茶与药物养生的双重效应，对人体健隶有预防、养生、辅助治疗和滋补作用，是家常必备保健良方。

二、茶饮食物材料

（一）五谷类

大麦芽

味甘，性平

归脾、胃经

来源　禾本科植物大麦的发芽颖果。将成熟麦粒用水浸泡后，保持适宜温、湿度，待幼芽长至约 0.5 厘米时，晒干或低温干燥。

大麦芽

别名　麦芽、大麦毛、大麦蘖、麦蘖。

成分　含淀粉酶、维生素 B、维生素 D、维生素 E、蛋白质、蛋白分解酶、转化糖酶、卵磷脂、麦芽糖、葡萄糖等。另含有麦芽毒素，即白栝楼碱。

用量　取 10~15 克煎汤代茶饮。断乳可用大剂量 60 克左右。

惯常配伍　常与山楂、六神曲、谷芽、陈皮等配伍饮用。

功效

行气消食，健脾开胃，退乳消胀。用于食积不消，脘腹胀痛，脾虚食少，恶心呕吐，乳汁郁积，乳房胀痛，妇女断乳等。

饮法

置入锅中，加适量清水，以中火煎煮约 20 分钟即可。取汤代茶饮。

茶养

适合食积不消，或食欲不振，或脘腹胀痛，或乳胀不消，以及哺乳妇女通乳者饮用。

茶忌　因含微量麦芽毒素，不宜大量摄入。无积滞，脾胃虚者不宜用。妇女妊娠及哺乳期间不宜服用。

现代研究　麦芽中含有的淀粉酶可促进淀粉分解成麦芽糖与糊精，帮助消化。其浸剂口服可起到降低血糖的作用。麦芽还具有抗真菌活性、降血脂、护肝等作用。另外，麦芽对乳汁的分泌可起到双向调节作用，小剂量可催乳，大剂量使用时可起到回乳功效。

茶品　麦芽可分为生麦芽、炒麦芽、焦麦芽。生麦芽长于健胃，通乳。可用于脾虚食少，消化不良，乳房胀满，乳汁郁积等。炒麦芽是将麦芽置于锅中微炒至黄后，取出放凉即可，其功效偏于行气消食，回乳，可用于脾运不佳，便溏日久，妇女断乳等。焦麦芽是炒至焦黄后，再喷洒清水，取出晒干后制成的，其功效专于消食导滞，可用于食积吞酸，脘腹闷胀。

谷芽

味甘，性温

归脾、胃经

来源　禾本科植物稻的发芽颖果。

别名　蘖米、谷蘖、稻蘖、稻芽。

成分　含蛋白质、脂肪油、淀粉、淀粉酶、麦芽糖、维生素B、腺嘌呤、胆碱及多种氨基酸等。

用量　取约9~15克煎汤代茶饮。大剂量可达30克。

惯常配伍　常与山楂、甘草、白术、大麦芽、白扁豆等配伍饮用。

功效

消食和中，健脾开胃。用于食积停滞，胀满泄泻，脾虚少食，脚气，浮肿等症。

饮法

将谷芽置于锅中，加适量清水，以中火煎煮约20分钟即可。取汤代茶饮。也可蒸馏取露代茶饮。

茶养

适合宿食不化、消化不良、食欲不佳、伤食胀满、脾虚泄泻者饮用。

茶忌　胃下垂者忌用。

现代研究　本品所含的淀粉酶可将糖淀粉完全水解成麦芽糖、葡萄糖等，具有增进食欲、帮助消化的作用。

茶品　谷芽可分为生谷芽、炒谷芽、焦谷芽。炒谷芽是将生谷芽用文火炒至深

谷芽

黄色并大部爆裂，取出放凉即可，其功偏于消食，多用于食少、食欲不振等。焦谷芽则是以武火将谷芽炒至焦黄色，微喷清水，取出风干即成，其功偏于化积滞，多用于积滞不消等。在我国北方，多以粟谷的成熟果实发芽而成的干燥品代替稻芽作谷芽用，又称粟芽；南方地区则以稻谷的成熟果实发芽而成的干燥品为谷芽，又称稻芽。谷芽与麦芽相比，均可健脾消食，但麦芽另有回乳之功，谷芽则胜在健脾不伤正。

　　特别推荐　全国产稻区均有生产，选购时以粒饱满、均匀、色黄、无杂质、芽完整、干燥者为佳。

（二）蔬果类

牛蒡

味苦、微甘，性凉

归肺经

来源　菊科植物牛蒡的茎叶。6~9 月采收，晒干或鲜用。

别名　牛菜，大夫叶，蒡翁菜，大力子等。

成分　含菊糖，蛋白质，纤维素，大量的胡萝卜素，维生素 C，钙、磷、铁等矿物质。

用量　取 10~15 克干品，或 20~30 克鲜品泡饮。煎水用量加倍。

惯常配伍　常与金银花、枸杞子、决明子等配伍饮用。

牛蒡

功效

清热解毒，消肿利咽。用于风热头痛，心烦口干，咽喉肿痛，小便涩少，痈肿疮疖，皮肤风痒，头风白屑等症。

饮法

冲入沸水泡 5 分钟左右后饮用，或煎水代茶饮。

茶养

适合外感风热所引起的感冒、咳嗽、头痛、咽喉肿痛以及风火上扰之头晕、耳鸣耳聋、目昏者饮用；皮肤风痒者也适用。

茶忌　素有脾胃虚寒者不可久用。

现代研究　牛蒡含有丰富的水溶性纤维素和菊糖，可促进血液循环、防治高血压、高血脂、高血糖、心脏病、脑血管病、中风、糖尿病等疾病；可消除和中和有害人体健康的"活性氧"，起到防癌、预防动脉硬化和抗老化等作用；还可帮助提升人体内的细胞活力，增强人体的免疫力。

特别推荐　牛蒡主要分布于甘肃、东北、河南、四川、新疆等地。因其具有的独特香气及丰富的营养价值，畅销于东南亚、日本、中国台湾等地。选购时以长 60 厘米以上，直径 2 厘米以上，表皮光滑幼嫩，形体正直而新鲜者为上品。牛蒡作为蔬菜食用，古已有之，可随意烹饪，拌、炒、煮、涮、作馅均可，特别是牛蒡茶，煮沸后味道最佳。

香薷

味辛，性微温

归肺、胃经

来源　唇形科植物香薷的全草。在夏、秋季茎叶茂盛、果实成熟时割取全草，晒干或荫干，切段生用。

香薷

别名　香菜、香绒、香茸、香草等。

成分　含挥发油，油中主含香薷二醇、甾醇、黄酮苷、酚性物质等。

用量　取3~9克泡饮。

惯常配伍　常与厚朴、扁豆等搭配饮用。

功效

发汗解表，和中利湿。用于夏季外感风寒，内伤于湿，恶寒发热，头痛无汗，脘腹疼痛，呕吐腹泻，小便不利，水肿等症。

饮法

冲入沸水泡5分钟左右后饮用。

茶养

适合夏季受凉感冒证属阴暑，症见恶寒发热、身痛无汗、头痛或腹痛吐泻者饮用。

茶忌　表虚多汗及阳暑证者忌用。

现代研究　香薷中的挥发油具有广谱抗菌和杀菌作用，如对大肠杆菌、金黄色葡萄球菌等均有抑制作用，并可直接抑制流感病毒；可刺激消化腺的分泌及胃肠蠕动，帮助消化；另外还具有一定的利尿作用。

茶品　香薷属植物约有40种，不少种类均可入药，其中的海州香薷被列入了国家药典。但在我国不同地方也有以江香薷、土香薷、石香薷、萼果香薷、密香薷等同属植物的干燥全草，作香薷使用的。

特别推荐　香薷在我国分布于华东、中南、台湾、贵州等地。选用时以枝嫩、穗多、香气浓者为佳。它既可作蔬菜食用，又可作为调味品，是炎热夏季的上佳蔬菜选择。汪颖在《食物本草》中对香薷用作茶饮也有介绍，云："夏月煮饮代茶，可无热病，调中温胃；含汁漱口，去臭气。"

佛手

味辛、苦，性温

归肝、胃、脾、肺经

来源　芸香科植物佛手的干燥果实。于秋季果皮由绿变浅黄绿色或黄色时采收，用剪刀剪下，选晴天，将果实纵切成薄片，晒干或烘干。

别名　佛手柑、佛手香橼、蜜罗柑、福寿柑、五指柑、手柑、九爪木。

成分　含大量的水分，胡萝卜苷，香豆精类，香叶木柑及橙皮苷，黄酮苷，柠檬素等。

用量　取干品3~10克或鲜品12~15克泡饮。

惯常配伍　常与玫瑰花、扁豆花、丁香、香橼、玄胡、陈皮、橘红等配伍饮用。

功效

疏肝理气，和胃化痰。用于肝气气滞，肝胃不和，脾胃气滞，痰湿壅肺等症。

饮法

冲入沸水泡10分钟左右后饮用。

茶养

适合肝气郁结之胁痛、胸闷者以及肝胃不和、脾胃气滞之脘腹胀痛、嗳气、恶心呕吐者，慢性胃炎，胃腹寒痛，久咳，哮喘多痰者饮用；对饮酒过量及醉酒者也适用。

茶忌　阴虚有火者慎用。

佛手

现代研究　佛手中所含有的柠檬素具有平喘祛痰的功效，可用于治疗过敏性哮喘；其醇提取物具有解痉作用，能迅速缓解氨甲酰胆碱所致的胃、肠及胆囊的张力增加，还具有中枢神经抑制作用，可以起到一定的抗惊厥功效。佛手中含有的香叶才苷、橙皮苷具有抗炎消肿的作用，可用于抗炎、抗病毒；橙皮苷还对因缺乏维生素 C 而致的眼睛球结膜血管内血细胞凝聚及毛细血管抵抗力降低有改善作用。

茶品　佛手根据其产地可分为川佛手、广佛手，均可入药用。因名字相近，常与葫芦科植物佛手瓜相混淆。

特别推荐　佛手主产于广东、福建、浙江云南、四川等地，其中以浙江金华的佛手最为著名，被称为"果中之仙品，世上之奇卉"，雅称"金佛手"。选购时应以片大、绿皮白肉、香气浓厚者为佳。除入药及泡饮代茶外，以之为食，还可制作出如佛手花粥、佛手笋尖、佛手炖猪肠等佳肴。而从其果实中所提炼出的佛手精油，更是良好的美容护肤品。

柠檬

味酸、甘，性凉

归肺、胃经

来源　芸香科植物黎檬或洋柠檬的果实。柠檬于春、夏、秋季均能结果，以春果为主。待果实呈黄绿色时，分批来摘，再用乙烯进行催熟，使果皮变黄，鲜用或切片晒干。

别名 柠果、黎檬子、宜母果、里木子、药果、梦子、梨橡干。

成分 含多量糖分、有机酸（如柠檬酸、苹果酸、奎宁酸、咖啡酸等）、维生素 B 及维生素 C、烟酸、钙、磷、橙皮苷、柚皮苷、圣草次苷等。

用量 取 1~3 片泡饮。

惯常配伍 常与洋甘菊、薰衣草、菩提花、橙花、玫瑰等配伍饮用。

柠檬

功效

生津止渴，和胃安胎。用于胃热伤津，中暑烦渴，食欲不振，脘腹痞胀，肺燥咳嗽，妊娠呕吐等症。

饮法

冲入沸水泡 2~3 分钟后饮用，也可在茶杯中放入几颗冰糖，酸甜的味道喝起来口感更佳。

茶养

适合炎夏季节消暑益气、生津止渴之用；适合胃气不和、气逆呕呃、食欲不振、胃酸过少、消化不良，如慢性萎缩性胃炎者饮用；适合孕妇或孕初胎动不安者饮用；适合高血压、心肌梗塞者饮用；适合肾结石病人饮用；适合妇女面部有色斑、色素沉着者饮用。

茶忌　糖尿病患者、胃及十二指肠溃疡病胃酸过多、吐酸者勿用。

现代研究　柠檬含有多种有益物质：抗氧化功效的水溶性维生素 C，能有效改善血液循环，预防和治疗高血压和心肌梗塞，同时还有助于强化记忆力、提高思考反应的灵活度；烟酸和丰富的有机酸，其味极酸，有很强的杀菌作用；橙皮苷、柚皮苷具有抗炎作用；大量的柠檬酸盐，能够抑制钙盐结晶，起到防治肾结石的作用；另外，对于女性，柠檬还具有改善子宫前倾、子宫韧带松垂甚至闭经的疗效，在妇女怀孕期间还能起到一定的止吐效用。

茶品　柠檬与黎檬略有不同，柠檬的果实形状较圆，似橙子，其色淡黄；黎檬的果实为椭圆形，黄色至朱红色。但二者功效无异。

特别推荐　选购新鲜柠檬时应以柠檬皮平滑，并略有弹性，拿在手上感觉有分量，个大的为佳。柠檬泡水饮用具有多种对人体有益的功效，若放于室内，其香芬的气息也可有效地舒缓身心郁结，帮助你缓解紧张的情绪，使你更有精神地投入生活及工作。

金橘

味辛、甘，性温

归肝、胃经

来源　芸香科植物金橘的果实。于 11~12 月果实成熟后分批采收。晒干或鲜用。

别名　卢橘、山橘、夏橘、金枣、寿星柑。

成分　含金橘苷，维生素 C，维生素 P，维生素 A，枸橼酸，苹果酸，类胡萝卜素和多种氨基酸，无机物。

用量　取 3~6 个泡饮。

惯常配伍　单独加糖饮用。

功效

理气解郁，消食化痰，醒酒。用于胸闷郁结，脘腹痞胀，食滞纳呆，咳嗽痰多，伤酒口渴等症。

饮法

将金橘压扁后置入杯中，冲入沸水，加入些许冰糖闷泡约 10 分钟后即可饮用。

茶养

金橘

适合胸闷郁结、不思饮食或伤食饱满、醉酒口渴者饮用；适合急慢性气管炎、肝炎、胆囊炎、高血压、高脂血症、血管硬化、冠心病者饮用；适合急性支气管炎咳嗽多痰及百日咳者饮用。

茶忌　内热亢盛如口舌生疮、大便干结者勿食。忌与柿子同食。

现代研究　金橘果实中含有金橘苷及丰富的维生素 C、维生素 P，对防止血管破裂，减少毛细血管脆性和通透性，减缓血管硬化有良好的作用，可用于防治高血压、血管硬化及冠心病等心血管疾病。皮中所含有的松柏苷、丁香苷对血压可起到双向调节作用。另外常食金橘，还可增强机体的抗寒能力，防治感冒。

茶品　除金橘的果实可入药外，其同属植物金柑、金弹的果实也常作金橘入药用。金橘的果实为长圆形或卵圆形，金黄色，平滑，油腺密牛，汁多味酸。金弹果实呈倒卵形，橙黄色，油腺细小而凸起，果皮较薄，有浓香味甜不酸。金柑果皮厚，呈橙黄色。三者功效相似。

特别推荐　金橘以产于浙江黄岩地区的为佳，形大而圆，皮肉皆甘，且少核。曾作为贡橘进献。金橘的很多营养成分都在皮中，所以食用时切勿去皮。其皮色金黄、皮薄肉嫩、汁多香甜，洗净后连皮带肉一起直接吃下或冲泡饮用。金橘还可用糖或蜜腌渍食用，也具有颇佳的食疗效果。

罗汉果

味甘，性凉

归肺、大肠经

来源　葫芦科，植物罗汉果的干燥果实。于 9～10 月间果实由嫩绿变深绿时采摘，晾数天后，低温干燥。

别名　拉汗果、假苦瓜、罗汉表、裸龟巴。

罗汉果

成分　含蛋白质、维生素 C、油脂、锰、铁、镍、硒、锡、碘、钼等无机元素，罗汉果苷及大量葡萄糖、果糖等。

用量　取 9～15 克泡饮。

惯常配伍　常与胖大海、薄荷、无花果等配伍饮用。

功效

清热润肺，滑肠通便。用于肺火燥嗽，咽喉炎，扁桃体炎，急性胃炎，便秘等症。

饮法

冲入沸水泡约 10 分钟后即可饮用，可酌加红糖或蜂蜜调味。

茶养

适合风热感冒，症见咳嗽、咽痛、声音嘶哑甚至失声，扁桃体炎，咽喉炎，百日咳，肺热哮喘以及鼻咽癌、喉癌、肺癌、便秘者饮用。

茶忌　脾胃虚寒、风寒咳嗽者忌用。糖尿病人不宜多服久用。

现代研究　罗汉果中所含有的D-甘露醇有止咳作用，还可用于脑水肿、大面积烧伤和烫伤的水肿、防治急性肾功能衰竭、降低眼球内压、治疗急性青光眼等，另外，还具有抗炎、对肠管运动机能的双向调节、降血压、降血脂、抗癌、增强免疫力等功效。

特别推荐　罗汉果在我同主产于广西，果实于秋季成熟，其选购以形圆、个大、坚实、摇之不响、色黄褐者为佳。罗汉果中的罗汉果苷是一种非糖成分"配糖体"，但其甜度却是蔗糖的近300倍。不但用其泡茶口感甜香，以其汁液烹调，滋味也是清香可口，因而被人们誉为"神仙果"。

山楂

味酸、甘，性微温

归脾、胃、肝经

来源　蔷薇科植物山楂的干燥果实。9~10月果实成熟后采收，切成薄片，晒干。

别名　山里红、红果、胭脂果、棠棣子、赤枣子、酸查。

成分　含碳水化合物、维生素C、山楂酸、酒石酸、柠檬酸、黄酮类、内酯、苷类、丰富的钙、钾、铁、镁等。

用量　取9~12克泡饮。

惯常配伍　常与麦芽、红枣、神曲、姜、陈皮、菊花等配伍饮用。

功效

消食健胃，行气散瘀。用于肉食积滞，胃脘胀满，脘腹胀痛，泄泻痢疾，血瘀痛经，闭经，产后腹痛，恶露不尽，疝气疼痛等症。

饮法

冲入沸水泡5分钟左右后即可饮用。可加入少许冰糖、白糖等调味饮用。

茶养

适合食积不消、饱食伤胃、腹满胃胀、伤食泄泻者饮用，尤善消肉食；适合中老年人心血管疾病，如高脂血症、高血压、动脉硬化、冠心病等病患饮用；适合妇女瘀血月经不调、痛经、闭经，或产后瘀血腹痛、恶露不尽者饮用；适合小儿乳食积滞者饮用；适合急性肠炎痢疾者饮用；适合肥胖、脂肪肝、病毒性肝炎、坏血病、绦虫病患者饮用。

山楂

茶忌　脾胃虚弱者及孕妇慎用，糖尿病患者忌用。

现代研究　山楂所含的黄酮类和维生素C、胡萝卜素等物质能阻断并减少自由基的生成，增强机体的免疫力，有防衰老、抗癌的作用；在降低胆固醇、防治动脉硬化、强心、舒张血管等方面也有很好的疗效。

茶品　按照不同的炮制方法，山楂可分为生山楂、炒山楂、炙山楂及山楂炭。生山楂功偏消食积，化瘀滞，降血脂；炒山楂功偏消食导滞，焦者更有收敛止泻之效；炙山楂功偏化瘀而不伤新血，导滞而不伤正气；山楂炭则有化瘀止血之功，且止血而不留瘀。

特别推荐　在我国，北山楂主要产于山东、河南、辽宁等地，以个大、皮红、肉厚者为佳；而南山楂则主要产于江苏、浙江、湖北、云南等地，以个匀、色红、质坚者为佳。